Am Kapitelanfang kannst du prüfen, ob du **Startklar?** bist für das neue Thema.

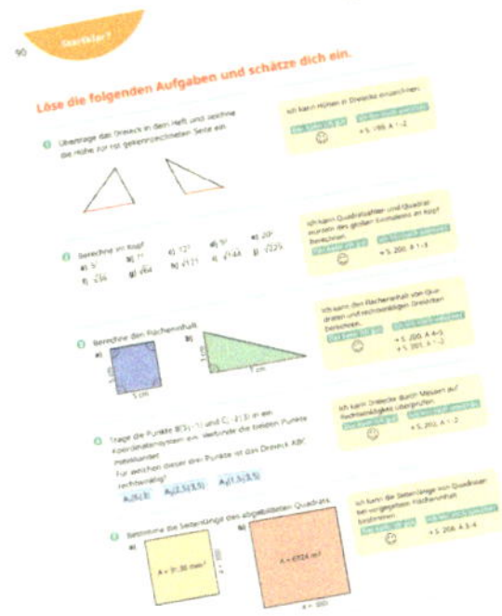

Wenn du bei einigen Aufgaben noch unsicher bist, kannst du am Ende des Buches auf den Seiten **Erinnern und Wiederholen** nachschlagen und üben.

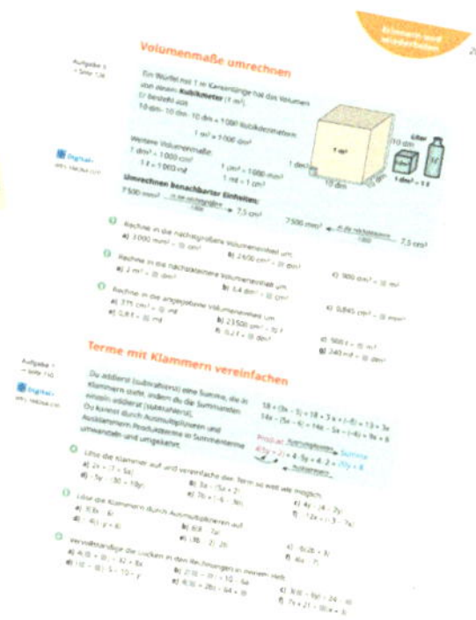

Am Ende des Kapitels werden **Auf einen Blick!** alle wichtigen Inhalte zusammengefasst. Zu jedem Merkkasten gibt es typische Aufgaben.

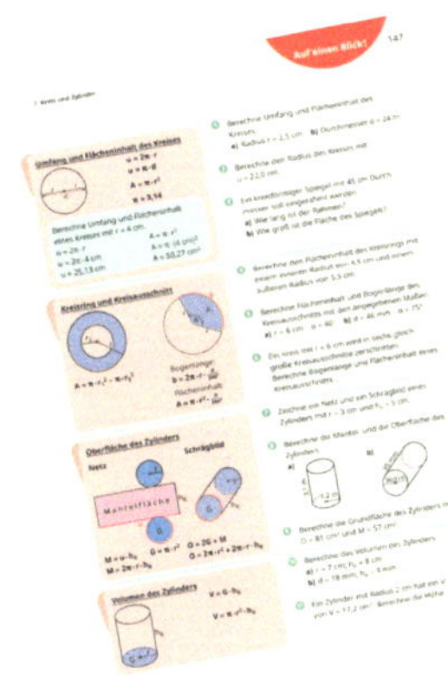

Auf der letzten Kapitelseite **Alles klar?** kannst du testen, ob du alles gut verstanden hast, und dich auf die Klassenarbeit vorbereiten.

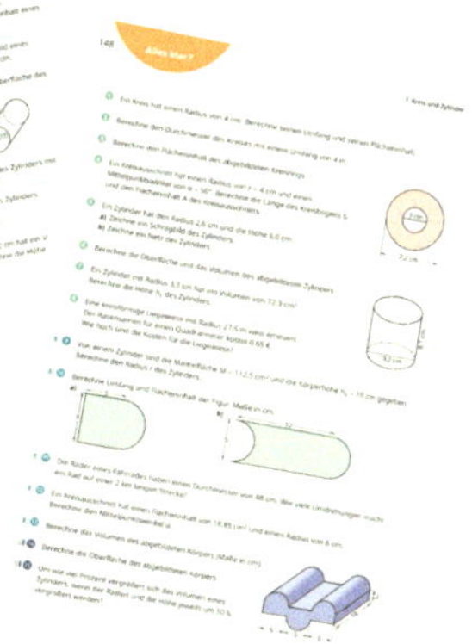

Zu diesen vier Seitentypen stehen die Lösungen hinten im Buch, so dass du deine Ergebnisse überprüfen kannst.

Mittendrin im Kapitel kannst du auf der Seite **Bleib fit!** Grundfertigkeitenn üben und trainieren, unabhängig vom aktuellen Kapitelinhalt.

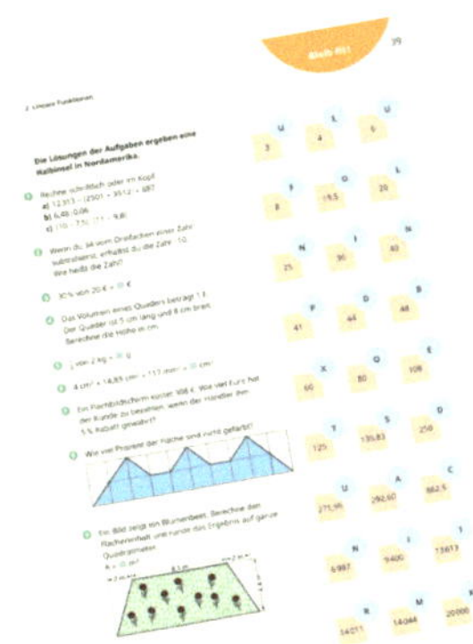

Wo wird Mathematik im Alltag angewendet? Gibt es Themen, die sich für ein Projekt oder zum Basteln eignen? Auf den Seiten **Mathe mal anders** findest du Beispiele und Anregungen dafür.

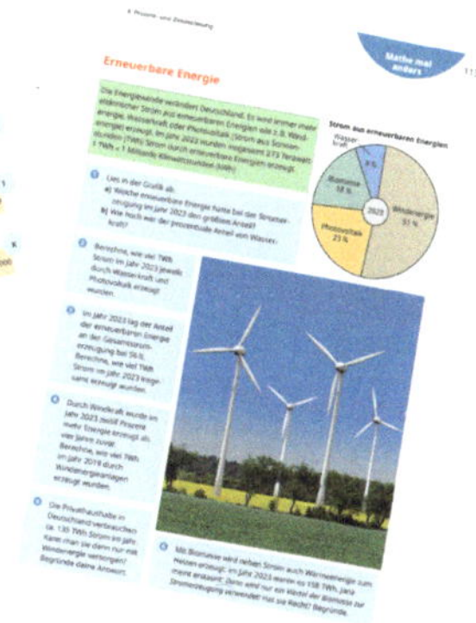

westermann

# SEKUNDO

## Mathematik

9

Differenzierende Ausgabe
Nordrhein-Westfalen

Herausgegeben von

Tim Baumert
Martina Lenze
Peter Welzel
Bernd Wurl

# SEKUNDO 9

## Mathematik

Differenzierende Ausgabe
Nordrhein-Westfalen

Herausgegeben und bearbeitet von

Tim Baumert, Volker Eisenmann, Kathrin Holten, R.-Michael Kienast, Dr. Elke Mages, Dr. Martina Lenze, Anette Lessmann, Ludwig Mayer, Julika Schlattmann, Michael Siegbert, Peter Welzel, Prof. Bernd Wurl

Mit Beiträgen von

Maik Abshagen, Jost Baier, Lutz Bassin, Kerstin Cohrs-Streloke, Klaus Frankenberg, Katharina Kutter, Hartmut Lunze, Monika Mattern, Sigrid Mergelkuhl, Alexsandra Misra, Peter Ploszynski, Erik Röhrich-Zorn, Jürgen Ruschitz, Rino Schroeder, Dr. Max Schröder, Christa Spring, Prof. Dr. Alexander Wynands

Zusatzmaterialien zu Sekundo 9

Für Lehrerinnen und Lehrer:

| | |
|---|---|
| Lösungen zum Schülerband | 978-3-14-188270-4 |
| BiBox - Einzellizenz für Lehrerinnen und Lehrer (Dauerlizenz) | WEB-14-188290 |
| BiBox - Kollegiumslizenz für Lehrerinnen und Lehrer (Dauerlizenz) | WEB-14-188302 |
| BiBox - Kollegiumslizenz für Lehrerinnen und Lehrer (1 Schuljahr) | WEB-14-188296 |
| BiBox - Klassenlizenz (1 Schuljahr) | WEB-14-109133 |
| Online-Diagnose zu Sekundo 9 | www.onlinediagnose.de |
| kapiert.de zu Sekundo 9 | www.kapiert.de/schule |

Für Schülerinnen und Schüler:

| | |
|---|---|
| Arbeitsheft | 978-3-14-188276-6 |
| Arbeisheft mit interaktiven Übungen | 978-3-14-145338-6 |
| Arbeitsheft E-Kurs | 978-3-14-188277-3 |
| Förderheft | 978-3-14-188284-1 |
| BiBox - Einzellizenz (1 Schuljahr) | WEB-14-188314 |
| BiBox - Klassensatz PrintPlus (1 Schuljahr) | WEB-14-119790 |



Druck A[1] / Jahr 2025
Alle Drucke der Serie A sind im Unterricht parallel verwendbar.

Redaktion: Dirk Krantz
Umschlag: LIO Design GmbH, Braunschweig
Layout: Janssen Kahlert Design & Kommunikation GmbH, Hannover
Druck und Bindung: Westermann Druck GmbH, Georg-Westermann-Allee 66, 38104 Braunschweig

ISBN 978-3-14-**188264**-3

## Basiswissen

## Lineare Funktionen

## Ähnlichkeit

4

5

6

7

8

9

## Seid ihr bereit?

## Los geht's!

# Basiswissen

# 1

## In diesem Kapitel lernst du, ...

... deine Kompetenzen im Bereich des Basiswissens einzuschätzen,
... wichtige grundlegende Inhalte selbstständig zu wiederholen und aufzufrischen,
... wie du dich systematisch auf eine Prüfung vorbereiten kannst.

## Die Lösungen der Aufgaben zum Check-in findest du auf Seite 216.

**1** Überprüfe mit Hilfe einer Überschlagsrechnung, ob die Aufgabe richtig oder falsch gelöst wurde.
**a)** $617 + 6781 + 728 = 8126$ **b)** $8509 - 3485 + 2217 = 13851$ **c)** $222 \cdot 222 = 444$

**2** Berechne schriftlich ohne Taschenrechner.
**a)** $4628 + 92 + 753$ **b)** $4466 : 7$ **c)** $67 \cdot 95$

Schriftliche Rechenverfahren und Überschlag → S. 11

**3** Gib den gefärbten Anteil als vollständig gekürzten Bruch an.

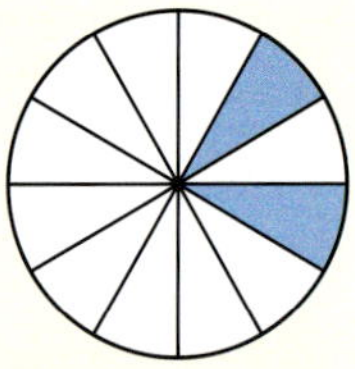

**4** Berechne ohne Taschenrechner.
**a)** $2 \cdot \frac{3}{4}$ **b)** $\frac{1}{5}$ von 15 € **c)** $\frac{2}{3} + \frac{1}{6}$ **d)** $\frac{3}{4} \cdot \frac{2}{5}$ **e)** $\frac{1}{4} : \frac{1}{2}$
**f)** $0{,}4 \cdot 3$ **g)** $0{,}1 \cdot 0{,}1$ **h)** $8 \cdot 0{,}25$ **i)** $2{,}7 + 4{,}5$ **j)** $15{,}3 - 8$

Rechnen mit Brüchen und Dezimalzahlen → S. 12

**5** Nachdem es morgens –6 °C kalt war, stieg die Temperatur im Laufe des Tages um 11 °C. Bestimme die Tageshöchsttemperatur.

**6** Berechne im Kopf. **a)** $5 \cdot (-14)$ **b)** $-17 - 34$ **c)** $12 - 8 \cdot (-4)$

Rechnen mit positiven und negativen Zahlen → S. 13

**7** Frau Blum parkt von 9:45 Uhr bis 15:30 Uhr im Parkhaus. Berechne ihre Parkgebühren mit Hilfe der Tabelle.

| | |
|---|---|
| Preis für die erste Stunde | 1,80 € |
| Jede weitere angefangene Stunde | 1,20 € |
| Maximale Parkgebühr pro Tag | 12,00 € |

**8** Zeichne die Punkte A(–1 | –1), B(2 | 0) und C(1 | 3) in ein Koordinatensystem. Füge einen vierten Punkt hinzu, so dass ein Quadrat entsteht. Wie lauten seine Koordinaten?

Tabellen und Grafiken, Koordinatensystem → S. 14

**9** Für 7 h Arbeit bekommt Frau Miraz 220,50 € Lohn. Wie lange muss sie für 630 € arbeiten?

**10** Ein Schwimmbecken wird von 3 gleich großen Rohren in 60 Minuten gefüllt. Wie lange dauert es, wenn 5 Rohre zur Verfügung stehen?

Proportionale und antiproportionale Zuordnungen → S. 15

**11** Welche Gleichung beschreibt den Umfang der Figur? Wähle aus.
① $u = 8a$ ② $u = 10a$ ③ $u = 12a$

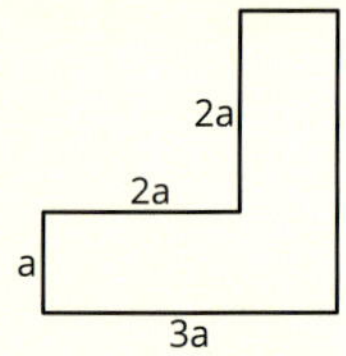


**12** Welche der beiden Gleichungen hat die Lösung $x = -3$? Wähle aus.
① $4(x - 2) = 2 - (1 - x)$ ② $5 - 4x = x + 11 - 3x$

Terme und Gleichungen → S. 16

**13** **a)** Übertrage das Rechteck in dein Heft und färbe 75 % der Kästchen.
**b)** In einem anderen Rechteck sind 9 Kästchen gefärbt. Das sind 60 % des Rechtecks. Zeichne ein mögliches Rechteck.

**14** Mathilda möchte im Internet ein Parfüm kaufen, das 35,00 € kostet. Sie löst einen Gutschein über 12 % ein. Berechne, wie viel sie an der Kasse bezahlen muss.

Prozentrechnung → S. 17

**15** Wandle in die angegebene Einheit um.
**a)** 0,25 km = ☐ m  **b)** 12 500 $cm^3$ = ☐ ℓ  **c)** 1,5 min = ☐ s  **d)** 400 kg = ☐ t

**16** Ben steigt um 8:55 Uhr in Hannover in den Zug. Nach 2 h 23 min verlässt er den Zug in Dortmund und schaut auf seine Uhr. Berechne, wie spät es ist.

Umgang mit Größen und Einheiten → S. 18

**17** Die beiden blauen Geraden g und h verlaufen parallel. Bestimme die Größe der Winkel α, β und γ.

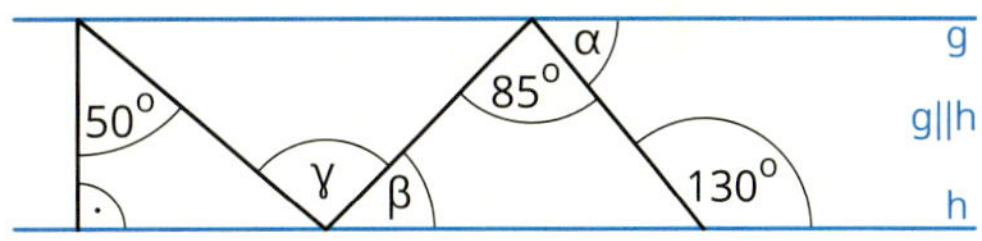


**18** In einem Viereck gilt β = 57°, γ = 125° und δ = 93°. Berechne die Größe des Winkels α.

Winkel → S. 19

**19** **a)** Übertrage die Abbildung in dein Heft und miss die Entfernung des Punktes B von der Strecke $\overline{AC}$.
**b)** Gib die Koordinaten eines Punktes D an, so dass das Viereck ABCD achsensymmetrisch ist.

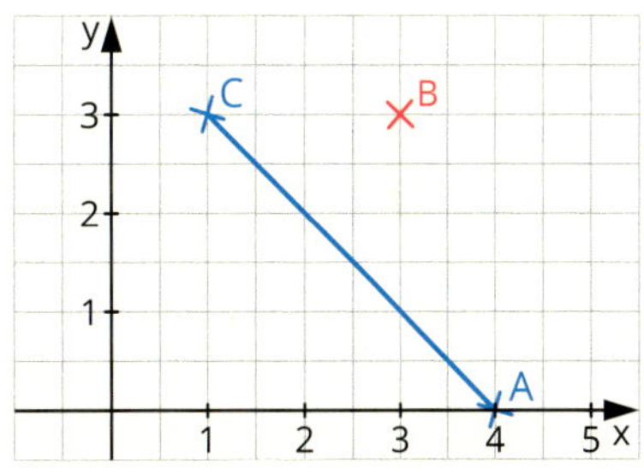


**20** Herr und Frau Fußy planen eine Wanderung. Ihre Wanderkarte hat den Maßstab 1:40 000. Bis zum Zielort sind es auf der Karte 27,5 cm. Wie lang ist der Weg?

Symmetrie, Abstand und Maßstab → S. 20

**21** Wahr oder falsch? Entscheide.
**a)** In einem Drachen verlaufen die gegenüberliegenden Seiten parallel.
**b)** Jedes Rechteck ist ein Parallelogramm.

**22** Konstruiere ein Dreieck mit a = c = 6 cm und β = 80°. Beschrifte die Eckpunkte und gib an, um was für ein Dreieck es sich handelt.

Dreiecke und Vierecke → S. 21

**23** Bestimme den Flächeninhalt der grün gefärbten Fläche.

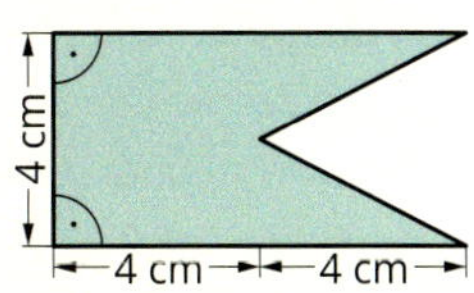


**24** Ein Rechteck hat einen Flächeninhalt von 32,8 $m^2$. Es ist 8,2 m breit. Berechne seinen Umfang.

Flächenberechnung → S. 22

25 Übertrage die Abbildungen rechts in dein Heft und ergänze sie jeweils durch ein weiteres Quadrat zu einem Würfelnetz.

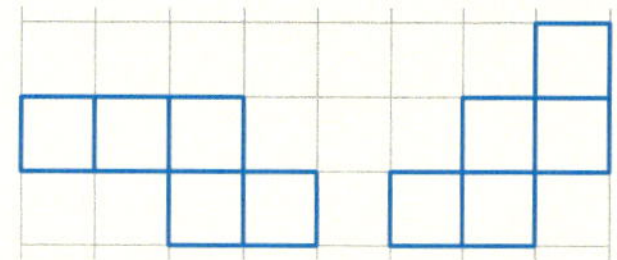

26 Zeichne das Schrägbild eines Quaders mit a = b = 3 cm und c = 5 cm.

Schrägbilder und Netze → S. 23

27 Ein Würfel wurde an einer Ecke in Farbe getaucht. Übertrage das Netz in dein Heft und vervollständige die Farbspuren.

28 Die Vorderseite eines Quadrats aus Papier ist weiß, die Rückseite rot gefärbt. Eine Ecke wird zur Mitte des Quadrats gefaltet. Welcher Anteil der gesamten roten Fläche ist nun sichtbar? Gib ihn als Bruch an.

Kopfgeometrie → S. 24

29 Ein Quader mit einem Volumen von 120 $cm^3$ ist 6 cm lang und 5 cm breit. Berechne seine Höhe.

30 Ein Eisenwürfel hat eine Kantenlänge von 12 cm. Berechne das Gewicht des Würfels. Die Dichte von Eisen beträgt 7,9 g pro $cm^3$.

Körperberechnung und Dichte → S. 25

31 Bestimme die Wahrscheinlichkeit, dass bei einmal Drehen mit dem abgebildeten Glücksrad eine gerade Zahl herauskommt.

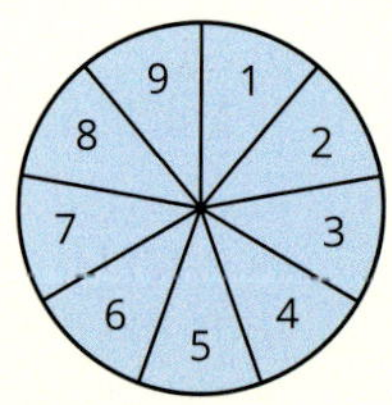


32 Merve übt Darts und notiert ihre Wurfergebnisse:
8; 20; 7; 17; 25; 12; 13; 11; 15; 2.
Ermittle aus ihren Ergebnissen Mittelwert, Median und Spannweite.

Wahrscheinlichkeit und Statistik → S. 26

33 Das Kreisdiagramm bildet die Verteilung der Augenfarbe der 24 Schülerinnen und Schüler der Klasse 9b ab.
**a)** Wie viel Prozent der Klasse haben blaue Augen?
**b)** Wie viele Schülerinnen oder Schüler der Klasse haben grüne Augen?
**c)** Erstelle mit Hilfe der Daten ein passendes Säulendiagramm.

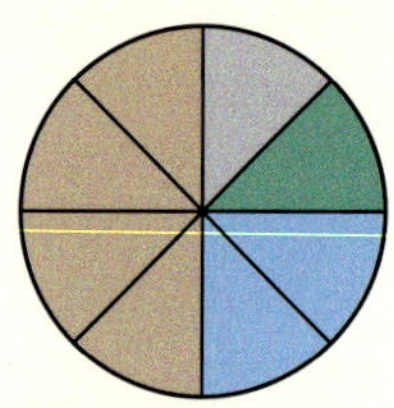

34 Die 28 Schülerinnen und Schüler der Klasse 9c haben abgestimmt, wo die nächste Klassenfahrt hingehen soll: Vier Personen haben für den Harz gestimmt, sieben Personen für die Nordsee. Die restlichen Stimmen entfielen auf Berlin. Bestimme, wie viele Stimmen für Berlin abgegeben wurden, und stelle das Ergebnis in einem Streifendiagramm dar.

Diagramme → S. 27

# Schriftliche Rechenverfahren und Überschlag

**Wenn du eine Dezimalzahl mit 10, 100, 1 000, ... multiplizierst (dividierst),** verschieben sich die Ziffern in der Stellenwerttafel um 1, 2, 3, ... Einheiten nach links (nach rechts).
Dabei verschiebst du das Komma nach rechts (nach links). Manchmal musst du Nullen anhängen (wegstreichen).

| | |
|---|---|
| 4 552 · 10 = 45 520 | 920 : 10 = 92 |
| 274 · 100 = 27 400 | 920 : 100 = 9,2 |
| 3,5 · 1 000 = 3 500 | 920 : 1 000 = 0,92 |

## Schriftliche Rechenverfahren

7 684 + 533 = 8 227

| | | | | |
|---|---|---|---|---|
| | 7 | 6 | 8 | 4 |
| + | $_1$ | 5$_1$ | 4 | 3 |
| | 8 | 2 | 2 | 7 |

Einer unter Einer, Zehner unter Zehner, ...

3 476 − 852 = 2 624

| | | | | |
|---|---|---|---|---|
| | 3 | 4 | 7 | 6 |
| − | $_1$ | 8 | 5 | 2 |
| | 2 | 6 | 2 | 4 |

5 3 7 · 4

2 1 4 8

4 · 7 = 28
Schreibe 8, merke 2.
4 · 3 + 2 = 14
Schreibe 4, merke 1.
4 · 5 + 1 = 21 Schreibe 21.

5 0 4 : 8 = 6 3
− 4 8 (·8)
  2 4
− 2 4 (·8)
    0

Bei jedem Schritt: dividieren, multiplizieren und subtrahieren.

## Runden

Beim Runden entscheidet die Ziffer rechts von der Rundungsstelle:
- Abrunden bei 0, 1, 2, 3 und 4
- Aufrunden bei 5, 6, 7, 8 und 9

## Überschlag

① Runde alle Zahlen so, dass du im Kopf rechnen kannst.
② Rechne dann mit den gerundeten Zahlen.

| Aufgabe | Überschlagsrechnung |
|---|---|
| 485 + 273 | runden auf Hunderter: 500 + 300 = 800 |
| 248 + 549 | runden auf Zehner: 250 + 550 = 800 |

**Bearbeite alle Aufgaben ohne Taschenrechner.**

**1** Berechne.
**a)** 770 · 10 **b)** 35 · 100 **c)** 29 · 1 000
**d)** 4,86 · 10 **e)** 9,1 · 100 **f)** 3,84 · 1 000
**g)** 55 : 10 **h)** 190 : 100 **i)** 80 : 1 000

**2** Rechne im Kopf.
**a)** 100 · ▢ = 5 000 **b)** 50 000 : ▢ = 5
**c)** ▢ : 50 = 10 000 **d)** 1 Mrd. : ▢ = 1 Mio.
**e)** ▢ · 1 000 = 5 Mio. **f)** 20 000 · ▢ = 2 Mio.

**3** Rechne ohne Taschenrechner.
**a)** 42 700 + 12 000 **b)** 3 600 : 90
**c)** 58 740 − 4 000 **d)** 1 200 · 60
**e)** 38 · 20 **f)** 1 200 − 444

**4** Rechne geschickt im Kopf.
**a)** 98 + 204 **b)** 75 + 51 + 9
**c)** 407 − 99 **d)** 205 − 55 − 25
**e)** 536 − 221 **f)** 147 + 58 − 60

**5** Rechne schriftlich.
**a)** 7 783 + 945 **b)** 8 381 + 257 + 314
**c)** 23 098 − 794 **d)** 12 749 + 38 + 9 417
**e)** 9 544 − 938 **f)** 1 453 + 8 163 + 85

**6** Multipliziere schriftlich.
**a)** 507 · 9 **b)** 6 723 · 6 **c)** 2 640 · 4
**d)** 73 · 46 **e)** 57 · 83 **f)** 247 · 19

**7** Dividiere schriftlich.
**a)** 441 : 7 **b)** 8 052 : 3 **c)** 6 720 : 8
**d)** 14 628 : 4 **e)** 24 156 : 9 **f)** 6 875 : 11

**8** Runde die Zahlen auf ...
**a)** ... Tausender: 4 727, 34 591, 429 350
**b)** ... Hunderter: 1 594, 5 823, 92 648
**c)** ... Zehner: 264, 1 728, 2 596

**9** Überschlage und ordne den Aufgaben die richtigen Ergebnisse zu.
**a)** 387 · 29 **b)** 63 816 : 8
**c)** 392 + 705 + 89 **d)** 5 000 − 3 850 − 120
**e)** 8 · (792 − 315) **f)** 697 − 3 · 103

| | | | |
|---|---|---|---|
| 776 | 1 030 | 1 186 | 7 977 |
| 1 328 | 388 | 11 223 | 3 816 |

# Rechnen mit Brüchen und Dezimalzahlen

### Bruchteile berechnen

① Zerlege das Ganze in so viele Teile, wie der Nenner angibt.
② Nimm so viele Teile, wie der Zähler angibt.

Wie viel Euro sind $\frac{2}{3}$ von 12 €?

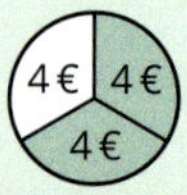


$12\,€ \xrightarrow{:3} 4\,€ \xrightarrow{\cdot 2} 8\,€$

$\frac{2}{3}$ von 12 € sind 8 €.

### Brüche addieren und subtrahieren

① Erweitere die Brüche auf einen gemeinsamen Nenner.
② Addiere (subtrahiere) die Zähler, lasse den Nenner unverändert.

$\frac{3}{4}+\frac{1}{6}\overset{①}{=}\frac{9}{12}+\frac{2}{12}\overset{②}{=}\frac{9+2}{12}=\frac{11}{12}$

$\frac{5}{6}-\frac{1}{3}\overset{①}{=}\frac{5}{6}-\frac{2}{6}\overset{②}{=}\frac{5-2}{6}=\frac{3}{6}=\frac{1}{2}$

### Brüche multiplizieren

Multipliziere Zähler mit Zähler und Nenner mit Nenner.

$\frac{2}{5}\cdot\frac{3}{13}=\frac{2\cdot 3}{5\cdot 13}=\frac{6}{65}$ $\qquad \frac{19}{8}\cdot\frac{2}{5}=\frac{19\cdot \cancel{2}^{1}}{\cancel{8}_{4}\cdot 5}=\frac{19}{20}$

### Brüche dividieren

Multipliziere den ersten Bruch mit dem Kehrbruch des zweiten Bruchs.

$\frac{2}{5}:\frac{8}{11}=\frac{2}{5}\cdot\frac{11}{8}=\frac{{}^{1}\cancel{2}\cdot 11}{5\cdot \cancel{8}_{4}}=\frac{11}{20}$

$\frac{3}{11}:2=\frac{3}{11}:\frac{2}{1}=\frac{3}{11}\cdot\frac{1}{2}=\frac{3}{22}$

### Dezimalzahlen addieren und subtrahieren

2,3 + 0,8 = 3,1 $\qquad$ 9,5 – 0,15 = 9,35

```
  2,3        9,50
+ 0,8      – 0,15
  1            1
-----      ------
  3,1        9,35
```

*Einer unter Einer, Komma unter Komma*

*Fehler vermeiden, Nullen ergänzen*

### Multiplikation von Dezimalzahlen

Das Produkt hat so viele Nachkommastellen wie die Faktoren zusammen.

0,4 · 0,08 = 0,032 (↑ ↑↑ ↑↑↑) $\qquad$ 0,5 · 0,8 = 0,40 = 0,4 (↑ ↑ ↑↑)

**Bearbeite alle Aufgaben ohne Taschenrechner.**

**1** Welcher Bruchteil ist grün gefärbt?

**a)** 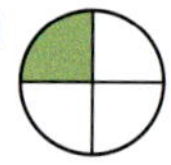 **b)**  **c)** 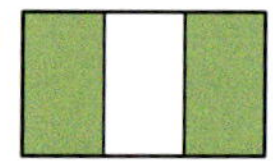

**d)** 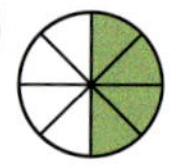 **e)**  **f)** 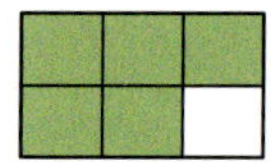

**2** Berechne die Bruchteile.

**a)** $\frac{1}{4}$ von 32 **b)** $\frac{1}{6}$ von 36
**c)** $\frac{2}{3}$ von 21 **d)** $\frac{1}{8}$ von 72
**e)** $\frac{5}{6}$ von 30 **f)** $\frac{3}{7}$ von 49

**3** Rechne aus.

**a)** $\frac{5}{7}-\frac{3}{7}$ **b)** $\frac{3}{5}+\frac{3}{5}$ **c)** $\frac{2}{3}+\frac{2}{6}$
**d)** $\frac{7}{4}-\frac{1}{2}$ **e)** $\frac{2}{5}+\frac{2}{10}$ **f)** $\frac{5}{4}-\frac{1}{6}$
**g)** $\frac{1}{2}-\frac{1}{3}$ **h)** $\frac{3}{7}+\frac{1}{5}$ **i)** $\frac{5}{6}-\frac{4}{9}$

**4** Multipliziere die Brüche. Kürze, wenn möglich.

**a)** $\frac{3}{4}\cdot\frac{5}{9}$ **b)** $\frac{4}{15}\cdot\frac{9}{16}$ **c)** $\frac{1}{2}\cdot\frac{6}{5}$
**d)** $\frac{1}{3}\cdot\frac{1}{4}$ **e)** $\frac{3}{8}\cdot\frac{4}{15}$ **f)** $\frac{7}{10}\cdot\frac{9}{14}$

**5** Dividiere die Brüche. Kürze, wenn möglich.

**a)** $\frac{3}{4}:\frac{2}{3}$ **b)** $\frac{8}{9}:\frac{4}{3}$ **c)** $\frac{5}{6}:\frac{10}{9}$
**d)** $\frac{1}{5}:\frac{1}{7}$ **e)** $\frac{8}{15}:\frac{6}{10}$ **f)** $\frac{6}{7}:\frac{1}{2}$
**g)** $\frac{3}{7}:2$ **h)** $\frac{6}{13}:2$ **i)** $\frac{15}{26}:10$

**6** Je ein Bruch und eine Dezimalzahl passen zusammen.

$\frac{1}{5}$ $\quad$ $\frac{9}{10}$ $\quad$ $\frac{3}{4}$ $\quad$ $\frac{4}{5}$ $\quad$ $\frac{1}{4}$ $\quad$ $\frac{1}{10}$

0,1 $\quad$ 0,8 $\quad$ 0,9 $\quad$ 0,2 $\quad$ 0,75 $\quad$ 0,25

**7** Schreibe die Dezimalzahlen zuerst stellengerecht untereinander und rechne dann.

**a)** 4,3 + 2,6 **b)** 13,7 + 5,5 **c)** 6,4 + 0,78
**d)** 10,4 – 4,6 **e)** 9,25 – 6,7 **f)** 11,1 – 5,73

**8** Multipliziere die Dezimalzahlen im Kopf.

**a)** 0,5 · 0,7 **b)** 0,8 · 0,4 **c)** 1,1 · 0,6
**d)** 0,02 · 0,6 **e)** 0,01 · 4,2 **f)** 2,5 · 0,4

# Rechnen mit positiven und negativen Zahlen

**Zahlengerade**

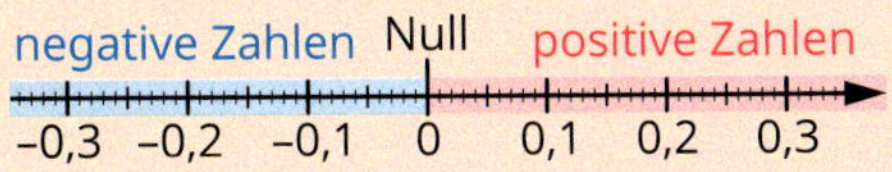


Auf der Zahlengeraden liegt die kleinere Zahl immer links von der größeren Zahl.

–3,3 < –2    –0,1 < 0    –4 < 1

Der **Betrag** einer Zahl ist der Abstand von der Zahl zur Null: |–2| = 2

**Addition und Subtraktion**

So **addierst** du zwei Zahlen ...

... mit **gleichen** Vorzeichen

① Addiere die Beträge.

② Das Ergebnis erhält das gemeinsame Vorzeichen.

–5 + (–2) = –7    5 + 2 = 7

... mit **verschiedenen** Vorzeichen:

① Subtrahiere den kleineren Betrag vom größeren Betrag.

② Das Ergebnis erhält das Vorzeichen der Zahl mit dem größeren Betrag.

–5 + 2 = –3    5 + (–2) = 3

Eine rationale Zahl **subtrahierst du**, indem du ihre Gegenzahl addierst.

–5 – (–2) = –5 + 2 = –3

**Multiplikation und Division**

Multipliziere bzw. dividiere die Beträge. Bei *gleichen Vorzeichen* ist das Ergebnis positiv. Bei *verschiedenen Vorzeichen* ist das Ergebnis negativ.

–5 : (–2) = 2,5    5 : (–2) = –2,5

**Rechenregeln**

Grundsätzlich rechnest du, wie du liest, also von links nach rechts. Ausnahmen:

① Klammern zuerst

② Punktrechnung („mal" und „geteilt") geht vor Strichrechnung („plus" und „minus").

**Bearbeite alle Aufgaben ohne Taschenrechner.**

**1** Notiere die Zahlen, auf die die Pfeile zeigen.

**a)**

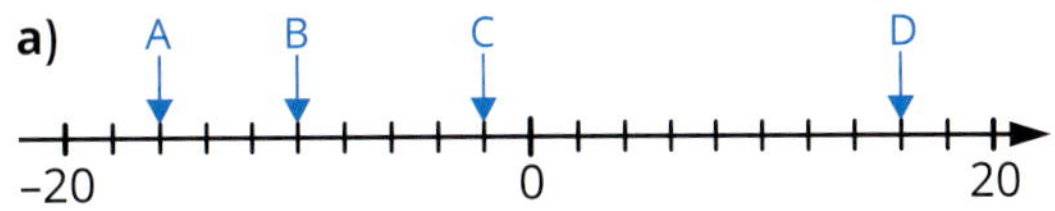


**b)**

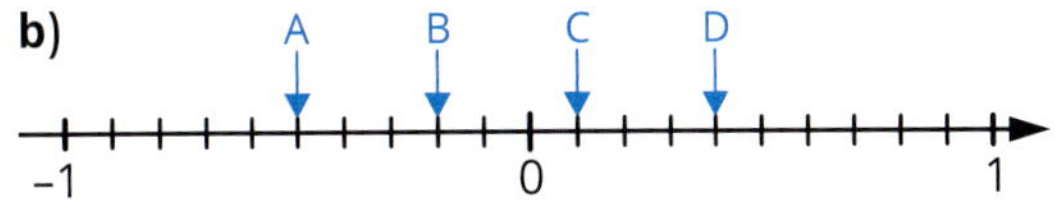


**2** Zeichne eine Zahlengerade in dein Heft und trage die Zahlen ein.

**a)** –50; 200; –25; 75; –150

**b)** –2,5; 5,5; 0; $-\frac{1}{2}$; $\frac{3}{2}$

**3** Bestimme die Temperaturänderung. Schreibe dafür folgenden Satz in dein Heft: *„Die Temperatur ist um ... °C gestiegen/gesunken."*

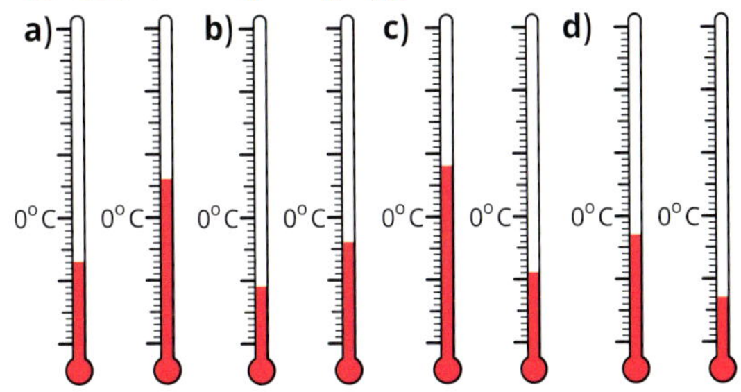


**4** Übertrage in dein Heft und setze > oder < ein.

**a)** –7 ▢ 7    **b)** 0,7 ▢ 0,77    **c)** –77 ▢ –7,7

**d)** –7 ▢ –7,7    **e)** –0,7 ▢ –0,07    **f)** –7 ▢ 0,7

**5** Addiere bzw. subtrahiere im Kopf.

**a)** –18 – 4    **b)** 9 – 9,5    **c)** –7 + 24

**d)** –23 + 16    **e)** 12 – 21    **f)** –13 – (–8)

**g)** 15 + (–7)    **h)** 14 – (–13)    **i)** –11 – 19

**6** Multipliziere bzw. dividiere im Kopf.

**a)** 4 · (–15)    **b)** –7 · 0,5    **c)** –9 · (–6)

**d)** –64 : 8    **e)** 4 : (–0,5)    **f)** –39 : (–3)

**g)** 2 · (–3) · 4    **h)** –10 · 3 · (–3)    **i)** 8 · (–4) : 16

**7** Rechne im Kopf.

**a)** 190 + 10 · 48    **b)** (190 + 10) · 48

**c)** 5125 – 125 : 5    **d)** (5125 – 125) : 5

**e)** 5 · (–6) + 3    **f)** (27 + 23) · (78 + 22)

**g)** 27 + (–48) : 12    **h)** 3 · (11 – 23)

# Tabellen und Grafiken, Koordinatensystem

### Tabellen und Grafiken

Wenn du eine Aufgabe mit Hilfe einer Tabelle oder Grafik lösen sollst, kannst du in zwei Schritten vorgehen:

**① Tabelle/Grafik einordnen**

- *Worum genau geht es?*
- *Welche Merkmale stehen in den Zeilen/ Spalten der Tabelle?*
- *Wie werden Informationen in der Grafik dargestellt?*
- *Gibt es eine Legende, in der Dinge erklärt sind?*

**② Werte/Informationen heraussuchen**

- *Welche Werte oder Informationen helfen dir bei der Lösung deiner Aufgabe?*
- *Kannst du die Werte direkt übernehmen oder musst du mit ihnen noch etwas ausrechnen?*

### Punkte P(x|y) in ein Koordinatensystem einzeichnen

Trage den x- und y-Wert vom Ursprung auf den Achsen bzw. parallel zu den Achsen ab.

| | positiv | negativ |
|---|---|---|
| x | waagerecht nach rechts → | waagerecht nach links ← |
| y | senkrecht nach oben ↑ | senkrecht nach unten ↓ |

### Punkte aus dem Koordinatensystem ablesen

Bestimme den Abstand des Punktes von der x-Achse und von der y-Ache.

Lies Punkt B ab.

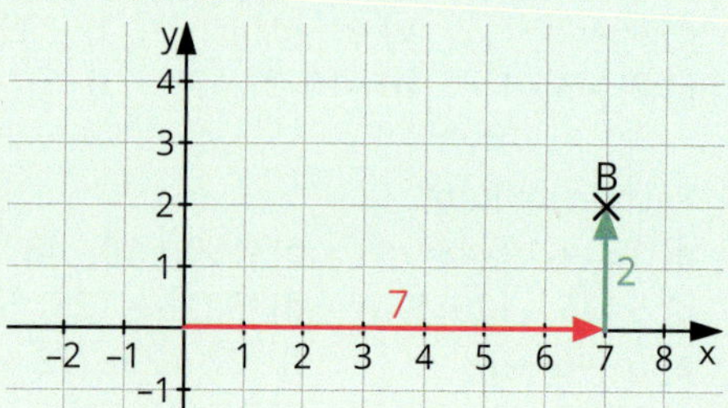


abgelesen: B(7|2)

**1**

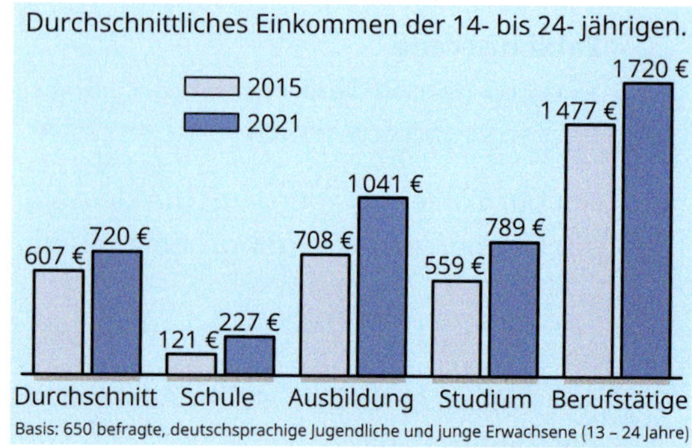


*Quelle: Bundesverband deutscher Banken e.V.*

Beurteile jeweils, ob die Aussage wahr ist, falsch ist oder ob man sie mit Hilfe der Grafik nicht beurteilen kann.

**a)** Das Einkommen von Jugendlichen hat sich zwischen 2015 und 2021 verdoppelt.

**b)** Mit höherem Alter steigt das Einkommen.

**c)** Ein Auszubildender verdient im Durchschnitt mehr als ein Student.

**d)** Berufstätige verdienen mehr als dreimal so viel wie der Durchschnitt.

**2** Familie Yasici (Herr und Frau Yasici, die 12-jährige Selma und die 5-jährige Idil) ist zu Besuch in Berlin und möchte Tickets für die öffentlichen Verkehrsmittel kaufen.

| | |
|---|---|
| Einzelfahrschein | 2,90 € |
| Einzelfahrschein Kinder* | 1,80 € |
| Kurzstrecke (max. 3 Stationen) | 1,90 € |
| Kurzstrecke Kinder | 1,40 € |
| Tageskarte | 8,60 € |
| Tageskarte Kinder | 5,50 € |

* Kinder unter 6 Jahren sind frei.

**a)** Am ersten Tag fährt die Familie zum 3 U-Bahn-Stationen entfernten Zoo. Berechne den Preis für die Fahrten zum Zoo und zurück.

**b)** Da die Familie am zweiten Tag insgesamt vier längere Fahrten macht, kauft Frau Yasici Tagestickets. Wie viel Euro spart sie dadurch im Vergleich zu den Einzelfahrscheinen?

**3** Zeichne die Punkte in ein Koordinatensystem und verbinde sie. Welches Viereck entsteht?

**a)** A(1|1), B(3|1), C(5|3), D(3|3)

**b)** A(−3|2), B(−3|−1), C(2|−1), D(2|2)

**c)** A(−2|0), B(−3|−2), C(−1|−3), D(0|−1)

**d)** A(0|−4), B(1|−2), C(0|0), D(−1|−2)

# Proportionale und antiproportionale Zuordnungen

## Proportionale Zuordnungen

Eine Zuordnung heißt **proportional**, wenn für sie gilt: Dem Doppelten (Dreifachen, ...) der ersten Größe entspricht das Doppelte (Dreifache, ...) der zweiten Größe.

| | Anzahl | Preis (€) | |
|---|---|---|---|
| | 2 | 5 | |
| ·3 | 6 | 15 | ·3 |
| ·2 | 12 | 30 | ·2 |

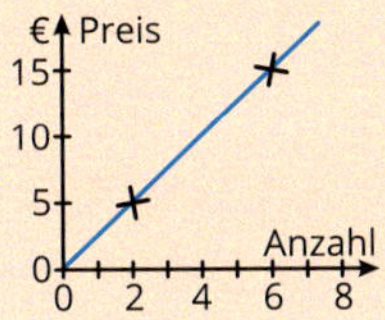


Die Wertepaare liegen auf einem **Strahl** vom Nullpunkt aus.

**Proportionaler Dreisatz:**

6 kg kosten 45 €. Wie teuer sind 10 kg?

| | kg | € | |
|---|---|---|---|
| | 6 | 45 | |
| :6 | 1 | 7,5 | :6 |
| ·10 | 10 | **75** | ·10 |

10 kg kosten 75 €.

## Antiproportionale Zuordnungen

Eine Zuordnung heißt **antiproportional**, wenn für sie gilt: Dem Doppelten (Dreifachen, ...) der ersten Größe entspricht die Hälfte (ein Drittel, ...) der zweiten Größe.

| | 1. Größe | 2. Größe | |
|---|---|---|---|
| | 12 | 10 | |
| :4 | 3 | 40 | ·4 |

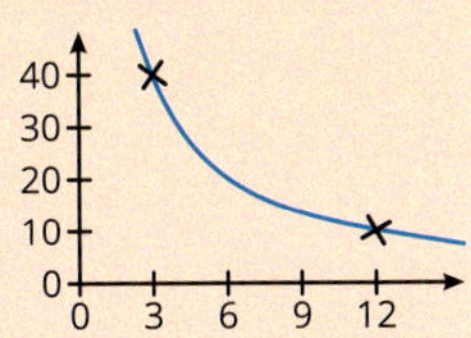


Die Wertepaare liegen auf einer **Hyperbel**.

**Antiproportionaler Dreisatz:**

5 Maschinen brauchen 12 Tage für eine bestimmte Arbeit. Wie lange brauchen 3 Maschinen dafür?

| | Anzahl | Tage | |
|---|---|---|---|
| | 5 | 12 | |
| :5 | 1 | 60 | ·5 |
| ·3 | 3 | **20** | :3 |

3 Maschinen brauchen 20 Tage.

**Bearbeite Aufgabe 1 bis 3 ohne Taschenrechner.**

**1** Bestimme die fehlenden Größen der proportionalen Zuordnung.

a)

| | |
|---|---|
| 6 | 48 |
| 1 | |
| 11 | |

b)

| | |
|---|---|
| 16 | 48 |
| 1 | |
| 15 | |

c)

| | |
|---|---|
| 9 | 36 |
| 1 | |
| 25 | |

**2** Bestimme die fehlenden Größen der antiproportionalen Zuordnung.

a)

| | |
|---|---|
| 8 | 24 |
| 1 | |
| 6 | |

b)

| | |
|---|---|
| 7 | 50 |
| 1 | |
| 10 | |

c)

| | |
|---|---|
| 20 | 5 |
| 1 | |
| 4 | |

**3** Überlege, bevor du die Aufgabe löst: proportional oder antiproportional?

**a)** 5 Rosen kosten 6 €. Wie viel € kosten 15 Rosen?
**b)** Eine Kiste Paprika ergibt zehn 6er-Beutel. Wie viele 3er-Beutel wären es?
**c)** Für drei Kinokarten zahlt Ivar 24 €. Wie viele Karten bekommt er für 96 €?
**d)** Bei 20 cm langen Schienenstücken braucht man acht Schienenstücke. Wie viele Schienenstücke braucht man bei 10 cm langen Stücken?
**e)** 2 kg Äpfel kosten 4,20 €. Wie viel kg bekommt man für 21 €?
**f)** Lena wandert mit 3 $\frac{km}{h}$ und braucht 40 min. Wie viele Minuten braucht sie für dieselbe Strecke mit dem Fahrrad bei 15 $\frac{km}{h}$?

**4** Ordne jeder Tabelle die passende Sachsituation zu.

a)

| | |
|---|---|
| 2 | 3,40 |
| 5 | 8,50 |
| 7 | 11,90 |

b)

| | |
|---|---|
| 20 | 18 |
| 60 | 6 |
| 12 | 30 |

c)

| | |
|---|---|
| 8 | 5 |
| 4 | 10 |
| 20 | 2 |

① Anzahl der Teilnehmer einer Busfahrt → Preis pro Person (in €) bei einem festen Gesamtpreis für die Fahrt

② Länge des Rechtecks (in cm) → Breite des Rechtecks (in cm) bei einem Flächeninhalt von 40 $cm^2$

③ Masse der Äpfel (in kg) → Preis der Äpfel (in €)

# Terme und Gleichungen

## Terme

Terme sind Rechenausdrücke. Terme können Variablen enthalten.
Wenn du für die Variablen Zahlen einsetzt, erhältst du eine Zahl als Ergebnis.
Als Vereinbarung gilt: $5x = 5 \cdot x$.

Berechne den Term $7 + 4x$ für $x = 3$.
$7 + 4 \cdot 3 = 7 + 12 = 19$

## Termumformungen

Vielfache derselben Variablen darfst du zusammenfassen.

$$6x + 8 - 2x + 14 = 6x - 2x + 8 + 14$$
$$= 4x + 22$$

Du multiplizierst Terme, indem du Zahlen mit Zahlen und Variablen mit Variablen multiplizierst.

$$3xy \cdot 5x = 3 \cdot 5 \cdot x \cdot x \cdot y$$
$$= 15x^2y$$

## Gleichungen

Eine Zahl, die beim Einsetzen in eine Gleichung eine wahre Aussage liefert, heißt Lösung der Gleichung.
Du kannst Gleichungen durch folgende Umformungen vereinfachen:
① Du darfst die Gleichung auf jeder Seite so weit wie möglich zusammenfassen.
② Du darfst auf beiden Seiten dasselbe addieren oder subtrahieren.
③ Du darfst beide Seiten mit derselben Zahl außer Null multiplizieren oder durch sie dividieren.

$5 + 2x - 21 = 3x + 8 - 7x$
$2x - 16 = -4x + 8 \quad | +4x$
$6x - 16 = 8 \quad | +16$
$6x = 24 \quad | :6$
$x = 4$

Probe:
Linke Seite: $5 + 2 \cdot 4 - 21 = -8$
Rechte Seite: $3 \cdot 4 + 8 - 7 \cdot 4 = -8$
Die Probe stimmt, also $L = \{4\}$.

**Bearbeite Aufgabe 1 bis 4 ohne Taschenrechner.**

**1** Finde den Fehler und berichtige ihn.

**a)** $10 - 2x + 7$ für $x = -3$
$10 - 2 - 3 + 7 = 12$

**b)** $2 + 8x - (4 - x)$ für $x = 5$
$2 + 8 \cdot 5 - (4 - 5) = 10 \cdot 5 + 1 = 51$

**2** Berechne den Wert des Terms für die angegebenen Zahlen.
**a)** $5x - 23$ für $x = 4$.
**b)** $8a + 5b$ für $a = 2$ und $b = -2$.
**c)** $3(10 - 2t)$ für $t = 3$.

**3** Schreibe so kurz wie möglich.
**a)** $3x - 7 + 2x - 1 + x + 9 - 4x$
**b)** $5a - 3b + 12 - b + 4a - 9$

**4** Multipliziere die Terme.
**a)** $6x \cdot 8y$ **b)** $12a \cdot (-10b)$
**c)** $9a \cdot 5ab$ **d)** $-2xy \cdot 4yz \cdot 6z$

**5** Entscheide mit Hilfe einer Rechnung: Ist die angegebene Zahl Lösung der Gleichung?
**a)** $-3(2x - 8) = 30$ Zahl: $x = -1$
**b)** $8 - 4x = -13 + 3x$ Zahl: $x = 3$

**6** Schreibe das Zahlenrätsel als Gleichung. Welche der angegebenen Zahlen ist Lösung der Gleichung?

**a)** Verdoppelt man eine Zahl und subtrahiert 15, so lautet das Ergebnis 3.
**b)** Das Sechsfache einer Zahl ist genauso groß wie das Doppelte der Zahl vermehrt um 20.
**c)** Vermindert man 35 um das Dreifache einer Zahl, so erhält man das Doppelte der Zahl.

**7** Löse die Gleichung.
**a)** $8x + 7 = 5x + 31$ **b)** $9y + 8 - 6y - 12 = 20$
**c)** $7a + 6 = 10a - 6$ **d)** $5 - 8x - 13 = 3x + 14$

**8** Berechne die Länge x.
**a)** Umfang: 45 cm

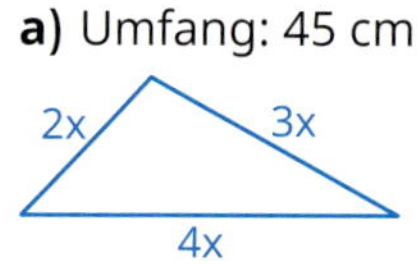


**b)** Umfang: 34 m

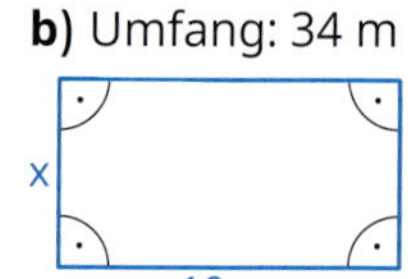

# Prozentrechnung

### Prozentsätze

Brüche mit dem Nenner 100 kannst du in der Prozentschreibweise notieren.

$1\,\% = \frac{1}{100} = 0{,}01$ $10\,\% = \frac{10}{100} = \frac{1}{10} = 0{,}1$

$20\,\% = \frac{20}{100} = \frac{1}{5} = 0{,}2$ $25\,\% = \frac{25}{100} = \frac{1}{4} = 0{,}25$

$50\,\% = \frac{50}{100} = \frac{1}{2} = 0{,}5$ $100\,\% = \frac{100}{100} = 1$

### Grundbegriffe der Prozentrechnung

Der Grundwert G ist die Menge oder Anzahl, der 100 % zugeordnet werden.
Der Prozentwert W ist ein Anteil vom Grundwert. Er hat die gleiche Einheit wie G.
Der Prozentsatz p % beschreibt das Verhältnis vom Prozentwert zum Grundwert. Du gibst ihn in Prozent an.

| 30 % | von | 400 kg | sind | 120 kg |
|---|---|---|---|---|
| Prozentsatz p % | | Grundwert G | | Prozentwert W |

### Die Berechnung des Prozentwertes W

*Berechne 8 % von 600 €.*

***Dreisatz***

| | | | |
|---|---|---|---|
| | 100 % | 600 € | |
| : 100 | 1 % | 6 € | : 100 |
| · 8 | 8 % | **48 €** | · 8 |

***Prozentformel***

$W = G \cdot p\,\%$
$W = 600\,€ \cdot 0{,}08$
$\mathbf{W = 48\,€}$

### Die Berechnung des Grundwertes G

*Von wie viel € sind 8 % genau 32 €?*

***Dreisatz***

| | | | |
|---|---|---|---|
| | 8 % | 32 € | |
| : 8 | 1 % | 4 € | : 8 |
| · 100 | 100 % | **400 €** | · 100 |

***Prozentformel***

$W = G \cdot p\,\%$
$32\,€ = G \cdot 0{,}08 \;|\; : 0{,}08$
$\mathbf{G = \frac{32\,€}{0{,}08} = 400\,€}$

### Die Berechnung des Prozentsatzes p %

*Wie viel Prozent sind 12 m von 20 m?*

***Dreisatz***

| | | | |
|---|---|---|---|
| | 20 m | 100 % | |
| : 20 | 1 m | 5 % | : 20 |
| · 12 | 12 m | **60 %** | · 12 |

***Prozentformel***

$W = G \cdot p\,\%$
$12\,m = 20\,m \cdot p\,\% \;|\; : 20\,m$
$p\,\% = \frac{12\,m}{20\,m}$
$\mathbf{p\,\% = 0{,}6 = 60\,\%}$

**Bearbeite Aufgabe 1 bis 3 ohne Taschenrechner.**

**1** Gib den gefärbten Anteil der Fläche als Bruch, Dezimalzahl und als Prozentsatz an.

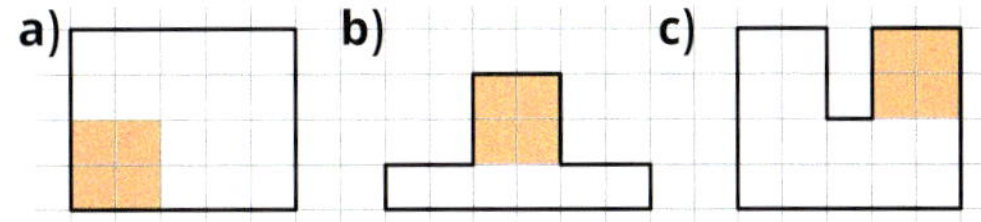


**2** Gib einen passenden Prozentsatz an.
**a)** Jedes vierte Los gewinnt.
**b)** Drei Viertel des Kuchens sind noch übrig.
**c)** Vier von fünf Deutschen nutzen ein Smartphone.

**3** Welcher Wert (G, W oder p %) fehlt? Berechne ihn im Kopf.
**a)** Lena hat bereits 20 % ihrer 60 km langen Fahrradtour hinter sich gelegt.
**b)** Für die Reise müssen 10 % des Preises angezahlt werden. Das sind 183 €.
**c)** Malik hat bei der Klassensprecherwahl 11 von 20 Stimmen erhalten.

**4** Der Preis einer Jacke betrug 199,– €. Er wird um 15 % reduziert. Berechne den neuen Preis.

**5** Ein Fahrrad kostet 480,00 € netto. Zum Nettopreis kommen 19 % Mehrwertsteuer hinzu. Berechne den Verkaufspreis.

**6** Jeden Monat spart Murat 136 €. Das sind 16 % seines Ausbildungsgehalts als Kosmetiker. Berechne die Höhe von Murats Gehalt.

**7** In Roberts Autotank befinden sich 27 ℓ Benzin. Damit ist der Tank zu 45 % gefüllt. Wie viele Liter fasst der Tank insgesamt?

**8** Ein Fernseher wird von 1 199,– € auf 990,– € reduziert. Berechne, um wie viel Prozent der Preis herabgesetzt wurde. Runde ganzzahlig.

**9** Valentin macht eine Ausbildung zum Hörakustiker. Im ersten Ausbildungsjahr verdient er 800 €, im zweiten 880 € und im dritten 1 000 €. Berechne den prozentualen Gehaltsanstieg nach dem ersten und nach dem zweiten Lehrjahr.

# Umgang mit Größen und Einheiten

### Maßeinheiten für Längen

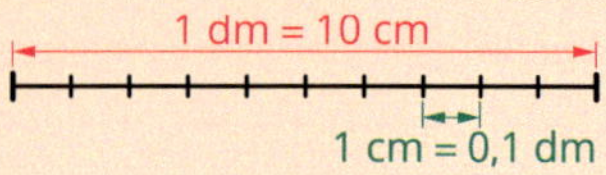


1 m = 10 dm
1 dm = 10 cm
1 cm = 10 mm
1 km = 1 000 m

### Maßeinheiten für Flächen

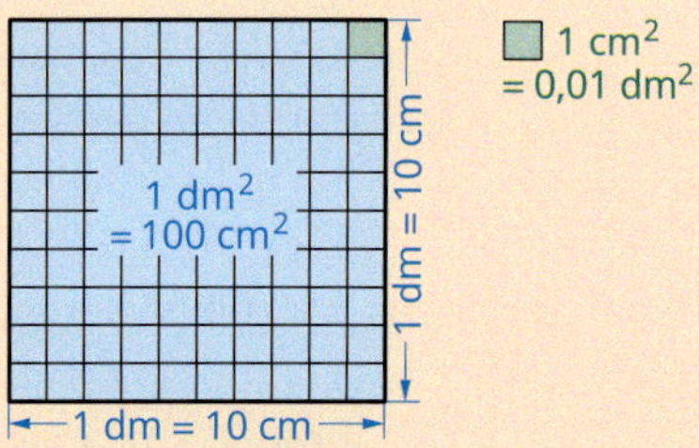


1 km² = 100 ha
1 ha = 100 a
1 a = 100 m²
1 m² = 100 dm²
1 dm² = 100 cm²
1 cm² = 100 mm²

### Maßeinheiten für Volumina

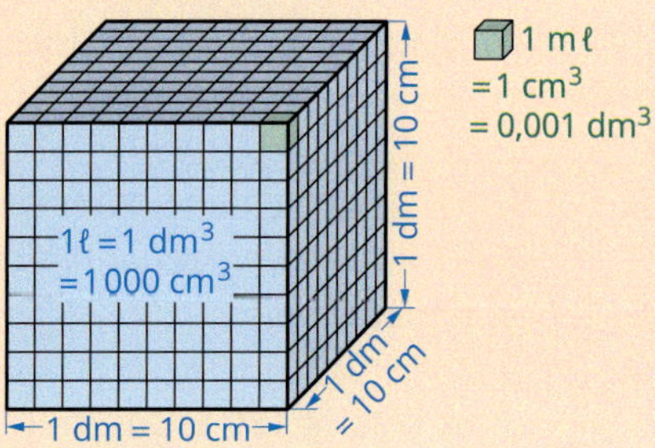


1 m³ = 1 000 dm³
1 dm³ = 1 000 cm³
1 cm³ = 1 000 mm³
1 dm³ = 1 ℓ
1 cm³ = 1 mℓ

### Maßeinheiten für Zeiten

1 Jahr = 365 Tage
1 h = 60 min
1 Tag = 24 h
1 min = 60 s

### Maßeinheiten für Massen

1 t = 1 000 kg
1 kg = 1 000 g
1 g = 1 000 mg

3,5 kg = 3 500 g (· 1 000 → ; ← : 1 000)

**Bearbeite Aufgabe 1 bis 7 ohne Taschenrechner.**

**1** In welcher Einheit misst du?
**a)** Länge einer Ameise
**b)** Flugstrecke in die Türkei
**c)** Körpergröße eines Babys
**d)** Sprintstrecke

**2** Gib die passende Einheit an.
**a)** Wohnungsgröße
**b)** Inhalt eines Gastanks
**c)** Größe eines Baumes
**d)** Inhalt eines Müllcontainers

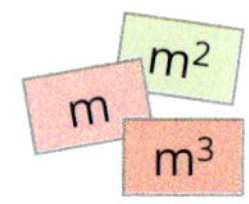


**3** Wandle die Längeneinheit um.
**a)** 67 cm = ☐ mm **b)** 67 mm = ☐ cm
**c)** 1,4 m = ☐ cm **d)** 65 cm = ☐ m
**e)** 0,8 km = ☐ m **f)** 15 400 m = ☐ km

**4** Wandle die Flächeneinheit um.
**a)** 3,55 m² = ☐ dm² **b)** 27 cm² = ☐ dm²
**c)** 1 200 m² = ☐ a **d)** 0,3 km² = ☐ ha
**e)** 6 250 a = ☐ ha **f)** 1,2 cm² = ☐ mm²

**5** Wandle die Volumeneinheit um.
**a)** 2 500 cm³ = ☐ dm³ **b)** 0,5 m³ = ☐ dm³
**c)** 1,5 dm³ = ☐ ℓ **d)** 0,33 ℓ = ☐ mℓ
**e)** 85 000 cm³ = ☐ ℓ **f)** 1,2 mℓ = ☐ mm³

**6** Schreibe in der angegebenen Einheit.
**a)** 240 min = ☐ h **b)** 3 min = ☐ s
**c)** 5 Tage = ☐ h **d)** 1 h = ☐ s
**e)** $1\frac{1}{2}$ h = ☐ min **f)** $\frac{3}{4}$ h = ☐ min

**7** Schreibe in der angegebenen Einheit.
**a)** 2,5 t = ☐ kg **b)** 900 kg = ☐ t
**c)** 2 500 g = ☐ kg **d)** 0,75 kg = ☐ g
**e)** 100 mg = ☐ g **f)** 12 g = ☐ mg

**8** Bestimme die ungefähre Größe des abgebildeten Buckelwals. Schätze dazu die benötigten Größen. Notiere deinen Lösungsweg.

# Winkel

### Winkel messen

① Lege die Nullmarke deines Geodreiecks auf den Scheitelpunkt.
② Lege die lange Kante des Geodreiecks an einen Schenkel an.
③ Lies am anderen Schenkel den Winkel ab (auf der richtigen Skala).

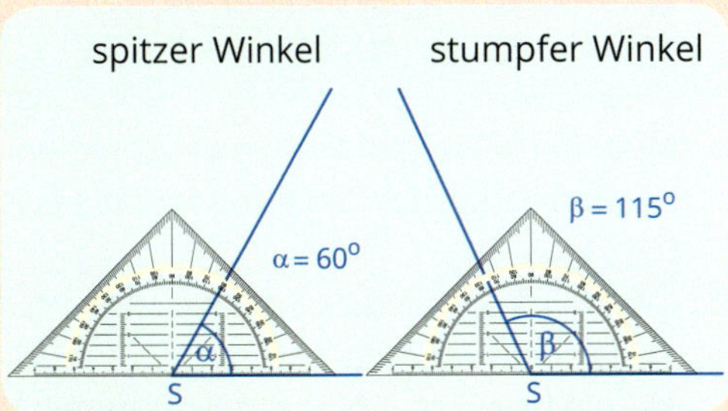


### Winkelpaare

**Nebenwinkel**
ergänzen sich zu 180°.

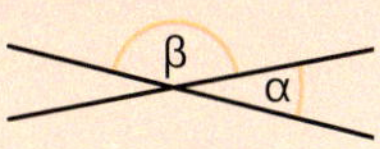


**Scheitelwinkel**
sind gleich groß.

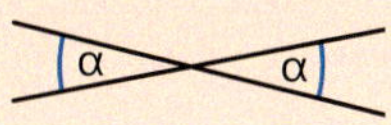


**Stufenwinkel**
sind gleich groß.

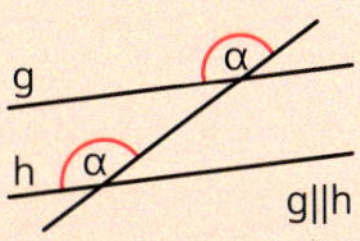


**Wechselwinkel**
sind gleich groß.

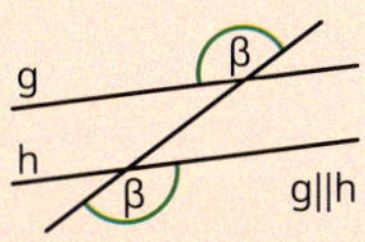


### Winkel in Figuren

**Dreieck**
In jedem Dreieck beträgt die Winkelsumme 180°:
**$\alpha + \beta + \gamma = 180°$**

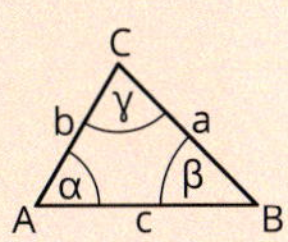


Im **gleichschenkligen Dreieck** sind zwei Basiswinkel gleich groß, im **gleichseitigen Dreieck** sind alle Winkel 60° groß.

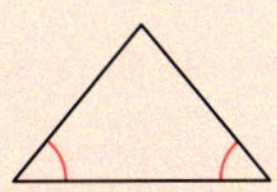


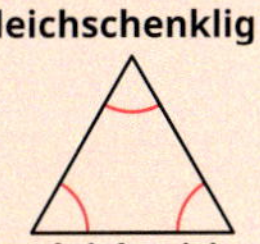


**Viereck**
In jedem Viereck beträgt die Winkelsumme 360°:
**$\alpha + \beta + \gamma + \delta = 360°$**

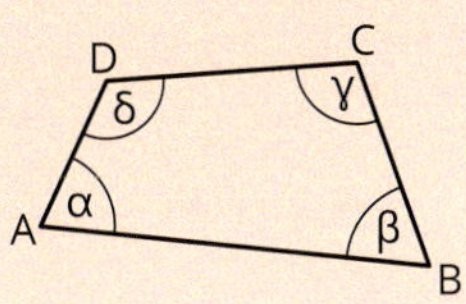


**1** Miss den Winkel mit dem Geodreieck.
**a)** **b)** **c)**

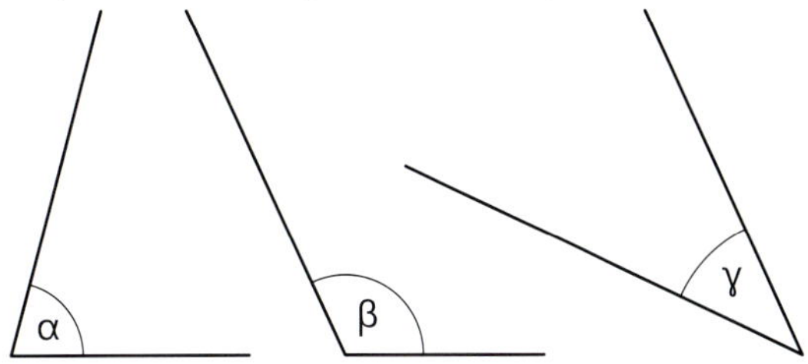


**2** Bestimme die Größe der Winkel α und β.

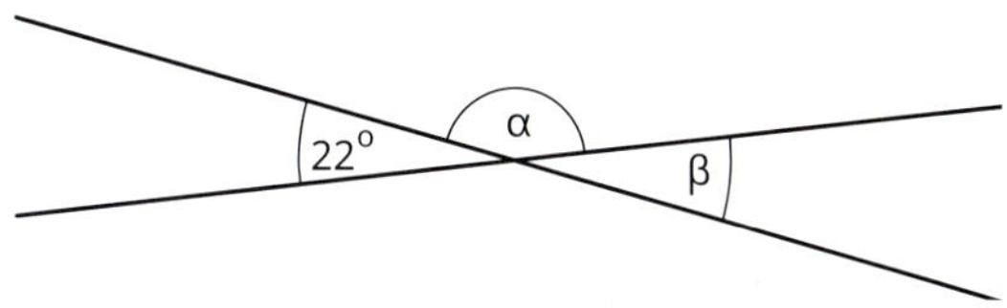


**3** In der Figur sind die Geraden g und h parallel. Bestimme die eingezeichneten Winkel.
**a)**

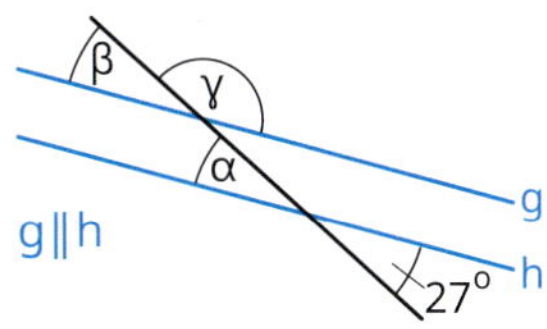


**b)**

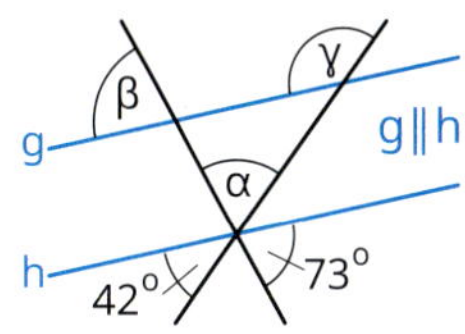


**4** Bestimme die Größe der fehlenden Winkel im Dreieck.
**a)**

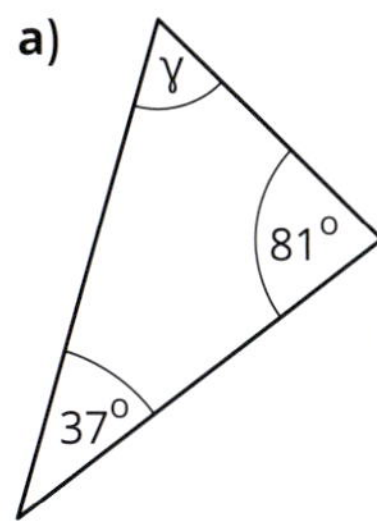


**b)**

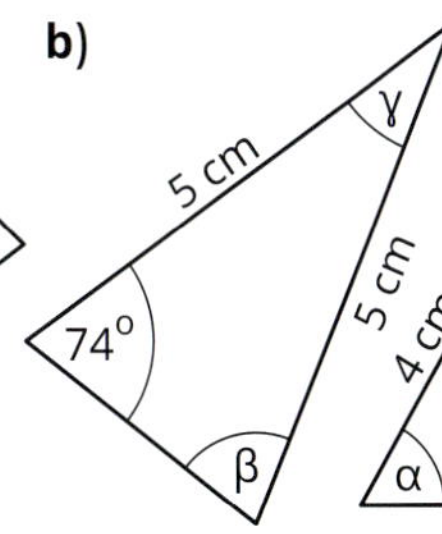


**c)**

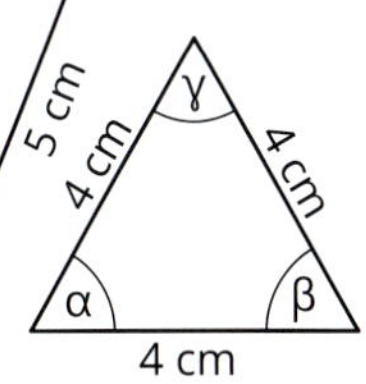


**5** Gib die Größe des gesuchten Winkels an.
**a)**

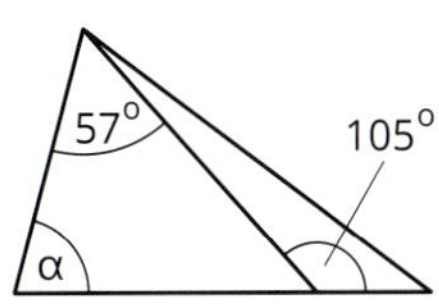


**b)**

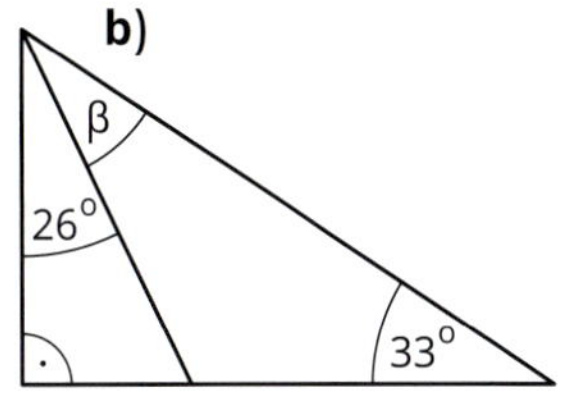


**6** In einem Viereck gilt $\alpha = 43°$, $\beta = 101°$ und $\gamma = 87°$. Berechne die Größe des Winkels δ.

# Abstand, Symmetrie und Maßstab

**Abstand**

Der Abstand ist die kürzeste Verbindung zwischen zwei Orten. Den Abstand eines Punktes P von einer Geraden g misst du mit Hilfe einer zu g senkrechten Strecke durch den Punkt P.

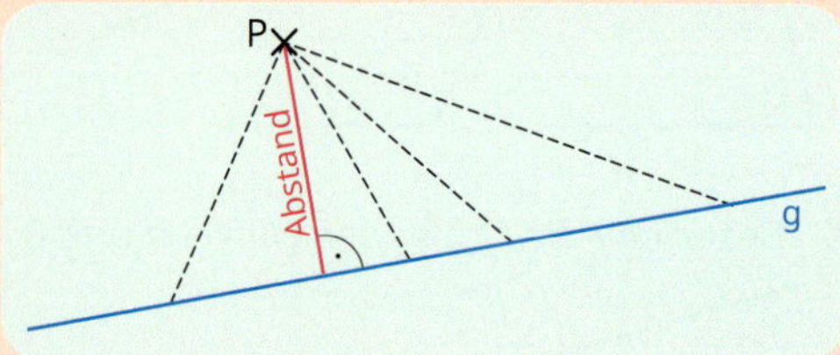


**Achsensymmetrie**

Eine Figur heißt achsensymmetrisch, wenn du sie an einer Spiegelachse so spiegeln kannst, dass die Figur mit sich selbst zur Deckung kommt. Die Spiegelachse heißt dann Symmetrieachse.

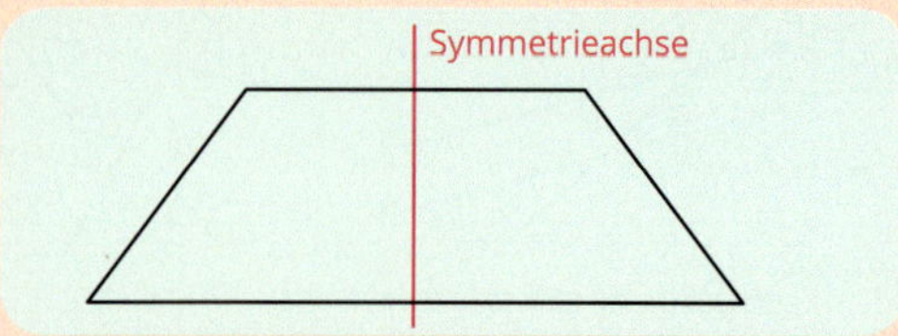


**Punktsymmetrie**

Eine Figur heißt punktsymmetrisch, wenn du sie an einem Punkt Z so spiegeln kannst, dass die Figur auf sich selbst gespiegelt wird. Z heißt Symmetriezentrum.

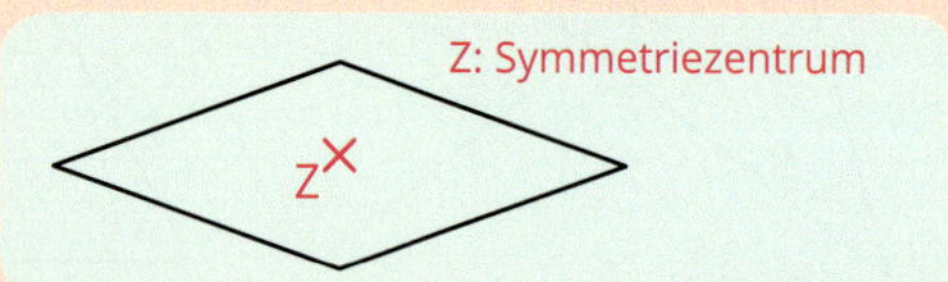


**Maßstab**

Der Maßstab gibt an, in welchem Verhältnis die Länge auf einem Bild zu der Länge in Wirklichkeit steht.

Verkleinerung der Wirklichkeit:

Maßstab 1 : 5 bedeutet:

1 cm auf dem Bild sind 5 cm in Wirklichkeit.

Vergrößerung der Wirklichkeit:

Maßstab 5 : 1 bedeutet:

5 cm auf dem Bild sind 1 cm in Wirklichkeit.

**1**

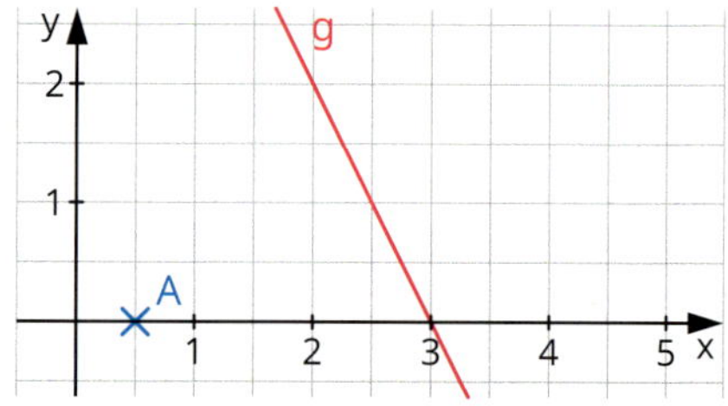


**a)** Übertrage die Abbildung in dein Heft und miss den Abstand des Punktes A zur Geraden g.

**b)** Spiegele den Punkt A an der Geraden g und gib die Koordinaten des Bildpunktes A' an.

**2** Gib an: Ist das Viereck achsensymmetrisch? Ist es punktsymmetrisch?

**a)** Rechteck **b)** Parallelogramm
**c)** Raute **d)** gleichschenkliges Trapez

**3** Gib die Anzahl der Symmetrieachsen an.

**a)**

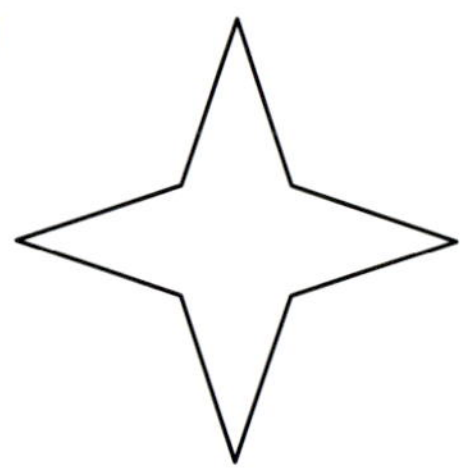

**b)**

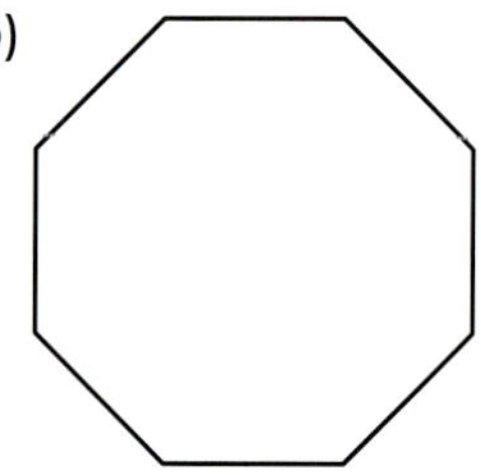

**4** Berechne die wirkliche Länge der Blattlaus.

**5** **a)** Bestimme die Luftlinienentfernung der Städte Münster und Hannover.

**b)** Welche Stadt ist 50 km von Münster entfernt: Dortmund oder Bielefeld?

# Dreiecke und Vierecke

**Beschriftung von Dreiecken und Vierecken**
Benenne die Eckpunkte mit Großbuchstaben, die Seiten mit Kleinbuchstaben und die Winkel mit griechischen Buchstaben. Die Benennung erfolgt immer gegen den Uhrzeigersinn.

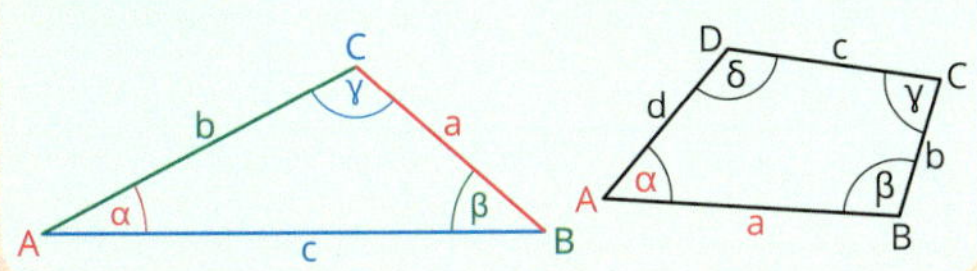


**Dreieckskonstruktionen**

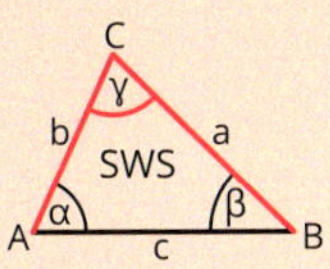


- Strecke $\overline{AC}$ zeichnen
- Winkel γ antragen
- Strecke $\overline{BC}$ abtragen

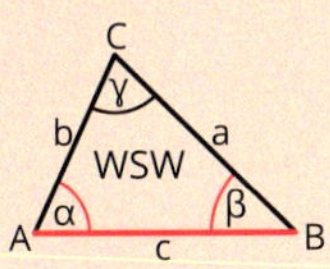


- Strecke $\overline{AB}$ zeichnen
- Winkel α, β antragen

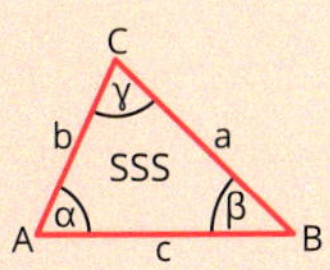


- Strecke $\overline{AB}$ zeichnen
- um A Kreis mit Radius b, um B Kreis mit Radius a

**Haus der Vierecke**
Jedes Viereck besitzt die Eigenschaften des verbundenen, darüber liegenden Vierecks.

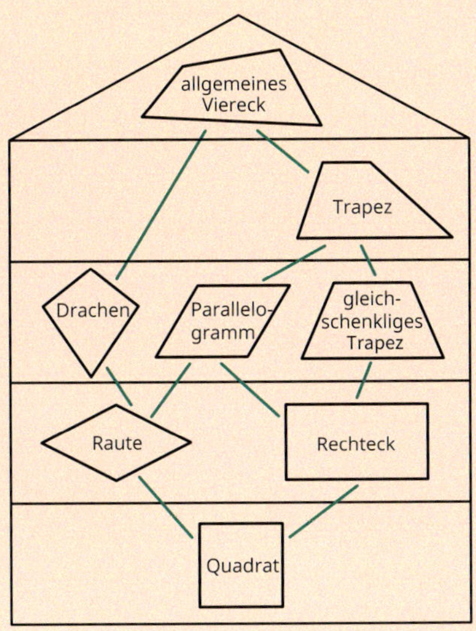


**1** Skizziere die Figur in deinem Heft und vervollständige die Beschriftung.

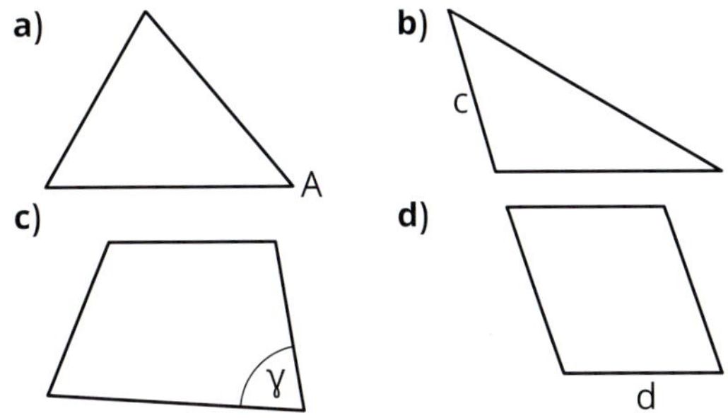


**2**

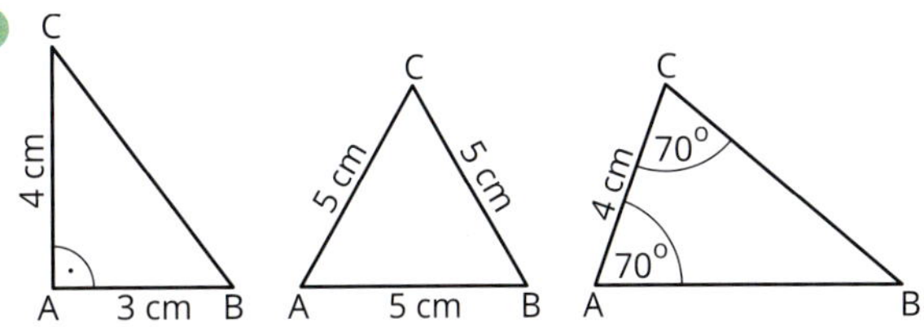


**a)** Ordne die passende Dreiecksart zu.

| gleichschenkliges Dreieck | gleichseitiges Dreieck | rechtwinkliges Dreieck |
|---|---|---|

**b)** Konstruiere die drei Dreiecke und bestimme fehlende Seiten und Winkel durch Messen.

**3**

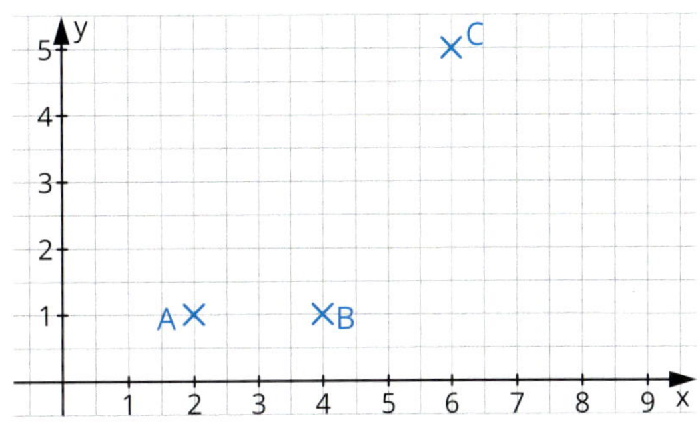


Gib die Koordinaten eines Punktes D an, so dass das Viereck ABCD ein …
**a)** … Parallelogramm ist,
**b)** … gleichschenkliges Trapez ist,
**c)** … Drachen ist.

**4** Entscheide, ob die Aussage wahr oder falsch ist. Begründe deine Entscheidung.
**a)** Im Parallelogramm sind gegenüberliegende Seiten gleich lang.
**b)** In einer Raute sind alle Winkel gleich groß.
**c)** Jedes Parallelogramm ist ein Trapez.
**d)** Jedes Quadrat ist ein Drachen.
**e)** Jedes Rechteck ist ein Quadrat.

# Flächenberechnung

## Flächeninhalte durch Auslegen berechnen

Wenn du eine Fläche mit Maßquadraten auslegst, kannst du ihre Größe ermitteln.

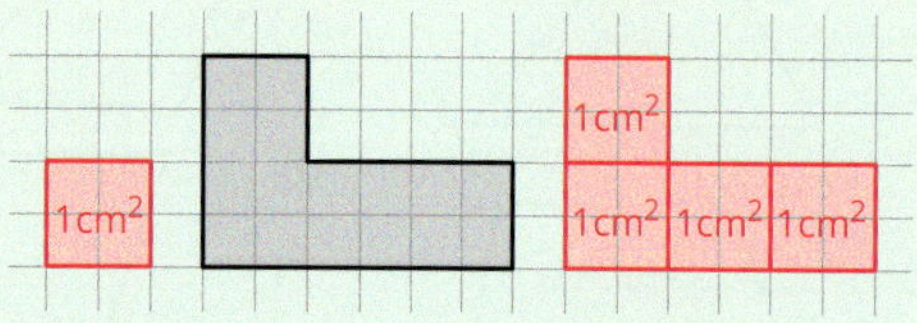


Der Flächeninhalt beträgt 4 cm².

## Flächeninhalts- und Umfangsformeln

**Quadrat**

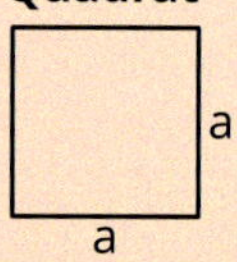


$A = a \cdot a = a^2$

$u = 4 \cdot a$

**Rechteck**

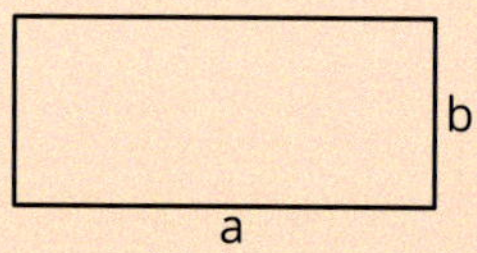


$A = a \cdot b$

$u = 2 \cdot a + 2 \cdot b$

**Dreieck**

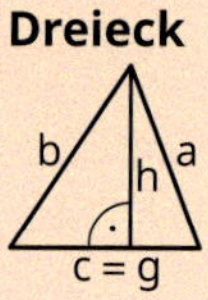


$A = \frac{g \cdot h}{2}$

$u = a + b + c$

**Parallelogramm**

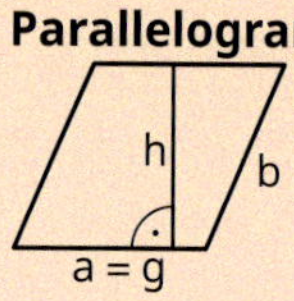


$A = g \cdot h$

$u = 2 \cdot a + 2 \cdot b$

## Flächeninhalt zusammengesetzter Flächen

Den Flächeninhalt A einer zusammengesetzten Fläche kannst du auf zwei Wegen berechnen:

- durch Zerlegen und Addieren
- durch Ergänzen und Subtrahieren

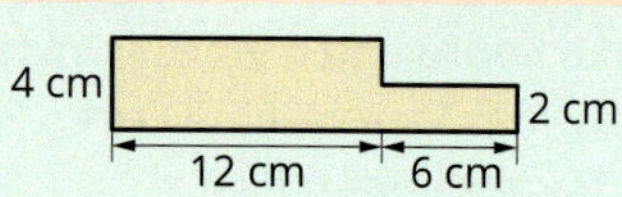


1.

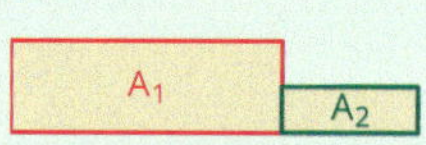


$A_1 = 12\text{ cm} \cdot 4\text{ cm}$
$= 48\text{ cm}^2$

$A_2 = 6\text{ cm} \cdot 2\text{ cm}$
$= 12\text{ cm}^2$

$A = A_1 + A_2$
$= 48\text{ cm}^2 + 12\text{ cm}^2$
$= 60\text{ cm}^2$

2.

$A_3 = 18\text{ cm} \cdot 4\text{ cm}$
$= 72\text{ cm}^2$

$A_4 = 6\text{ cm} \cdot 2\text{ cm}$
$= 12\text{ cm}^2$

$A = A_3 - A_4$
$= 72\text{ cm}^2 - 12\text{ cm}^2$
$= 60\text{ cm}^2$

**Bearbeite Aufgabe 1 und 3 ohne Taschenrechner.**

**1** Das rote Quadrat hat einen Flächeninhalt von 4 cm² und einen Umfang von 8 cm. Bestimme den Flächeninhalt und den Umfang des blauen Rechtecks.

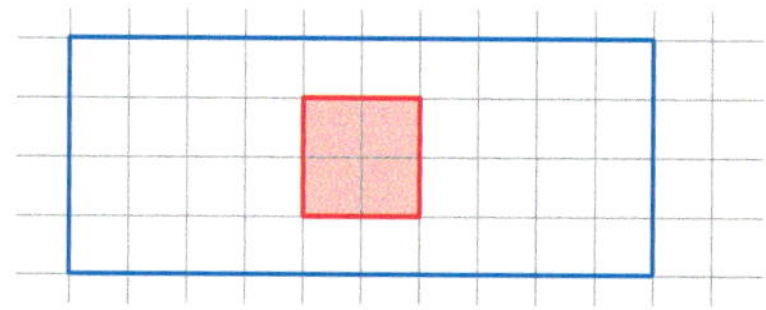

**2** Berechne den Flächeninhalt und den Umfang der Figur.

**a)**

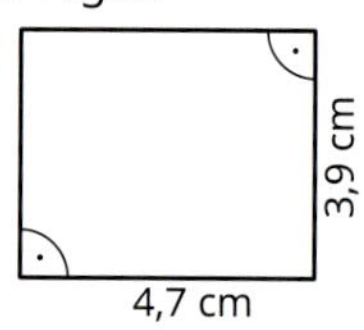


**b)**

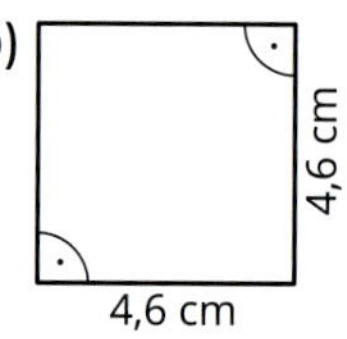


**c)**

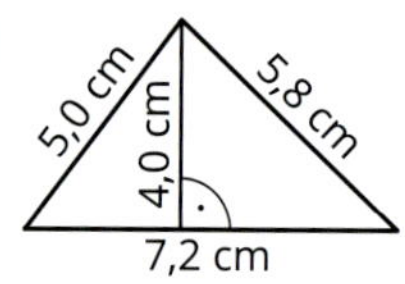


**d)**

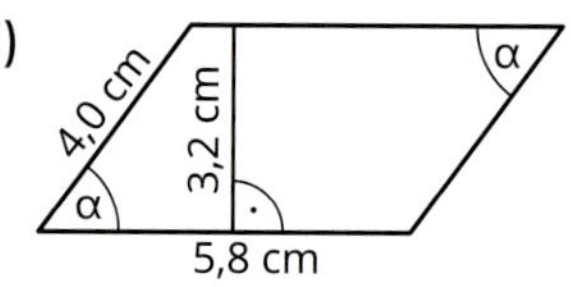


**3** Aus einem Einstellungstest für eine Ausbildung als Tischler/in:
Kreuze alle richtigen Aussagen an. Der Inhalt einer rechteckigen Fläche von 50 mm x 7 cm beträgt...

- ☐ 3 500 mm²
- ☐ 350 cm²
- ☐ 0,35 dm²
- ☐ 0,35 m²

**4** Bestimme den Flächeninhalt und den Umfang der grünen Figur.

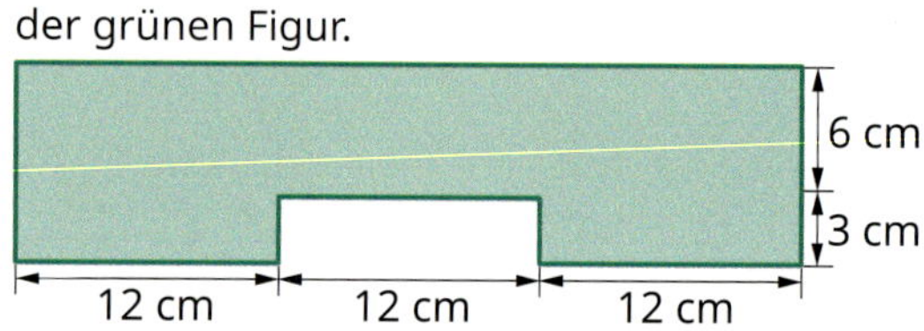


**5** Berechne die gesuchte Größe.

**a)**

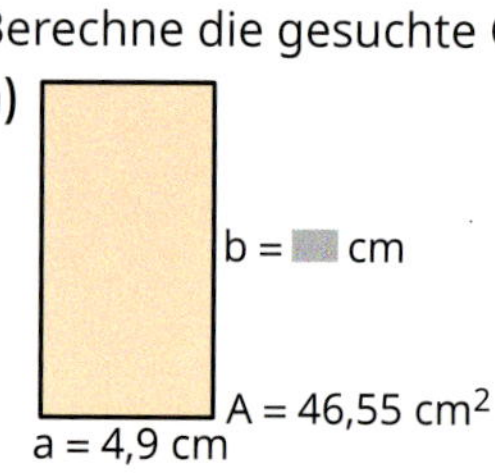


**b)**

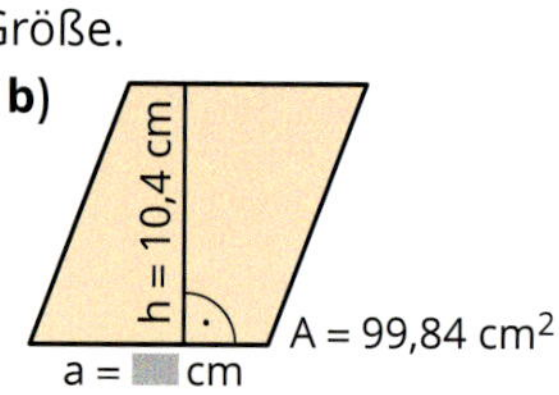

# Schrägbilder und Netze

### Schrägbilder zeichnen

① Zeichne die Kanten der Vorderfläche in Originalgröße.
② Zeichne senkrecht nach hinten laufende Kanten im Winkel von 45° mit halber Länge. Nicht sichtbare Kanten werden gestrichelt gezeichnet.
③ Zeichne alle fehlenden Kanten. Nicht sichtbare Kanten werden gestrichelt gezeichnet.

*Zeichne das Schrägbild eines Würfels mit der Kantenlänge 1,5 cm.*

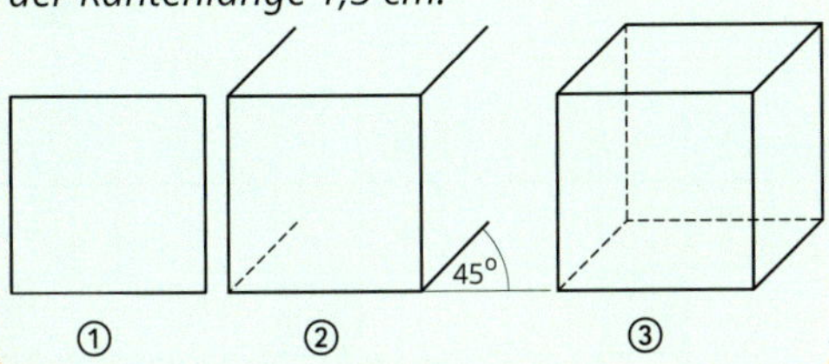


### Würfel- und Quadernetze

**Quadernetze** bestehen aus 6 Rechtecken, von denen jeweils 2 kongruent sind.

Quader Quadernetz

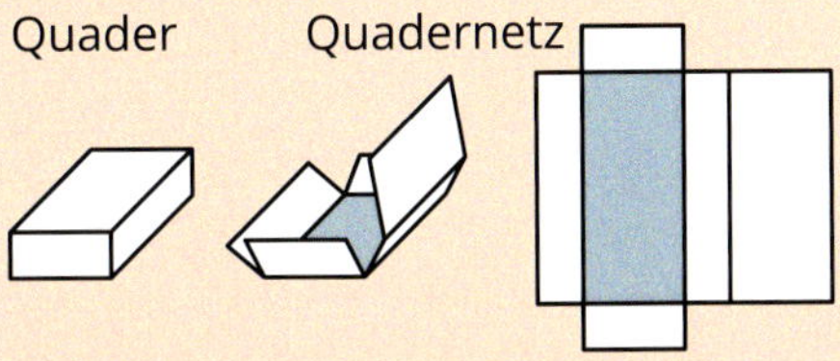

**Würfelnetze** bestehen aus 6 Quadraten, die alle kongruent sind.

Würfel Würfelnetz

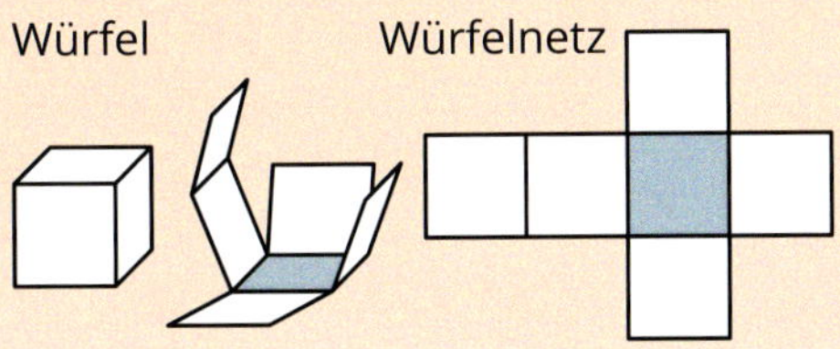

*Zeichne das Netz des Quaders.*

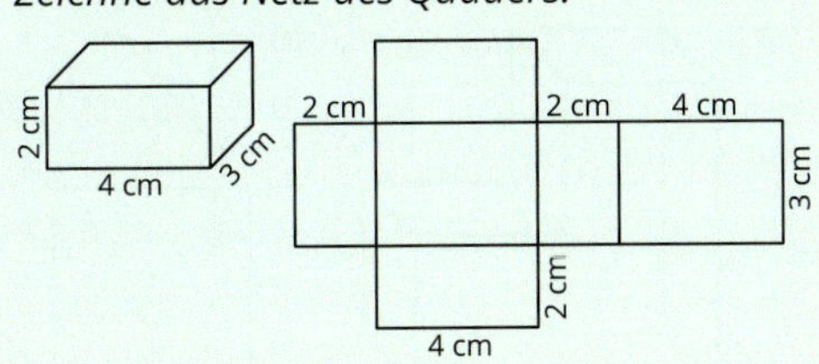


**1** Zeichne das Schrägbild eines Würfels mit der Kantenlänge 4 cm.

**2** Zeichne das Schrägbild eines Quaders mit den Kantenlängen a = 6 cm, b = 4 cm und c = 2 cm.

**3** Zeichne das Netz des abgebildeten Körpers.

**a)**

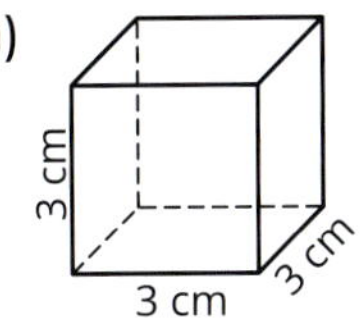


**b)**

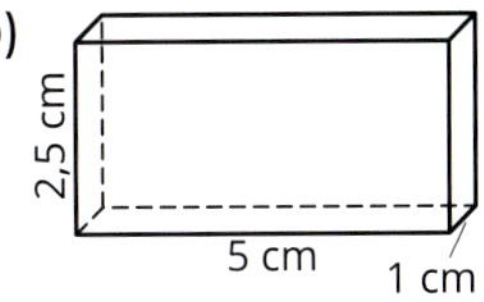


**4** Übertrage die Abbildung in dein Heft und ergänze sie zu einem Quadernetz.

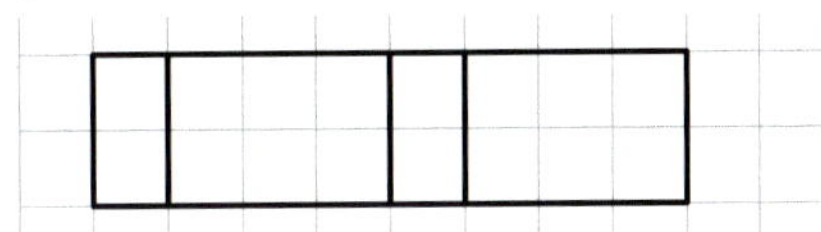

**5** Wähle aus, welches der Netze zum abgebildeten Körper gehört.

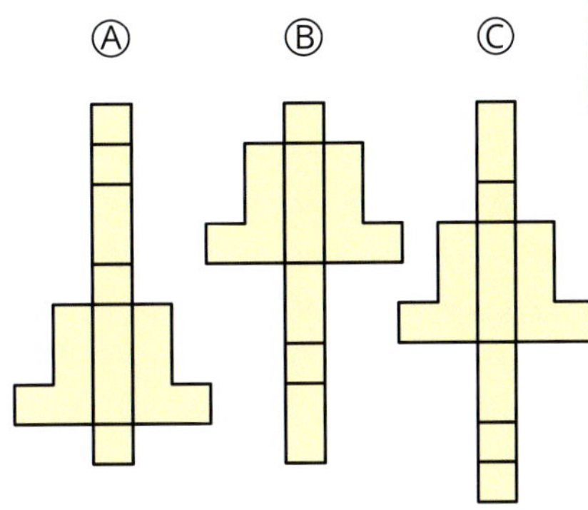


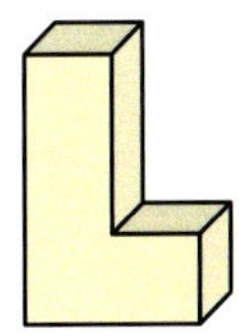

**6** **a)** Welcher Körper, A oder B, gehört zum abgebildeten Netz?
**b)** Skizziere in deinem Heft ein Netz, das zum anderen Körper passt.

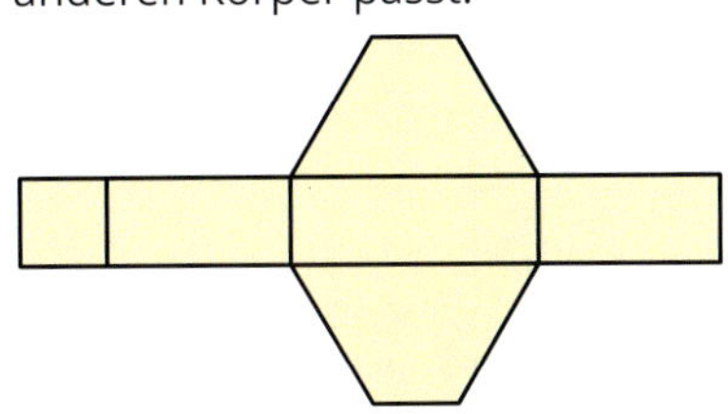

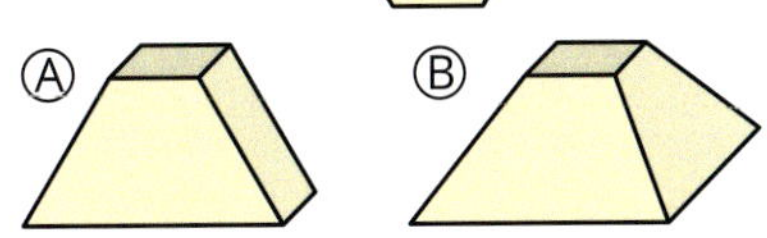

# Kopfgeometrie

**Kopfgeometrie**

Aufgaben zur Kopfgeometrie kannst du mit den folgenden Schritten lösen.

① Lies die Aufgabe genau durch. Markiere wichtige Informationen oder schreibe sie heraus.
② Versuche, dir die Aufgabe im Kopf vorzustellen. Dabei musst du räumlich denken und Dinge im Kopf verschieben oder bewegen.
③ Wenn du dir unsicher bist, zeichne Dinge auf oder bastle sie aus Papier.
④ Bearbeite dann die Aufgabe.

① *Lies die Aufgabe und markiere wichtige Informationen.*
Vervollständige die Beschriftung des Würfelnetzes, so dass die Augensumme gegenüberliegender Flächen immer 7 beträgt.

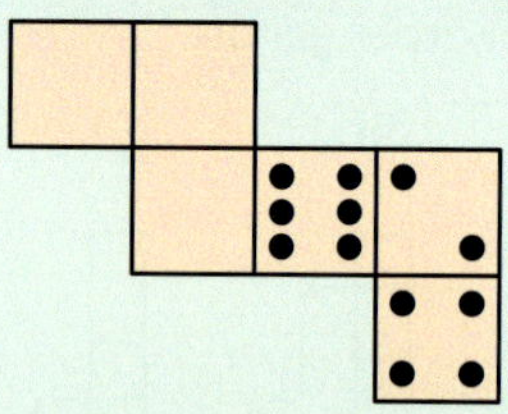

② *Falte den Würfel im Kopf zusammen und überlege, welche Flächen sich gegenüberliegen.*

③ *Wenn du dir unsicher bist, bastle das Netz aus Papier.*

④ *Vervollständige die Beschriftung.*

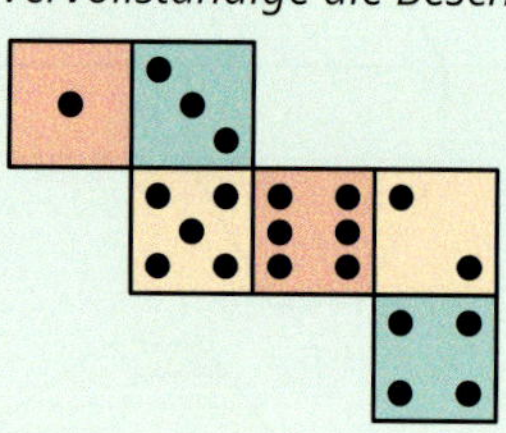

**1** Übertrage das Würfelnetz in dein Heft. Vervollständige dann die Beschriftung, so dass die Augensumme gegenüberliegender Flächen immer 7 beträgt.

a)
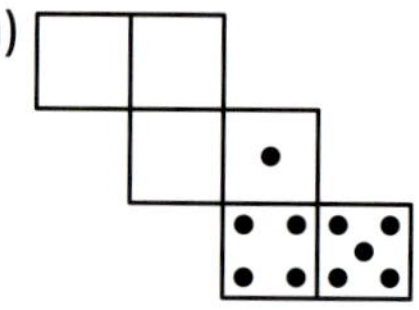

b)
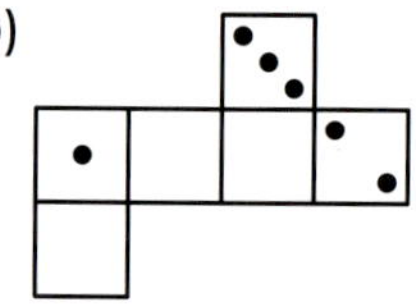

**2** Welche Würfelnetze könnten zum abgebildeten Würfel passen?

**3** Skizziere das Netz des Würfels, wenn er entlang der roten Markierung aufgeschnitten wird.

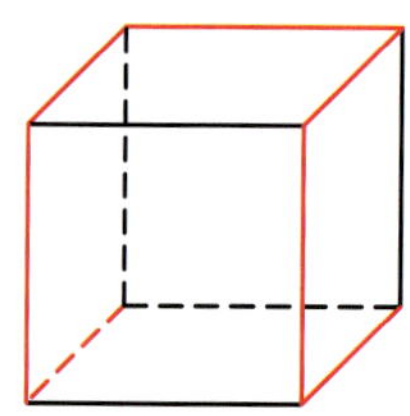

**4** Ein Spielwürfel wird auf ein Feld eines Quadratgitters gesetzt und dann so gekippt, wie es der Plan vorschreibt. Welche Augenzahl liegt am Ende auf dem roten Feld auf?

a)

b)
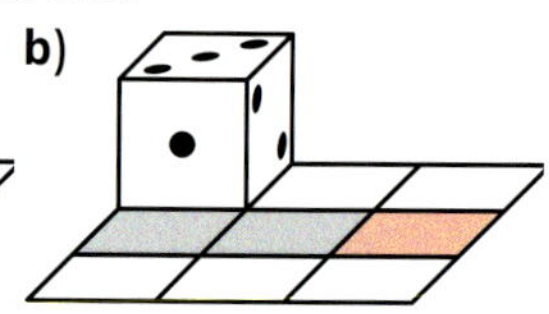

**5** Gib an, wie viele Ecken, Kanten und Flächen der abgebildete Körper besitzt.

a)
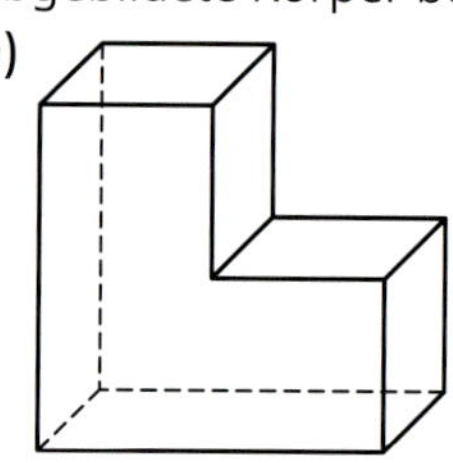

b)
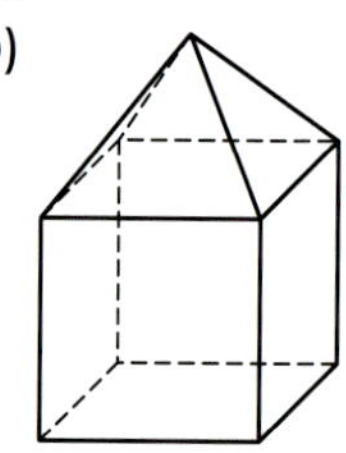

# Körperberechnung und Dichte

### Volumen und Oberfläche des Würfels

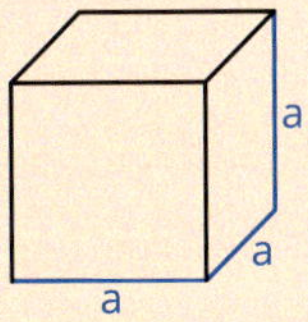


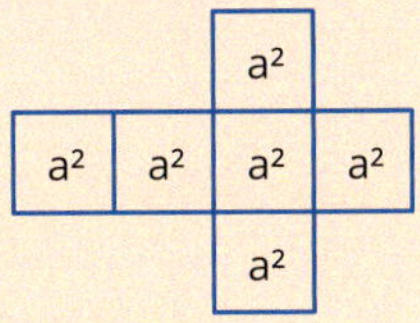


Volumen
$V = a \cdot a \cdot a = a^3$

Oberfläche
$O = 6a^2$

### Volumen und Oberfläche des Quaders

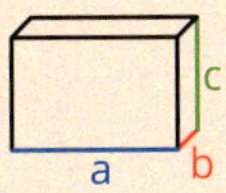


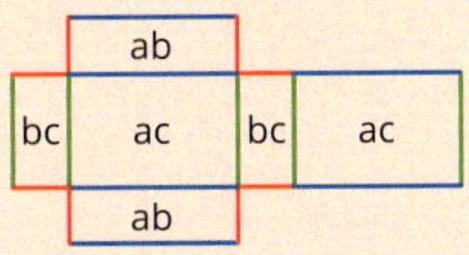


Volumen
$V = a \cdot b \cdot c$

Oberfläche
$O = 2ab + 2ac + 2bc$

*Berechne Volumen und Oberfläche eines Quaders mit a = 7 cm, b = 5 cm und c = 3 cm.*

$V = a \cdot b \cdot c$ | $O = 2ab + 2ac + 2bc$
$V = 7\text{ cm} \cdot 5\text{ cm} \cdot 3\text{ cm}$ | $O = 2 \cdot 7\text{ cm} \cdot 5\text{ cm} + 2 \cdot 7\text{ cm} \cdot 3\text{ cm} + 2 \cdot 5\text{ cm} \cdot 3\text{ cm}$

**$V = 105\text{ cm}^3$** | **$O = 142\text{ cm}^2$**

### Volumen und Oberfläche des Prismas

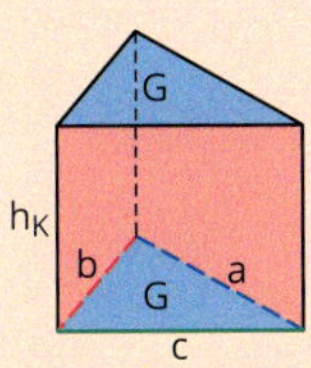


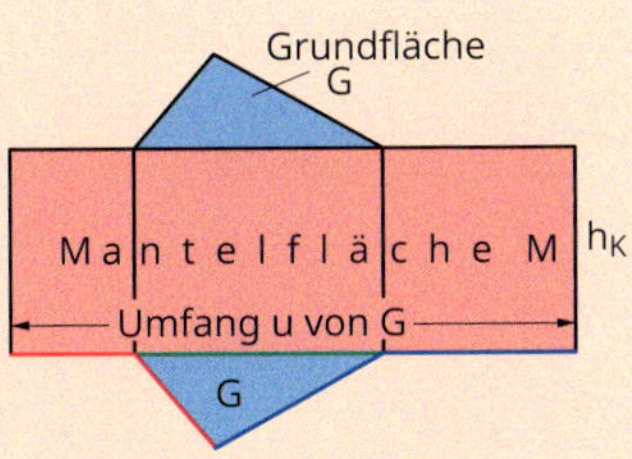


$h_K$: Körperhöhe

Volumen
$V = G \cdot h_K$

Mantelfläche
$M = u \cdot h_K$

Oberfläche
$O = 2 \cdot G + M$

### Dichte

Die Dichte $\varrho$ in $\frac{g}{cm^3}$ (Gramm pro Kubikzentimeter) gibt an, wie viel Gramm 1 cm³ eines Stoffes wiegt.
Die Masse eines Körpers aus diesem Stoff berechnest du mit der Formel

Masse = Dichte · Volumen
$m = \varrho \cdot V$

**Bearbeite Aufgabe 1 bis 3 ohne Taschenrechner.**

1. Berechne das Volumen und die Oberfläche.

a)
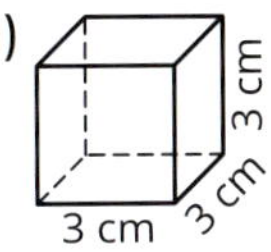


b)
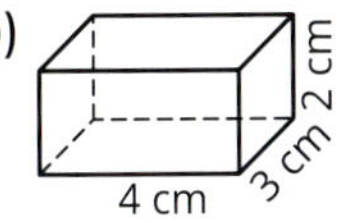


2. Ein Quader hat ein Volumen von 500 cm³. Suche alle möglichen Maße für a, b und c heraus.

| 4; 5; 25 | 3; 10; 15 | 5; 10; 10 |
|---|---|---|

3. Ein Würfel hat eine Kantenlänge von 4 cm. Bestimme das Gesamtvolumen des Würfelbaus.

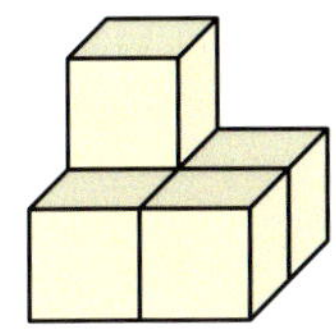

4. Die Kanten eines Würfels sind zusammen 78 cm lang. Berechne sein Volumen.

5. Ein Quader ist 12 cm hoch und hat eine quadratische Grundfläche mit 20 cm Umfang. Berechne Volumen und Oberfläche.

6. Ein Würfel aus Gold hat eine Kantenlänge von 8 cm. Berechne das Gewicht des Würfels. 1 cm³ Gold wiegt 19,32 g.

7. Herr Gül möchte die abgebildete Kiste randvoll mit Pflanzenerde beladen. Kann er sie dann noch alleine tragen? Pflanzenerde hat eine Dichte von 1,25 g pro cm³.

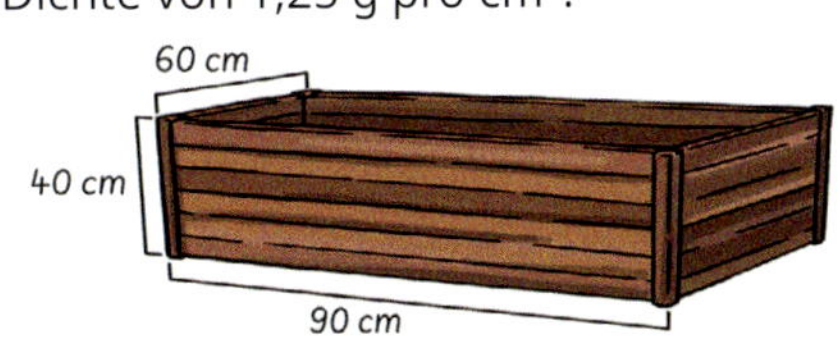


8. Bestimme das Volumen und die Oberfläche des Prismas. Runde auf zwei Nachkommastellen.

a)
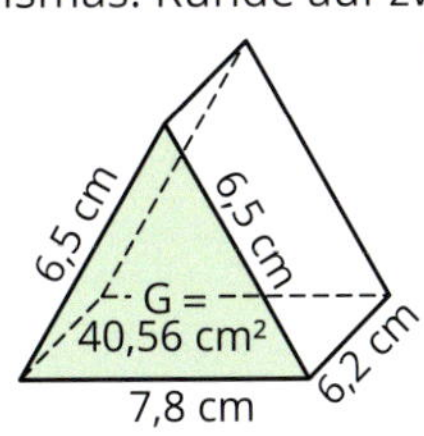


b)
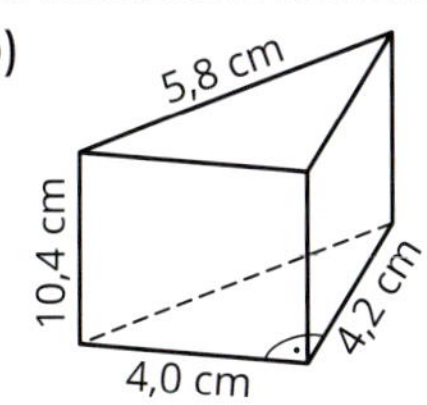

# Wahrscheinlichkeit und Statistik

**Laplace-Experimente**
Bei einem **Laplace-Experiment** sind alle Ergebnisse gleichwahrscheinlich.

**Wahrscheinlichkeit P eines Ergebnisses:**

$$P(\text{Ergebnis}) = \frac{1}{\text{Anzahl der möglichen Ergebnisse}}$$

**Wahrscheinlichkeit P eines Ereignisses:**

$$P(\text{Ereignis}) = \frac{\text{Anzahl der günstigen Ergebnisse}}{\text{Anzahl aller möglichen Ergebnisse}}$$

Wurf mit einem fairen Würfel:
$P(2) = \frac{1}{6} \approx 0{,}167 = 16{,}7\,\%$ (Ergebnis)
Würfeln einer Zahl kleiner als 4:
$P(1{,}2 \text{ oder } 3) = \frac{3}{6} = \frac{1}{2} = 0{,}5 = 50\,\%$ (Ereignis)

**Statistik**
Eine **Urliste** ist die Liste der Werte, wie sie ursprünglich notiert wurde.
Wenn du die Werte der Größe nach ordnest, erhältst du eine **Rangliste**.

Die **Spannweite** von Größen ist die Differenz zwischen dem größten Wert (**Maximum**) und dem kleinsten Wert (**Minimum**).

Den **Mittelwert (Durchschnitt)** berechnest du, indem du alle Größen addierst und die Summe durch die Anzahl der Größen dividierst.

Urliste: 6, 13, 3, 5, 8
Rangliste: 3, 5, 6, 8, 13
Spannweite: 13 – 3 = 10 (13: Maximum, 3: Minimum, 10: Spannweite)
Mittelwert: $(3 + 5 + 6 + 8 + 13) : 5 = 7$

Der **Median (Zentralwert)** ist …

| … bei einer ungeraden Anzahl von Werten der Wert in der Mitte der Rangliste. | … bei einer geraden Anzahl von Werten der Mittelwert der beiden mittleren Werte der Rangliste. |
|---|---|
| 3, 5, 6, 8, 13 | 3, 5, 6, 8 |
| Median: **6** | Median: $(5 + 6) : 2 =$ **5,5** |

**1** Ein zwölfseitiger fairer Würfel ist mit den Zahlen von 1 bis 12 beschriftet. Er wird einmal geworfen.
**a)** Gib die Wahrscheinlichkeit an, dass eine 6 gewürfelt wird.
**b)** Gib die Wahrscheinlichkeit an, dass eine Zahl gewürfelt wird, die durch 4 teilbar ist.
**c)** Gib ein Ereignis E an, für das gilt: $P(E) = \frac{1}{3}$.

**2** Milans Klasse bietet auf dem Stadtfest ein Glücksrad an. Auf den 20 gleich großen Feldern gibt es Hauptgewinne, Trostpreise und Nieten. Dafür überlegt sich die Klasse die folgende Aufteilung:

| | Farbe | Wahrscheinlichkeit | Anzahl Felder |
|---|---|---|---|
| Hauptgewinne | rot | 10 % | |
| Trostpreise | gelb | 25 % | |
| Nieten | weiß | | |

Vervollständige die Tabelle.

**3** Cansu schreibt eine Woche lang auf, wie lange sie täglich für den Schulweg benötigt:
12 min  14 min  13 min  17 min  10 min
Wie lange braucht sie im Durchschnitt?

**4** Bestimme den Mittelwert, den Median und die Spannweite der Urliste.
**a)** 1; 3; 12; 7; 18; 9; 6
**b)** 22; 54; 13; 20; 17

**5** Familie Nakamura hat ihre Schuhgrößen notiert. Bestimme den Median, den Mittelwert und die Spannweite.

**6** Ergänze die Rangliste so, dass die angegebenen Kennwerte stimmen.
**a)** 3; 5; 8; 12; 17; ▒. Die Spannweite ist 30.
**b)** 14; 23; ▒; 26; 33; 35. Der Median ist 25.
**c)** 4; 7; ▒. Der Mittelwert ist 7.

# Diagramme

Die **absolute Häufigkeit** gibt die Anzahl an.
Die **relative Häufigkeit** gibt den Anteil an.

relative Häufigkeit = $\frac{\text{absolute Häufigkeit}}{\text{Gesamtzahl}}$

9 von 27 Kindern spielen Fußball (F).
relative Häufigkeit: $\frac{9}{27} = \frac{1}{3} \approx 0{,}33 = 33\,\%$

- Darstellung im **Säulendiagramm**
  Die Säulenhöhe zeigt die absolute Häufigkeit.

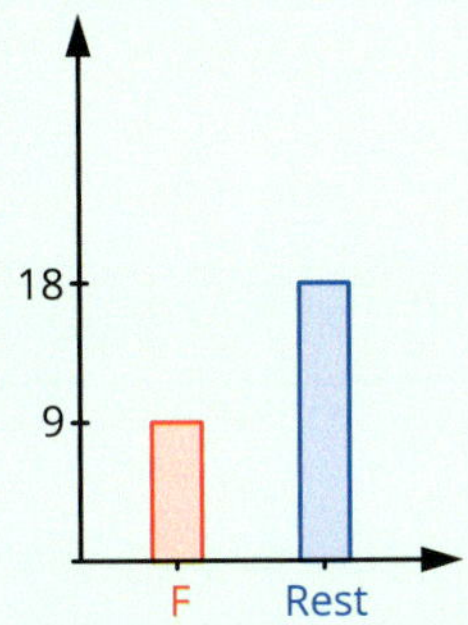


- Darstellung im **Kreisdiagramm**
  Der ganze Kreis entspricht 100 %.
  Der Kreisausschnitt zeigt die relative Häufigkeit in Prozent.
  F: $\frac{1}{3}$ von 360° = $\frac{1}{3} \cdot 360° = 120°$

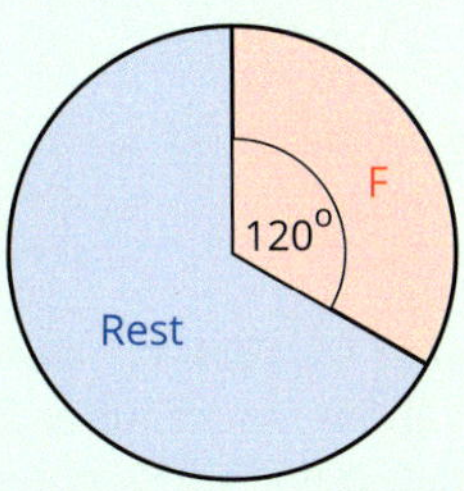


- Darstellung im **Streifendiagramm**
  Die ganze Streifenlänge entspricht 100 %. Die Länge eines Streifenabschnitts zeigt die relative Häufigkeit in Prozent.
  F: $\frac{1}{3}$ der Gesamtbreite

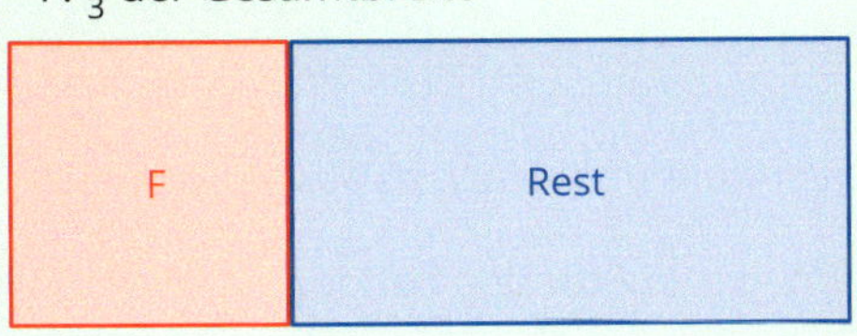


**Bearbeite die Aufgaben 1 und 3 ohne Taschenrechner.**

**1**

Ben und Lotte üben Elfmeterschießen.
Hat Lotte Recht? Begründe.

**2** Skizziere das Kreisdiagramm im Heft und färbe die Felder so, dass sie mit den Vorgaben in der Tabelle übereinstimmen. Wie groß ist der weiße Anteil?

| Farbe | Anteil |
|---|---|
| rot | $\frac{1}{3}$ |
| gelb | $\frac{1}{6}$ |
| blau | 25 % |
| weiß | Rest |

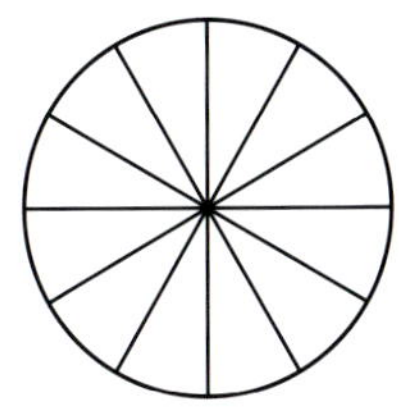

**3** Clara hat die Ergebnisse einer Umfrage zum Berufswunsch in einer Tabelle festgehalten.

| | |
|---|---|
| *Kauffrau/-mann für Büromanagement* | *9* |
| *Medizinische Fachangestellte/r* | *3* |
| *Kraftfahrzeugmechatroniker/in* | *6* |
| *Einzelhandelskauffrau/mann* | *3* |
| *Fachinformatiker/in* | *3* |

Berechne die relativen Häufigkeiten und stelle sie in einem Streifendiagramm dar.

**4** Im Streifendiagramm ist dargestellt, welches Mensaessen die Schülerinnen und Schüler der Klasse 9b gestern gegessen haben.

**a)** Entnimm dem Streifendiagramm die Anteile und übertrage sie in eine Tabelle.

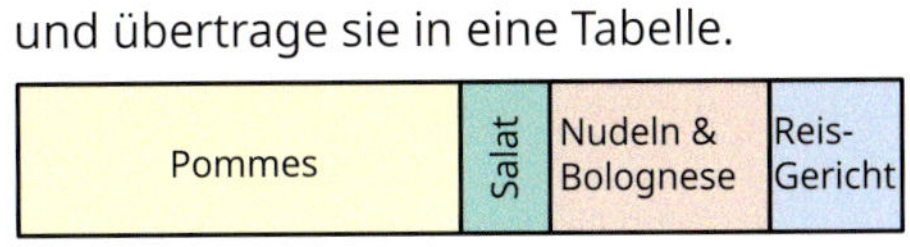


**b)** Erstelle ein passendes Säulendiagramm.

**c)** Wahr oder falsch? Begründe deine Antwort.
Ⓐ Mehr als ein Viertel hat Nudeln gegessen.
Ⓑ Jeder Zehnte hat Salat gegessen.
Ⓒ Weniger als ein Fünftel hat Reis gegessen.

## Die Lösungen der Aufgaben zum Check-out findest du ab Seite 223.

**1** Rechne im Kopf.
**a)** $8153 \cdot 100$ **b)** $73{,}9 \cdot 1000$ **c)** $98000 : 10$ **d)** $6 : 100$

**2** Berechne schriftlich ohne Taschenrechner.
**a)** $69234 + 824 + 96$ **b)** $7369 \cdot 8$ **c)** $8347 - 4925$ **d)** $7884 : 9$

Schriftliche Rechenverfahren und Überschlag

**3** Übertrage das abgebildete Rechteck in dein Heft.
Stelle im Rechteck den Bruch $\frac{3}{10}$ dar.

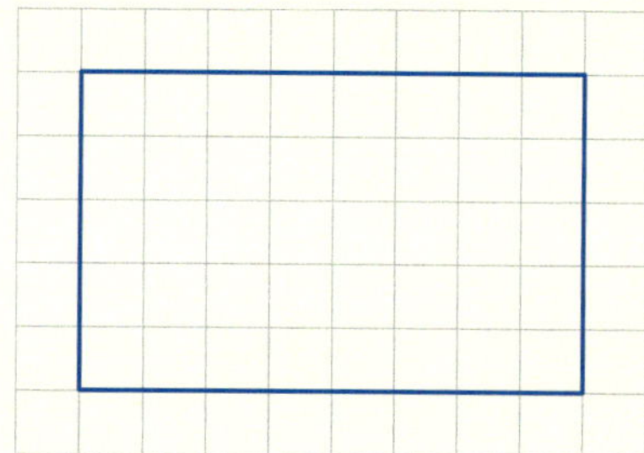

**4** Berechne ohne Taschenrechner.
**a)** $\frac{1}{3}$ von 36 kg **b)** $\frac{3}{4}$ von 20 m **c)** $\frac{1}{2} + \frac{1}{6}$ **d)** $\frac{4}{3} \cdot \frac{11}{4}$ **e)** $\frac{7}{4} : \frac{3}{8}$
**f)** $0{,}2 \cdot 6$ **g)** $0{,}1 \cdot 0{,}5$ **h)** $1{,}3 + 0{,}45$ **i)** $4{,}1 - 2{,}8$ **j)** $4{,}5 - 2{,}45$

Rechnen mit Brüchen und Dezimalzahlen

**5** Berechne im Kopf. **a)** $(-175) : (-25)$ **b)** $-22 + 51$ **c)** $-42 + 48 : (-6)$

**6** Ordne die Zahlen von der kleinsten zur größten. 0,1 0,11 −1 −1,1 −0,1 −0,11

Rechnen mit positiven und negativen Zahlen

**7** Luis und Burak bestellen beim Burger-Blitz. Luis isst einen Cheeseburger, Burak einen Hamburger mit insgesamt 3 Patties. Berechne, wie viel Euro die beiden zusammen zahlen müssen.

| | | |
|---|---|---|
| Hamburger | 5,80 € | Lieferkosten: Bis 20 € zahlen Sie 3 €, über 20 € liefern wir ohne Aufpreis. |
| Cheeseburger | 6,30 € | |
| Chiliburger | 6,80 € | |
| *Extra-Pattie* | *2,00 €* | |

**8** Zeichne die Punkte A(1 | −2), B(3 | −2), C(3 | 0), D(2 | 1) und E(1 | 0) in ein Koordinatensystem und verbinde sie in der vorgegebenen Reihenfolge: A → C → E → B → A → E → D → C → B.
Was für eine Figur entsteht?

Tabellen und Grafiken, Koordinatensystem

**9** Für 3 h Arbeit bekommt Herr Yilmaz 79,50 € Lohn. Was verdient er in einer 40-Stunden-Woche?

**10** Für den Abtransport von Bauschutt sind 5 Lkw eingeplant, die 12 Stunden benötigen. Leider fallen 2 Wagen aus. Wie lange benötigen die verbleibenden 3 Lkw für den Abtransport?

Proportionale und antiproportionale Zuordnungen

⓫ Berechne den Wert des Terms für die angegebenen Zahlen.
**a)** $12 - 5x$ für $x = 5$ **b)** $\frac{ab}{2} - 3a$ für $a = 6$ und $b = -4$.

⓬ Der abgebildete Streckenzug hat insgesamt eine Länge von 64 cm. Berechne die Länge der Strecke a.

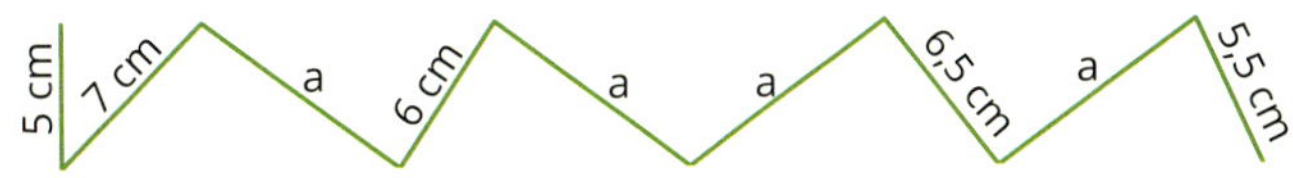


Terme und Gleichungen

⓭ Muriel installiert auf ihrem Computer ein Programm. Nach 80 Sekunden wird ihr der abgebildete Balken angezeigt.

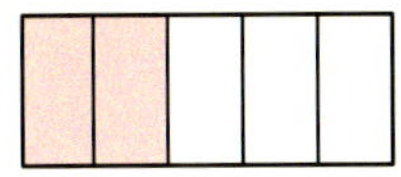

**a)** Wie viel Prozent der Installation sind bereits geschafft?
**b)** Berechne, wie lange die Installation insgesamt dauert.

⓮ Durch ihr Verhandlungsgeschick konnte Frau Kranz den Preis ihres neuen Autos beim Kauf von 24 000 € auf 21 000 € herunterhandeln. Berechne ihre Ersparnis in Prozent.

Prozentrechnung

⓯ Wandle in die angegebene Einheit um.
**a)** 125 cm = ▒ m **b)** 4,2 ℓ = ▒ mℓ **c)** $\frac{1}{2}$ h = ▒ sec **d)** 2,25 t = ▒ kg

⓰ Welche Flächengröße passt etwa: 1 $mm^2$, 1 $cm^2$, 1 $dm^2$, 1 $m^2$, 1 a oder 1 ha?
**a)** Fingernagel **b)** 4-Zimmer-Wohnung **c)** 10-€-Schein **d)** Fußballfeld

Umgang mit Größen und Einheiten

⓱ Die Geraden g und h verlaufen parallel.
Bestimme die Größe der Winkel α, β und γ.

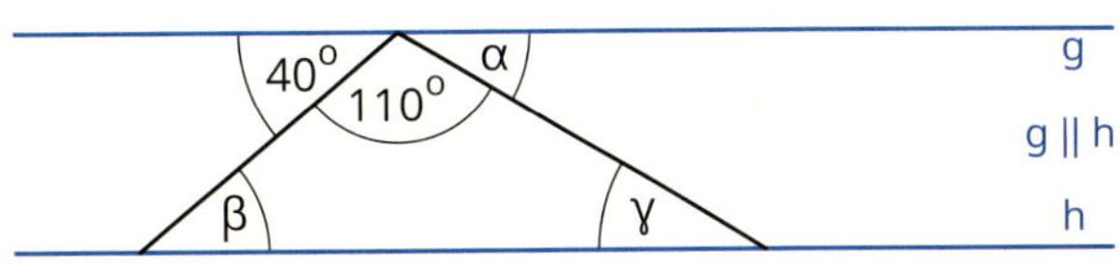


⓲ In einem Viereck gibt es drei rechte Winkel.
Begründe, dass auch der vierte Winkel ein rechter Winkel sein muss.

Winkel

⓳ Im Koordinatensystem sind die Punkte A(4|5), B(2|3) und C(4|1) gegeben. Ergänze einen vierten Punkt D, so dass das Viereck ABCD punktsymmetrisch ist. Um was für ein Viereck handelt es sich? Gib die Koordinaten des Symmetriezentrums an.

⓴ Auf einem Foto (Maßstab 1 : 50) ist eine Giraffe 8,4 cm hoch. Berechne ihre wirkliche Größe.

Symmetrie, Abstand und Maßstab

㉑ Wahr oder falsch? Entscheide.
**a)** In jedem Trapez gibt es zwei gleich lange Seiten. **b)** Jede Raute ist ein Drachen.

㉒ Konstruiere ein Dreieck mit b = 7 cm, α = 35° und γ = 55°. Um was für ein Dreieck handelt es sich?

Dreiecke und Vierecke

23 Bestimme den Gesamtflächeninhalt der beiden roten Flächen.

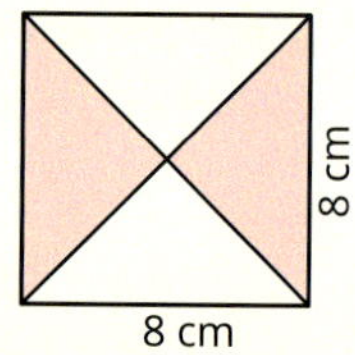


24 Ein Rechteck hat einen Flächeninhalt von 12 $cm^2$ und einen Umfang von 16 cm. Wähle die passenden beiden Seitenlängen aus.
① 1 cm ② 2 cm ③ 3 cm ④ 4 cm ⑤ 6 cm ⑥ 12 cm

Flächenberechnung

25 Übertrage die Abbildung rechts in dein Heft und ergänze sie zu einem Quadernetz.

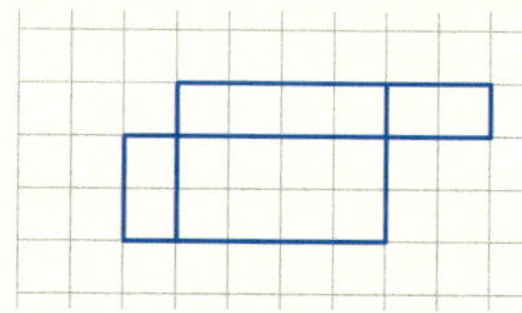

26 Zeichne ein Schrägbild des Quaders aus Aufgabe 25.

Schrägbilder und Netze

27 Ein Würfel wurde zur Hälfte in Farbe getaucht. Übertrage das Würfelnetz in dein Heft und vervollständige die Färbung.

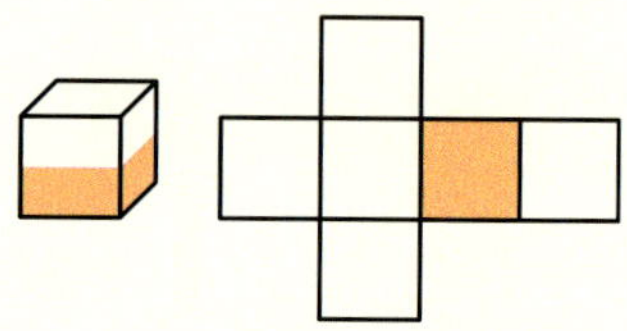

28 Die Vorderseite eines Quadrats aus Papier ist weiß, die Rückseite grün gefärbt. Zwei Ecken werden in die Mitte des Quadrats gefaltet. Vergleiche die Flächeninhalte der nun sichtbaren weißen und grünen Flächen.

Kopfgeometrie

29 Ein Würfel hat eine Kantenlänge von 8 cm. Berechne Oberfläche und Volumen des Würfelbaus.

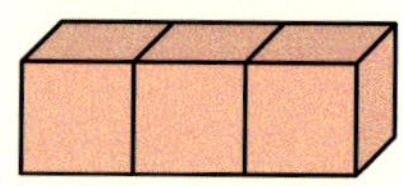

30 Ein 12 cm hohes Prisma hat ein Volumen von 180 $cm^3$. Berechne seine Grundfläche.

Körperberechnung, Dichte

31 Bleibt das Glücksrad auf dem roten Feld stehen, gewinnt der Spieler. Bestimme die Wahrscheinlichkeit für einen Gewinn, wenn man das Glücksrad einmal dreht.

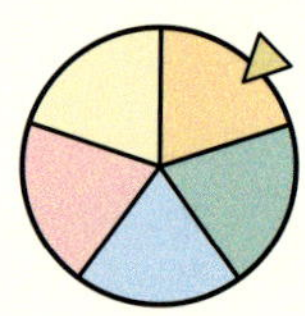

32 Melinda hat ihre Freunde nach der Höhe ihres Taschengeldes befragt und die folgenden Antworten erhalten: 6 €; 10 €; 20 €.
**a)** Bestimme die durchschnittliche Taschengeldhöhe der Freunde und die Spannweite.
**b)** Melinda sagt: „Mit meinem Taschengeld beträgt der Median 9 €." Wie viel Euro bekommt sie?

Wahrscheinlichkeit und Statistik

33 In der Tabelle sind die Haarfarben der Klasse 9a aufgelistet. Welches Kreisdiagramm gehört zur Tabelle? Begründe deine Entscheidung.

| Farbe | blond | braun | schwarz |
|---|---|---|---|
| Anzahl | 8 | 16 | 8 |

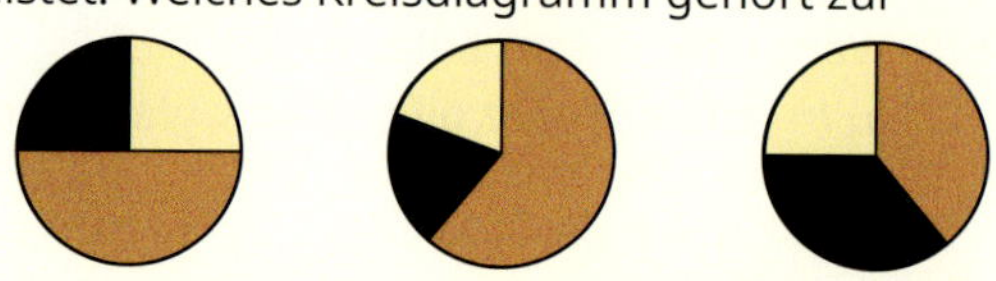

Diagramme

# Lineare Funktionen 2

Niklas, Alina und Mert haben den gleichen Schulweg.

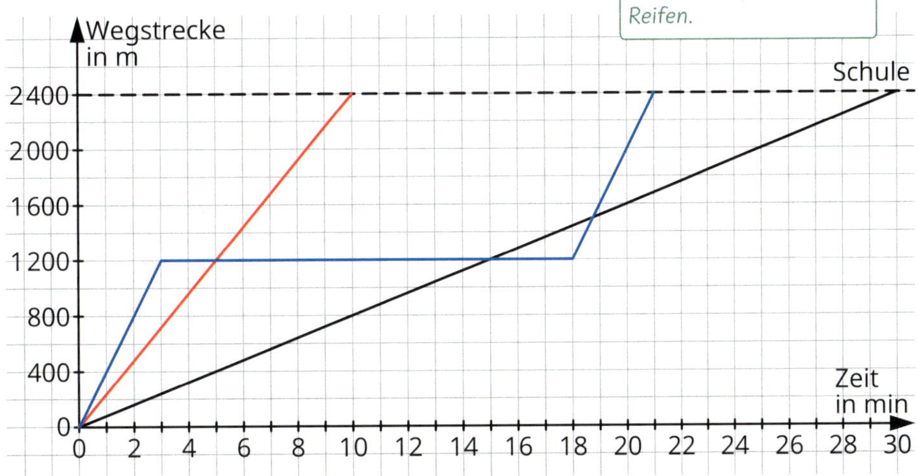


**In diesem Kapitel lernst du, ...**

... was eine Funktion ist,
... wie du eine Funktion tabellarisch und zeichnerisch darstellst,
... wie du die Funktionsgleichung einem Funktionsgraphen zuordnest,
... was die Steigung m und der y-Achsenabschnitt n einer linearen Funktion bedeutet,
... wie du eine lineare Funktion mit einem Computerprogramm darstellst und untersuchst.

# Löse die folgenden Aufgaben und schätze dich ein.

**1** Berechne den Wert des Terms zuerst für $x = 4$ und dann für $x = -3$.

**a)** $4 + x$ **b)** $5x - 2$
**c)** $-4(6 + x)$ **d)** $\frac{1}{2}x - 2$

Ich kann Werte von Termen berechnen.
Das kann ich gut. ☺ Ich bin noch unsicher. → S. 192, A 1–2

**2** Stelle einen Term für die Gesamtkosten bei x km bzw. einen Term für die Kerzenlänge nach x Stunden auf.

**a)** Eine Taxifahrt kostet 1,50 € pro km. Hinzu kommen 3 € Grundgebühr.
**b)** Eine 20 cm lange Kerze brennt pro Stunde um 3 cm ab.

Ich kann Terme aufstellen.
Das kann ich gut. ☺ Ich bin noch unsicher. → S. 192, A 3–4

**3** 5 kg Kartoffeln kosten 8 €.

**a)** Erstelle eine Preistabelle für 1 kg, 2 kg ...10 kg Kartoffeln.
**b)** Zeichne den Graphen zu dieser Preistabelle und lies ab, wie viel kg Kartoffeln du für 12 € erhältst.

Ich kann eine Wertetabelle zu einer proportionalen Zuordnung erstellen und den dazugehörigen Graphen zeichnen.
Das kann ich gut. ☺ Ich bin noch unsicher. → S. 193, A 1–2

**4** Zeichne in ein Koordinatensystem eine Gerade, die durch die Punkte A(–6|–4) und B(3|2) verläuft. Ergänze die fehlenden Koordinaten so, dass die Punkte C, D, E, F auch auf der Geraden liegen.

C(1,5| ▒), D(6| ▒), E( ▒ |–2), F( ▒ |0)

Ich kann Punkte in ein Koordinatensystem eintragen und Punkte auf einer Geraden ablesen.
Das kann ich gut. ☺ Ich bin noch unsicher. → S. 194, A 1

**5** Das Diagramm zeigt die Tageshöchsttemperaturen am Flughafen Münster/Osnabrück Ende Juli 2020.

**a)** Gib an, wann die Temperatur am höchsten und wann sie am niedrigsten war. Wie viel Grad Celsius betrug sie jeweils?
**b)** Zwischen welchen zwei Tagen gab es den größten Unterschied?

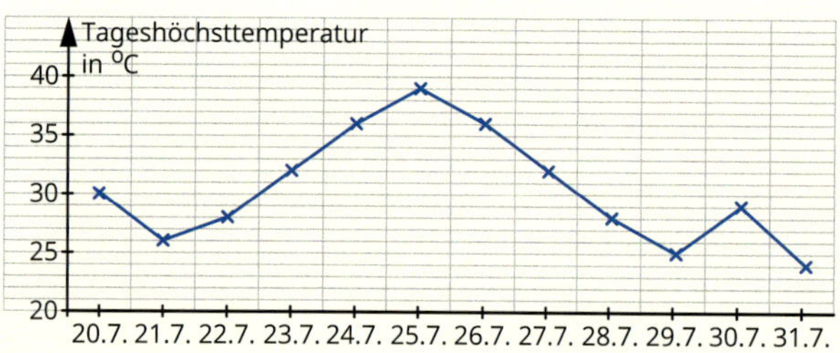


Ich kann einer graphischen Darstellung Daten entnehmen.
Das kann ich gut. ☺ Ich bin noch unsicher. → S. 195, A 1–2

# Wiederholung: Zuordnungen

Du kannst eine **Zuordnung** zwischen zwei Größen (*Ausgangsgröße x* → *zugeordnete Größe y*) in einer Tabelle oder grafisch darstellen.
In der Tabelle steht die Ausgangsgröße x in der ersten Zeile oder Spalte, die zugeordnete Größe y steht in der zweiten Zeile oder Spalte.
Alle Wertepaare (x|y) werden als Punkte in ein Koordinatensystem eingetragen.
Alle Punkte zusammen ergeben den Graphen der Zuordnung.

**Zuordnung:**
*Uhrzeit* → *Temperatur (°C)*

**Tabelle:**

| Uhrzeit | 0 | 4 | 8 | 12 | 16 | 20 | 22 |
|---|---|---|---|---|---|---|---|
| Temperatur (°C) | 16 | 11 | 12 | 25 | 28 | 26 | 22 |

**Graph:**

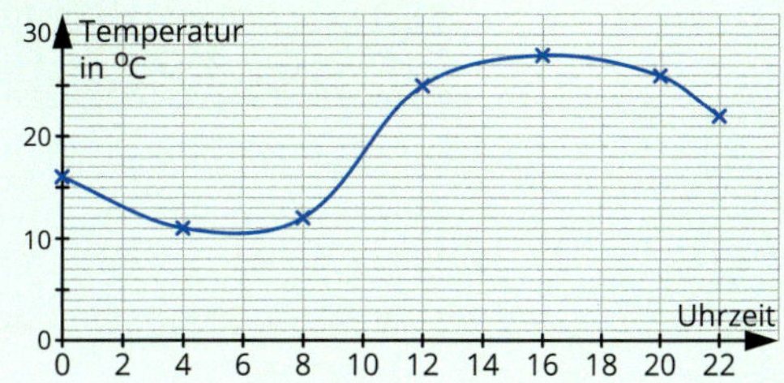


Digital+
WES-188264-210

**1** Das Diagramm zeigt das Höhenprofil eines Radrennens im gebirgigen Gelände.
**a)** In welcher Höhe liegt der Start? Wie hoch liegt das Ziel?
**b)** Lies die Länge des Rennens ab.
**c)** Benenne den höchsten und niedrigsten Punkt des Rennens.
**d)** Nach welcher Streckenlänge erreichen die Radrennfahrer eine Höhe von 750 m?

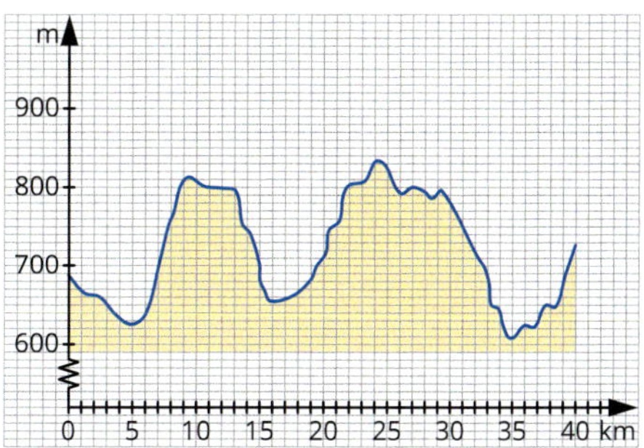


**2** Pia trainiert für einen Ausdauerlauf und hält ihre Pulsfrequenz in einem Diagramm fest.
**a)** Welche Pulsfrequenz hat sie nach 15, 30, 45, 60 Minuten?
**b)** Wann hat sie die höchste, wann die niedrigste Pulsfrequenz?
**c)** Überlege, warum die Pulsfrequenz mehrfach ansteigt.

**3** Zeichne jeweils den Graphen zur Zuordnung *Brenndauer (min)* → *Kerzenlänge (cm)*.

**a)**

| Zeit (min) | 0 | 10 | 20 | 30 | 40 | 50 |
|---|---|---|---|---|---|---|
| Länge (cm) | 18 | 15 | 12 | 9 | 6 | 3 |

**b)** Eine 12 cm lange Kerze brennt alle 30 Minuten um 2 cm ab.

**4** Can, Leo und Martha haben sich für den Finallauf (1 000 m) beim Schulsportfest qualifiziert.
Das Diagramm veranschaulicht den Rennverlauf.
Schreibe eine „Sportreportage“ über den Rennverlauf.

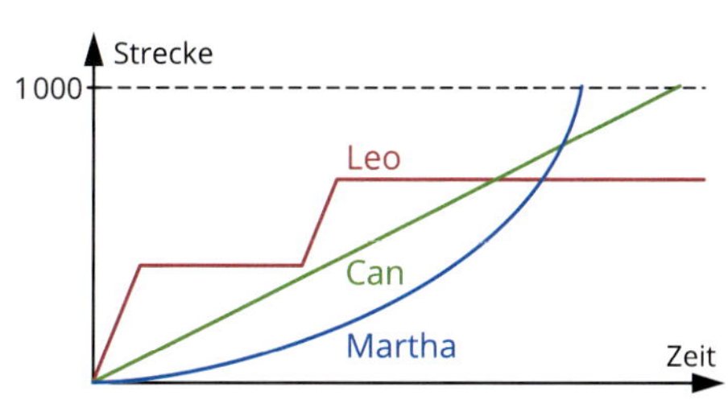

**5**

*Ein Landwirt bietet seine Kartoffeln für 1,35 € pro kg an.*

| Masse (kg) | 1 | 2 | 5 | 10 | | 25 | 50 | |
|---|---|---|---|---|---|---|---|---|
| Preis (€) | 1,35 | | 6,75 | | 20,25 | | | 135 |

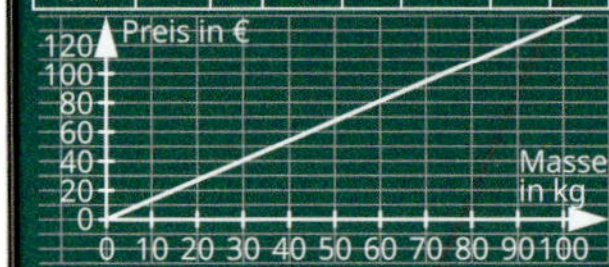


*Ein Futtervorrat reicht für 10 Kaninchen 24 Tage.*

| Kaninchen | 1 | 2 | | 5 | 6 | 8 | 10 | 15 | 20 | |
|---|---|---|---|---|---|---|---|---|---|---|
| Tage | | 120 | 80 | | | | 24 | | | 8 |

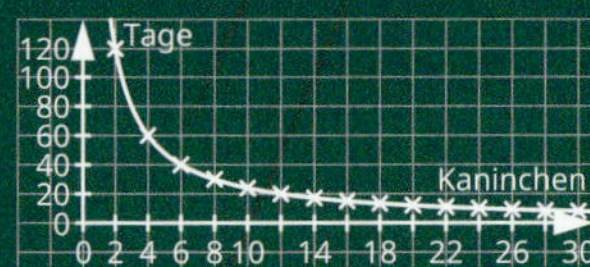

Leni hat den Zuordnungen passende Wertetabellen und Graphen zugeordnet.

**a)** Übertrage die Wertetabellen in dein Heft und ergänze die fehlenden Werte.

**b)** Formuliere jeweils drei Eigenschaften einer proportionalen Zuordnung und einer antiproportionalen Zuordnung. Du kannst dazu die Textbausteine auch mehrfach nutzen.

| | |
|---|---|
| Wenn man die erste Größe vergrößert, … | … dann vergrößert sich die zweite Größe. |
| Wenn man die erste Größe verkleinert, … | … dann verdoppelt sich die zweite Größe. |
| Wenn man die erste Größe verdoppelt, … | … dann verkleinert sich die zweite Größe. |
| Wenn man die erste Größe halbiert, … | … dann halbiert sich die zweite Größe. |
| Der Graph ist … | … eine Kurve. … ein Strahl. |

**6** Du kannst die Gewichtsentwicklung von Kindern und Jugendlichen mit Hilfe des BMI (Body-Mass-Index) und der dargestellten Perzentilkurven untersuchen.

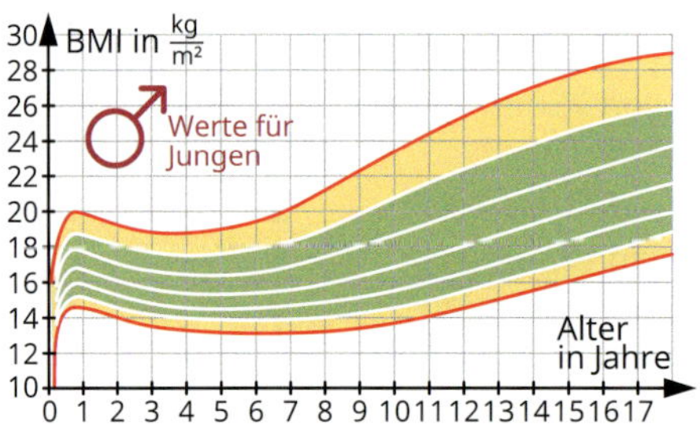


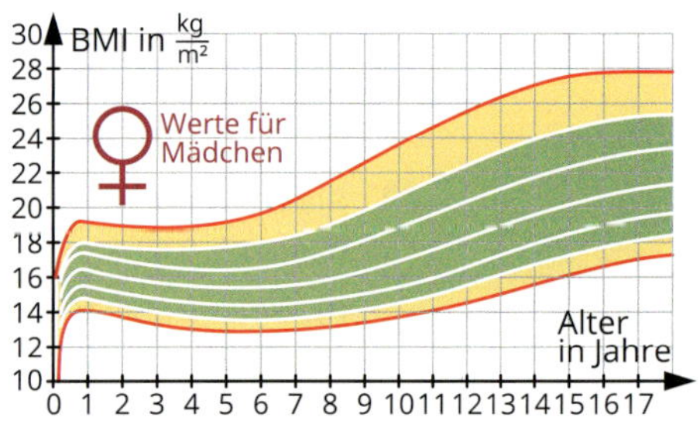


**Formel zur BMI-Berechnung:**
BMI = (Körpergewicht in kg) : (Körpergröße in m)$^2$
Beispiel: Cem 11 Jahre; 38 kg; 1,50 m
→ BMI = 38 : 1,50$^2$ = 16,88… ≈ 16,9

**a)** Berechne den BMI von Milla, Tim und Jolina.

**b)** Beurteile mit Hilfe der Perzentilkurven jeweils den BMI von Milla, Tim und Jolina.

*Perzentilkurven helfen, die Werte des eigenen BMI mit denen von anderen Menschen im gleichen Alter und Geschlecht zu vergleichen.*

**c)** Bei welchem BMI sind 16-jährige Jungen (Mädchen) stark über- bzw. untergewichtig? Nenne je ein Beispiel (Größe und Gewicht).

**d)** Für Männer zwischen 18 und 24 Jahren wird ein BMI zwischen 18,5 und 25 als normalgewichtig angesehen. Ab einem BMI von 30 besteht ein erhöhtes Erkrankungsrisiko und Adipositas Grad I. Mike Tyson wurde 1986 der bisher jüngste Boxweltmeister im Schwergewicht. Er war damals 20 Jahre alt, 1,78 m groß und 108 kg schwer. Berechne seinen BMI. Hatte Mike Tyson Übergewicht? Was meinst du dazu?

# Funktionen

| Uhrzeit | 0 | 2 | 4 | 6 | 8 | 10 | 12 | 14 | 16 | 18 | 20 | 22 |
|---|---|---|---|---|---|---|---|---|---|---|---|---|
| Höhe | 2 | 0,7 | 0,5 | | 2,2 | | 2,3 | | 0,6 | | 2,3 | 3 |

**Bearbeitet alle Aufgaben in Partnerarbeit.**

**1** Josy und Nico haben über die Gezeiten vor der Insel Borkum recherchiert. Die gefundenen Messwerte haben sie graphisch dargestellt.

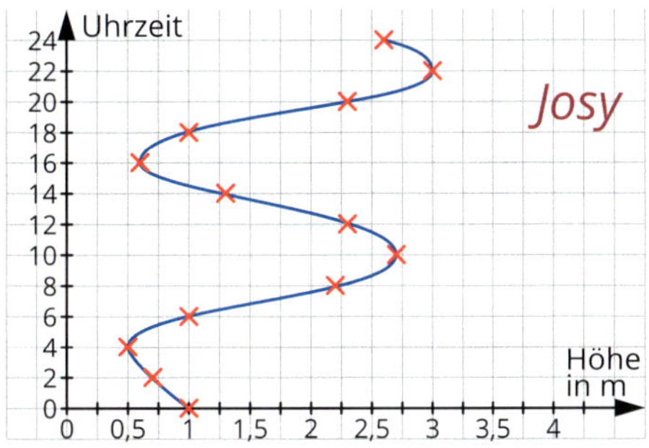


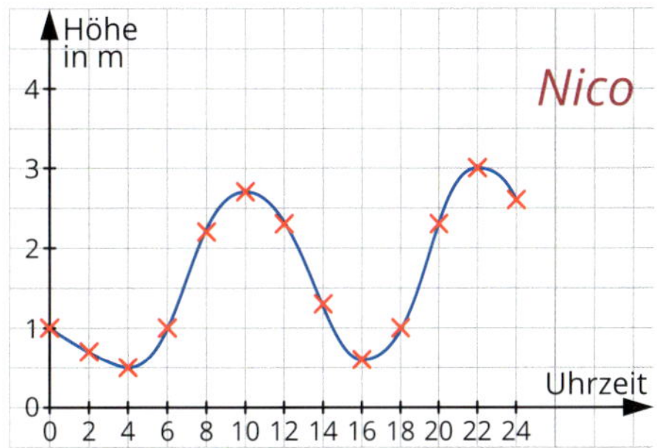


**a)** Ergänzt mit Hilfe der Graphen die fehlenden Werte in Josys Tabelle zum Wasserstand.

**b)** Beschreibt den Unterschied der beiden Darstellungen. Welche Darstellung findet ihr sinnvoller?

**c)** Bei einer Funktion wird jedem x-Wert der Ausgangsgröße genau ein y-Wert der zugeordneten Größe zugeordnet. Zeigt dann Josys oder Nicos Graph eine Funktion? Begründet.

**2** **a)** Zu jeder Zuordnung A–D gehört einer der Graphen 1–4. Ordnet jeder Zuordnung ihren Graphen zu.

| **A**: Martje ordnet beim Befüllen eines Pools einer Anzahl x von Pumpen die Fülldauer y zu. | **B**: Ben hat bei einer Bergwanderung jeder Höhe x die Zeit y zugeordnet. | **C**: Noah hat für seinen Schulweg jeder Uhrzeit x die Entfernung y von der Schule zugeordnet. | **D**: Esra ordnet dem Volumen x von Holz die entsprechende Masse y zu. |
|---|---|---|---|

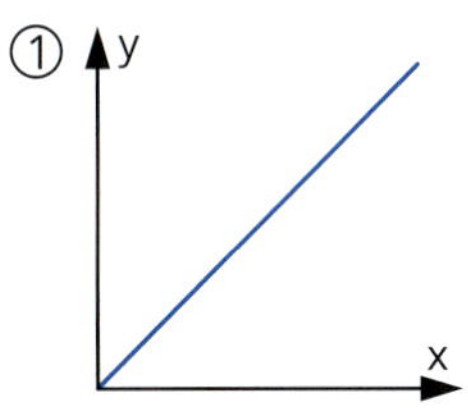


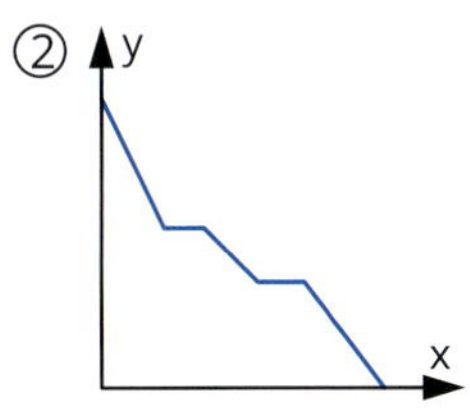


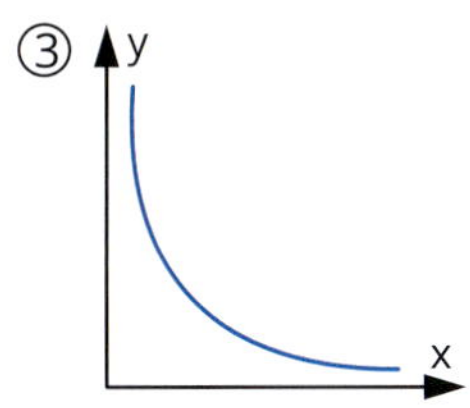


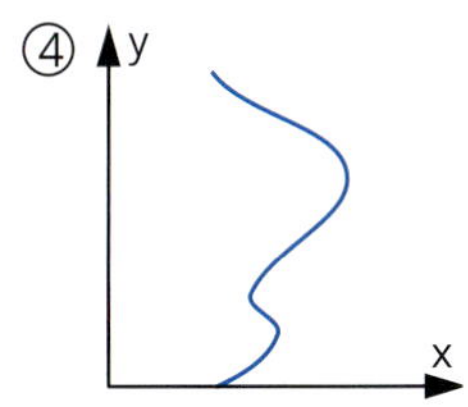


**b)** Überprüft und begründet welche Zuordnung von A – D eine **Funktion** bzw. **keine Funktion** ist.
Formuliert zum Beispiel so:

*Die Zuordnung ____ ist eine Funktion, weil jedem/jeder ____________ genau ein/e ____________ zugeordnet wird.*

*Die Zuordnung ____ ist keine Funktion, weil dem x-Wert ____________ mehr/weniger als ein y-Wert zugeordnet wird.*

Eine **Funktion** ist eine **eindeutige** Zuordnung. Sie ordnet jedem x-Wert der Ausgangsgröße **genau einen** y-Wert (Funktionswert) der zugeordneten Größe zu.
Du kannst eine Funktion mit Worten (①) oder durch eine Funktionsgleichung (②) beschreiben. Du kannst sie auch mit einer Wertetabelle (③) oder als einen Graphen im Koordinatensystem (④) darstellen.

① **Beschreibung:** „jedem x-Wert wird sein 1,5-facher Wert zugeordnet"

② **Funktionsgleichung:** y = 1,5x oder f(x) = 1,5x

③ **Wertetabelle:**

| x | −3 | −2 | −1 | 0 | 1 | 2 | 3 |
|---|---|---|---|---|---|---|---|
| y | −4,5 | −3 | −1,5 | 0 | 1,5 | 3 | 4,5 |

Funktionswertberechnung für x = −3:
f(−3) = 1,5x
f(−3) = 1,5 · (−3)
f(−3) = −4,5

④ **Graph:**

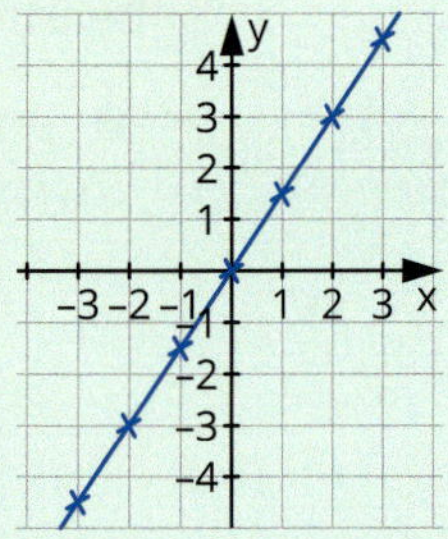


Digital+
WES-188264-211

**3** **a)** Lies die gesuchten Funktionswerte am Graphen ab.

| x | 7 | 10 | 15 | 25 | 36 | 47 | 54 | 60 |
|---|---|---|---|---|---|---|---|---|
| y | | | | | | | | |

**b)** Begründe, warum es sich bei dem Graphen für x-Werte von 0 bis 60 um eine Funktion handelt.

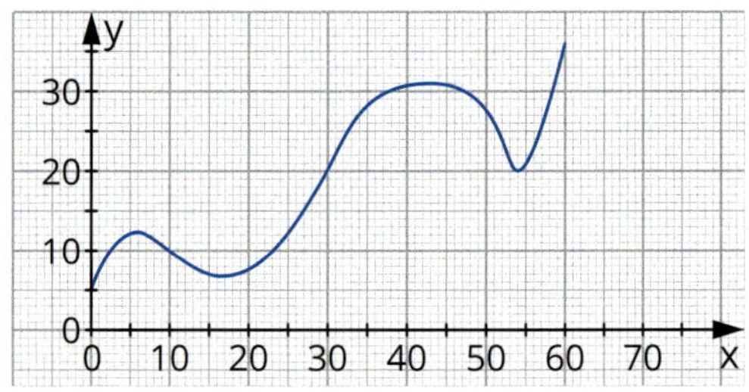


**4** Übertrage die Wertetabelle in dein Heft und berechne die fehlenden Funktionswerte.

**a)**

| x | −3 | −2 | −1 | 0 | 1 | 2 | 3 |
|---|---|---|---|---|---|---|---|
| y = 4x − 2 | −14 | | | | | | |

**b)**

| x | −3 | −2 | −1 | 0 | 1 | 2 | 3 |
|---|---|---|---|---|---|---|---|
| y = 0,5x | | | | | | | |

**c)**

| x | −3 | −2 | −1 | 0 | 1 | 2 | 3 |
|---|---|---|---|---|---|---|---|
| y = 3x − 5 | | | | | | | |

**d)**

| x | −3 | −2 | −1 | 0 | 1 | 2 | 3 |
|---|---|---|---|---|---|---|---|
| y = −x + 3 | | | | | | | |

**5** Begründe, ob es sich beim Graphen um eine Funktion handelt.

**a)**
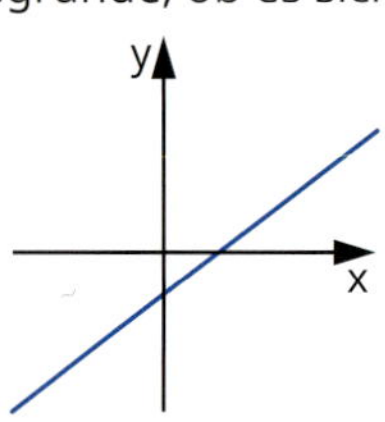


**b)**
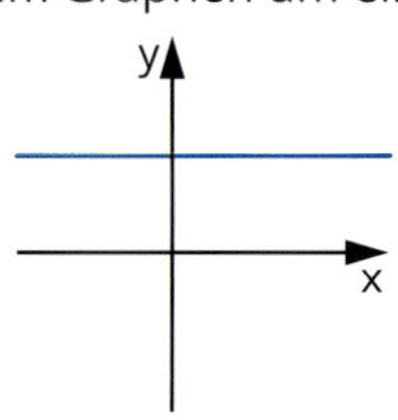


**c)**
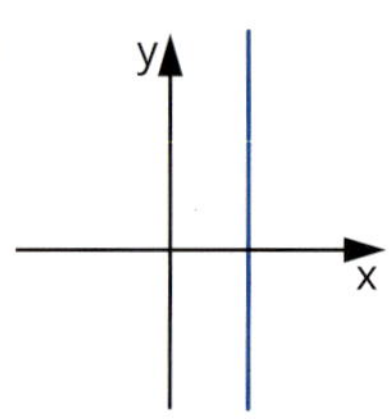


**d)**
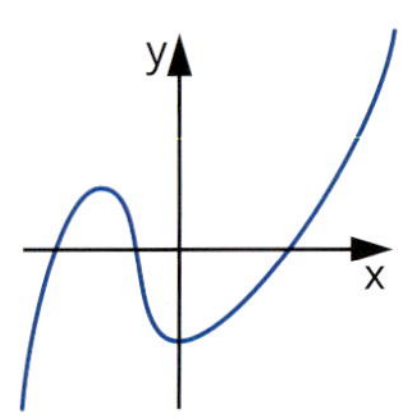


**6** Finde zu jeder Beschreibung die passende Funktionsgleichung.
**a)** „Jeder Zahl x wird ihr Vierfaches zugeordnet."
**b)** „Jeder Zahl x wird ihre Hälfte vermindert um 5 zugeordnet."
**c)** „Jeder Zahl x wird ihr Doppeltes vermehrt um 9 zugeordnet."

**7** Beschreibe die Funktion mit Worten. **a)** f(x) = 3x **b)** $f(x) = \frac{x}{2}$ **c)** f(x) = 1,5x − 2

# Lineare Funktionen

**Löst alle Aufgaben in Partnerarbeit.**

Nach seinem Schulabschluss beginnt Leon eine Ausbildung in einer anderen Stadt. Für den geplanten Umzug möchte seine Familie einen Transporter für einen Tag mieten. Eine Mietwagen-Firma bietet zwei verschiedene Miettarife für einen Transporter pro Tag an. Die Tarife sind abhängig von einer Tagesgebühr und einer Pauschale für den Verbrauch je km (Strom bzw. Kraftstoff).

*Ein Tarif legt fest, wie hoch der Preis für bestimmte Eigenleistungen ist.*

Tarif 1: Tagesgebühr 0 €,
Pauschale 1,50 € je km

Tarif 2: Tagesgebühr 40 €,
Pauschale 0,25 € je km

Eine andere Mietwagen-Firma bietet nur einen Tarif an.

Tarif 3: Tagesgebühr 40 €,
Pauschale 0,50 € je km

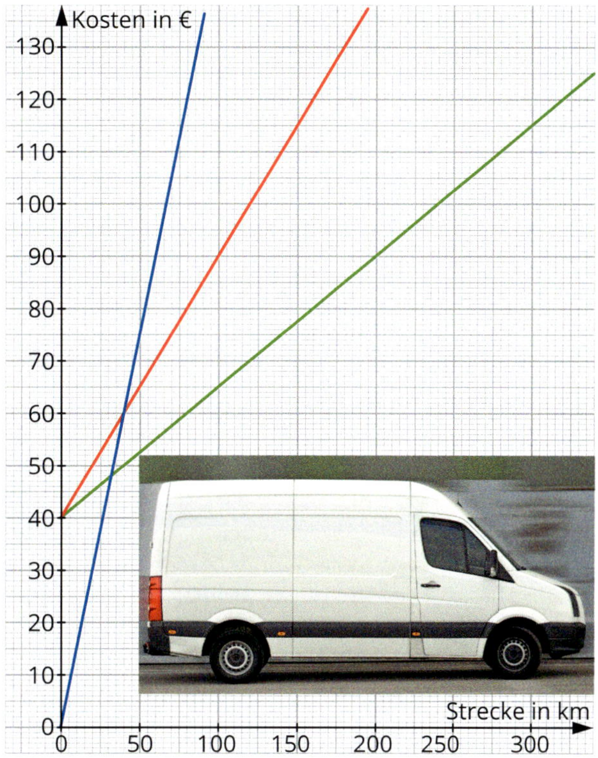


**1** **a)** Beschreibt den Verlauf der drei Graphen. Ihr könnt dafür die Textbausteine nutzen:

*verläuft (nicht) geradlinig* *verläuft flacher als*

*schneidet die y-Achse (x-Achse) bei* *verläuft steiler als*

**b)** Ordnet jedem Tarif seinen Graphen zu. Begründet.

**c)** Leon plant für seinen Umzug eine Fahrstrecke von 200 km. Für welchen Tarif sollte er sich entscheiden? Bestimmt die Gesamtkosten.

**d)** Nennt eine Umzugsstrecke, für die Tarif 1 am günstigsten ist.

**e)** Welcher Tarif lässt sich mit der Funktionsgleichung $y = 0{,}25x + 40$ beschreiben ($y$ steht für Gesamtkosten, $x$ für die gefahrenen km)? Übertragt für diesen Tarif die Wertetabelle in euer Heft und vervollständigt sie.

| x | 10 | 20 | 50 | 100 | 130 | 160 | 185 | 208 | 372 |
|---|---|---|---|---|---|---|---|---|---|
| $y = 0{,}25x + 40$ | | | | | | | | | |

**f)** Mit welchen Funktionsgleichungen könnt ihr die beiden anderen Tarife beschreiben?

**2** Die drei Funktionsgraphen (zu Tarif 1, 2 und 3) verlaufen in Aufgabe 1 geradlinig (linear). Man nennt sie daher lineare Funktionen.

**a)** Formuliert zwei weitere lineare Tarifangebote und gebt ihre Funktionsgleichungen an.

**b)** Berechnet die Gesamtkosten für die 25, 50, 75 gefahrene km und fertigt eine Wertetabelle an.

**c)** Zeichnet ihre Graphen in ein geeignetes Koordinatensystem.

**d)** Diskutiert Vor- und Nachteile von Funktionsgleichung, Wertetabelle und Graph als Darstellung einer Funktion.

Eine Funktion, deren Graph eine Gerade ist, heißt **lineare Funktion**.
Ihre Funktionsgleichung kannst du in der Form **y = mx + n** oder **f(x) = mx + n** schreiben.
Als **Nullstelle** einer linearen Funktion bezeichnet man die Stelle, an der die Funktion die x-Achse schneidet. Für alle Nullstellen gilt: y = 0.

**Funktionsgleichung:** $y = -0{,}5x + 1$
oder: $f(x) = -0{,}5x + 1$

**Wertetabelle:**

| x | −3 | −2 | −1 | 0 | 1 | 2 | 3 |
|---|---|---|---|---|---|---|---|
| y = −0,5x + 1 | 2,5 | 2 | 1,5 | 1 | 0,5 | 0 | −0,5 |

**Nullstelle:** x = 2

**Graph:**

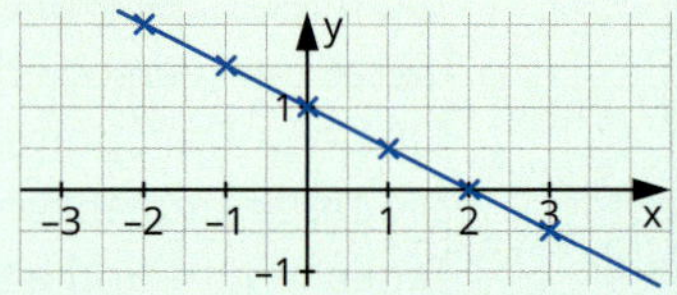


Digital+
WES-188264-212

**3** **a)** Zeichne die Graphen zu den dargestellten Wertetabellen.
**b)** Ist ① oder ② eine **lineare** Funktion? Begründe.
**c)** Erkläre, ob sich der Graph oder die Wertetabelle besser für eine Begründung eignet.

①

| x | −2 | −1 | 0 | 1 | 2 |
|---|---|---|---|---|---|
| y | 0 | 1 | 1,5 | 0,5 | −1 |

②

| x | −2 | −1 | 0 | 1 | 2 |
|---|---|---|---|---|---|
| y | −3 | −1 | 1 | 3 | 5 |

**4** Gegeben ist die lineare Funktion y = 2x + 3.
**a)** Berechne die Funktionswerte y zu den gegebenen x-Werten in der Tabelle.

| x | −3 | −2 | −1 | 0 | 0,5 | 4 | 6 |
|---|---|---|---|---|---|---|---|
| y | | | | | | | |

**b)** Trage alle Wertepaare in ein Koordinatensystem ein und zeichne den Graphen.
**c)** Wie viele Wertepaare benötigst du mindestens, um den Graphen einer linearen Funktion zeichnen zu können? Erkläre.

**5** Zeichne den Graphen der linearen Funktion und lies ihre Nullstelle ab.
① y = 2x − 6  ② y = −1,5x + 7,5  ③ y = 3x + 4,5  ④ y = −3x + 6

**6** Überprüfe mit einer Punktprobe wie im Beispiel, ob die gegebenen Punkte auf dem Graphen der linearen Funktion y = 0,2x − 4 liegen.
**a)** A(5|1)  B(−10|−6)  C(20|3)
**b)** D(0|−4)  E(−20|8)  F(73|10,6)

Punktprobe:

| P(10\|−2) | Q(−5\|−3) |
|---|---|
| y = 0,2x − 4 | y = 0,2x − 4 |
| −2 = 0,2 · 10 − 4 | −3 = 0,2 · (−5) − 4 |
| −2 = −2 (w) | −3 = −5 (f) |

**7** Vervollständige die Wertetabelle im Heft. Ordne anschließend die passende Wortformel zu.

**a)** f(x) = 0,12x + 24

| x | 0 | 100 | 200 | 300 |
|---|---|---|---|---|
| f(x) | 24 | 36 | | |

**b)** f(x) = 15x + 24

| x | 0 | 5 | 10 | 15 |
|---|---|---|---|---|
| f(x) | 24 | | | |

**c)** f(x) = 3x + 20

| x | 0 | 4 | 8 | 12 |
|---|---|---|---|---|
| f(x) | | | | |

① x Arbeitsstunden zu 15 € plus 24 € Anfahrtspauschale

② 3 € mal x Internetstunden plus Grundgebühr 20 €

③ x Einheiten mal 0,12 € plus 24 € Grundgebühr

**Die Lösungen der Aufgaben ergeben eine Halbinsel in Nordamerika.**

1 Rechne schriftlich oder im Kopf.
**a)** $12313 - (2501 + 3512) + 687$
**b)** $6{,}48 : 0{,}06$
**c)** $(10 - 7{,}5) \cdot (11 - 9{,}8)$

2 Wenn du 34 vom Dreifachen einer Zahl subtrahierst, erhältst du die Zahl –10. Wie heißt die Zahl?

3 30 % von 20 € = ▒ €

4 Das Volumen eines Quaders beträgt 1 ℓ. Der Quader ist 5 cm lang und 8 cm breit. Berechne die Höhe in cm.

5 $\frac{1}{8}$ von 2 kg = ▒ g

6 $4\ cm^2 + 14{,}83\ cm^2 + 117\ mm^2 =$ ▒ $cm^2$

7 Ein Flachbildschirm kostet 308 €. Wie viel Euro hat der Kunde zu bezahlen, wenn der Händler ihm 5 % Rabatt gewährt?

8 Wie viel Prozent der Fläche sind nicht gefärbt?

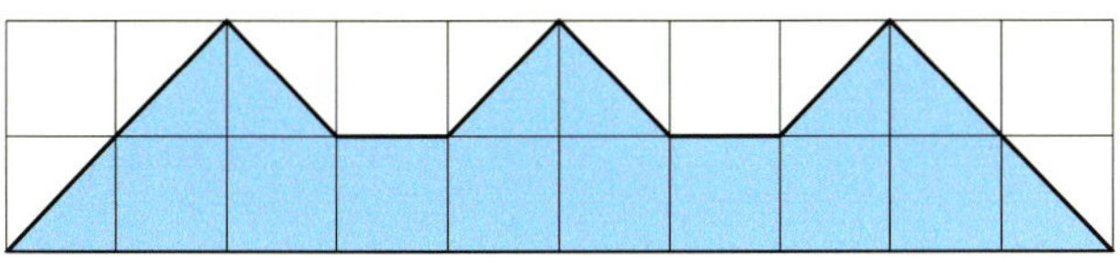

9 Ein Bild zeigt ein Blumenbeet. Berechne den Flächeninhalt und runde das Ergebnis auf ganze Quadratmeter.
A = ▒ $m^2$

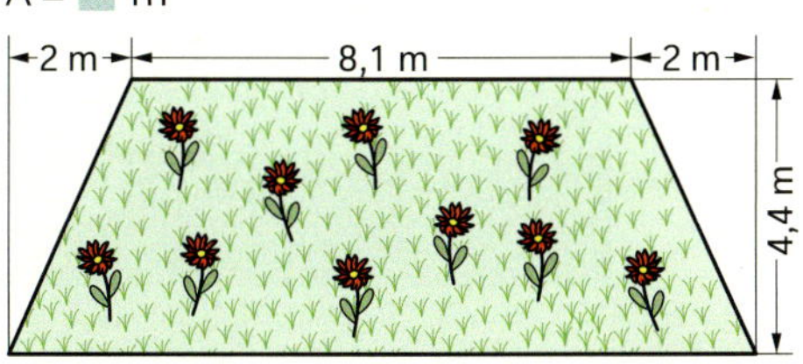


| | | | | | |
|---|---|---|---|---|---|
| 3 | U | 4 | L | 6 | U |
| 8 | F | 19,5 | O | 20 | L |
| 25 | N | 36 | I | 40 | N |
| 41 | P | 44 | D | 48 | B |
| 60 | X | 80 | O | 108 | E |
| 125 | T | 135,83 | S | 250 | D |
| 271,95 | U | 292,60 | A | 862,5 | C |
| 6987 | N | 9400 | I | 13613 | T |
| 14011 | R | 14044 | M | 20000 | K |

# Steigung einer Geraden

*Gerade Linien, die dieselbe Ausrichtung wie der Horizont oder eine liegende Wasserwaage haben, heißen waagerecht oder horizontal.*

**1** Im Straßenverkehr siehst du an stark ansteigenden oder fallenden Straßen Verkehrsschilder mit %-Angaben. Ein Schild mit einer Steigungsangabe 25 % bedeutet, dass die Straße auf einer 100 m langen waagerechten Strecke um 25 m ansteigt. Dies ist gleichbedeutend mit einem Anstieg von 1 m auf 4 m waagerechter Strecke. Die Steigung m der (geraden) Straße beträgt dann $m = \frac{1}{4} = \frac{25}{100} = 0{,}25 = 25\,\%$.

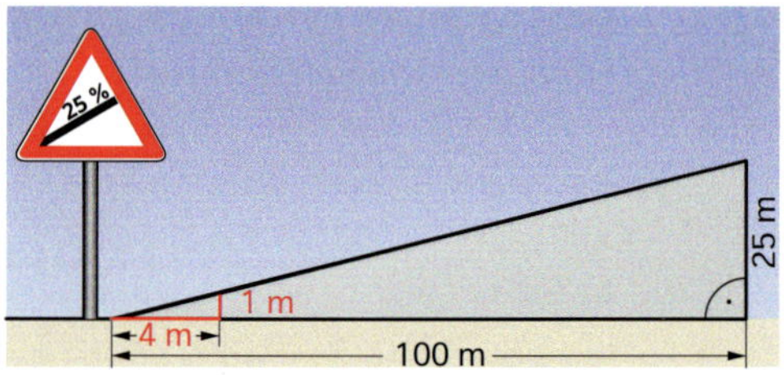


Welches Verkehrsschild gehört zu welcher Steigung (als Bruch) und zu welcher Straße?

$\frac{1}{5}$ $\frac{2}{25}$ $-\frac{1}{10}$

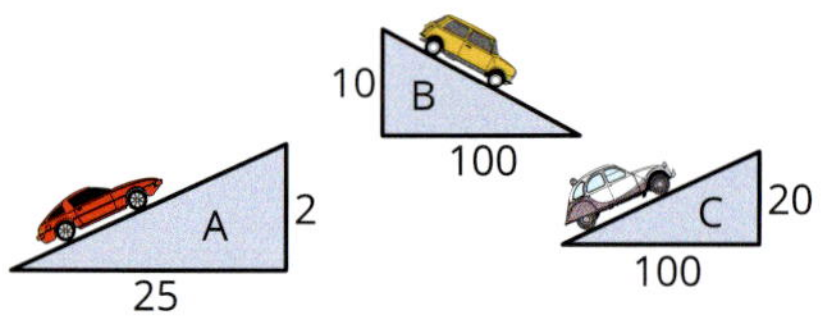


Eine Gerade hat überall dieselbe **Steigung m**.
Du bestimmst sie mit einem **Steigungsdreieck**.

**Steigung m =** $\frac{\text{Höhendifferenz}}{\text{Seitendifferenz}}$

**Steigung m** $= \frac{3}{6} = \frac{1}{2}$

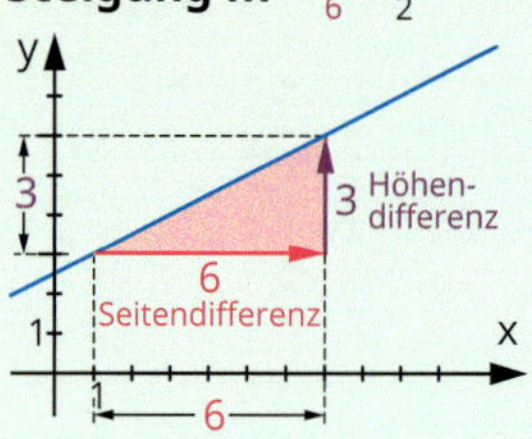


① *Suche dir zwei gut ablesbare Punkte auf der Geraden.*
② *Zeichne vom ersten Punkt aus einen Pfeil nach rechts bis direkt unter oder über den zweiten Punkt.*
③ *Zeichne danach einen zweiten Pfeil nach oben oder unten, bis du beim zweiten Punkt ankommst.*

**Steigung m** $= \frac{-6}{4} = -\frac{3}{2}$

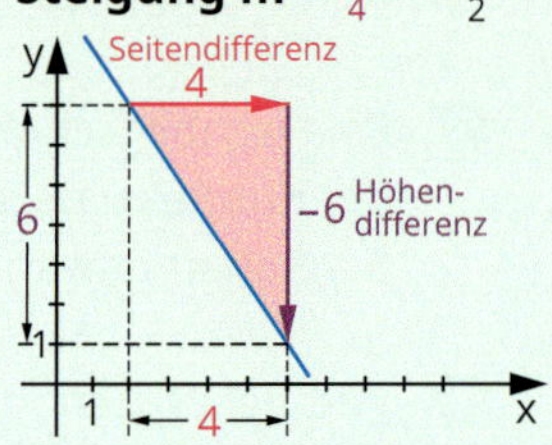


positive Steigung: steigende Gerade

negative Steigung: fallende Gerade

Digital+
WES-188264-213

**2** Bestimme die Steigung der Geraden mit Hilfe des Steigungsdreiecks.

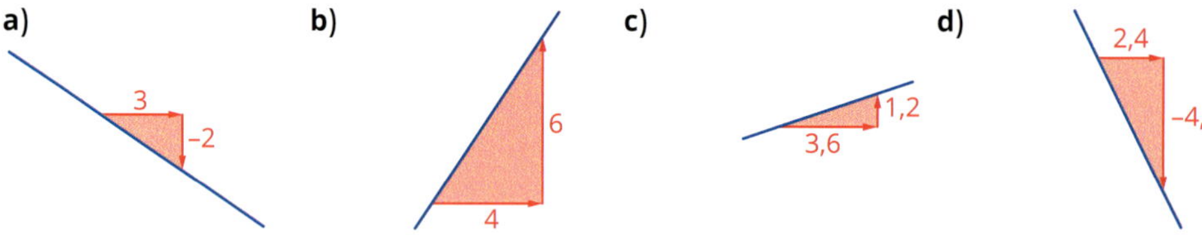


**3** Das Bild zeigt einen Straßenanstieg. Bestimme die Steigung als Bruch und als %-Angabe. Miss die benötigten Strecken.

**4** Zeichne die Gerade durch die Punkte P und Q und bestimme ihre Steigung m.
**a)** P(1 | 0); Q(5 | 8) **b)** P(4 | −2); Q(1 | −5) **c)** P(−1 | 6); Q(9 | −6)

**5** Danny behauptet: „Ich fahre Skipisten mit 100 % Gefälle herunter!“.
Iza: „Das geht ja gar nicht. Da fällst du ja senkrecht herunter!“
Was meinst du dazu? Begründe.

# Die Bedeutung von m und n bei linearen Funktionen

**Löst alle Aufgaben in Partnerarbeit.**

**1** Verändere bei einer linearen Funktion der Form $y = mx + n$ die Variablen m und n. Was passiert mit dem Graphen?

| m wird geändert | n wird geändert |
|---|---|
| $y = 4x + 2$ | $y = 4x + 1$ |
| $y = -2x + 2$ | $y = 4x + 3$ |
| $y = 0{,}2x + 2$ | $y = 4x - 2$ |
| $y = -0{,}5x + 2$ | $y = 4x$ |
| $y = x + 2$ | $y = 4x - 1{,}5$ |

**a)** Öffnet ein Geometrieprogramm am Computer und führt die Schritte 1 bis 3 durch.

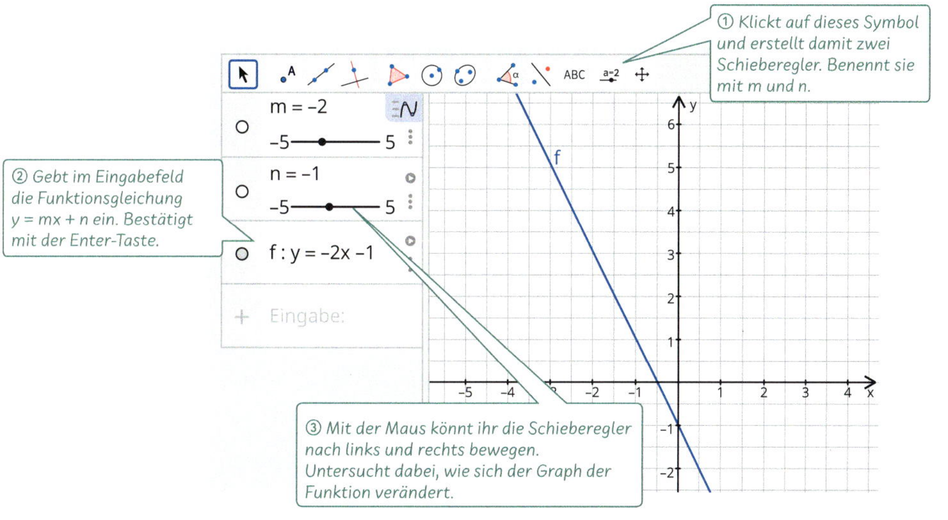


**b)** Verändert mit dem Schieberegler die Werte für m. Beschreibt eure Beobachtungen, indem ihr jedem Satzanfang das passende Satzende zuordnet.

| Satzanfang | Satzende |
|---|---|
| Ist der Wert für m größer als Null, | so fällt der Graph. |
| Je weiter der Wert m von Null entfernt ist, | desto flacher verläuft der Graph. |
| Ist der Wert für m gleich Null, | desto steiler verläuft der Graph. |
| Je näher der Wert für m an Null liegt, | so ist der Graph parallel zur x-Achse. |
| Ist der Wert für m kleiner als Null, | so steigt der Graph. |

**c)** Verändert nun den Schieberegler für n. Was bestimmt der Wert von n?

**2** Welcher Graph gehört zu welcher Funktionsgleichung?
Bestimmt zunächst den y-Achsenabschnitt n (y-Koordinate des Schnittpunkts des Graphen mit der y-Achse) und dann die Steigung m.

Ⓐ
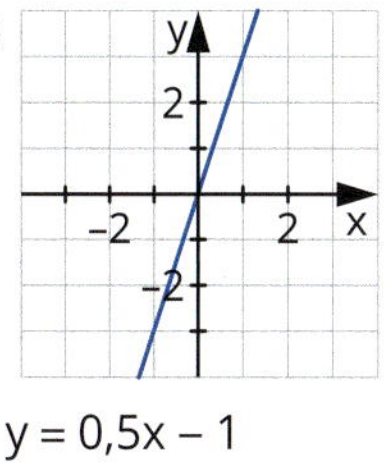

Ⓑ
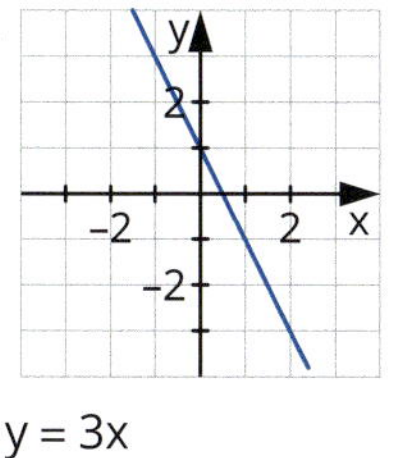

Ⓒ
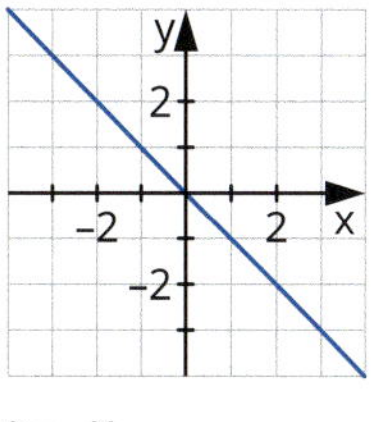

Ⓓ
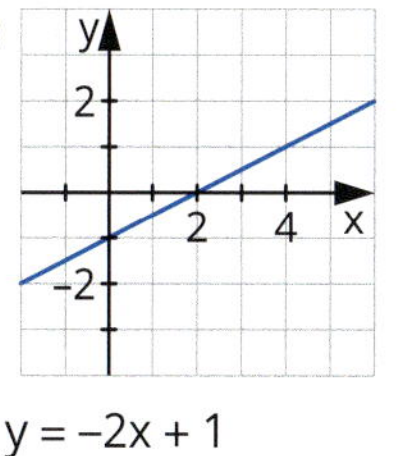

① $y = 0{,}5x - 1$ ② $y = 3x$ ③ $y = -x$ ④ $y = -2x + 1$

Für lineare Funktionen mit der Funktionsgleichung $\mathbf{y = mx + n}$ gilt:

**n** heißt **y-Achsenabschnitt** und ist die y-Koordinate des Punkts, an dem der Graph die y-Achse schneidet.

**Schnittpunkt mit der y-Achse: (0|n)**

**m** heißt **Steigung** der Funktion und wird mit einem Steigungsdreieck gezeichnet.

**Steigung** $\mathbf{m = \frac{Höhendifferenz}{Seitendifferenz}}$

Zeichne die Gerade mit der Gleichung $y = \frac{2}{3}x - 1$.

① *Bestimme den y-Achsenabschnitt n und markiere den Schnittpunkt mit der y-Achse.*

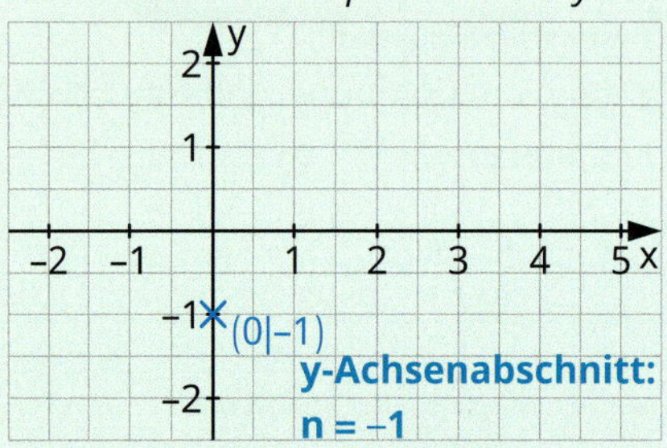


② *Bestimme die Steigung m und zeichne die Gerade mit Hilfe eines Steigungsdreiecks.*

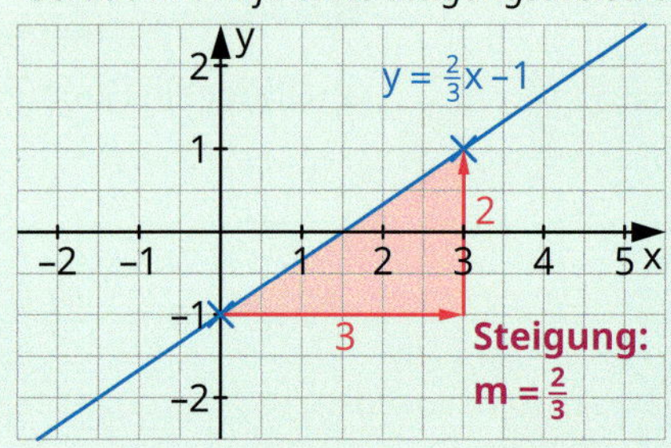


Digital+
WES-188264-214

**3** Bestimme den y-Achsenabschnitt n und die Steigung m der Geraden. Zeichne dann die Gerade mit Hilfe eines Steigungsdreiecks in ein Koordinatensystem.

**a)** $y = \frac{3}{2}x - 1$ **b)** $y = 2x - 4$ **c)** $y = -\frac{1}{2}x + 5$ **d)** $y = 0{,}5 - x$ **e)** $y = 2 + \frac{1}{4}x$

**f)** $y = \frac{3}{5}x - 2$ **g)** $y = x - 3$ **h)** $y = -\frac{1}{3}x + 1$ **i)** $y = 1{,}5x - 5$ **j)** $y = 7 + \frac{5}{3}x$

**4** Beschreibe, wie Jamie, mit Worten den Verlauf der Geraden.

**a)** $y = 3x + 1$ **b)** $y = -2x + 3$ **c)** $y = \frac{1}{2}x - 2$

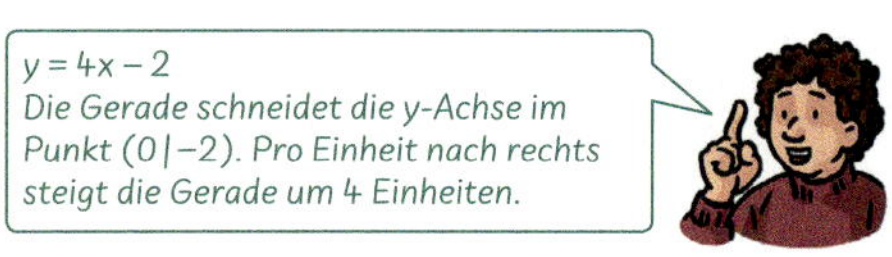


**5** Emily beschreibt den Verlauf von Geraden mit Worten. Zeichne die Geraden.

**a)** Die Gerade schneidet die y-Achse im Punkt (0|1). Von diesem Punkt gehe ich 4 Einheiten nach rechts und eine Einheit nach unten. Dort liegt ein zweiter Punkt der Geraden.

**b)** Die Gerade schneidet die y-Achse im Punkt (0|0) und hat die Steigung m = 2.

**c)** Die Gerade verläuft parallel zur x-Achse und schneidet die y-Achse im Punkt (0|−3).

**6** Zeichne je drei Beispielgeraden mit der vorgegebenen Eigenschaft. Was fällt auf?

**a)** $n = 0$ **b)** $m = 0$

**7** Ordne der Funktionsgleichung den passenden Graphen zu.

**a)** $f(x) = -2x + 2$ **b)** $f(x) = -2x$ **c)** $f(x) = -2$ **d)** $f(x) = 2x - 2$

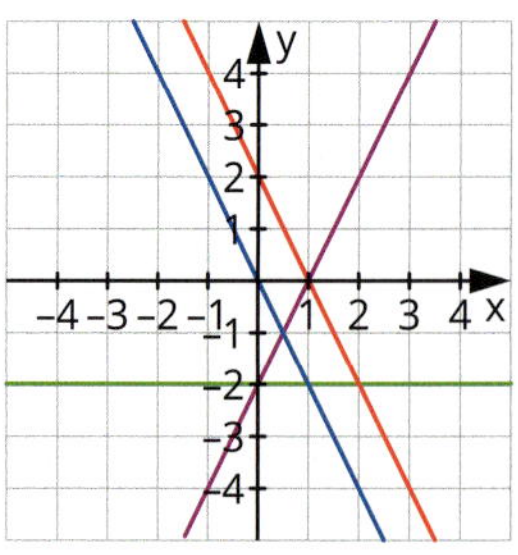


**8** Lässt sich die Gerade eindeutig zeichnen? Begründe.

**a)** Die Gerade g verläuft durch den Ursprung (0|0).

**b)** Die Funktion f(x) hat die Nullstelle x = 3. Der Graph hat die Steigung m = 1,2.

**c)** Die Gerade i hat den y-Achsenabschnitt (0|3) und verläuft durch die Punkte P(1|1) und Q(2|−2).

# Aufstellen einer Funktionsgleichung

**1** Drei Taxiunternehmen bieten verschiedene Tarife an.

**a)** Welche Funktionsgleichung passt zu welchem Tarif?
Ⓐ $y = 1{,}5x + 5$ Ⓑ $y = 2{,}5x + 2$ Ⓒ $y = 2x + 3{,}5$

**b)** Begründe, welchen Taxitarif der blaue Graph rechts darstellt.
Nenne auch die zugehörige Funktionsgleichung.

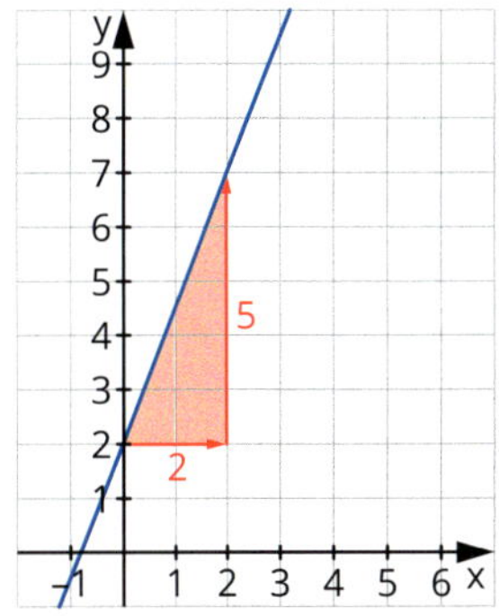


**c)** Übertrage das Koordinatensystem in dein Heft und ergänze die Graphen zu den beiden fehlenden Tarifen. Gib zu jedem Graphen auch den y-Achsenabschnitt n und die Steigung m an.

Funktionsgleichungen zu Graphen linearer Funktionen bestimmst du so:

① Zeichne ein Steigungsdreieck ein und berechne die Steigung m.
② Lies den y-Achsenabschnitt n ab.
③ Setze m und n in die allgemeine Funktionsgleichung $y = mx + n$ ein.

Bestimme die Funktionsgleichung der linearen Funktion.

- 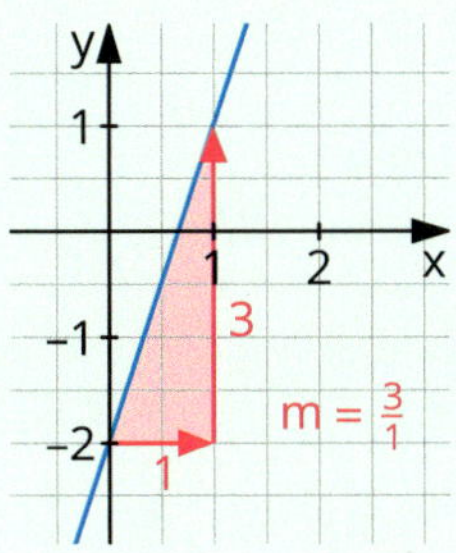


① *y-Achsen-abschnitt:* $n = -2$
② *Steigung:* $m = \frac{3}{1} = 3$
③ *Funktions-gleichung:* $y = 3x - 2$

- 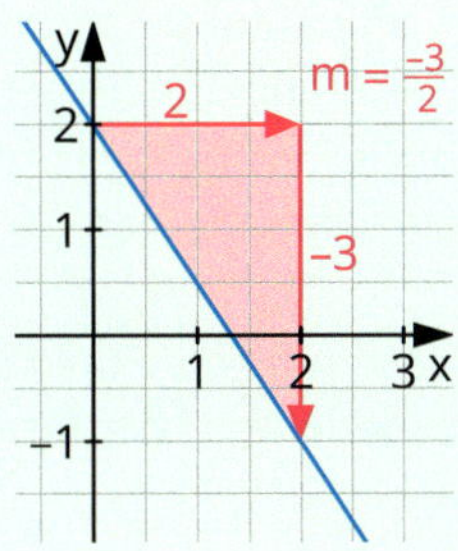


① *y-Achsen-abschnitt:* $n = 2$
② *Steigung:* $m = \frac{-3}{2} = -\frac{3}{2}$
③ *Funktions-gleichung:* $y = -\frac{3}{2}x + 2$

**2**

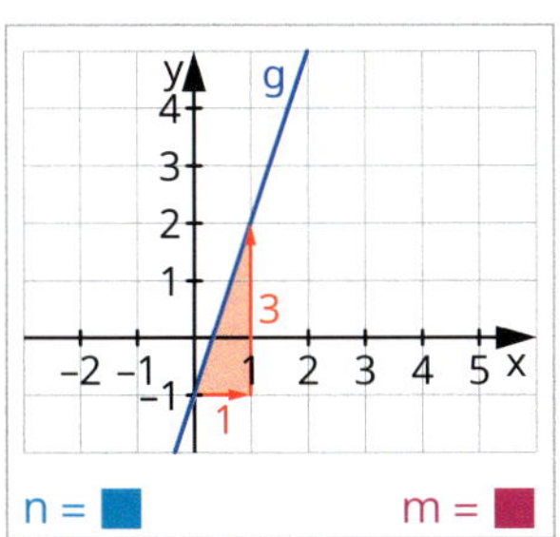


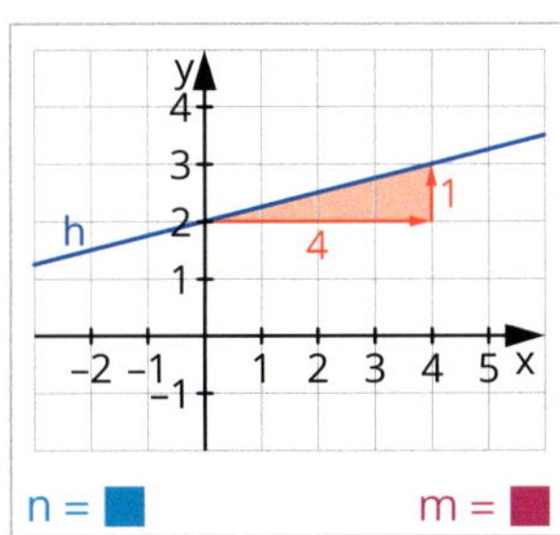


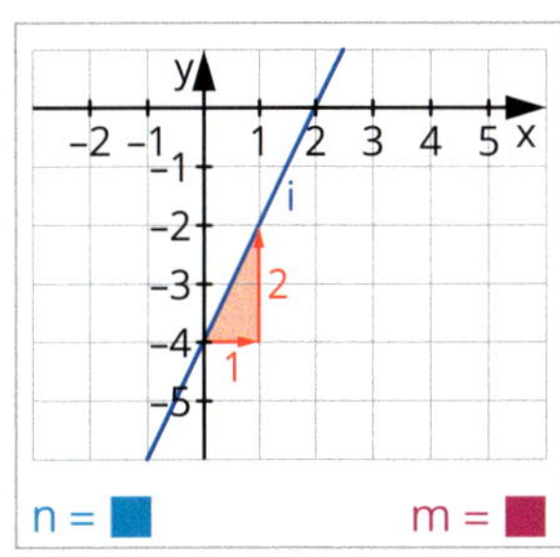


**a)** Bestimme zu jedem Graphen den y-Achsenabschnitt n und die Steigung m.

**b)** Gib dann für jeden Graphen die Funktionsgleichung in der Form $y = mx + n$ an. Setze dazu die Werte für n und m ein.

**3** Bestimme die Funktionsgleichung des Graphen.

a) 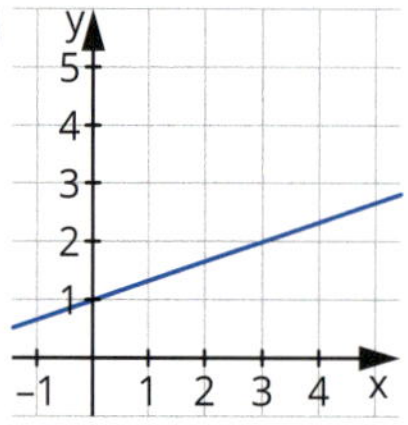
b) 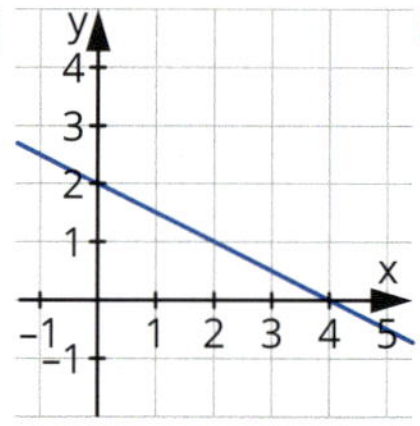
c) 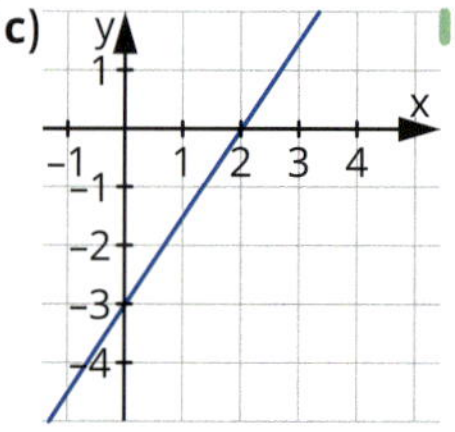
d) 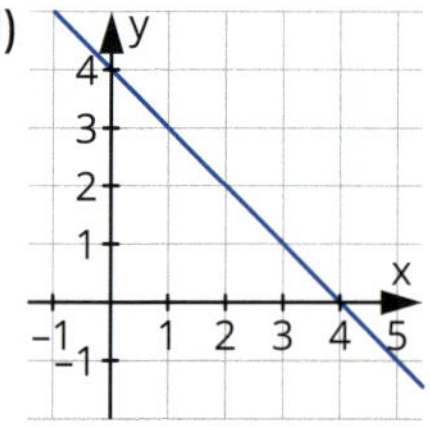

**4** Zeichne zunächst die Gerade in ein Koordinatensystem. Bestimme dann die dazugehörige Funktionsgleichung in der Form $y = mx + n$.

**a)** Die Gerade g verläuft durch die Punkte A(−1|−4) und B(3|4).
**b)** Die Gerade h schneidet die y-Achse bei 3 und die x-Achse bei 1.
**c)** Die Gerade verläuft durch (0|0) und hat die Steigung -0,5.

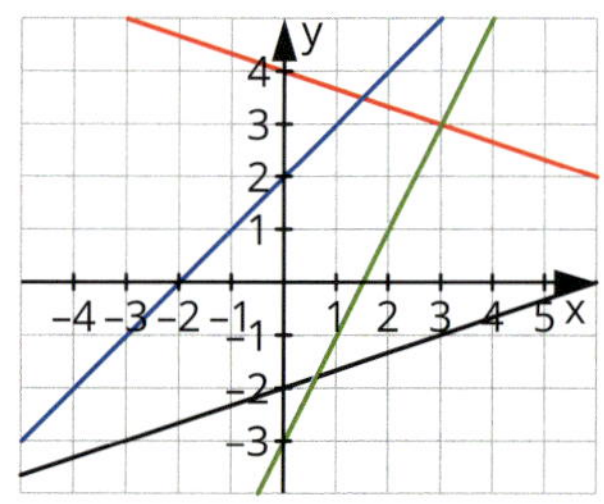

**5** Ergänze die Funktionsgleichung passend zur gleichfarbigen Geraden.

**a)** y = x + ■
**b)** y = ■x − 3
**c)** y = ■x − 2
**d)** y = ■x + 4

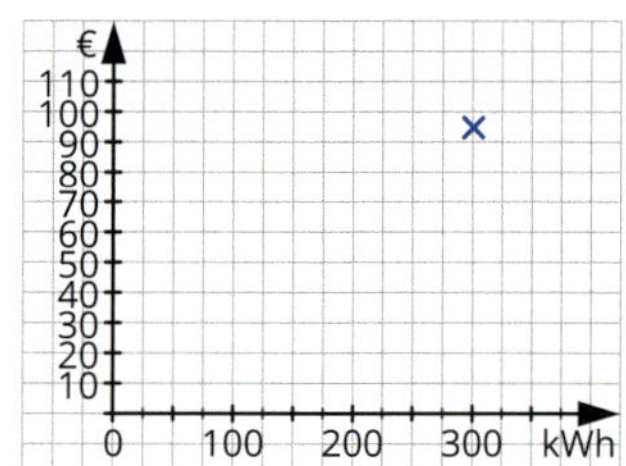

**6** Ein Strompreis setzt sich aus einem monatlichen „Grundpreis" und einem „Arbeitspreis" pro verbrauchter kWh (Kilowattstunde) zusammen. Herr Milkic hat im März 300 kWh Strom verbraucht und dafür 95 € bezahlt. Im April zahlt er 70 € für 200 kWh.

**a)** Übertrage das Koordinatensystem und ergänze den Punkt für die Stromkosten im April. Zeichne dann die Gerade durch die beiden Punkte.
**b)** Bestimme die Funktionsgleichung zur Geraden.
**c)** Bestimme den Grundpreis und den Preis für eine kWh.

**7** Bestimme die Funktionsgleichung der linearen Funktion und ergänze die Werte in der zugehörigen Wertetabelle.

a)

| x | 0 | 1 | 2 | 3 | 4 | 5 | 6 |
|---|---|---|---|---|---|---|---|
| y | 3 | 5 | ■ | ■ | ■ | ■ | ■ |

b)

| x | ■ | ■ | −1 | 0 | 1 | 2 | 3 |
|---|---|---|---|---|---|---|---|
| y | 14 | 8 | ■ | −1 | ■ | −7 | ■ |

**8** **a)** Bestimme die Funktionsgleichung einer Geraden g durch die Punkte A(2|1) und B(6|3).
**b)** Eine Gerade h soll parallel zu g verlaufen. Nenne eine mögliche Funktionsgleichung.
**c)** Was haben die Funktionsgleichungen in der Form $f(x) = mx + n$ von allen Parallelen zu g gemeinsam? Worin unterscheiden sie sich? Begründe.

**9** Aus einem Swimmingpool wird gleichmäßig Wasser abgelassen. Nach 12 Minuten beträgt die Wasserhöhe 69 cm. Nach insgesamt 32 Minuten steht das Wasser nur noch 64 cm hoch.

**a)** Gib die Funktionsgleichung des zugehörigen Graphen an.
**b)** Wie hoch war der Wasserspiegel zu Beginn?
**c)** Wie lange dauert es, bis kein Wasser mehr im Pool ist?

# Vermischte Aufgaben

**1** Die Behälter I – V werden gleichmäßig mit Wasser befüllt. Welcher Graph (*Füllzeit t → Füllhöhe h*) gehört zu welchem Behälter?

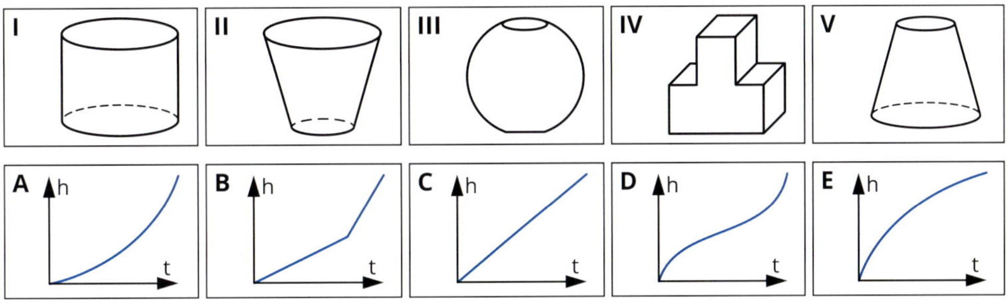


**2** Der Graph beschreibt eine Bergwanderung.

**a)** Lies die Höhe des Wanderers um 12 Uhr, 13 Uhr und 14.30 Uhr ab.

**b)** Wann erreicht der Wanderer den höchsten, wann den niedrigsten Punkt?

**c)** Wie hoch liegen diese Punkte über NN?

**d)** Ist die Zuordnung eine Funktion oder sogar eine lineare Funktion? Begründe.

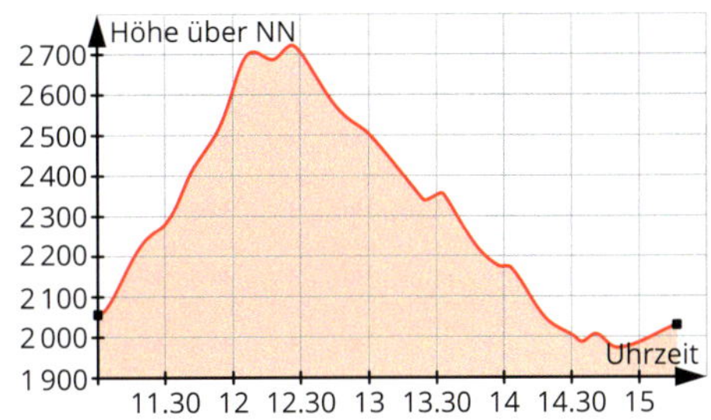


**3** Stellt der Graph eine Funktion dar? Ist sie sogar linear? Begründe.

**a)** **b)** **c)** **d)** **e)**

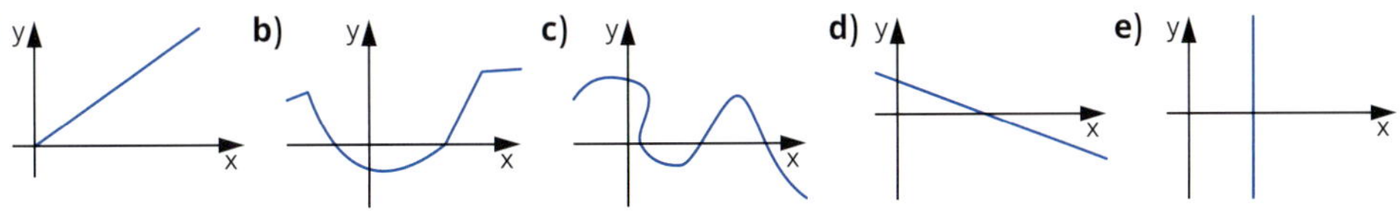


**4** Erstelle für die lineare Funktion eine Wertetabelle und zeichne dann den Graphen in ein Koordinatensystem (zeichne die x-Achse und die y-Achse von –6 bis +6).

**a)** $y = 2x - 3$ **b)** $y = -3x + 1$ **c)** $y = 0{,}5x + 1{,}5$ **d)** $y = -1{,}2x$

**5** Liegt A(3 | 0); B(0 | –2) oder C(–1,5 | 7,5) auf dem Graphen der Funktion? Prüfe rechnerisch.

**a)** $y = 3x - 2$ **b)** $y = -4x + 1{,}5$ **c)** $y = -0{,}5x + 1{,}5$ **d)** $y = 2x + 10{,}5$

**6** Bestimme die Steigung m der abgebildeten Geraden.

**a)** **b)** **c)** **d)**

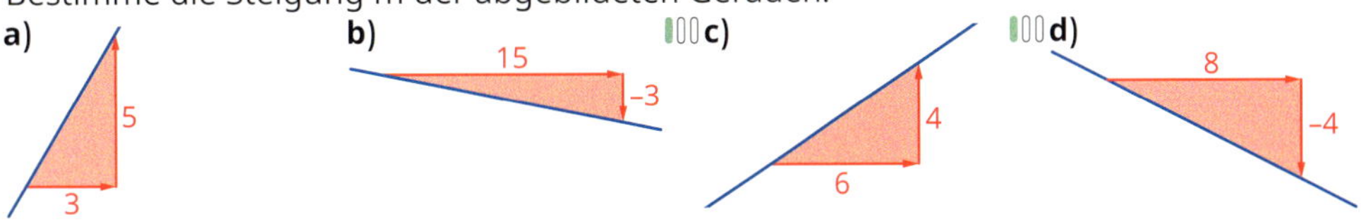


**7** **a)** Welche Funktionsgleichung passt zu welcher Beschreibung? Ordne zu.

**b)** Eine Funktionsgleichung bleibt übrig. Formuliere eine passende Beschreibung.

Ⓐ $y = 4x + 3$ Ⓑ $y = 3x$
Ⓒ $y = x : 3 + 4$ Ⓓ $y = 4x - 3$
Ⓔ $y = x + 3$

Jeder Zahl x wird das Dreifache zugeordnet.

Jeder Zahl x wird ihr Drittel vermehrt um 4 zugeordnet.

Jeder Zahl x wird das Vierfache vermindert um 3 zugeordnet.

Jeder Zahl x wird ihr um 3 erhöhter Wert zugeordnet.

**8** Bestimme die Steigung m und den y-Achsenabschnitt n der Funktion und zeichne sie. Dann lies die Nullstellen ab.
**a)** $y = 3x - 1{,}5$ **b)** $y = 6 - 1{,}5x$ **c)** $y = -1{,}5x$ **d)** $y = \frac{1}{4}x - 1$ **e)** $y = 0{,}5 + \frac{1}{3}x$

**9** **Nullstellenberechnung:** Bei der Nullstelle einer linearen Funktion gilt f(x) = 0. Berechne die Nullstelle der linearen Funktion wie im Beispiel.
**a)** $f(x) = 2x - 4$ **b)** $f(x) = 6 - 2x$
**c)** $f(x) = -0{,}5x + 3$ **d)** $f(x) = 5x + 10$
**e)** $f(x) = 0{,}4x + 1{,}6$ **f)** $f(x) = -7 - 0{,}2x$

$f(x) = -0{,}5x - 2$
$f(x) = 0$
$-0{,}5x - 2 = 0 \quad | + 2$
$-0{,}5x = 2 \quad | : (-0{,}5)$
**Nullstelle** $x = -4$

**10** **a)** Gib für jede Gerade den y-Achsenabschnitt n, die Steigung m und die Funktionsgleichung an.
**b)** Berechne die Nullstelle der Funktion ④.

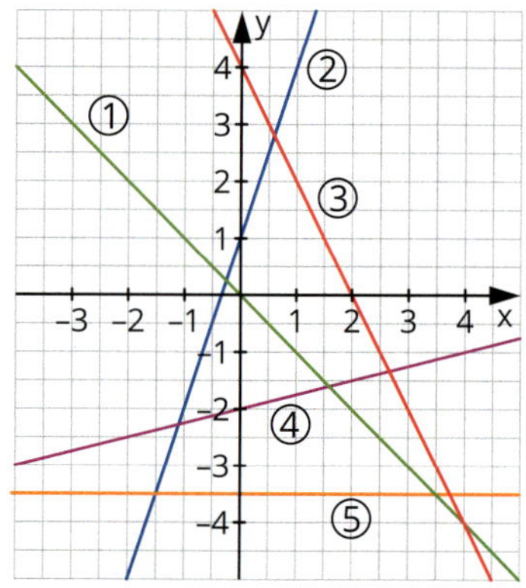


**11** Gib jeweils mindestens eine passende Funktionsgleichung zur Geraden an.
**a)** eine steigende Gerade durch P(0|0)
**b)** eine fallende Gerade mit der Nullstelle x = 2
**c)** eine Gerade mit der Steigung m = 0,5
**d)** eine zu $f(x) = -2x + 3$ parallel verlaufende Gerade
**e)** eine Parallele zur x-Achse

**12** Stelle eine zum Sachverhalt passende Funktion auf.

Für Brauch- und Schmutzwasser berechnet ein Wasserversorger eine monatliche Pauschale von 5 € zuzüglich 6 € pro m³.

Ein Fensterputzer berechnet 3,50 € pro m² geputzte Fensterfläche. Für die Anfahrt berechnet er pauschal 15 €.

**13** Im Straßenverkehr kannst du mit Hilfe von Faustformeln den Sicherheitsabstand und den Bremsweg eines Autos abschätzen.

**Sicherheitsabstand** = „halber Tacho"
außerhalb geschlossener Ortschaften

| x (Tachostand) | 40 | 50 | 60 | 70 | 80 | 90 | 95 | 100 |
|---|---|---|---|---|---|---|---|---|
| y (Sicherheitsabstand) | | | | | 40 | | | |

***Bremsweg*** $= \frac{\text{Geschwindigkeit}}{10} \cdot \frac{\text{Geschwindigkeit}}{10}$

| x (Tachostand) | 30 | 50 | 70 | 80 | 100 | 130 | 150 | 200 |
|---|---|---|---|---|---|---|---|---|
| y (Bremsweg) | | | | 64 | | | | |

**a)** Ergänze die fehlenden Werte in den Tabellen.
**b)** Zeichne ein Koordinatensystem (x bis 150) und zeichne beide Graphen ein.
**c)** Sind die Zuordnungen linear? Begründe jeweils.

**14** Im Freibad wird einmal jährlich das Wasser gleichmäßig aus dem quaderförmigen Springerbecken (3,80 m tief) abgelassen. Nach 2 Stunden beträgt dann die Wasserhöhe noch 3 m.
**a)** Stelle zum Sachverhalt eine Funktionsgleichung auf.
**b)** Berechne die Nullstelle der Funktion und deute sie im Sachzusammenhang.

# Proportionale Funktionen

**1** Büşra und Til untersuchen im Physikunterricht die Ausdehnung einer Feder. Dazu hängen sie verschiedene Massen (10 g, 20 g, 30 g, ...) an die Feder, notieren die Werte in einer Tabelle und zeichnen den dazugehörigen Graphen.

| Masse (g) | 0 | 10 | 20 | 30 | 40 | 50 | 60 | 70 | 80 | 90 |
|---|---|---|---|---|---|---|---|---|---|---|
| Ausdehnung (cm) | 0 | 4 | 8 | | 16 | 20 | | 28 | | |

Übertrage die Tabelle zum Versuch, ergänze die fehlenden Werte und stelle eine passende Funktionsgleichung auf.

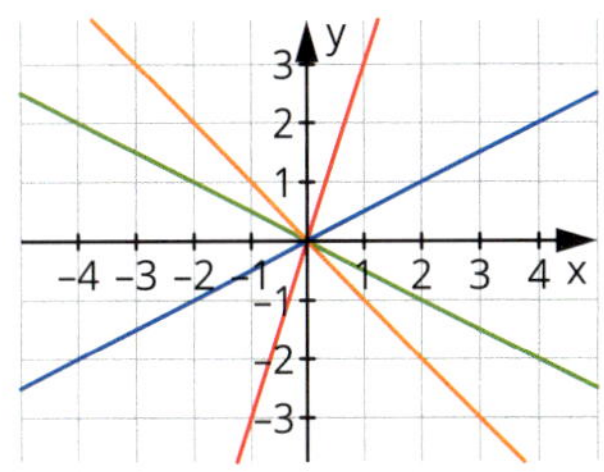


**2** Beschreibe die rechts abgebildeten Graphen und ordne ihnen die Funktionsgleichungen zu.
Ⓐ $y = 0{,}5x$ Ⓑ $y = -x$ Ⓒ $y = 3x$ Ⓓ $y = -0{,}5x$

Lineare Funktionen mit Funktionsgleichungen der Form **$y = mx$** heißen **proportionale Funktionen**. Ihre Graphen sind Geraden durch den Nullpunkt. Die Steigung m kann positiv oder negativ sein.

$y = 0{,}8x$ Steigung: $m = 0{,}8$

| x | −3 | −2 | −1 | 0 | 1 | 2 | 3 |
|---|---|---|---|---|---|---|---|
| y = 0,8x | −2,4 | −1,6 | −0,8 | 0 | 0,8 | 1,6 | 2,4 |

$y = -2x$ Steigung: $m = -2$

| x | −3 | −2 | −1 | 0 | 1 | 2 | 3 |
|---|---|---|---|---|---|---|---|
| y = −2x | 6 | 4 | 2 | 0 | −2 | −4 | −6 |

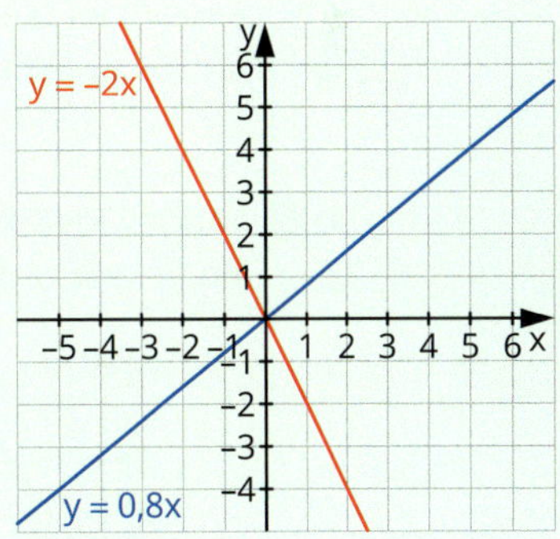


Digital+
WES-188264-215

**3** Zeichne den Graphen zur Funktion mit der gegebenen Gleichung.
**a)** $y = 3x$ **b)** $y = -2x$ **c)** $y = -\frac{2}{3}x$ **d)** $y = \frac{7}{4}x$ **e)** $y = -3{,}5x$

**4** Welcher Graph verläuft am steilsten, welcher am flachsten? Sortiere von „steil" nach „flach".
Ⓐ $f(x) = 3x$ Ⓑ $f(x) = \frac{3}{2}x$ Ⓒ $f(x) = \frac{2}{3}x$ Ⓓ $f(x) = 0{,}3x$ Ⓔ $f(x) = 0{,}6x$

**5** Je ein Wertepaar der proportionalen Funktion wurde falsch berechnet. Begründe. Verbessere und bestimme die dazugehörige Funktionsgleichung.

**a)**

| x | −2 | −1 | 0 | 1 | 2 | 3 |
|---|---|---|---|---|---|---|
| y | 6 | 3 | 0 | −3 | −5 | −9 |

**b)**

| x | −4 | −2 | 0 | 1 | 3 | 5 |
|---|---|---|---|---|---|---|
| y | −6 | −3 | 0 | 2,5 | 4,5 | 7,5 |

# Änderungsraten

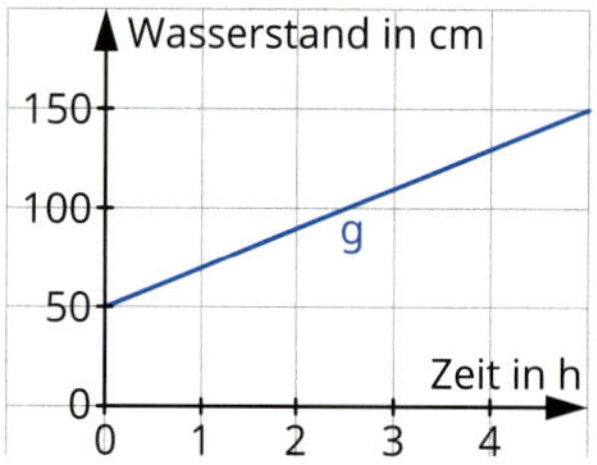

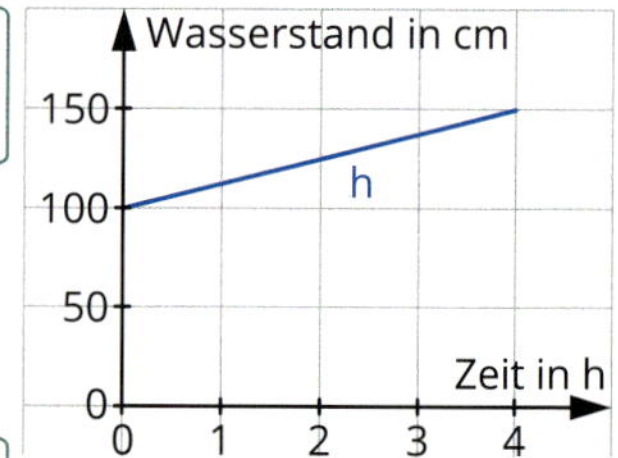


**1** **Partnerarbeit:** Die Graphen in den beiden Diagrammen stellen das Befüllen von Pauls und Eriks Pools dar.

**a)** Ordnet den Graphen die von Paul und Erik beschriebenen Füllvorgänge zu.

**b)** Bestimmt für beide Füllvorgänge den Wasseranstieg in cm pro Stunde.

**c)** Wie lauten die Funktionsgleichungen für die beiden Graphen? Vergleicht die Funktionsgleichungen mit den Lösungen von b). Was fällt auf?

Die **Änderungsrate** einer messbaren Größe beschreibt, um wie viel sich der y-Wert ändert, wenn sich der x-Wert um 1 erhöht.
Bei linearen Funktionen entspricht die Änderungsrate der Steigung m, es gilt also:

$$\textbf{Änderungsrate = Steigung m} = \frac{\textbf{Höhendifferenz}}{\textbf{Seitendifferenz}}$$

Aus einem Pool wird das Wasser abgepumpt.
Der Wasserstand (in cm) in Abhängigkeit von der Zeit (in h) ist im Diagramm dargestellt.
Die Funktion $y = -25x + 150$ beschreibt das Absinken des Wasserstands.
Änderungsrate: $m = -25\,\frac{cm}{h}$ (Sinkgeschwindigkeit)

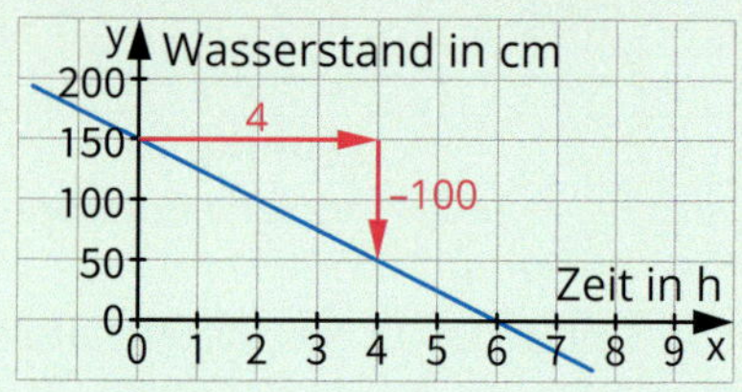


**2** Abgebildet siehst du drei Zeit-Weg-Diagramme. Bestimme jeweils die Änderungsrate in $\frac{km}{h}$ und ordne die Diagramme den rechts angegebenen Verkehrsmitteln zu.

①
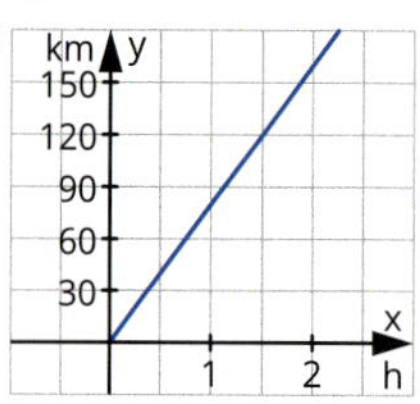


②
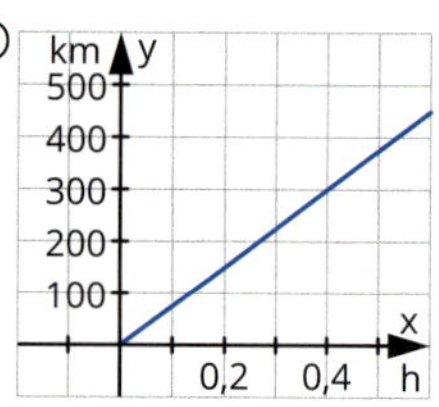


③
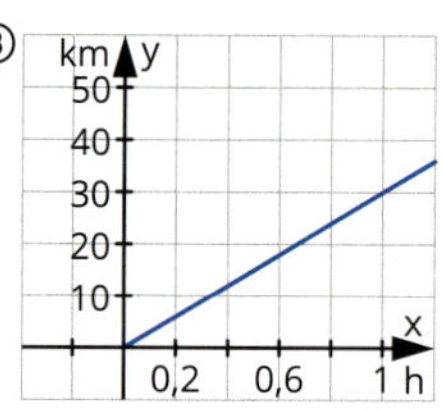


Bus

S-Bahn

Flugzeug

**3** Im Diagramm sind drei Graphen dargestellt.

**a)** Berechne zu jedem Graphen die Änderungsrate in $\frac{cm}{h}$.

**b)** Welcher Graph passt am besten zu welcher Kerze?

**c** Eine Kerze passt zu keinem Graphen. Begründe. Skizziere einen passenden Graphen.

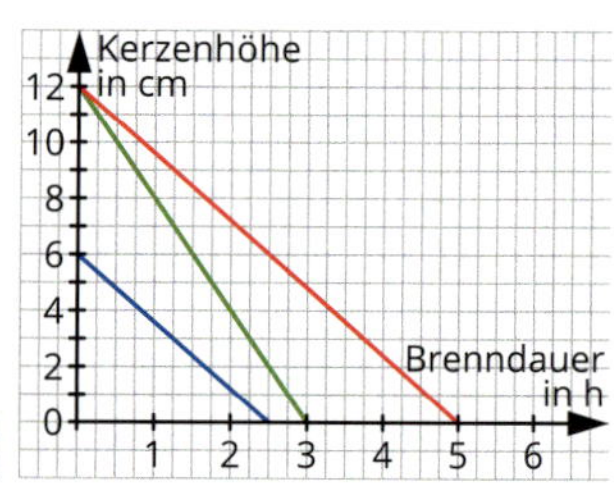

**Funktionen** sind **eindeutige** Zuordnungen. Sie ordnen jedem x-Wert **genau einen** y-Wert als **Funktionswert** f(x) zu.

**Funktionsgleichung:** $y = \frac{1}{2}x$ oder $f(x) = \frac{1}{2}x$

**Wertetabelle:**

| x | −2 | 0 | 2 |
|---|---|---|---|
| $y = \frac{1}{2}x$ | −1 | 0 | 1 |

**Graph:**

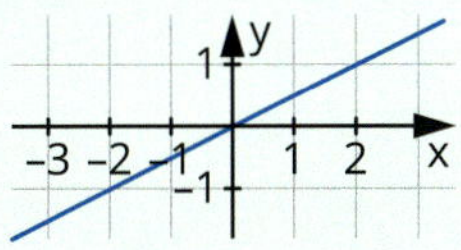


**Beschreibung:**
Jeder Zahl x wird ihre Hälfte zugeordnet.

**1** Gehört der abgebildete Graph zu einer Funktion? Begründe.

a) 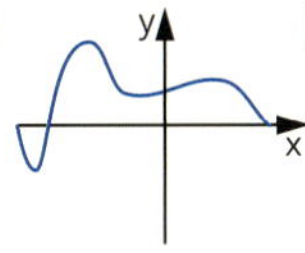


b) 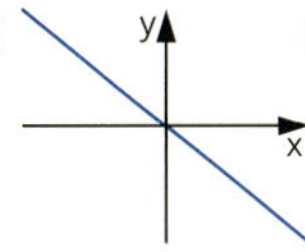


c) 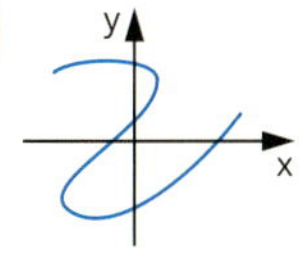


**2** Beschreibe die Funktion, indem du den Satz „Jeder Zahl x wird … zugeordnet." ergänzt.

**a)** $y = 3x$ **b)** $y = 2x + 4$

---

Funktionen, deren Graph eine Gerade ist, heißen **lineare Funktionen**.

Ihre Gleichung kannst du in der Form **y = mx + n** oder **f(x) = mx + n** schreiben.

Eine Wertetabelle mit zwei geeigneten Wertepaaren reicht aus, damit du ihren Graphen zeichnen kannst.

$y = -2x + 4$

| x | −1 | 2 |
|---|---|---|
| y | 6 | 0 |

Nullstelle (Schnittstelle auf der x-Achse): x = 2

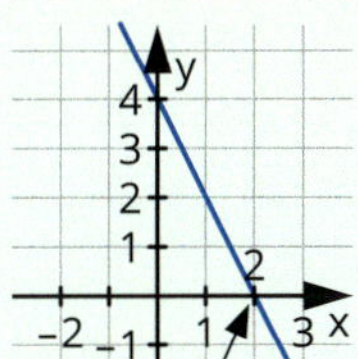


**3** Gehört der Graph zu einer linearen Funktion? Begründe.

a) 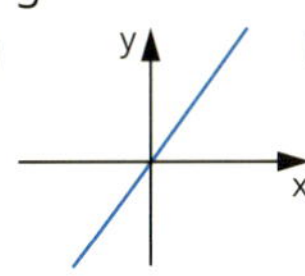


b) 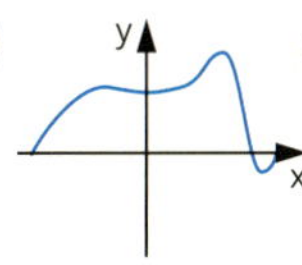


c) 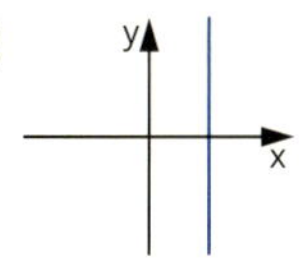


**4** Zeichne die Funktion mit Hilfe einer Wertetabelle.

**a)** $y = 1{,}5x - 2$ **b)** $y = -2x + 4$

**5** Überprüfe, ob die Punkte A(3|1), B(2|1) und C(−2|−9) auf dem Graphen der Funktion liegen.

**a)** $y = 2x - 5$ **b)** $y = -3x + 7$

---

**n heißt y-Achsenabschnitt** und beschreibt, wo die Gerade die y-Achse schneidet.

**m** heißt **Steigung** der Funktion und wird mit einem Steigungsdreieck berechnet:

**Steigung** $\mathbf{m = \frac{Höhendifferenz}{Seitendifferenz}}$

Die Gerade steigt, wenn die Steigung m größer als 0 ist. Sie fällt, wenn m kleiner als 0 ist.

$y = -\frac{3}{4}x + 5$

Steigung:
$m = -\frac{3}{4}$

y-Achsenabschnitt:
n = 5

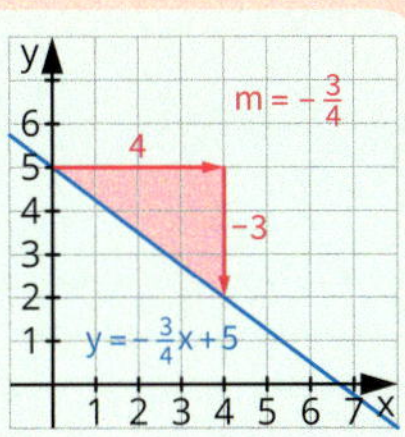


**6** Entscheide, ob die Gerade steigt oder fällt. Gib auch den y-Achsenabschnitt der Geraden an.

**a)** $y = -2x + 5$ **b)** $y = 3x - 1{,}5$

**7** Zeichne den Graphen mit Hilfe von y-Achsenabschnitt und Steigungsdreieck.

**a)** $y = \frac{2}{3}x - 1$ **b)** $y = -3x + 7$

**8** Zeichne die Gerade und bestimme ihre Funktionsgleichung.

**a)** Die Gerade schneidet die y-Achse bei y = 4 und verläuft durch den Punkt P(−2|6).

**b)** Die Gerade verläuft durch A(3|3) und B(−1|−5).

**1** Ergänze die Wertetabelle zur Funktion $y = 3x - 2$ und zeichne den Graphen.

| x | −2 | −1 | 0 | 1 | 2 | 3 | |
|---|---|---|---|---|---|---|---|
| y | | | | | | | 10 |

**2** Erstelle eine Wertetabelle mit zwei geeigneten Wertepaaren und zeichne den Graphen.
**a)** $y = 2x - 3$ **b)** $y = 4 - 0{,}5x$ **c)** $y = -1{,}2x$

**3** Bestimme den y-Achsenabschnitt n und die Steigung m. **a)** $y = 1{,}3x - 5$ **b)** $y = 7 - \frac{3}{5}x$ **c)** $y = 4$

**4** Welcher Graph gehört zu welcher Funktionsgleichung? Ordne zu.
① $y = x + \frac{3}{2}$
② $y = -\frac{1}{4}x$
③ $y = \frac{1}{2}x - 1$
④ $y = -2x + \frac{1}{2}$

Ⓐ
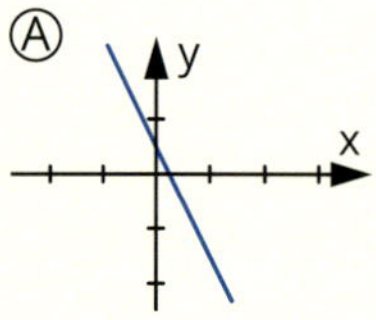
Ⓑ
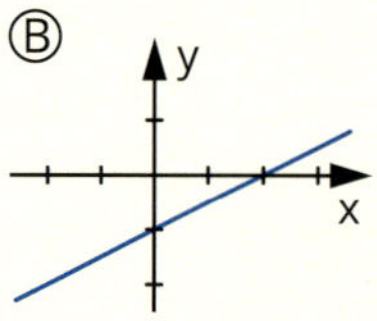
Ⓒ
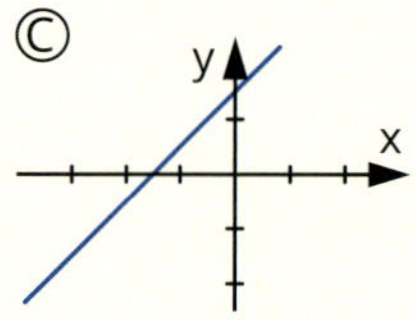
Ⓓ
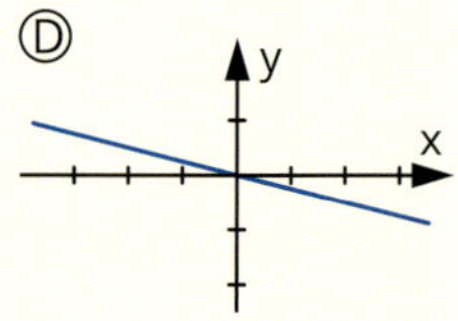

**5** Welcher Punkt erfüllt die Funktionsgleichung $y = -3x + 2$? A(4|3) B(3|−7) C(−6|18) D(0|−2)

**6** Bestimme die passende Funktionsgleichung zum Graphen.
**a)**
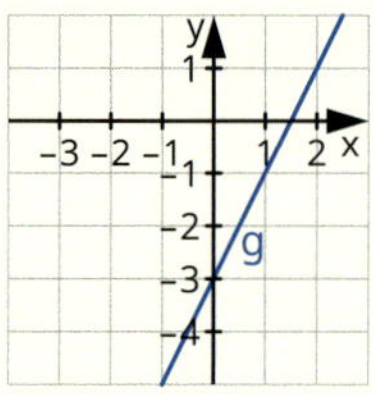

**b)**
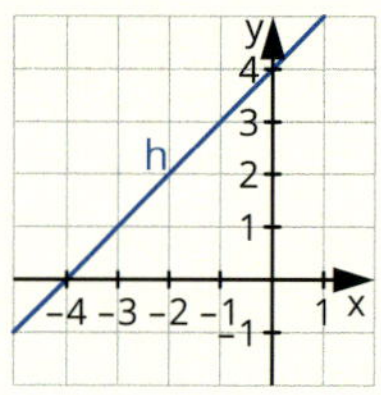

**c)**
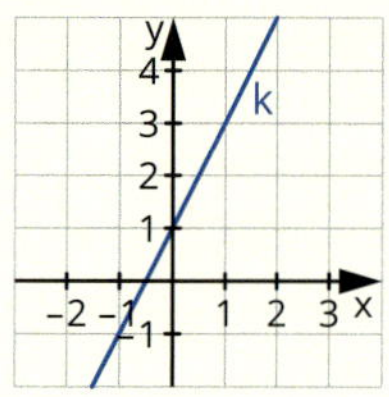

**d)**
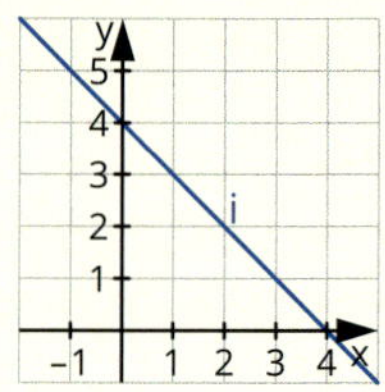


**7** Welche Wertetabelle gehört nicht zu einer linearen Funktion? Verändere einen Wert so, dass sie zu einer linearen Funktion gehört. Bestimme dann beide Funktionsgleichungen.

Ⓐ

| x | 3 | 4 | 5 | 6 | 7 |
|---|---|---|---|---|---|
| y | 1 | 2 | 4 | 4 | 5 |

Ⓑ

| x | 3 | 4 | 5 | 6 | 7 |
|---|---|---|---|---|---|
| y | −5 | −2 | 1 | 4 | 7 |

**8** Ein Öltank ist nahezu leer. Insgesamt fasst er 5000 Liter. Der Tank wird gleichmäßig mit Öl befüllt. Nach 7 Minuten befinden sich 1600 Liter, nach 14 Minuten 3000 Liter im Tank.
**a)** Wie viel Liter Öl waren vor der Füllung im Tank? Nach wie vielen Minuten ist der Tank voll?
**b)** Stelle eine Funktionsgleichung auf, die jeder Minute x des Füllvorgangs die Füllmenge y zuordnet.

**9** Bestimme die Funktionsgleichung der Geraden durch die Punkte A(2|−5) und B(4|2).

**10** Eine zylinderförmige Kerze wird angezündet. Nach zwei Stunden Brenndauer ist sie noch 15 cm lang, nach insgesamt 5 Stunden ist sie noch 10,5 cm lang.
**a)** Wann ist die Kerze abgebrannt? Wie lang war sie zu Beginn?
**b)** Stelle eine Funktionsgleichung für den Brennvorgang auf.

**11** Bestimme die Geradengleichung. Beachte die Maßstäbe.
**a)**
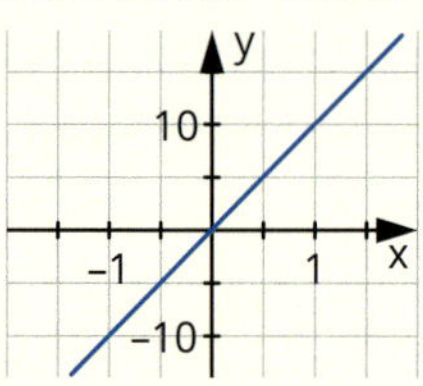

**b)**
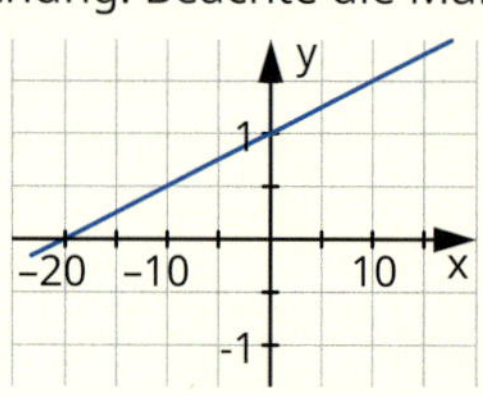

**c)**
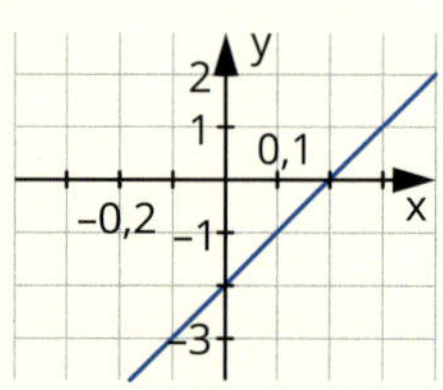

**d)**
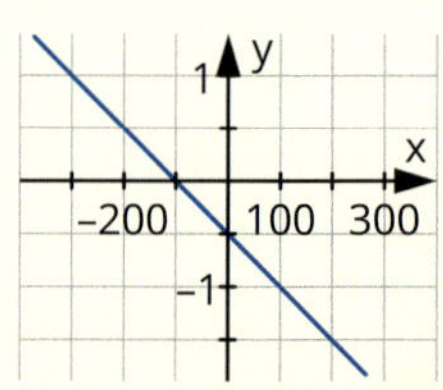

# Ähnlichkeit

# 3

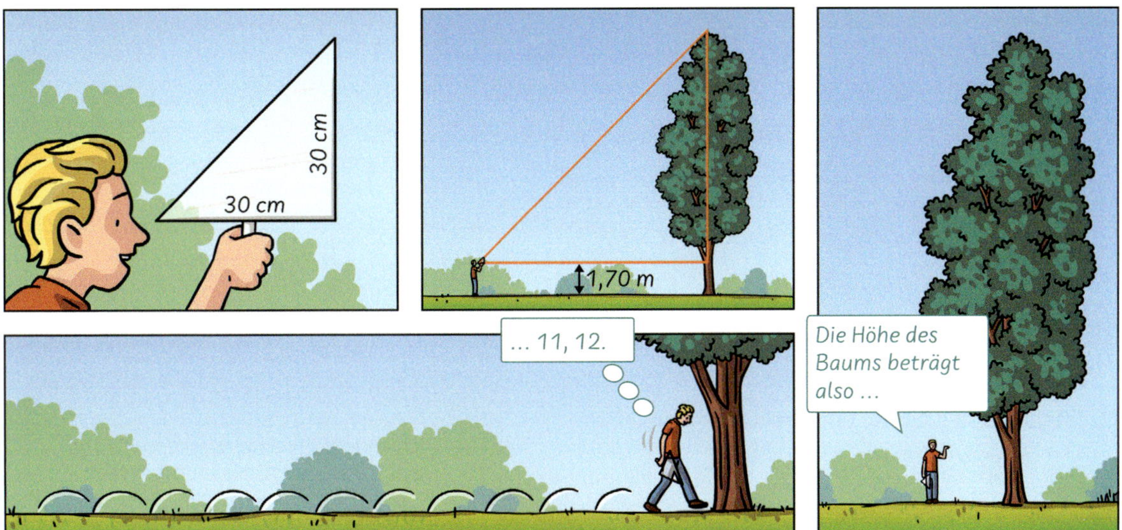


## In diesem Kapitel lernst du, ...

... Figuren maßstabsgetreu zu vergrößern und zu verkleinern,
... die Ähnlichkeit von Figuren zu überprüfen,
... wie du die Ähnlichkeitssätze von Dreiecken anwendest,
... Längen mit Hilfe der Strahlensätze zu berechnen,
... wie du Figuren zentrisch streckst.

# Löse die folgenden Aufgaben und schätze dich ein.

**1** Wandle in die angegebene Maßeinheit um.

**a)** 400 000 cm = ■ km **b)** 3 km = ■ cm
**c)** 28 000 cm = ■ km **d)** 500 m = ■ cm
**e)** 5 300 000 cm = ■ km **f)** 4,5 km = ■ cm

Ich kann Längenmaße in vorgegebene Einheiten umwandeln.

Das kann ich gut. ☺ | Ich bin noch unsicher. → S. 196, A 1–3

**2** Kürze die Brüche so weit wie möglich.

**a)** $\frac{7}{14}$ **b)** $\frac{9}{72}$
**c)** $\frac{24}{66}$ **d)** $\frac{24}{56}$

Ich kann Brüche kürzen.

Das kann ich gut. ☺ | Ich bin noch unsicher. → S. 199, A 3–4

**3** Löse die Verhältnisgleichung.

**a)** $\frac{x}{8} = \frac{3}{2}$ **b)** $\frac{x}{12} = \frac{6}{8}$
**c)** $\frac{5}{x} = \frac{6}{12}$ **d)** $\frac{14}{98} = \frac{7}{x}$

Ich kann Verhältnisgleichungen lösen.

Das kann ich gut. ☺ | Ich bin noch unsicher. → S. 195, A 3–4

**4** Berechne die Größe des fehlenden Winkels.

**a)** Dreieck mit $\alpha = 63°$; $\beta = 45°$.
**b)** Dreieck mit $\alpha = \gamma = 72°$.
**c)** Ein in B rechtwinkliges Dreieck mit $\alpha = 34°$.

Ich kann mit Hilfe der Winkelsumme Dreieckswinkel berechnen.

Das kann ich gut. ☺ | Ich bin noch unsicher. → S. 197, A 1

**5** Bestimme die Größe der gesuchten Winkel. Die Geraden g und h sind parallel.

g || h

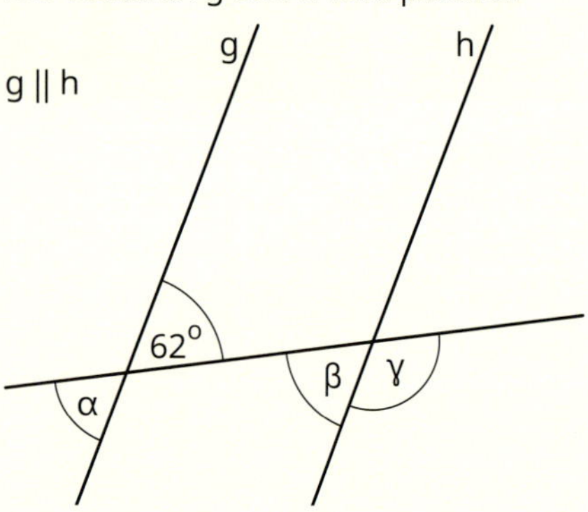


Ich kann Winkelpaare erkennen und die Größe von Winkeln bestimmen.

Das kann ich gut. ☺ | Ich bin noch unsicher. → S. 197, A 2–3

# Wiederholung: Maßstab

Abbildungen wie Karten und Bilder stellen die Wirklichkeit oft verkleinert oder vergrößert dar. Der **Maßstab** gibt an, wie stark ein Original verkleinert oder vergrößert wurde.

*Verkleinerung*
Maßstab 1 : 40
1 cm in der Abbildung entsprechen 40 cm in Wirklichkeit.

*Vergrößerung*
Maßstab 40 : 1
40 cm in der Abbildung entsprechen 1 cm in Wirklichkeit.

Das Modell eines Pkws (Maßstab 1 : 50) hat eine Länge von 8,4 cm. Wie lang ist der Pkw in Wirklichkeit?

$\cdot 8{,}4$ (1 cm ≙ 50 cm) $\cdot 8{,}4$
8,4 cm ≙ 420 cm

In Wirklichkeit ist der Pkw 4,20 m lang.

Ein Wasserfloh ist im Biologiebuch vergrößert (Maßstab 20 : 1) dargestellt. Im Bild misst er 5 cm. Wie groß ist er in Wirklichkeit?

$:4$ (20 cm ≙ 1 cm) $:4$
5 cm ≙ 0,25 cm

Der Wasserfloh misst in Wirklichkeit 2,5 mm.

Digital+
WES-188264-310

**1** 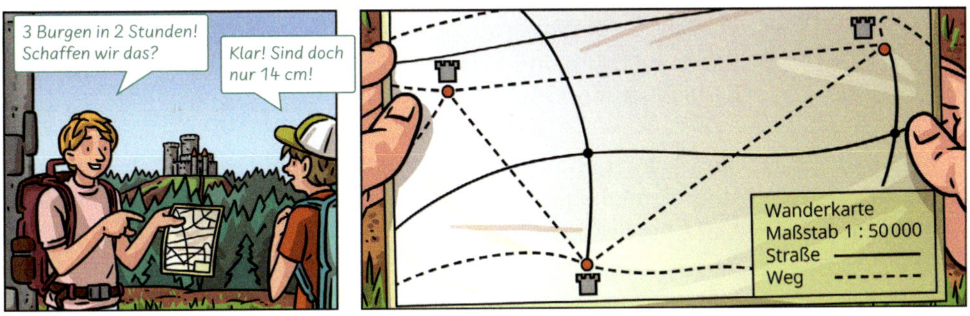


**Partnerarbeit:** Überlegt, ob die Jungen die Wanderung in 2 Stunden schaffen können.

**2** Miss die Längen im Bild und berechne mit dem angegebenen Maßstab die wirklichen Längen.

**3** Wie viel km in der Wirklichkeit ist 1 cm auf der Landkarte?

**a)** 1 : 25 000 (Stadtplan)
**b)** 1 : 200 000 (Straßenkarte)
**c)** 1 : 4 000 000 (Atlas)
**d)** 1 : 140 000 000 (Atlas)
**e)** 1 : 3 500 000 (Atlas)
**f)** 1 : 100 000 (Wanderkarte)

<u>Maßstab 1 : 400 000</u>
1 cm ≙ 400 000 cm
1 cm ≙ 4000 m
1 cm ≙ 4 km

**4** Bestimme den Maßstab der Landkarte.

**a)** 1 cm für 250 m
**b)** 1 cm für 5 km
**c)** 1 cm für 0,75 km
**d)** 1 cm für 15 km
**e)** 1 cm für 720 km
**f)** 1 cm für 0,2 km

**5** Hier haben sich Fehler eingeschlichen. Verbessere und schreibe richtig ins Heft.

*Bei einem Maßstab von 1 : 2 wird ein Gegenstand doppelt so groß abgebildet.*

*Bei einem Maßstab von 1 : 1 000 wird eine 0,5 km lange Strecke 5 cm lang gezeichnet.*

**6** Übertrage die Tabelle und fülle sie aus.

| | a) | b) | c) | d) | e) | f) |
|---|---|---|---|---|---|---|
| Maßstab | 1 : 4 | 1 : 40 000 | | 4 : 1 | 1 : 20 000 | |
| Länge in der Zeichnung | 4 cm | | 7 cm | 4 cm | 5 cm | 6,5 cm |
| Länge in der Wirklichkeit | | 2 km | 14 km | | | 9,75 km |

**7** Berechne die Luftlinienentfernung.

**a)** Bonn – Kassel
**b)** Siegen – Paderborn
**c)** Hamm – Bielefeld
**d)** Kassel – Essen
**e)** Wuppertal – Bochum

**8** Welche Stadt liegt 100 km von Köln entfernt?

**9** Wie lang ist die Entfernung zwischen Bonn und Dortmund auf einer Europakarte (Maßstab 1 : 5 000 000)?

**10** Eine Raumausstatterin bearbeitet einen Polstersessel. Ihr liegt eine Zeichnung im Maßstab 1:5 mit folgenden Maßen vor: Höhe 17 cm, Breite 15 cm und Tiefe 16,5 cm. Welche Maße hat der Sessel in Wirklichkeit? Berechne.

**11** In Deutschlands größtem See, dem Bodensee, befindet sich die sehr beliebte Blumeninsel Mainau. Du siehst drei Karten mit unterschiedlichen Maßstäben.

**a)** Ordne jeder Karte den passenden Maßstab zu: 1 : 25 000; 1 : 250 000; 1 : 1 500 000.
**b)** Berechne die Breite des Bodensees zwischen Uhldingen und Litzelstetten und die Entfernung von Konstanz nach Rorschach.

**12** **a)** Wie hoch sind die abgebildeten Gebäude auf einer Zeichnung im Maßstab 1 : 2 000?
**b)** Bei welchem Maßstab passt auch eine Zeichnung des Eiffelturms noch auf ein DIN-A4-Blatt (Höhe 29,7 cm)?
**c)** Recherchiere, welches Gebäude aktuell das höchste der Welt ist. Wie hoch wird dieses Gebäude auf einer Zeichnung im Maßstab 1 : 2 500?

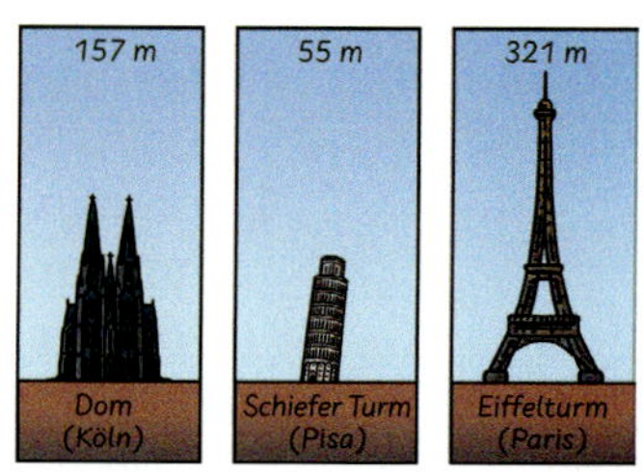


**13** Ein Grundstück ist 31 m lang und 26 m breit. Kann es auf einer Karte die Maße 12,4 cm und 10,8 cm haben? Begründe.

# Meine erste Wohnung

**Löst alle Aufgaben in Partnerarbeit.**

**Beispielgrundriss für eine etwa 85 m²-Wohnung**

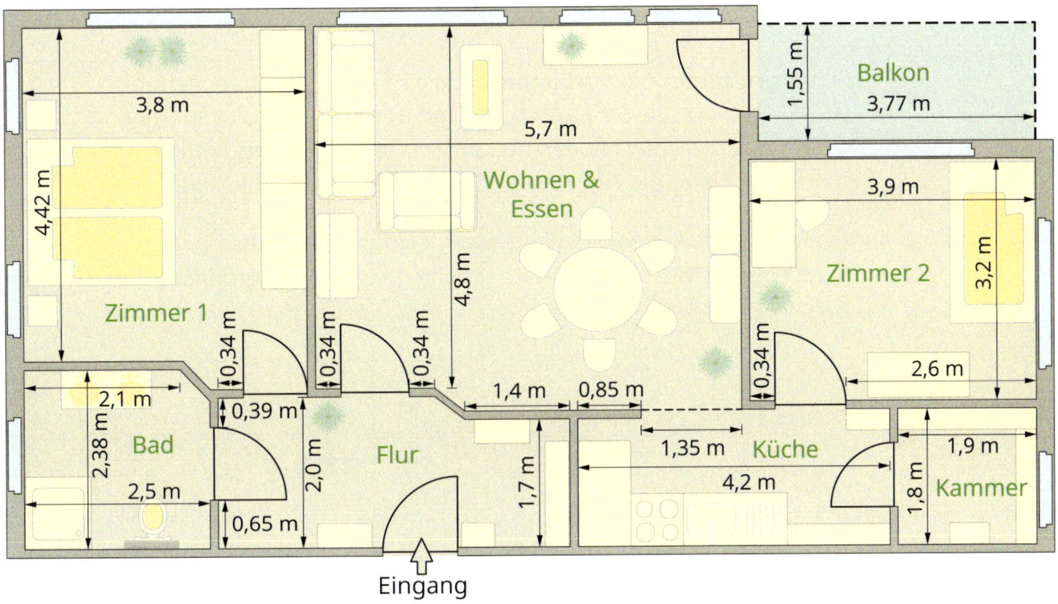


**1** Denkt euch einen Grundriss für eure erste eigene Wohnung aus.

Beachtet dabei die Vorgaben rechts.
Zeichnet den Grundriss eurer Wohnung mit Maßen im Maßstab 1 : 50 auf Millimeterpapier.
Beschriftet in diesem Grundriss alle Wände, Türen und Fenster mit ihren Maßen in Wirklichkeit.

- Die Wohnfläche der Wohnung soll etwa 75 m² betragen.
- Balkone und Terrassen gehen mit halber Quadratmeterzahl in die Wohnfläche ein.
- Die Raumaufteilung ist euch selbst überlassen.
- Denkt auch an Türen und Fenster.

*anitärein-*
*ichtung:*
*inrichtungs-*
*egenstände*
*n Bad.*

**2** Zeichnet auf Millimeterpapier einen zweiten Grundriss der Wohnung (Maßstab 1 : 50).
Richtet die Wohnung in diesem Grundriss nach euren Vorstellungen ein.

- Legt für jeden Raum einen Bodenbelag fest.
- Zeichnet alle Möbel ein, die ihr euch anschaffen möchtet. Beachtet dabei den Maßstab.
- Küchenzeile und Sanitäreinrichtung sind bereits vorhanden.

**3** Fertigt eine Kostenaufstellung für die Einrichtung eurer Wohnung an.

**a)** Recherchiert im Internet nach Preisen für eure ausgewählten Bodenbeläge. Beachtet dabei die Größen der jeweiligen Flächen, die ihr mit den einzelnen Bodenbelägen auslegen wollt.

**b)** Recherchiert im Internet nach Preisen für eure ausgewählten Möbel.

**c)** Stellt eure recherchierten Kosten übersichtlich mit dem Computer in einer Tabelle dar. Gebt in eurer Kostenaufstellung auch die Gesamtkosten an.

**d)** Diskutiert, welche Kosten neben den recherchierten Preisen noch auf euch zukommen könnten.

*ine Immobi-*
*enagentur*
*ermittelt*
*Vohnungen*
*nd Häuser*
*ür Vermie-*
*ung oder*
*erkauf.*

**4** Bereitet eine kurze Präsentation vor: Tut so, als wenn ihr in einer Immobilienagentur arbeitet. Stellt eure Ideen und eure Kostenaufstellung möglichst überzeugend in der Klasse vor.

# Vergrößern und verkleinern

**1** Der Druckbuchstabe L wurde vergrößert, das Dreieck verkleinert.
**a)** Übertrage die Figuren ins Heft.
**b)** Beschreibe, wie sich die Seiten und Winkel der Figuren unterscheiden.

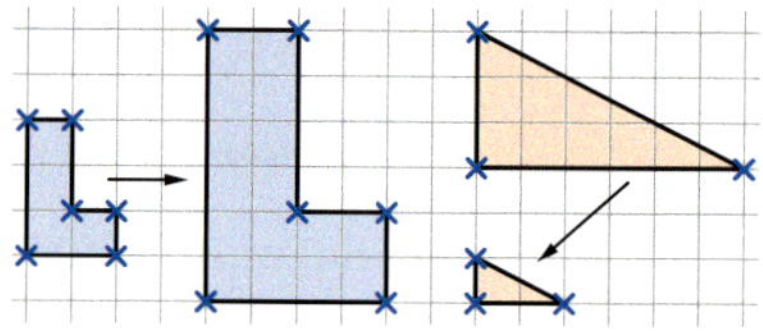

So **vergrößerst** oder **verkleinerst** du eine Figur maßstabsgetreu:
① Multipliziere alle Streckenlängen mit demselben positiven Faktor k.
② Zeichne die Figur mit den neuen Streckenlängen. Die Winkel bleiben unverändert.
Für k > 1 wird die Figur vergrößert. Für k < 1 wird die Figur verkleinert.

Ein Rechteck hat die Seitenlängen a = 2 cm und b = 1 cm.
- Verkleinere das Rechteck mit dem Faktor $k = \frac{1}{2}$.
- Vergrößere das Rechteck mit dem Faktor k = 2.

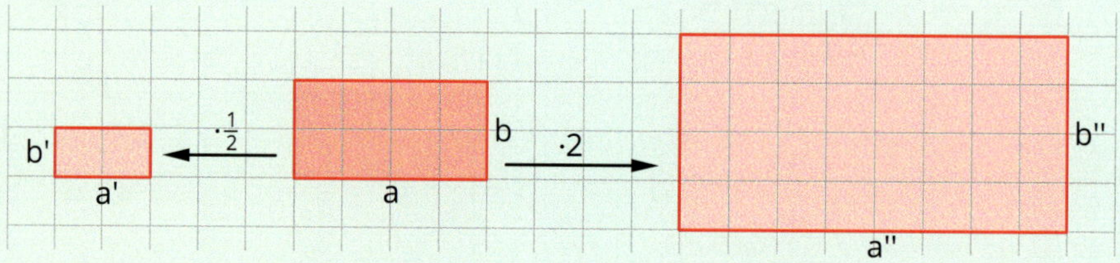


Digital+
WES-188264-311

**2** Vergrößere die Figur mit dem Faktor k.
**a)** k = 2 **b)** k = 3 **c)** k = 1,5 **d)** k = 2,5

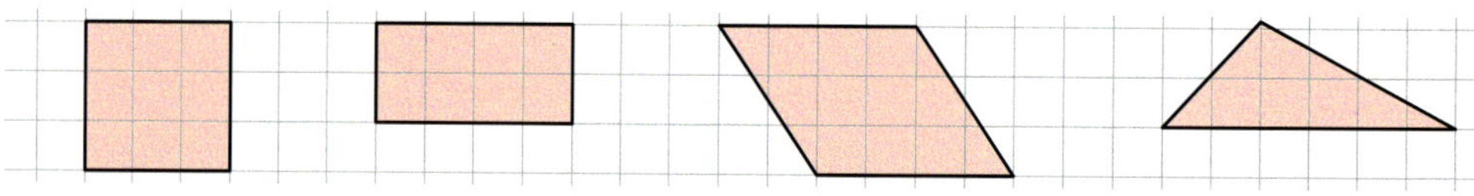

**3** Verkleinere die Figur mit dem Faktor k.
**a)** k = 0,25 **b)** k = 0,75 **c)** k = 0,5 **d)** k = 0,5

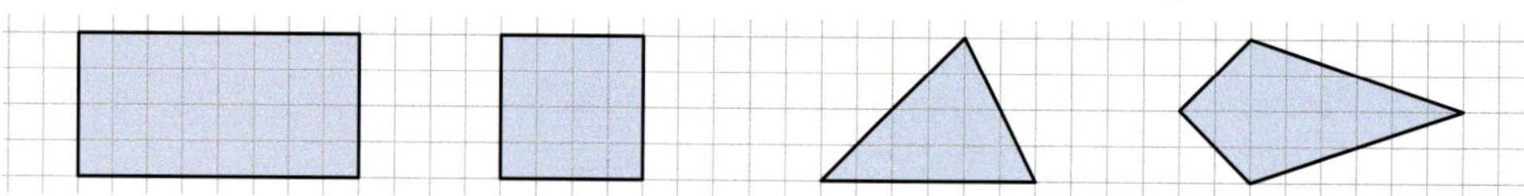

**4** Ein Rechteck hat die Seitenlängen a = 12 cm und b = 8 cm. Berechne die Seitenlängen a′ und b′ des verkleinerten bzw. vergrößerten Rechtecks.
**a)** k = 3 **b)** k = 1,5 **c)** k = 0,75 **d)** k = 2

**5** Zeichne das Segelschiff vergrößert mit dem Faktor k = 1,5 in dein Heft.

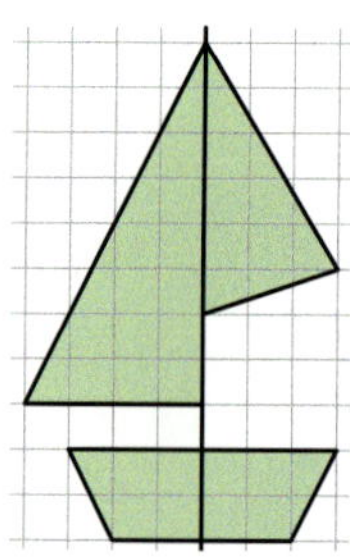

**6** Ein Dreieck D mit den Seiten a = 30 mm, b = 40 mm und c = 50 mm wird erst mit dem Faktor k = 1,5 zum Dreieck D′ vergrößert und dann mit dem Faktor $k = \frac{1}{3}$ zum Dreieck D″ verkleinert.
**a)** Zeichne und gib die Seitenlängen von D″ an.
**b)** Mit welchem Faktor k kommst du in einem einzigen Schritt von D zu D″?

# Längenverhältnisse

**1** **Partnerarbeit:** Seit vielen Jahren hat sich im Fernsehen das Bildformat 16:9 durchgesetzt, sodass beim Fernsehbild Breite und Höhe im Verhältnis von 16:9 stehen.
Überprüft, ob folgende Bildschirme für dieses Format geeignet sind.

| | a) | b) | c) | d) | e) |
|---|---|---|---|---|---|
| Breite | 54 cm | 72 cm | 80 cm | 78,9 cm | 102,4 cm |
| Höhe | 41 cm | 40,5 cm | 45 cm | 51,1 cm | 57,6 cm |

So bestimmst du das **Längenverhältnis** von zwei Strecken a und b:
① Notiere die beiden Längen in der Verhältnisschreibweise a:b oder in der Bruchschreibweise $\frac{a}{b}$ (sprich „a zu b").
② Erweitere den Ausdruck so, dass das Verhältnis aus natürlichen Zahlen besteht (nur bei Dezimalzahlen). Kürze ihn anschließend so weit wie möglich.

Bestimme das Längenverhältnis der Strecken.

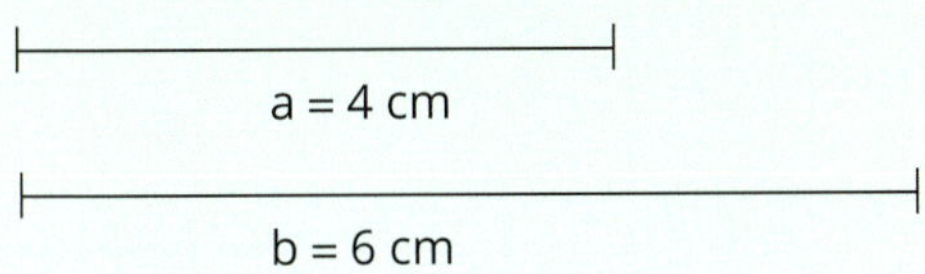


**Verhältnisschreibweise**
a:b = 4:6 = 2:3

**Bruchschreibweise**
$\frac{a}{b} = \frac{4}{6} = \frac{2}{3}$

**2** Notiere das Längenverhältnis der Strecken in Verhältnis- und Bruchschreibweise.
**a)** a = 16 cm; b = 20 cm
**b)** a = 30 cm; b = 25 cm
**c)** a = 18 cm; b = 12 cm
**d)** a = 32 cm; b = 10 cm
**e)** a = 18 cm; b = 33 cm

**3** Bestimme das Längenverhältnis der beiden Strecken.
**a)** a = 48 cm; b = 64 cm
**b)** a = 6,5 cm; b = 5,2 cm
**c)** a = 4,2 cm; b = 2,8 cm
**d)** a = 4,2 cm; b = 10,5 cm
**e)** a = 25 cm; b = 2 m
**f)** a = 32,7 cm; b = 10,9 mm

a = 2,4 cm; b = 3,6 cm
2,4:3,6 = 24:36 = 2:3
(·10) (:12)

**4** Bestimme das Längenverhältnis a:b. Kürze so weit wie möglich.

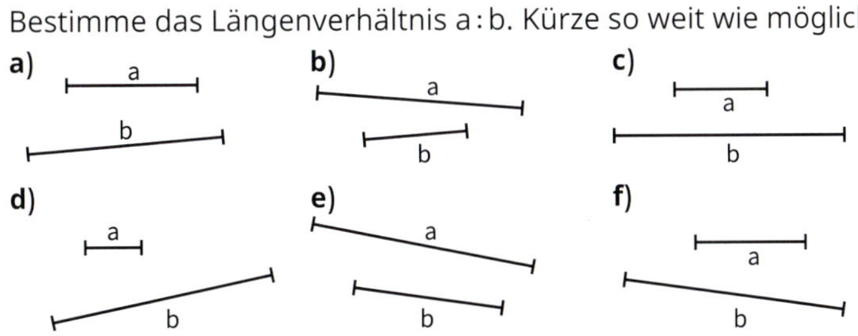


| | | | |
|---|---|---|---|
| 3:2 | S | 1:2 | E |
| 2:1 | L | 1:4 | S |
| 2:5 | A | 2:3 | K |

**5** Berechne die fehlende Streckenlänge.
**a)** b = 33 mm; a:b = 4:3
**b)** a = 24 cm; a:b = 2:5
**c)** x = 4,5 cm; x:y = 9:4

**6** Berechne die Variable.
**a)** 2,5:x = 3,75:12
**b)** 4,2:2,8 = y:4,4
**c)** 5:2,7 = 6,3:z
**d)** (a + 3):18 = 4:9
**e)** 40:(b − 5) = 27:2,7
**f)** 1,7:5,1 = (x + 2,6):16,8

# Ähnliche Figuren

**1** **Partnerarbeit:** Sortiert die Buchstaben der Computerschriften so in Gruppen, dass die Buchstaben einer Gruppe sich ähnlich sehen. Beschreibt, wie ihr dabei vorgeht.

Durch Vergrößern oder Verkleinern einer Figur entsteht eine **ähnliche Figur**. Figuren sind **ähnlich**, wenn gilt:

① In den Figuren sind entsprechende Winkel gleich groß: $\alpha' = \alpha$, $\beta' = \beta$, $\gamma' = \gamma$, $\delta' = \delta$.

② Die Verhältnisse entsprechender Strecken sind gleich: $\frac{a'}{a} = \frac{b'}{b} = \frac{c'}{c} = \frac{d'}{d}$.

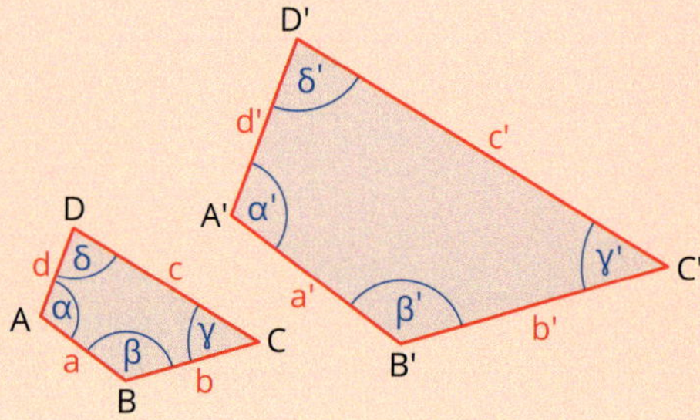


Überprüfe, ob die Trapeze ähnlich zueinander sind.

① Die entsprechenden Winkel sind in beiden Figuren gleich groß.

② Berechnung der Längenverhältnisse:
$\frac{8}{4} = 2$; $\frac{4{,}24}{2{,}12} = 2$; $\frac{2}{1} = 2$
Die Längenverhältnisse sind gleich.
Die Trapeze sind also ähnlich.

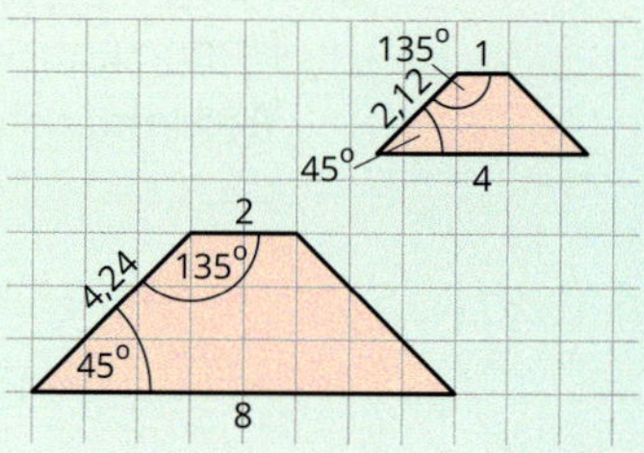


Digital+
WES-188264-312

**2** Welche der Figuren sind zueinander ähnlich?

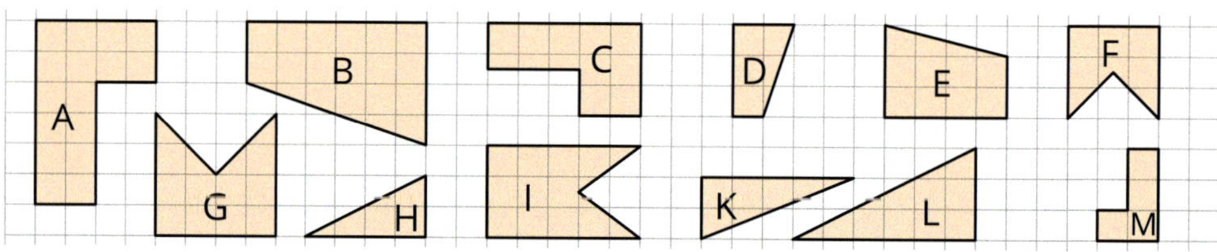


**3** Schreibe die Sätze ins Heft und ordne die Figuren richtig zu. Zeichne Beispiele dazu.

*Zwei ▢ sind nicht immer zueinander ähnlich.*

*Zwei ▢ sind immer zueinander ähnlich.*

*gleichschenklige Trapeze* | *gleichseitige Dreiecke* | *Rechtecke* | *Quadrate* | *Rauten* | *Kreise*

**4** Zeichne ein Parallelogramm, das zum abgebildeten Parallelogramm ähnlich ist und dessen Seiten 1,5-mal so lang sind.

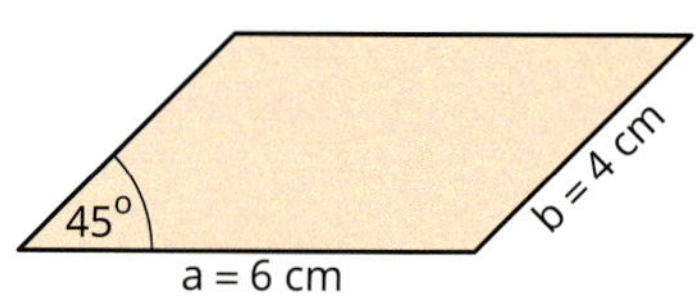


**5** Zeichne zwei Rauten, die zueinander ähnlich sind. Gib die Winkel und die Längenverhältnisse an.

**6** Zeichne zu einem Rechteck mit a = 5 cm und b = 2 cm ähnliche Rechtecke, indem du die Seiten a und b mit dem Faktor 2,5 vergrößerst bzw. mit dem Faktor 0,5 verkleinerst. Wie verändern sich jeweils die Diagonalen, der Umfang und der Flächeninhalt?

# Ähnliche Dreiecke

**1** **a)** Stimmen die beiden Dreiecke auch im dritten Winkel überein?
**b)** Konstruiere beide Dreiecke und schneide sie aus. Schiebe sie dann ineinander, wie Annica es anregt.
**c)** Miss und prüfe, ob die Verhältnisse entsprechender Seiten gleich sind.

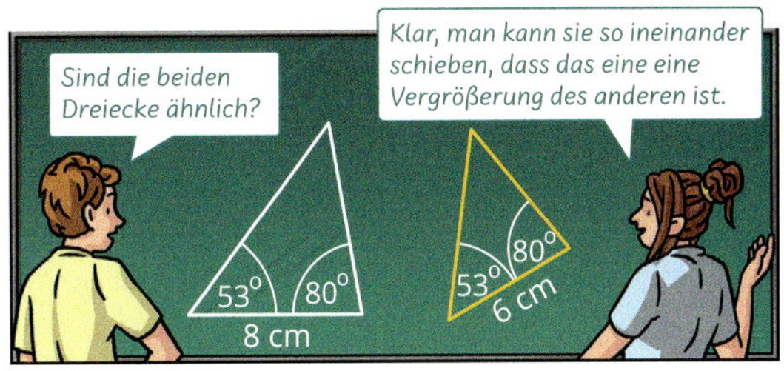


**2** **a)** Prüfe durch Rechnung, ob in den beiden Dreiecken die Verhältnisse entsprechender Seiten gleich sind.
**b)** Konstruiere beide Dreiecke, miss die Winkel und prüfe die Behauptung von Fynn.

**3** **Partnerarbeit:** Jeder konstruiert ein Dreieck mit $\alpha = 74°$ und $\beta = 40°$. Messt die Seitenlängen eures Dreiecks. Berechnet nun die Längenverhältnisse entsprechender Seiten. Was stellt ihr fest?

Die **Ähnlichkeit von Dreiecken** kannst du auf zwei Arten prüfen:

1. Dreiecke sind ähnlich, wenn sie in zwei Winkeln übereinstimmen:
$\alpha' = \alpha$ und $\beta' = \beta$
(Dann gilt auch $\gamma' = \gamma$.)

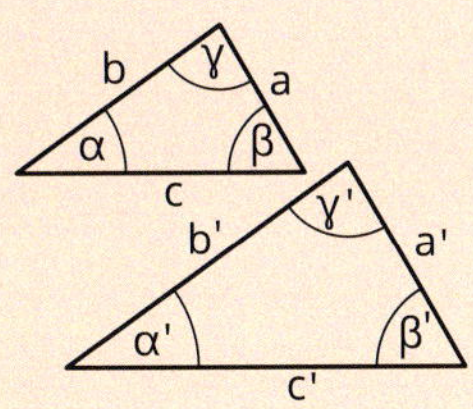


2. Dreiecke sind ähnlich, wenn sie in den Längenverhältnissen entsprechender Seiten übereinstimmen:
$\frac{a'}{a} = \frac{b'}{b} = \frac{c'}{c}$

Es gilt für das Dreieck ABC:
$\gamma' = 180° - \alpha - \beta$
$= 180° - 27° - 90° = 63°$
Es ist also $\gamma' = \gamma$ und $\beta' = \beta$. Damit sind zwei Winkel gleich groß, die Dreiecke also ähnlich zueinander.

Prüfe, ob die Dreiecke ähnlich sind.

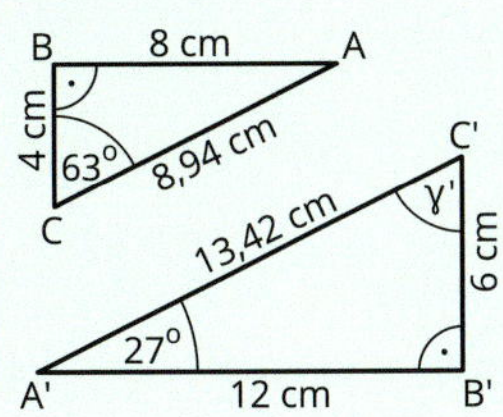


$\frac{a'}{a} = \frac{6}{4} = 1,5$
$\frac{b'}{b} = \frac{13,42}{8,94} = 1,5$
$\frac{c'}{c} = \frac{12}{8} = 1,5$
Die Längenverhältnisse entsprechender Seiten sind gleich, die Dreiecke also ähnlich zueinander.

**4** Welche Dreiecke sind ähnlich zueinander? Beachte: Die Winkelsumme im Dreieck ist 180°.
Schreibe die Begründung: *Die Dreiecke ▢ und ▢ sind ähnlich, weil …*

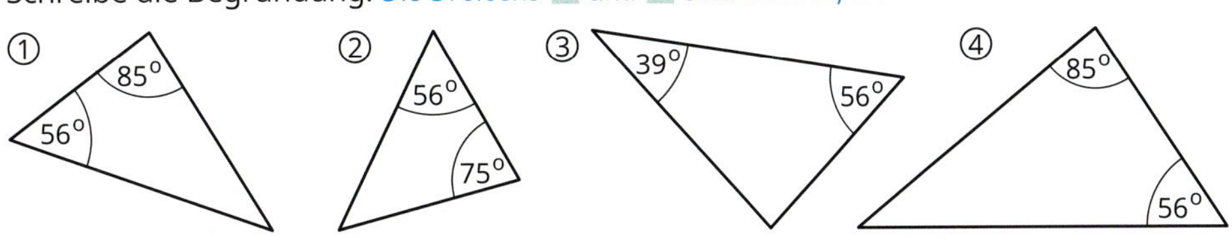


**5** Prüfe, ob das Dreieck DEF ähnlich zu Dreieck ABC (a = 3,6 cm; b = 4,5 cm; c = 6,3 cm) ist.
**a)** d = 5,6 cm; e = 6,5 cm; f = 8,3 cm
**b)** d = 4,8 cm; e = 6 cm; f = 8,4 cm

**Die Lösungen ergeben die Namen von zwei Meeresengen.**

**1** Berechne die fehlende Angabe.

| | a) | b) | c) |
|---|---|---|---|
| alter Preis | 240 € | 200 € | ■ € |
| Preissenkung | 15 % | ■ % | 25 % |
| neuer Preis | ■ € | 140 € | 450 € |

**2** **a)** Berechne den Flächeninhalt des blauen Vierecks für a = 2,5 cm und b = 5 cm.
A = ■ $cm^2$

**b)** Mit welcher Formel lässt sich der Flächeninhalt dieses Vierecks berechnen?

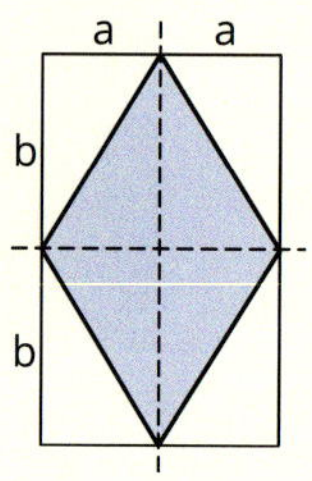


$A = 2a \cdot 2b$ (31)  $A = 2 \cdot ab$ (32)

$A = \frac{a \cdot b}{2}$ (51)  $A = a \cdot b$ (52)

**3** Ein Kapital von 3600 € wird mit einem Zinssatz von 2,5 % verzinst. Wie viel Euro Zinsen erhält man für eine Zeit von
**a)** 10 Monaten? **b)** 50 Tagen?

**4** **a)** $\frac{2}{3} \cdot 4{,}8$ **b)** $\frac{4}{5} \cdot 12{,}5$ **c)** $4{,}5 : \frac{1}{2}$

**5** Havva ist Auszubildende mit einem Gehalt von 850 €. Im Juli steigt es um 17 €. Wie viel Prozent sind das?

**6** $4 \cdot (x + 5) = 12x - 16$  x = ■

**7** Wenn man auf ein Blatt Fotopapier jeweils 4 Fotos druckt, braucht man insgesamt 12 Blatt Papier. Wie viele Blätter sind nötig, wenn 6 Fotos auf jedes Blatt passen?

**8** Berechne.
**a)** $4 \cdot (12 - 2) : 200$ **b)** $2^2 \cdot 5^2 \cdot 2{,}5$
**c)** $5^2 - 3 \cdot 0{,}1$ **d)** $3 \cdot 0{,}5 + \frac{3}{100}$

| | | |
|---|---|---|
| 0,2 S | 1,53 D | 2 Ö |
| 3,2 A | 4,5 R | 8 E |
| 9 E | 10 T | 12,5 G |
| 17 D | 18 A | 24,7 N |
| 25 D | 30 O | 31 W |
| 32 E | 51 I | 52 M |
| 70 V | 75 N | 100 I |
| 125 R | 204 G | 250 U |
| 562,5 N | 600 L | 730 X |

# Strahlensätze III

**Löst alle Aufgaben in Partnerarbeit.**

1

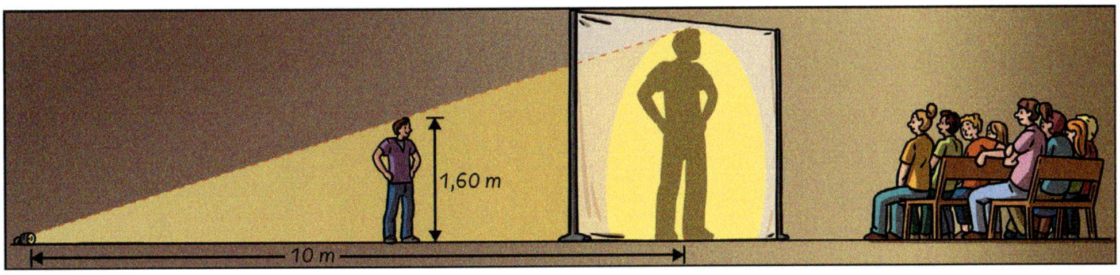


Die Klasse 9b veranstaltet ein Schattenspiel. Serkan soll einen Riesen darstellen.

**a)** Zeichnet die Situation in einem geeigneten Maßstab in euer Heft und bestimmt, wie weit Serkan von der Lichtquelle entfernt stehen muss, damit sein Schatten auf der Projektionswand genau doppelt so groß ist wie er selbst.

**b)** Wie groß ist Serkans Schatten, wenn er 2 m (8 m) von der Lichtquelle entfernt steht?

2 Zeichnet mit einer dynamischen Geometriesoftware die abgebildete Figur.

- beliebiges Dreieck ABC
- beliebiger Punkt D auf Strecke $\overline{AB}$
- Parallele Gerade zu $\overline{BC}$ durch D
- Parallele schneidet $\overline{AC}$ in Punkt E

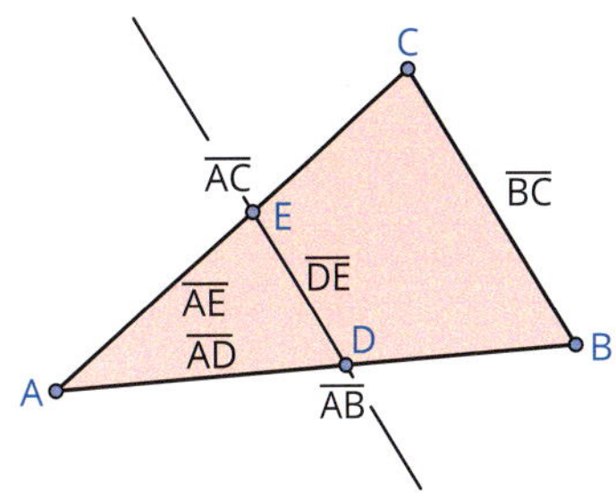


**a)** Begründet, dass die Dreiecke ABC und ADE ähnlich sind.

**b)** Messt die Strecken $\overline{AB}$, $\overline{AC}$, $\overline{AD}$, $\overline{AE}$, $\overline{BC}$ und $\overline{DE}$ mit Hilfe der Funktion „Abstand oder Länge“.
Berechnet dann die Längenverhältnisse entsprechender Seiten in den beiden Dreiecken ABC und ADE und vergleicht die Ergebnisse.

**c)** Bewegt den Punkt D auf der Seite $\overline{AB}$ an eine andere Position und bearbeitet die Aufgaben a) und b) mit dem neuen Dreieck ADE.

3 **a** Überlegt in **Partnerarbeit**, warum die Dreiecke ZAC und ZBD ähnlich sind, wenn die Geraden AC und BD parallel sind. Begründet damit die beiden Gleichungen: $\frac{\overline{ZB}}{\overline{ZA}} = \frac{\overline{ZD}}{\overline{ZC}}$ und $\frac{\overline{BD}}{\overline{AC}} = \frac{\overline{ZD}}{\overline{ZC}}$.

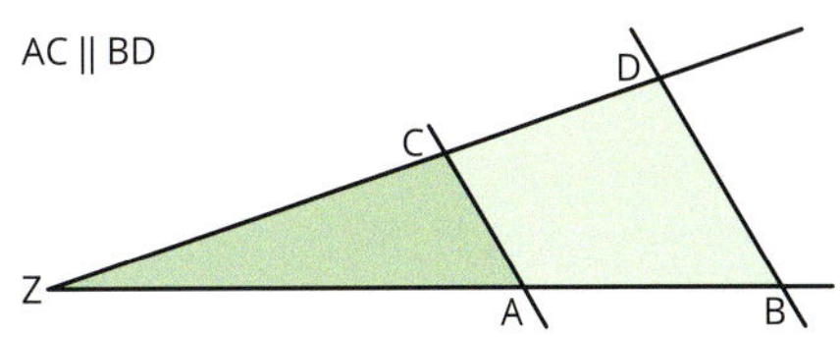


**b** Die zusätzliche Gerade durch A ist parallel zur Geraden ZD. Überlegt, warum die Strecken $\overline{AE}$ und $\overline{CD}$ gleich lang sind und das Dreieck ABE ähnlich zu den Dreiecken ZAC und ZBD ist. Begründet anschließend damit die Gleichungen $\frac{\overline{AB}}{\overline{ZA}} = \frac{\overline{CD}}{\overline{ZC}}$ und $\frac{\overline{AB}}{\overline{ZB}} = \frac{\overline{CD}}{\overline{ZD}}$.

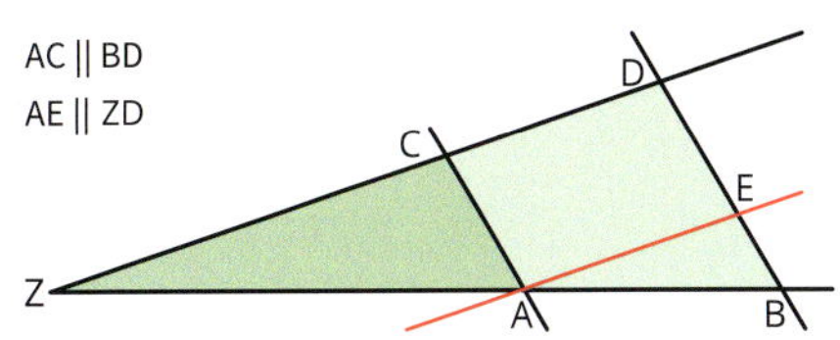

*Ein Strahl hat einen Anfangs-, aber keinen Endpunkt.*

Gegeben sind zwei Strahlen mit gleichem Anfangspunkt Z, die von zwei parallelen Geraden AC und BD geschnitten werden.

**1. Strahlensatz**
Wenn die Geraden parallel sind, dann sind auf den Strahlen entsprechende Streckenverhältnisse gleich.

$\frac{\overline{ZA}}{\overline{ZB}} = \frac{\overline{ZC}}{\overline{ZD}}$; $\frac{\overline{CD}}{\overline{ZC}} = \frac{\overline{AB}}{\overline{ZA}}$; $\frac{\overline{CD}}{\overline{ZD}} = \frac{\overline{AB}}{\overline{ZB}}$

AC || BD

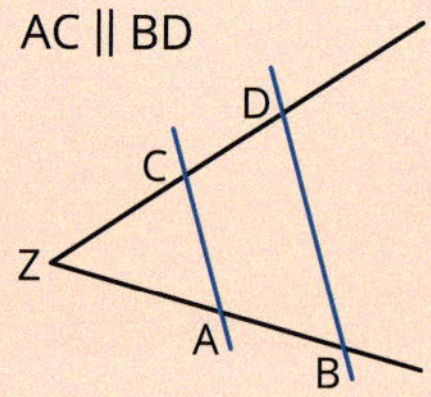


**2. Strahlensatz**
Wenn die Geraden parallel sind, dann sind in den Dreiecken entsprechende Seitenverhältnisse gleich.

$\frac{\overline{AC}}{\overline{BD}} = \frac{\overline{ZA}}{\overline{ZB}} = \frac{\overline{ZC}}{\overline{ZD}}$

*Es gilt immer:*
$\frac{\text{lang}}{\text{kurz}} = \frac{\text{lang}}{\text{kurz}}$
$\frac{\text{kurz}}{\text{lang}} = \frac{\text{kurz}}{\text{lang}}$

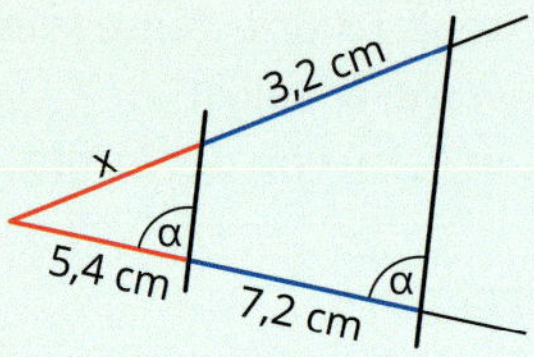


$\frac{x}{3{,}2} = \frac{5{,}4}{7{,}2} \quad | \cdot 3{,}2$

$x = \frac{5{,}4 \cdot 3{,}2}{7{,}2}$

$x = 2{,}4$ cm

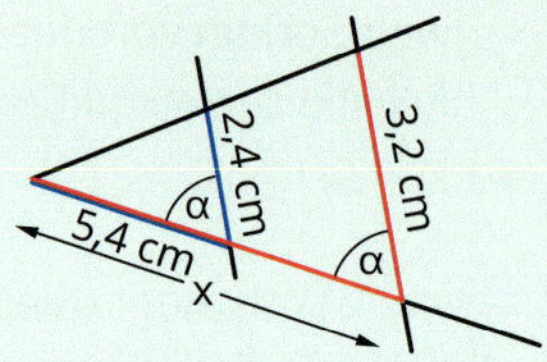


$\frac{x}{5{,}4} = \frac{3{,}2}{2{,}4} \quad | \cdot 5{,}4$

$x = \frac{3{,}2 \cdot 5{,}4}{2{,}4}$

$x = 7{,}2$ cm

**Digital+**
WES-188264-314

**4** Hier gelten die Strahlensätze. Schreibe Gleichungen zu den Streckenverhältnissen auf.

a)
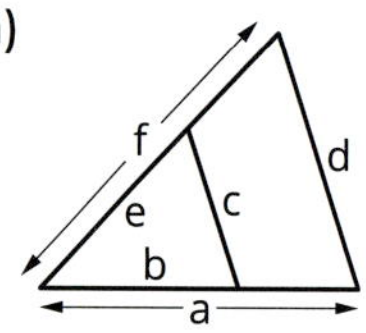


b)
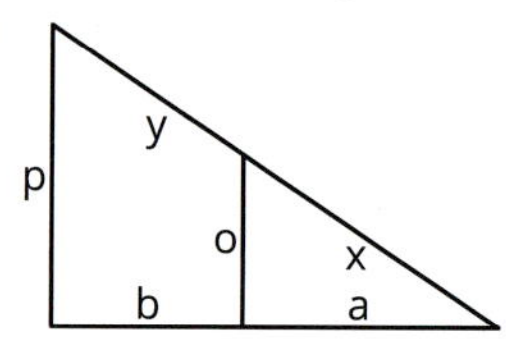


c)
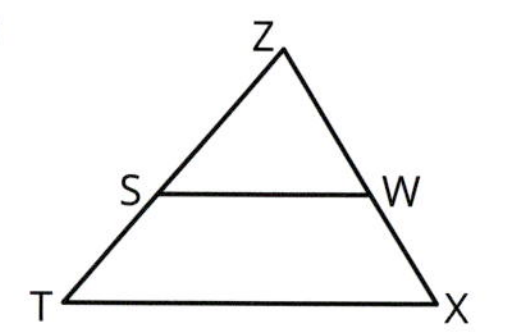


*Schreibe die gesuchte Strecke links in den Zähler.*

**5** Berechne die Länge der gesuchten Strecke mit dem ersten Strahlensatz. Die blauen Geraden sind parallel zueinander.

a)
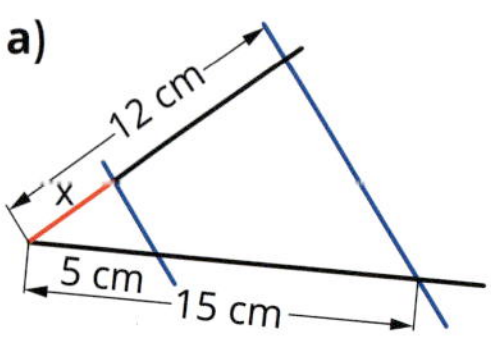


b)
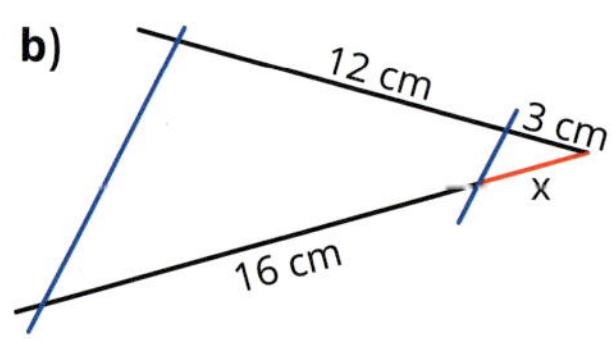


c)
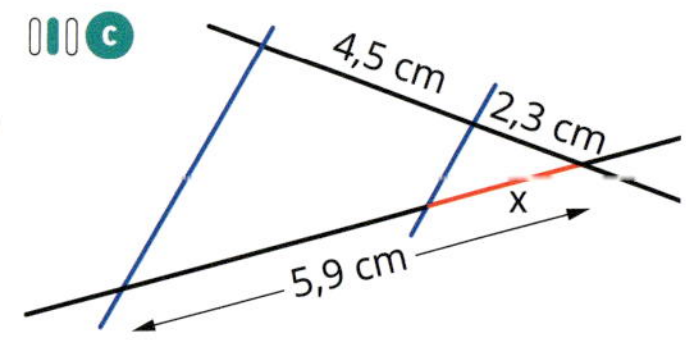


**6** Berechne die Länge der gesuchten Strecke mit dem zweiten Strahlensatz. Runde auf eine Stelle nach dem Komma.

a)
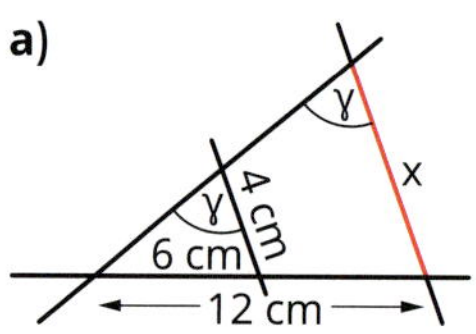


b)
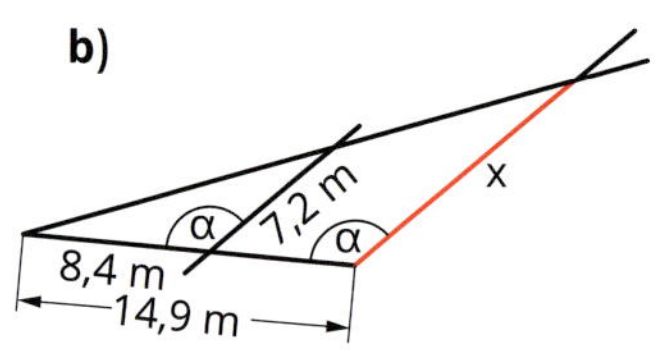


c)
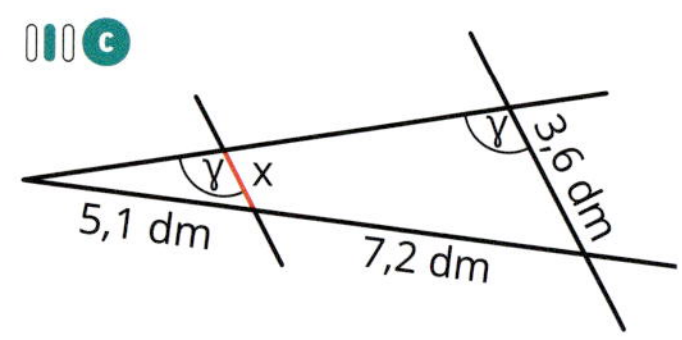


**7** Berechne die Streckenlänge x in der jeweiligen Längeneinheit mit dem Taschenrechner.

a)
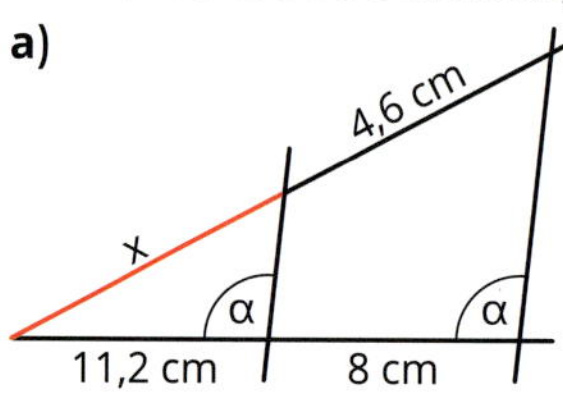


b)
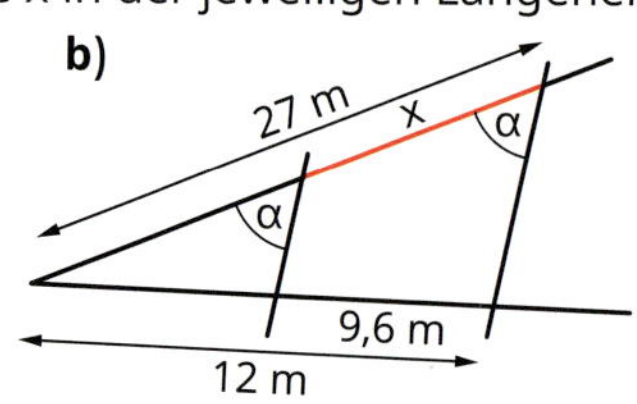


c)
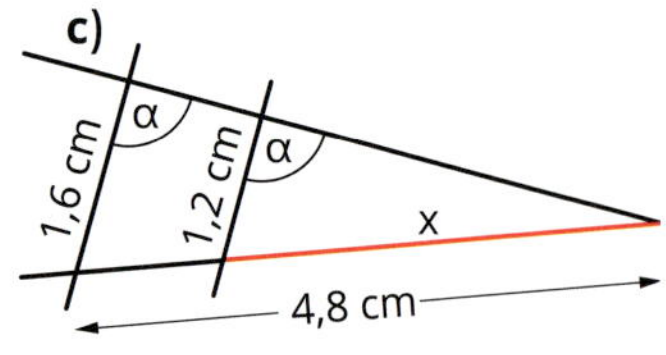

**8** Berechne die Länge der Strecke x, die nicht gemessen werden konnte.

a) b) c)

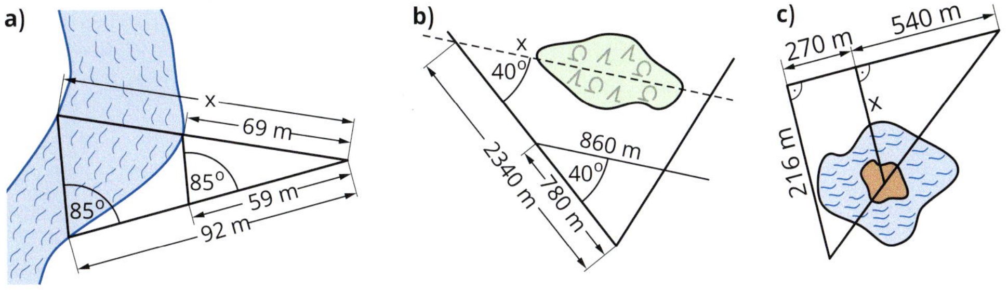


**9** Übertrage die Strahlensatzfigur in dein Heft. Trage die Maße so ein, dass sie zum ersten oder zweiten Strahlensatz passen. Stelle auch die passende Gleichung auf.

a) b) c)

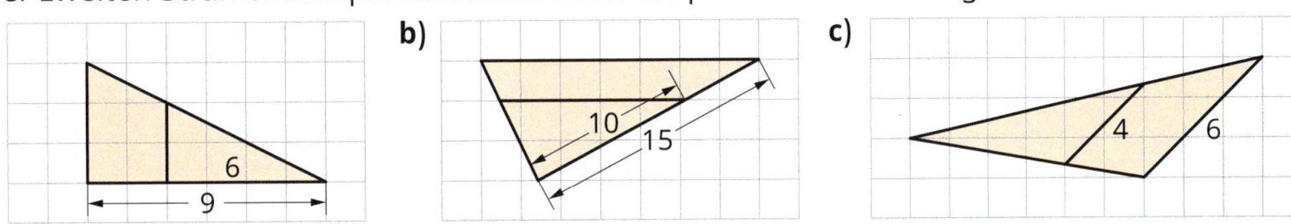


a) 8 | 12

b) 18 | 12

c) 12 | 8

**10** a) Wie weit steht Angela (1,80 m) von der Lichtquelle entfernt? Ihr Schatten ist 2,70 m hoch, der Beamer steht 6 m vor der Wand.

b) Angela steht 3 m vor der Wand, der Beamer ist weitere 2 m entfernt. Wie hoch ist ihr Schatten?

**11** Marco steht in seinem Zimmer 1,50 m vom Fenster entfernt und blickt auf einen Sportplatz. Kann er die ganze Länge des Fußballfeldes (90 m) überblicken? Fertige eine Skizze von zwei ähnlichen Dreiecken an und notiere die bekannten Messwerte.

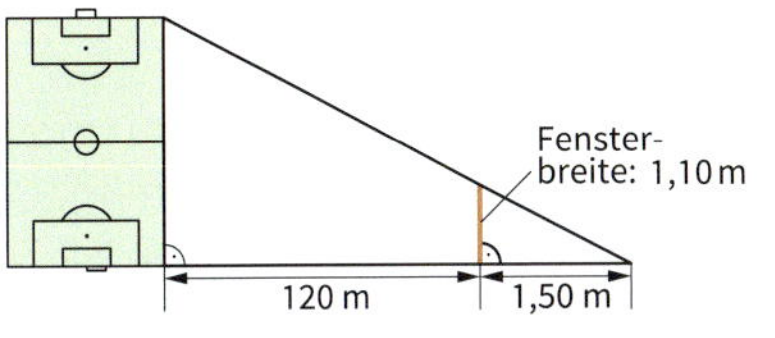


**12** Die Turmspitze wird über einen 3,95 m langen Stab angepeilt. Bestimme die Höhe des Turmes.

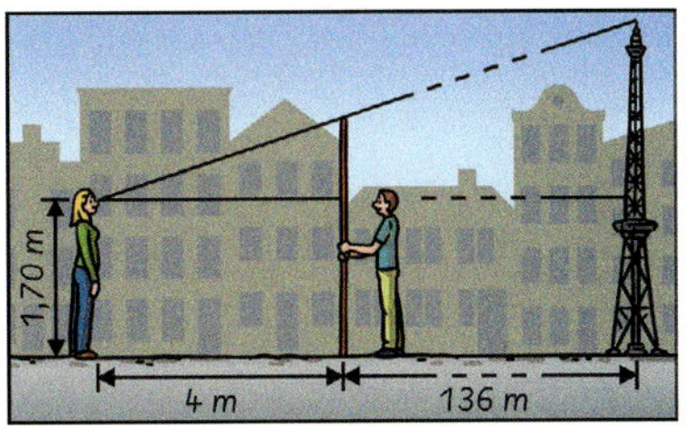


**13** **Partnerarbeit:** Zeichnet ein allgemeines Trapez mit seinen Diagonalen. Es entstehen vier Dreiecke. Diskutiert, welche davon ähnlich sind. Stellt zugehörige Verhältnisgleichungen auf und formuliert diese auch mit Worten. Gibt es ein Trapez mit vier ähnlichen Dreiecken?

**14** Berechne die Länge der Strecke x.

a) b) c)

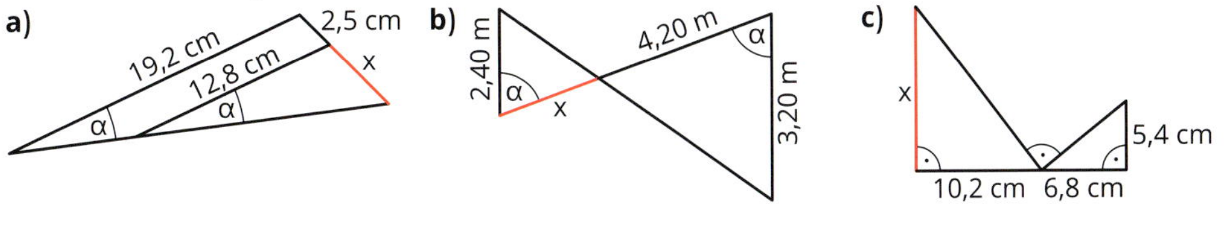

# Strahlensätze in Anwendungsaufgaben III

*Das <u>Förster-dreieck</u> ist ein Hilfsmittel zur Bestimmung der Höhe von Bäumen.*

**1** **Partnerarbeit:** Manuel und Moritz möchten die Höhe eines Baumes mit dem sogenannten Försterdreieck bestimmen.
Manuel peilt die Spitze des Baumes über die längste Seite des Dreiecks an.

**a)** Erklärt, wie Manuel das Försterdreieck halten muss und wie er die Höhe des Baumes bestimmt.

**b)** Berechnet die Höhe des Baumes (Augenhöhe von Manuel 1,80 m). Nutzt möglichst beide von den Jungen angesprochenen Möglichkeiten. Besprecht eure Lösungswege in der Klasse.

Die folgenden Schritte helfen dir bei der Lösung von Anwendungsaufgaben.
① Lies die Aufgabe genau durch und markiere wichtige Informationen.
② Fertige eine Skizze an und trage die gegebenen Werte ein.
③ Stelle eine passende Gleichung auf und berechne die gesuchte Größe.
④ Überlege, ob dein Ergebnis stimmen kann, indem du es auf die Sachsituation beziehst.
⑤ Schreibe einen passenden Antwortsatz.

① Lena und Bert wollen die Höhe ihres Schulgebäudes bestimmen. Bert (Augenhöhe 1,80 m) peilt den Dachfirst über eine 3,50 m lange Latte an, die Lena hält. Lena steht 2,80 m weit weg von Bert und 21 m entfernt von dem Schulgebäude.

②
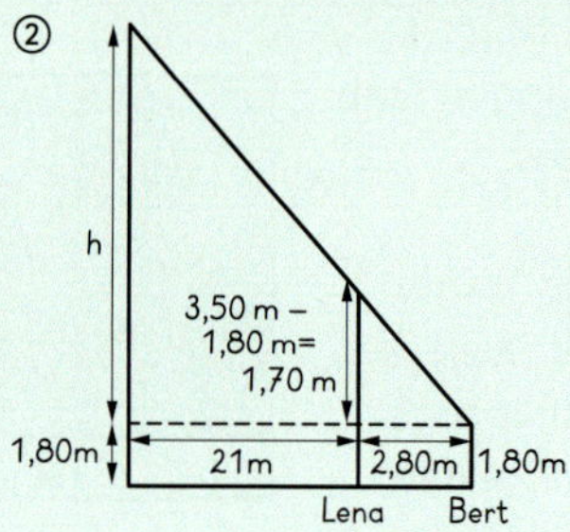


③
Gleichung: $\frac{h}{1,7} = \frac{23,8}{2,8} \quad | \cdot 1,7$

$h = \frac{23,8 \cdot 1,7}{2,8}$

$h = 14,45$

Höhe des Schulgebäudes:
$14,45\text{ m} + 1,8\text{ m} = 16,25\text{ m}$

④ Das Ergebnis kann stimmen, 16,25 m erscheinen für die Höhe des Schulgebäudes realistisch.

⑤ Das Schulgebäude hat eine Höhe von 16,25 m.

**2** **Partnerarbeit:** Der 1,65 m große Tim steht in einem großen Garten am Stamm einer Tanne, deren Schatten 14 m lang ist. Sein eigener Schatten ist zur gleichen Zeit 2,80 m lang. Fertigt eine Skizze an und berechnet die Höhe der Tanne.

**3** Schülerinnen und Schüler haben in Gruppen durch Peilen, Messen und Rechnen die Breite x des Flusses bestimmt.
Die gerundeten Ergebnisse lauten:
Gruppe I: x = 25 m Gruppe II: x = 27 m
Gruppe III: x = 26 m Gruppe IV: x = 26,50 m
Von welcher Gruppe sind die Messergebnisse in der Zeichnung abgebildet?

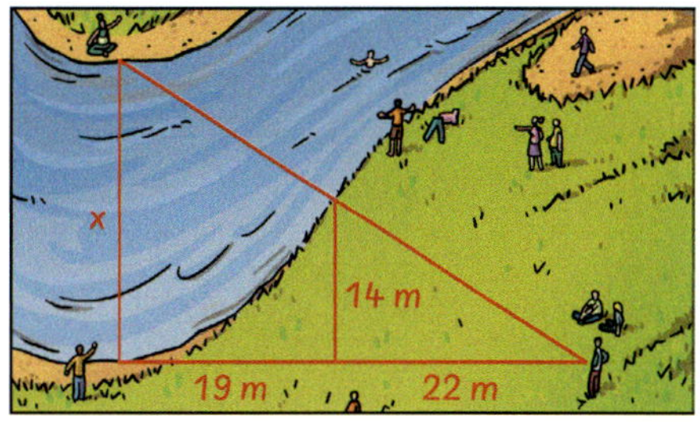


**4** Um die Luftlinienentfernung des Berggipfels vom Haus (Z) im Tal zu bestimmen, wurde der Gipfel vom Tal aus angepeilt.
$\overline{ZB}$ = 1 800 m wurde einer Landkarte entnommen. Die Peilung wurde mit einem Zollstock so vorgenommen, dass $\overline{AC} \parallel \overline{BD}$. Berechne die Entfernung $\overline{ZD}$.

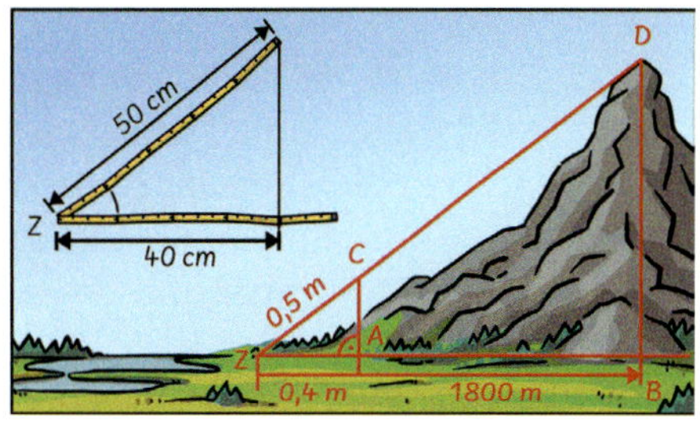


**5** Du kannst die Länge von Strecken abschätzen, indem du den Daumen senkrecht so vor ein Auge hältst, dass er die Strecke genau verdeckt.

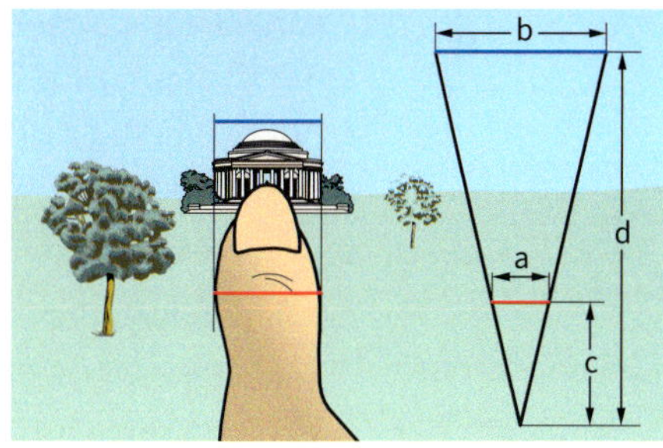


**a)** Bestimme die Breite eines Gebäudes, das 510 m vom Standort entfernt ist und genau von einer Daumenbreite (a = 2,4 cm) überdeckt wird (Abstand Auge – Daumen: 64 cm).
**b)** Ein 12 m breites Haus wird von einer Daumenbreite (a = 2,2 cm) überdeckt. Wie weit ist das Haus vom Auge entfernt? (Abstand Auge – Daumen: 33 cm)

**6** Volker hält eine Erbse mit 5 mm Durchmesser so vor sein Auge, dass sie den Mond genau verdeckt.
Die Erbse befindet sich 60 cm vor dem Auge.
**a)** Welchen Abstand des Mondes von der Erde berechnet Volker, wenn er als Radius des Mondes 1 738 km annimmt?
**b)** Vergleiche mit dem genauen Wert.

**7** Warum bedeckt der Mond bei einer totalen Sonnenfinsternis die Sonne fast genau?
Suche benötigte Entfernungen und Durchmesser im Internet oder im Lexikon.

**8** **Partnerarbeit:** Erklärt, wie man mit dem Messkeil kleine Öffnungen und mit der Messlehre die Dicke dünner Platten oder Drähte bestimmt. Berechnet die Öffnung und die Dicke des Stahlbands.

**a)**

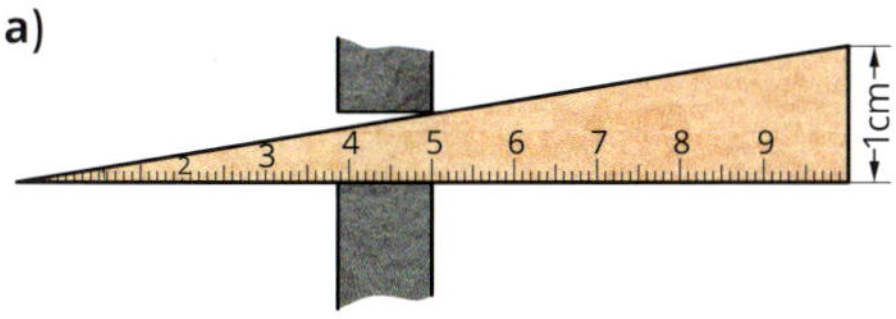


**b)**

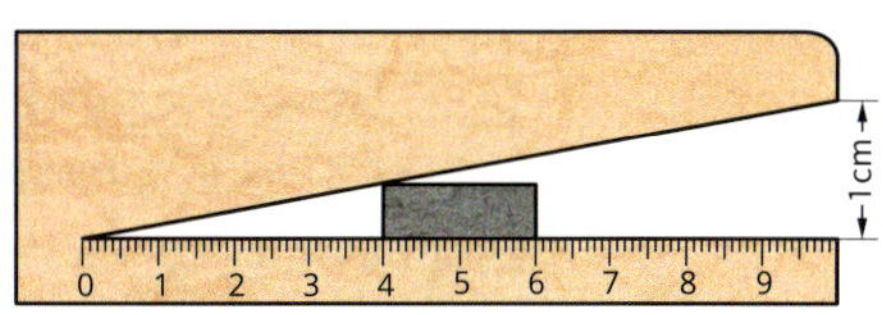

# Zentrische Streckung

Löst alle Aufgaben in Gruppenarbeit.

Albrecht Dürer (1471–1528) war ein deutscher Maler, Grafiker und Mathematiker.

**1** **a)** Die Abbildung zeigt die Glastafelmethode von Albrecht Dürer. Er zeigt, „wie man durchzeichnen kann, was man sieht“. Seht euch das Bild genau an und beschreibt, wie der Zeichner vorgeht.

**b)** Diskutiert: Ist das Bild, das der Zeichner mit der Glastafelmethode erstellt, eine maßstabsgetreue Verkleinerung der Wirklichkeit? Begründet eure Antwort.

**2** Zeichnet mit einer dynamischen Geometriesoftware die abgebildete Figur, in der das Dreieck A′B′C′ durch zentrische Streckung des Dreiecks ABC am Punkt Z abgebildet wird.

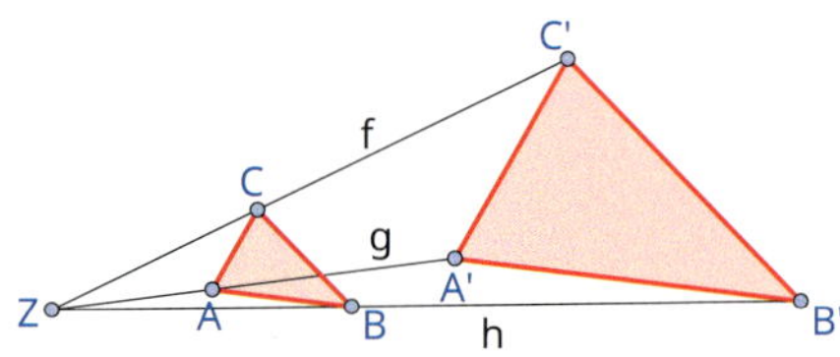


Geht folgendermaßen vor:

- beliebiges Dreieck ABC
- beliebiger Punkt Z
- Strecke das Dreieck ABC zentrisch von Punkt Z aus mit dem Faktor 2.

**a)** Messt die Strecken $\overline{ZA'}$, $\overline{ZB'}$ und $\overline{ZC'}$ sowie die Strecken $\overline{ZA}$, $\overline{ZB}$ und $\overline{ZC}$ und berechnet die Längenverhältnisse der sich entsprechenden Seiten.

**b)** Beschreibt möglichst genau, wie das Dreieck ABC und das Dreieck A′B′C′ miteinander zusammenhängen. Wählt für eure Beschreibung passende Begriffe aus.

*Vergrößerung* · *Winkel* · *Seiten* · *parallel* · *doppelt so lang* · *halb so lang* · *Original* · *ähnlich* · *Verkleinerung* · *Bild*

**3**

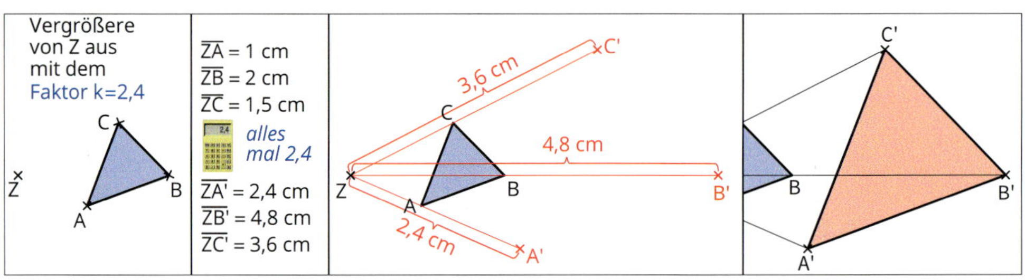


**a)** Beschreibt, wie das Dreieck ABC von Punkt Z aus vergrößert wurde. Bringt dafür die Teilschritte in die richtige Reihenfolge.

*Bezeichne die neuen Punkte mit A′, B′ und C′ und verbinde sie.* · *Multipliziere jeden Abstand mit dem Faktor 2,4.* · *Zeichne von Z aus je einen Strahl durch die Punkte A, B und C.* · *Miss die Abstände von Z zu den Eckpunkten des Dreiecks.* · *Trage auf jedem Strahl die neue berechnete Strecke von Z aus ab.*

**b)** Überlegt gemeinsam, wie das Dreieck ABC von Z aus mit dem Faktor k = 0,8 verkleinert wird, und führt die Verkleinerung aus.

Bei einer **zentrischen Streckung** werden alle Strecken einer Figur vom **Streckzentrum Z** aus um den **Faktor k** maßstäblich vergrößert oder verkleinert. Figur und gestreckte Figur sind ähnlich.

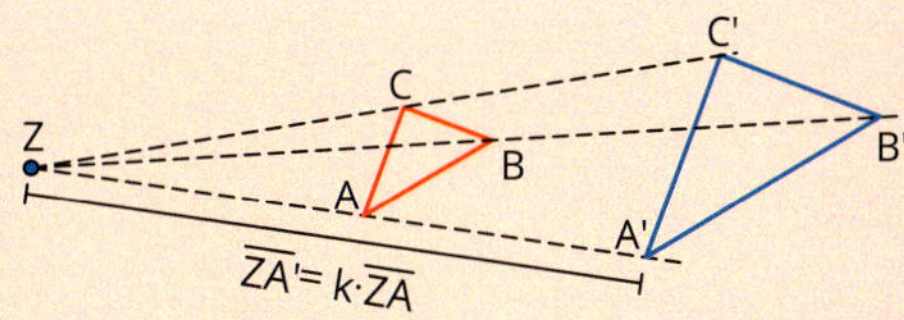


So gehst du vor:

① Zeichne den Strahl $\overrightarrow{ZA}$.

② Zeichne A′ ein, indem du das k-fache der Strecke $\overline{ZA}$ von Z aus abmisst.

③ Verfahre genauso mit allen anderen Eckpunkten der Figur und verbinde die Bildpunkte.

Strecke das Dreieck ABC vom Streckzentrum Z aus mit dem Faktor k = 1,5.

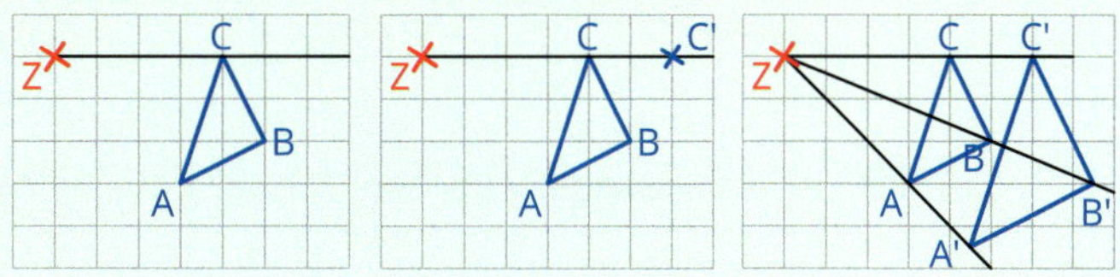


Digital+ WES-188264-315

**4** Übertrage ins Heft. Strecke von Z aus mit dem angegebenen Faktor k.

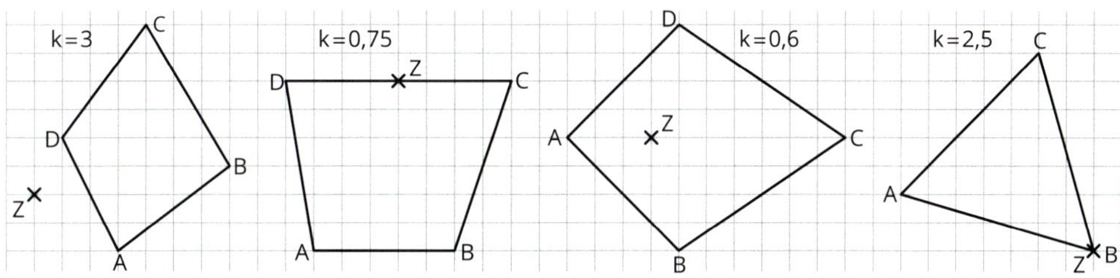


**5** Das Dreieck A′B′C′ entstand durch zentrische Streckung des Dreiecks ABC.

**a)** Übertrage die Dreiecke ins Heft und konstruiere das Streckzentrum Z.

**b)** Bestimme den Streckfaktor k.

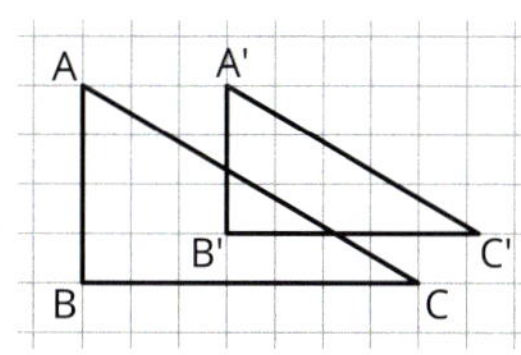


**6** **a)** Bestimme den Faktor k der zentrischen Streckung, die das Dreieck ABC auf $A_1B_1C_1$ abbildet.

**b** Wie entsteht das Dreieck $A_2B_2C_2$ als Bild von $A_1B_1C_1$?

**c** Wie kannst du das Dreieck $A_2B_2C_2$ unmittelbar als Bild von ABC konstruieren? Beschreibe.

**d** Die Konstruktion, die du in c) beschrieben hast, ist eine zentrische Streckung an Z mit k = –2. Wie hättest du das Dreieck ABC an Z mit dem Faktor k = –3 zentrisch gestreckt?

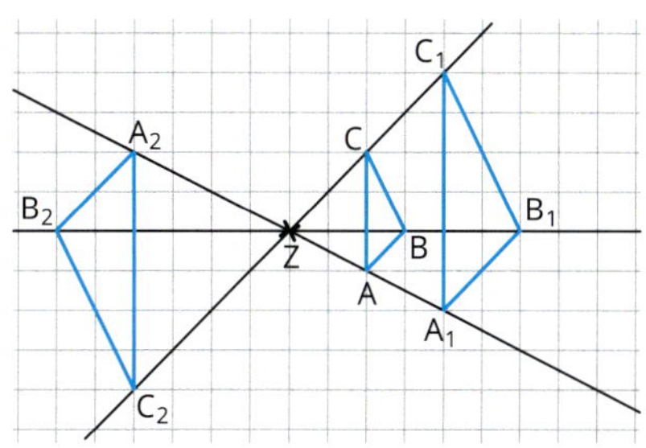


**7** Dreieck ABC wird nacheinander durch (Z, k = –2) und (Z, k = –1,5) zentrisch gestreckt. Durch welche zentrische Streckung hätte das Dreieck ABC direkt auf das Dreieck A″B″C″ abgebildet werden können? Argumentiere anhand einer Skizze.

# Vermischte Aufgaben

**1** Berechne die fehlende Seite x der beiden ähnlichen Dreiecke.

**a)**

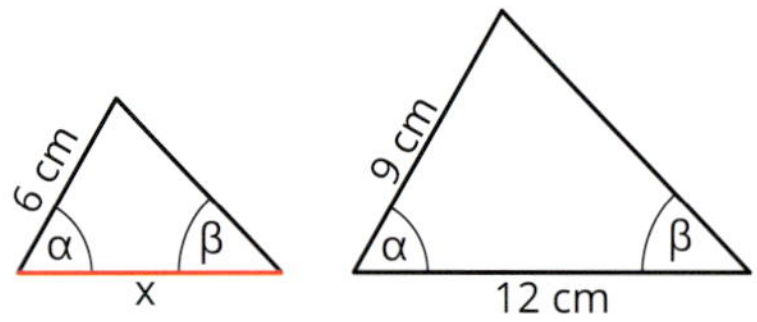


**b)**

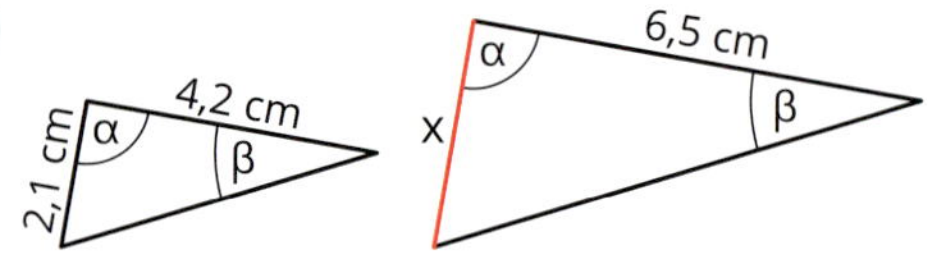


**2** Berechne die Länge der gesuchten Strecke.

**a)**

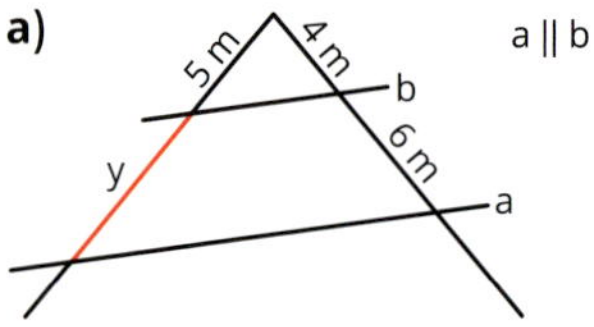


**b)**

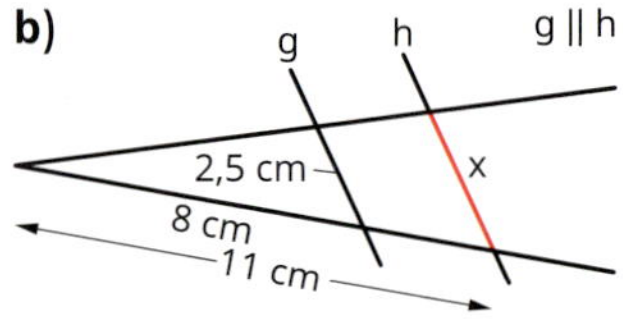


**c)**

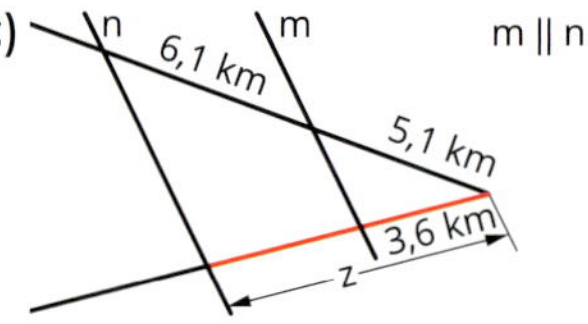


**3** Ist die Aussage wahr oder falsch? Entscheide.

Die Buchstaben der korrekten Antworten ergeben in der richtigen Reihenfolge eine europäische Hauptstadt.

| | wahr | falsch |
|---|---|---|
| **a)** Gleichschenklige Dreiecke sind ähnlich, wenn ihre Schenkel gleich lang sind. | R | I |
| **b)** Rechtwinklige Dreiecke sind ähnlich, wenn die Schenkel des rechten Winkels in ihren Verhältnissen übereinstimmen. | K | A |
| **c)** Rechtecke sind ähnlich, wenn Länge und Breite in ihren Verhältnissen übereinstimmen. | M | S |
| **d)** Rauten sind ähnlich, wenn sie in einem Winkel übereinstimmen. | N | P |
| **e)** Parallelogramme sind ähnlich, wenn die Verhältnisse der Diagonalen übereinstimmen. | I | S |

**4** Berechne die Körperhöhe $h_K$ bzw. die Länge x.

**a)**

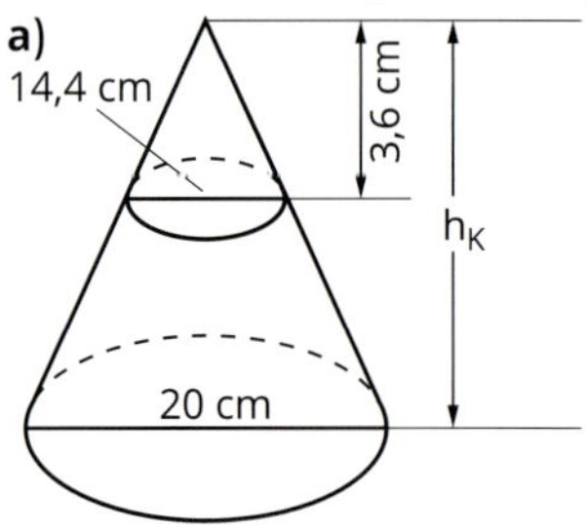


**b)**

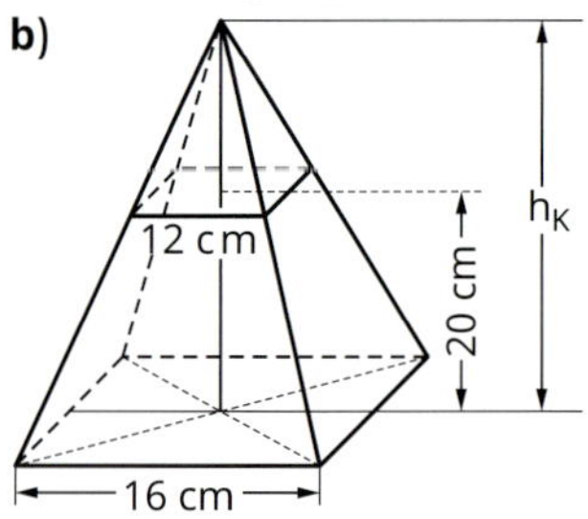


**c)**

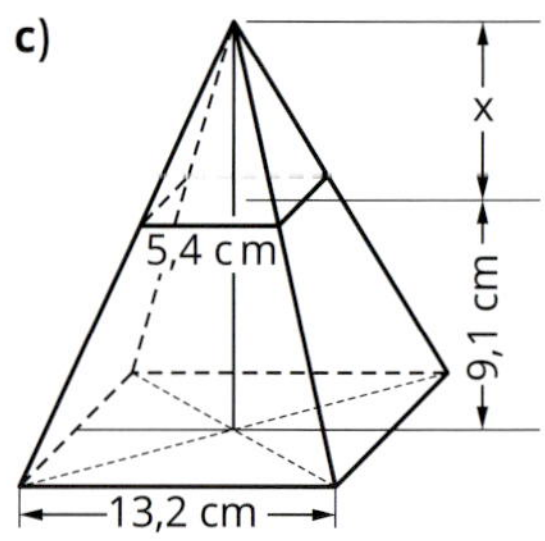


**5** Berechne die gesuchte Strecke x in der Abbildung.

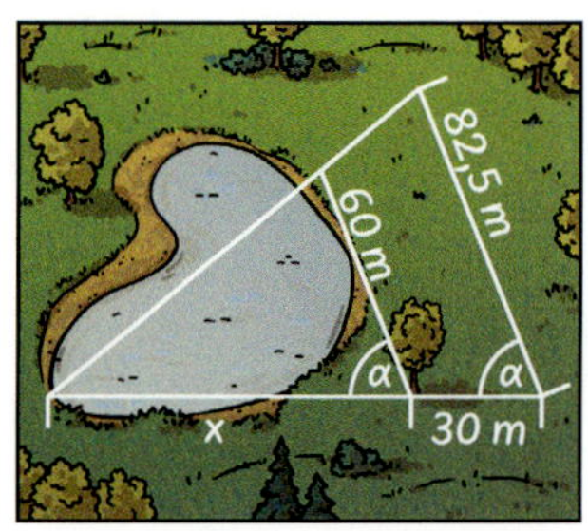


**6** Der Mond ist etwa 380 000 km weit entfernt von der Erde. Der kleine Fingernagel verdeckt bei ausgestrecktem Arm den Vollmond.

**a)** Berechne den Durchmesser des Mondes.

**b)** Vergleiche mit dem tatsächlichen Durchmesser und erkläre eine auftretende Abweichung.

**Längenverhältnisse von Strecken**

Um das Verhältnis zweier Seiten einer Figur zu bestimmen, dividiert man die Längen.

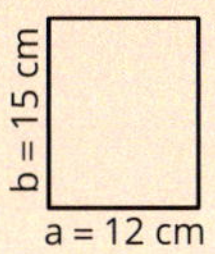


*Verhältnisschreibweise*

**a : b** = 12 : 15 = **4 : 5**

*Bruchschreibweise*

$\frac{\mathbf{a}}{\mathbf{b}} = \frac{12}{15} = \frac{\mathbf{4}}{\mathbf{5}}$

**1** Gib das Längenverhältnis a : b in der Verhältnisschreibweise an.

**a)** a = 12 cm; b = 18 cm **b)** a = 4 m; b = 20 m

**c)** a = 24 m; b = 16 m **d)** a = 15 cm; b = 35 cm

**2** Wie lang ist die fehlende Seite?

**a)** a : b = 3 : 4, b = 20 cm, a = ▢

**b)** a : b = 5 : 2, a = 35 cm, b = ▢

**Ähnliche Dreiecke und Strahlensätze**

1. Dreiecke sind ähnlich, wenn sie in zwei Winkeln übereinstimmen: $\alpha' = \alpha$ und $\beta' = \beta$. (Dann gilt auch $\gamma' = \gamma$.)
2. Dreiecke sind ähnlich, wenn sie in den Längenverhältnissen entsprechender Seiten übereinstimmen: $\frac{a'}{a} = \frac{b'}{b} = \frac{c'}{c}$.

**Strahlensätze:**

$\overline{AC} \parallel \overline{BD}$

1. Strahlensatz

$\frac{\overline{ZA}}{\overline{ZB}} = \frac{\overline{ZC}}{\overline{ZD}}$; $\frac{\overline{ZC}}{\overline{CD}} = \frac{\overline{ZA}}{\overline{AB}}$; $\frac{\overline{ZD}}{\overline{CD}} = \frac{\overline{ZB}}{\overline{AB}}$

2. Strahlensatz

$\frac{\overline{AC}}{\overline{BD}} = \frac{\overline{ZA}}{\overline{ZB}} = \frac{\overline{ZC}}{\overline{ZD}}$

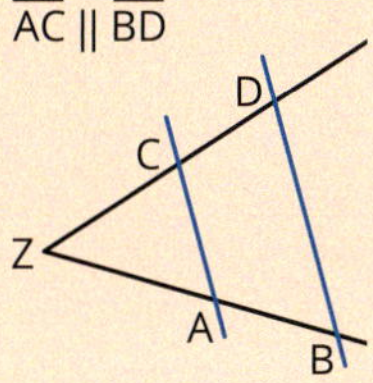


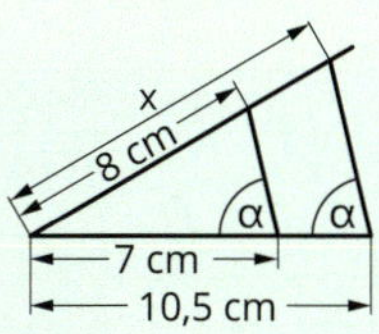


$\frac{x}{8} = \frac{10,5}{7}$ $\quad |\cdot 8$

$x = \frac{10,5 \cdot 8}{7}$

$x = 12$

Die Strecke x ist 12 cm lang.

**3** Welche Dreiecke sind ähnlich zueinander? Begründe.

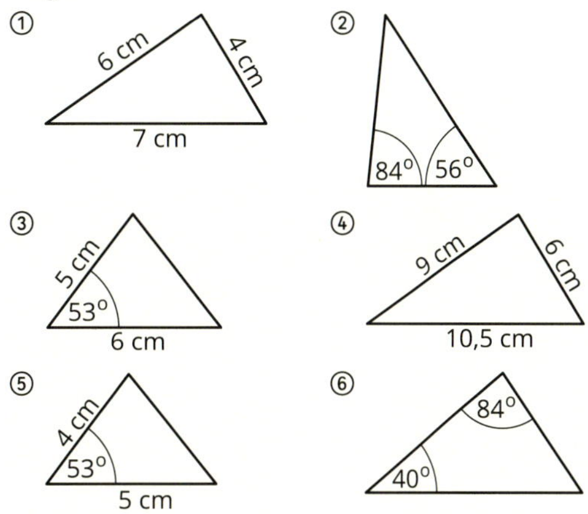


**4** Bestimme die Länge der Strecke x.

**a)**

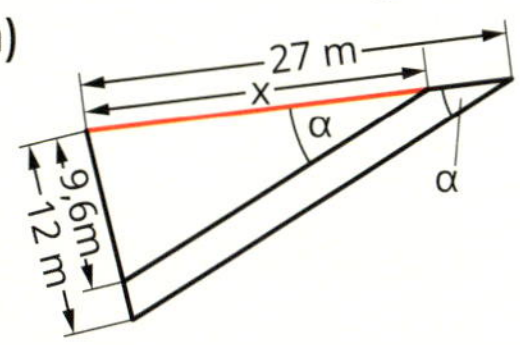


**b)**

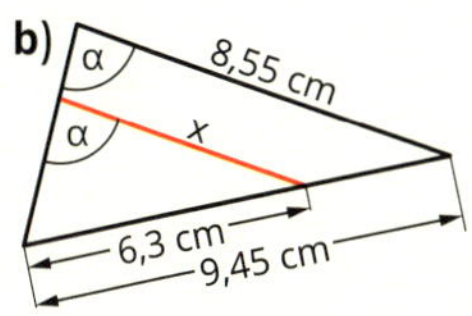


**Zentrische Streckung**

Bei einer **zentrischen Streckung** werden alle Strecken einer Figur vom **Streckzentrum Z** aus um den **Faktor k** maßstäblich vergrößert oder verkleinert. Figur und gestreckte Figur sind ähnlich.

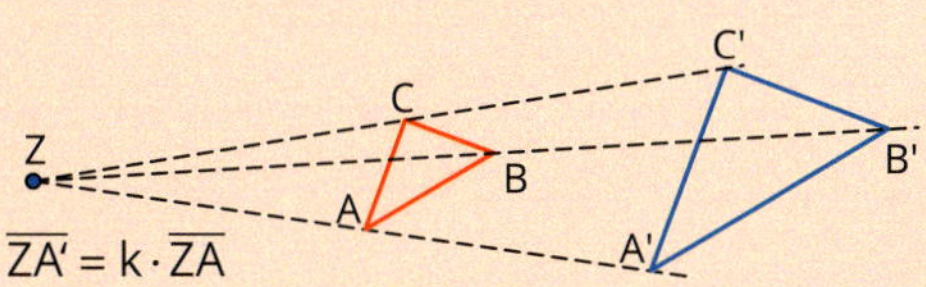


$\overline{ZA'} = k \cdot \overline{ZA}$

$\overline{ZB'} = k \cdot \overline{ZB}$

$\overline{ZC'} = k \cdot \overline{ZC}$

**5** Strecke das Dreieck ABC im Heft vom Streckzentrum Z aus mit dem Faktor k = 1,5.

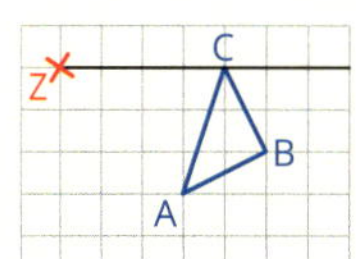


**6** Übertrage das Bild auf Karopapier. Bestimme den Streckfaktor k und vervollständige das Bilddreieck.

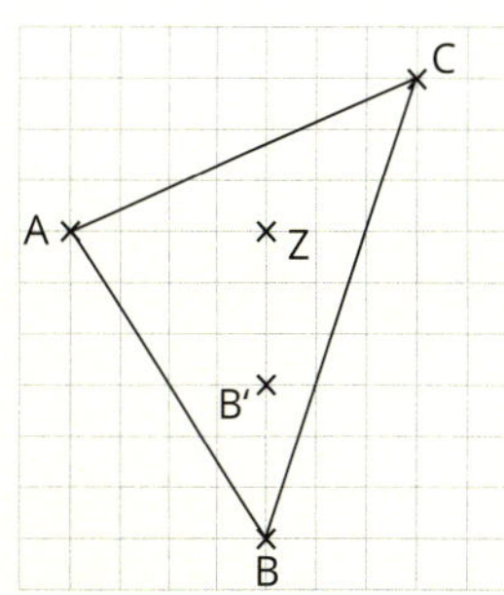

**1** **a)** Auf einer Wanderkarte (Maßstab 1 : 25 000) ist ein Rundwanderweg 14,7 cm lang. Wie lang ist er in Wirklichkeit? Berechne mit dem Taschenrechner.
**b)** Bestimme den Maßstab einer Karte, wenn 1 cm auf der Karte 50 km in Wirklichkeit entspricht.

**2** Bestimme das Streckenverhältnis a : b. **a)** a = 4 cm; b = 6 cm **b)** a = 24 cm; b = 20 cm

**3** Wie lang ist die Seite b, wenn a : b = 4 : 5 und a = 8 cm?

**4** Sind die Dreiecke zueinander ähnlich? Begründe.

**a)**

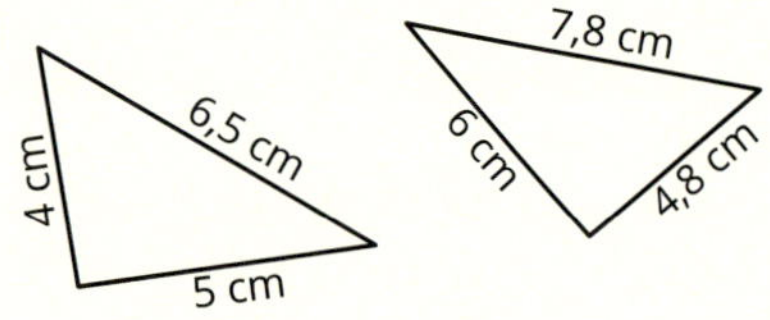


**b)**

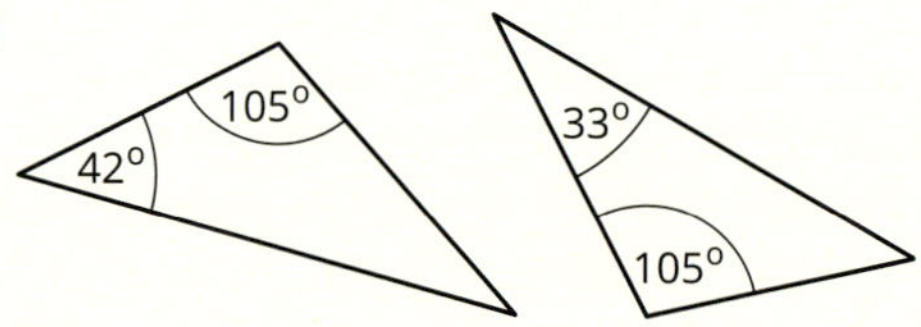


**5** Die Dreiecke sind ähnlich.
Bestimme die Länge der Strecke x.

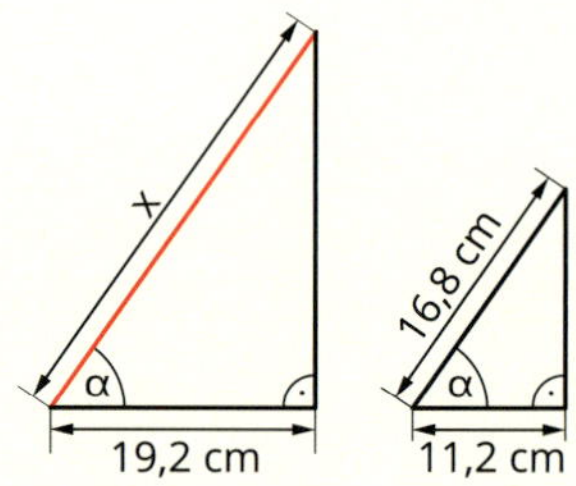


**6** Ein gleichschenkliges Trapez mit a = 6,2 cm; β = 65°; c = 3,5 cm wird im Maßstab 5 : 1 vergrößert. Berechne die entsprechenden Größen des neuen Trapezes ohne Zeichnung.

**7** Kilian und Elif wollen die Höhe des Turms bestimmen. Dazu nutzen sie einen 2 m langen Zollstock, über den Kilian die Spitze des Turms anpeilt. Berechne die Höhe des Turms.

**8** Ein Stab wird senkrecht so aufgestellt, dass das Ende seines Schattens mit dem Ende des Schattens einer Tanne zusammenfällt. Wie hoch ist die Tanne, wenn der Stab 1,60 m hoch ist und die Schatten 4,20 m bzw. 32 m lang sind?

**9** Berechne die Strecke x auf Millimeter gerundet.

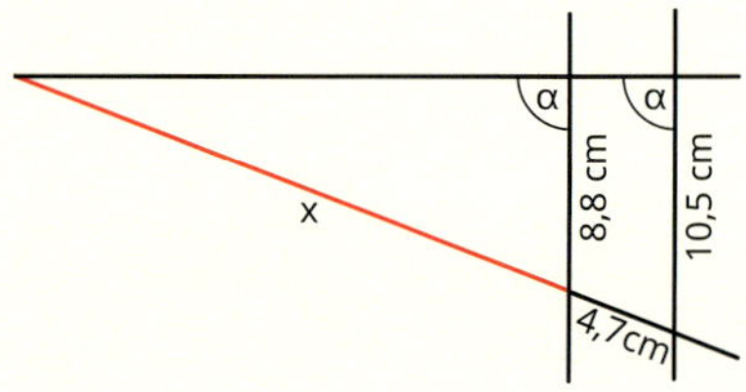


**10** Trage das Viereck ABCD mit A(8 | 0), B(7 | 5), C(0 | 5) und D(–5 | 0) in ein Koordinatensystem (Einheit 1 cm) ein und führe die zentrische Streckung mit Z(0 | 0), k = –0,5 durch.
**a)** Welche Koordinaten haben die Eckpunkte des Bildvierecks A′B′C′D′?
**b)** Welchen Flächeninhalt hat das Viereck ABCD, welchen das Viereck A′B′C′D′?

# Potenzen und Wurzeln

# 4

## In diesem Kapitel lernst du, …

… was Potenzen sind,
… wie du mit Zehnerpotenzen sehr große Zahlen geschickt aufschreiben kannst,
… wie du mit Zehnerpotenzen sehr kleine Zahlen geschickt aufschreiben kannst,
… wie du Quadratwurzeln und Kubikwurzeln berechnest,
… was irrationale und reelle Zahlen sind.

# Löse die folgenden Aufgaben und schätze dich ein.

**1** Runde die folgenden Zahlen:
**a)** auf Hundertstel: 3,654   0,387   17,2448
**b)** auf Zehntel: 2,34   5,68   8,149
**c)** auf ganze Zahlen: 4,39   123,5   0,39

Ich kann Dezimalzahlen auf eine vorgegebene Stelle runden.
Das kann ich gut. ☺ | Ich bin noch unsicher. → S. 194, A 2–5

**2** Berechne im Kopf.

| | | |
|---|---|---|
| **a)** $1{,}4 \cdot 10$ | $0{,}38 \cdot 100$ | $0{,}045 \cdot 1\,000$ |
| $7{,}2 \cdot 100$ | $42{,}3 \cdot 1\,000$ | $0{,}035 \cdot 10$ |
| **b)** $1{,}9 : 10$ | $35{,}8 : 100$ | $17{,}45 : 1\,000$ |
| $0{,}876 : 100$ | $75 : 1\,000$ | $0{,}305 : 10$ |

Ich kann mit den Zahlen 10, 100 und 1 000 multiplizieren und durch sie dividieren.
Das kann ich gut. ☺ | Ich bin noch unsicher. → S. 198, A 1–2

**3** Gib an, welche Bezeichnung zu welcher Zahl gehört.

| | |
|---|---|
| eine Million | 10 000 000 000 |
| eine Milliarde | 100 000 |
| zehn Milliarden | 1 000 000 |
| einhunderttausend | 100 000 000 |
| einhundert Millionen | 1 000 000 000 |

Ich kann große Zehnerzahlen richtig benennen.
Das kann ich gut. ☺ | Ich bin noch unsicher. → S. 198, A 3–4

**4** **a)** Berechne den Flächeninhalt eines Quadrates mit der Seitenlänge a für:
Ⓐ $a = 12$ cm   Ⓑ $a = 30$ mm

**b)** Berechne das Volumen eines Würfels mit der Kantenlänge x für:
Ⓐ $x = 6$ cm   Ⓑ $x = 10$ m

Ich kann den Flächeninhalt eines Quadrates und das Volumen eines Würfels berechnen.
Das kann ich gut. ☺ | Ich bin noch unsicher. → S. 200, A 4–5

**5** Löse folgende Aufgaben ohne Taschenrechner.

| | | | |
|---|---|---|---|
| **a)** $\frac{1}{2} \cdot \frac{5}{3}$ | **b)** $\frac{1}{10} \cdot \frac{5}{8}$ | **c)** $\frac{3}{100} \cdot \frac{25}{9}$ | **d)** $2 \cdot \frac{15}{6}$ |
| **e)** $0{,}5 \cdot 0{,}5$ | **f)** $0{,}4 \cdot 0{,}8$ | **g)** $4{,}3 \cdot 0{,}2$ | **h)** $5 \cdot 1{,}25$ |

Ich kann Brüche und Dezimalzahlen multiplizieren.
Das kann ich gut. ☺ | Ich bin noch unsicher. → S. 196, A 4–5

# Potenzen

**1** **a)** Schaffst du es, ein Blatt Papier mehr als siebenmal in der Mitte zu falten, so, wie es oben abgebildet ist?

**b)** Überlege, wie viele Lagen Papier du erhältst, wenn du das Blatt siebenmal faltest. Um das herauszufinden, hilft dir eine Tabelle. Ergänze sie und übertrage sie in dein Heft:

| Faltvorgänge | 1 | 2 | 3 | 4 | 5 | 6 | 7 |
|---|---|---|---|---|---|---|---|
| Papierlagen | 2 | 4 | | | | | |

**c)** Wie viele Lagen Papier würden entstehen, wenn du das Papier zehnmal oder sogar 25-mal falten könntest?

**2** Dein Taschenrechner hat verschiedene Tasten, um Potenzen zu berechnen.
Mit der $x^2$-Taste erhältst du das Ergebnis der Multiplikation einer Zahl mit sich selbst.
Findest du auch die passende Taste, wenn die Zahl mehrmals als Faktor vorkommt?
Bestimme dann mit dem Taschenrechner:

**a)** $17^2$ **b)** $30^2$ **c)** $55^2$ **d)** $6^3$ **e)** $11^3$ **f)** $2^7$ **g)** $3^6$

Wenn ein Produkt aus mehreren gleichen Faktoren besteht, kannst du es kürzer als **Potenz** schreiben. Das Ergebnis wird Potenzwert genannt. Außerdem gilt z. B. $2 = 2^1$.

**Basis** **Exponent** (Hochzahl) $2^5$ **Potenz** (lies "2 hoch 5")

**Potenzwert**: $2^5 = \underbrace{2 \cdot 2 \cdot 2 \cdot 2 \cdot 2}_{\text{5-mal der Faktor 2}} = 32$

Schreibe als Potenz:
$8 \cdot 8 = 8^2$ $3 \cdot 3 \cdot 3 \cdot 3 \cdot 3 = 3^5$ $6{,}5 \cdot 6{,}5 \cdot 6{,}5 \cdot 6{,}5 = 6{,}5^4$

Schreibe als Produkt und berechne den Potenzwert:
$4^1 = 4$ $7^2 = 7 \cdot 7 = 49$ $2^6 = 2 \cdot 2 \cdot 2 \cdot 2 \cdot 2 \cdot 2 = 64$ $\left(\frac{1}{5}\right)^4 = \frac{1}{5} \cdot \frac{1}{5} \cdot \frac{1}{5} \cdot \frac{1}{5} = \frac{1}{625}$

Digital+
ES-188264-410

**3** Schreibe als Potenz.

**a)** $9 \cdot 9 \cdot 9$ **b)** $1 \cdot 1 \cdot 1 \cdot 1 \cdot 1 \cdot 1$ **c)** $0{,}4 \cdot 0{,}4 \cdot 0{,}4 \cdot 0{,}4$ **d)** $\frac{1}{7} \cdot \frac{1}{7} \cdot \frac{1}{7} \cdot \frac{1}{7} \cdot \frac{1}{7} \cdot \frac{1}{7} \cdot \frac{1}{7}$

**e)** $17$ **f)** $3{,}2 \cdot 3{,}2 \cdot 3{,}2 \cdot 3{,}2 \cdot 3{,}2$ **g)** $\frac{1}{10} \cdot \frac{1}{10} \cdot \frac{1}{10}$ **h)** $\frac{2}{3} \cdot \frac{2}{3} \cdot \frac{2}{3} \cdot \frac{2}{3}$

**4** Potenzen, die eine natürliche Zahl als Basis und die Zahl 2 als Exponent besitzen, werden **Quadratzahlen** genannt.
Erstelle eine Liste der ersten zwanzig Quadratzahlen und lerne diese auswendig.

**5** Stelle die Potenz zuerst als Produkt dar. Berechne dann den Potenzwert im Kopf.

**a)** $2^8$ **b)** $3^4$ **c)** $4^3$ **d)** $30^2$ **e)** $6^3$ **f)** $10^5$
**g)** $2^5$ **h)** $10^3$ **i)** $25^2$ **j)** $5^3$ **k)** $2^{10}$ **l)** $100^3$

**6** Berechne zuerst die Potenzwerte und setze dann das passende Zeichen ein: <, = oder >.
Rechne ohne Taschenrechner.

**a)** $2^3 \square 6$ **b)** $3^3 \square 18$ **c)** $2^4 \square 16$ **d)** $10^1 \square 1$ **e)** $2^8 \square 100$
**f)** $11^2 \square 121$ **g)** $10^3 \square 500$ **h)** $1^5 \square 2$ **i)** $8^2 \square 80$ **j)** $30^2 \square 300$

**7** Achtung Buchstabensalat!
Schreibe die vollständigen Sätze in dein Heft.

*Bei der Multiplikation werden ____________ (nahleZ) miteinander ____________ (plutilmiziert).*
*Beim Berechnen von ____________ (zenPoten), zeigt die ____________ (sisaB) an, wie der Faktor heißt, und der ____________ (exEnnpot), wie oft dieser mit sich selbst multipliziert wird.*
*Potenzen mit dem Exponent 2 werden auch ____________ (Quarzlandeath) genannt.*
*Sie entstehen durch ____________ (Querdraien) und kommen in der ____________ (Mamatheikt) sehr häufig vor.*

**8** Ergänze die Gleichungen und schreibe sie ins Heft.

**a)** $\square^2 = 16$ **b)** $2^{\square} = 512$ **c)** $3^3 = \square$ **d)** $4^{\square} = 64$ **e)** $18^{\square} = 324$
**f)** $\square^2 = 10\,000$ **g)** $3^{\square} = 243$ **h)** $20^3 = \square$ **i)** $\square^5 = 1$ **j)** $5^{\square} = 125$

**9** Berechne den Potenzwert im Kopf.

**a)** $1{,}2^2$ **b)** $0{,}8^2$ **c)** $1{,}7^2$ **d)** $0{,}5^3$ **e)** $1{,}5^3$ **f)** $0{,}2^4$
**g)** $\left(\frac{1}{2}\right)^2$ **h)** $\left(\frac{5}{6}\right)^2$ **i)** $\left(\frac{7}{11}\right)^2$ **j)** $\left(\frac{1}{6}\right)^3$ **k)** $\left(\frac{3}{10}\right)^4$ **l)** $\left(\frac{1}{5}\right)^4$

**10** Begründe, ob die folgende Aussage wahr oder falsch ist.

**a)** $2^3$ ist das Doppelte von $2^2$ **b)** $3^5$ ist das Fünffache von 3 **c)** $4^2$ ist die Hälfte von $8^2$
**d)** $1^9$ ist das Dreifache von $1^3$ **e)** $6^3$ ist das Doppelte von $3^3$ **f)** $10^3$ ist ein Zehntel von $10^4$
**g)** $3^3$ ist ein Drittel von $3^4$ **h)** $2^7$ ist die Hälfte von $2^8$ **i)** $2^4$ ist das Vierfache von $2^3$

**11** Beachte die Reihenfolge, in der du rechnen musst.
Es gilt die „**Klapps**"-Regel:
zuerst **Kla**mmern, dann **P**otenzen und dann **P**unkt- vor **S**trichrechnung

$(5 + 4)^2 = 9^2$
$18 - 2^3 = 18 - 8$
$4^2 \cdot (6 - 3)^3 = 16 \cdot 3^3 = 16 \cdot 27$

**a)** $3 + 4^2 \cdot 3$ **b)** $5(2{,}5 + 3{,}5)^3$ **c)** $2^4 + 2^5 + 2^6$ **d)** $2^4 \cdot 2^5 \cdot 2^6$
**e)** $(7 - 2^2)^3 - 2 \cdot 17$ **f)** $8^2 \cdot 2^2 + 3^2 \cdot 4^2$ **g)** $2^3 \cdot 3^2(5 - 3)$ **h)** $1^5 - 5 \cdot 15^2$

**12** Wie oft müsste man ein Papier immer mittig falten, um einen Papierstapel zu erhalten, dessen Höhe der Höhe des Mount Everest entspricht? Die Dicke des Papiers ist 0,1 mm, der Mount Everest ist 8 848 m hoch.

# Zehnerpotenzen

tausend | $10^3$ | 100 | zehn | $10^6$ | Billion | $10^{12}$ | 10 | Milliarde | hundert | $10^1$ | 1 000 000 000 000 | Million | 1 000 000 000 | $10^9$ | 1 000 000 | 1 000 | $10^2$

**1** **Löst die Aufgabe in Partnerarbeit.**
Ordne die Kärtchen, die dieselbe Zahl beschreiben, einander zu.
Fertigt eine Tabelle an und haltet eure Ergebnisse fest.

| | | |
|---|---|---|
| *zehn* | *$10^1$* | *10* |
| *hundert* | | |
| *tausend* | | |

**2** Schreibe in Worten und als Zahl.
**a)** $10^7$ **b)** $10^4$ **c)** $10^{10}$ **d)** $10^5$ **e)** $10^8$ **f)** $10^{13}$

Eine Potenz mit der Basis 10 wird als **Zehnerpotenz** bezeichnet.
Bei Zehnerpotenzen gibt der **Exponent** (die Hochzahl) die **Anzahl der Nullen** an.

$10^7 = \underbrace{10 \cdot 10 \cdot 10 \cdot 10 \cdot 10 \cdot 10 \cdot 10}_{\text{7-mal der Faktor 10}} = \underbrace{10\,000\,000}_{\text{Zahl mit 7 Nullen}} = 10$ Millionen

einhunderttausend $= \underbrace{100\,000}_{\text{Zahl mit 5 Nullen}} = \underbrace{10 \cdot 10 \cdot 10 \cdot 10 \cdot 10}_{\text{5-mal der Faktor 10}} = 10^5$

Digital+
ES-188264-411

| | |
|---|---|
| Millionen | Mio. |
| Milliarden | Mrd. |
| Billionen | Bio. |
| Billiarden | Brd. |

**3** Schreibe die Zehnerpotenz als Zahl und als Wort.
**a)** $10^4$ **b)** $10^8$ **c)** $10^{10}$ **d)** $10^{13}$ **e)** $10^1$

**4** Schreibe die Zahl als Zehnerpotenz.
**a)** 100 **b)** 1 Mrd. **c)** 100 000 000 000 **d)** 100 Bio. **e)** 1 000 000

**5** Ergänze die Gleichung. Setze dafür den richtigen Exponenten ein.
**a)** $7000 = 7 \cdot 10^{■}$ **b)** $500\,000 = 5 \cdot 10^{■}$ **c)** $70\,000\,000 = 7 \cdot 10^{■}$
**d)** $11\,000 = 11 \cdot 10^{■}$ **e)** 8 Mio. $= 8 \cdot 10^{■}$ **f)** 19 Mrd. $= 19 \cdot 10^{■}$

**6** Schreibe die Zahl einmal mit allen Nullen und einmal mit einer Zehnerpotenz als Faktor.
**a)** dreißigtausend **b)** 24 Millionen **c)** 5 Milliarden **d)** 4 Milliarden 200 Millionen

Vorsilben bei großen Maßen

| | | |
|---|---|---|
| Kilo | k | $10^3$ |
| Mega | M | $10^6$ |
| Giga | G | $10^9$ |
| Tera | T | $10^{12}$ |

**7** 1 Byte, abgekürzt B, ist der Speicherplatz, den ein Zeichen (Buchstabe, Ziffer, Satz- und Rechenzeichen) benötigt. Wie viele Bytes passen auf folgende Datenträger? Gib das Ergebnis einmal als Zahl und einmal als Produkt einer Zahl und einer Zehnerpotenz an.

**a)** CD mit 700 MB **b)** Arbeitsspeicher mit 8 GB **c)** USB-Stick mit 32 GB
**d)** Festplatte mit 1 TB **e)** größte Festplatte (2024) mit 100 TB

**8** Entscheide, ob folgende Aussage richtig oder falsch ist. Die richtige Aussage übernimmst du, die falsche Rechnung schreibst du korrigiert in dein Heft. Begründe deine Antwort.
**a)** $10^4 + 10^4 = 10^8$ **b)** $10^4 \cdot 10^4 = 10^{16}$ **c)** $10^2 \cdot 10^2 = 10^4$ **d)** $10^3 + 10^3 = 20^3 = 2000$

# Zehnerpotenzen mit negativen Exponenten

**Löst alle Aufgaben in Partnerarbeit.**

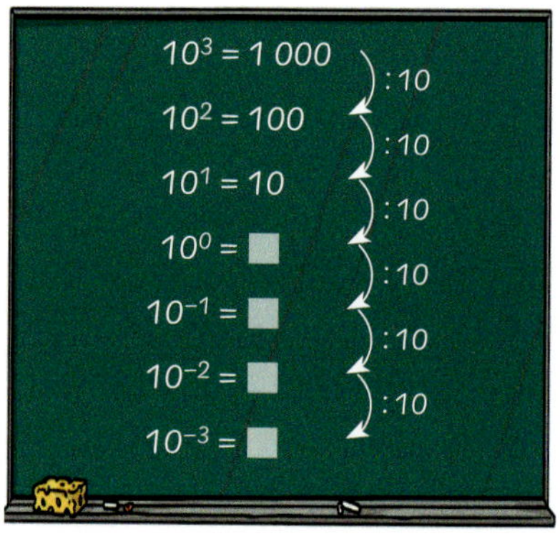


**1** Überlegt gemeinsam, welche Zahlen einzusetzen sind, und übertragt dann das vollständige Tafelbild in euer Heft. Ergänzt es um drei Schritte nach unten.

**2** Findet ihr eine Regel wie man $10^{-5}$ als Bruch schreibt? Erklärt die Regel anderen Partnern.

**3** Welche Zehnerpotenz ist größer? Wie oft muss man die kleinere Zehnerpotenz mit 10 multiplizieren, um die größere zu erhalten?
**a)** $10^{-7}$ oder $10^{-8}$ **b)** $10^{-12}$ und $10^{-10}$

**Zehnerpotenzen** mit einer negativen ganzen Zahl als Exponent kann man als Bruch darstellen. Dabei wird die Zehnerpotenz in den Nenner geschrieben. Beim Exponenten wechselt dadurch das Vorzeichen.

$10^{-1} = \frac{1}{10^1} = 0{,}1$ $\quad 10^{-2} = \frac{1}{10^2} = \frac{1}{100} = 0{,}01$ $\quad 10^{-3} = \frac{1}{10^3} = \frac{1}{1\,000} = 0{,}001$

Für den Exponent 0 gilt: $10^0 = 1$

**4** Potenz, Bruch und Dezimalzahl. Gib die beiden fehlenden Schreibweisen an.
**a)** $10^{-5}$ **b)** $\frac{1}{1\,000\,000}$ **c)** 0,0001 **d)** $10^{-7}$ **e)** 0,000000001
**f)** $10^0$ **g)** $\frac{1}{100}$ **h)** $10^{-8}$ **i)** 0,1 **j)** $\frac{1}{1\,000\,000\,000\,000}$

**5** Schreibe mit Worten (z. B. „ein Hundertstel“ oder „ein Zehntausendstel“)
**a)** $10^{-1}$ **b)** 0,001 **c)** $\frac{1}{10\,000\,000}$ **d)** $10^{-5}$ **e)** 0,000001 **f)** $\frac{1}{1\,000\,000\,000}$

**6** Reise in den Mikrokosmos: Schreibe die Maßzahl als Bruch und als Zehnerpotenz.

**a)** Haar
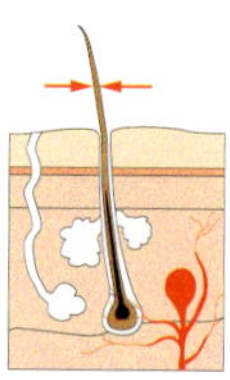
0,1 mm

**b)** Zelle
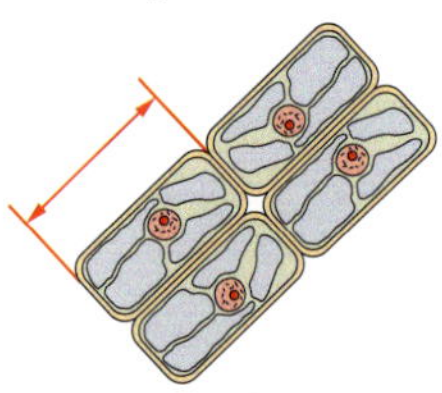
0,01 mm

**c)** Bakterium
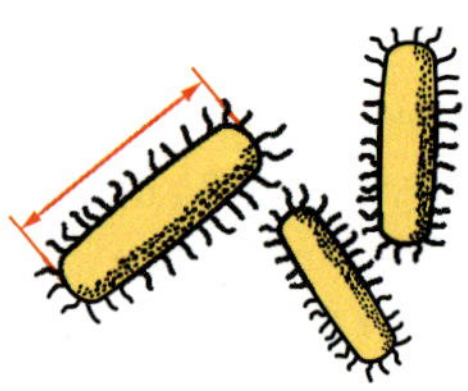
0,001 mm

**d)** Virus
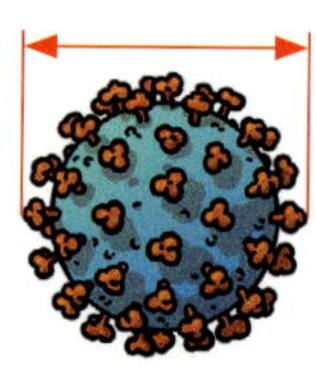
0,0001 mm

**e)** DNA-Strang
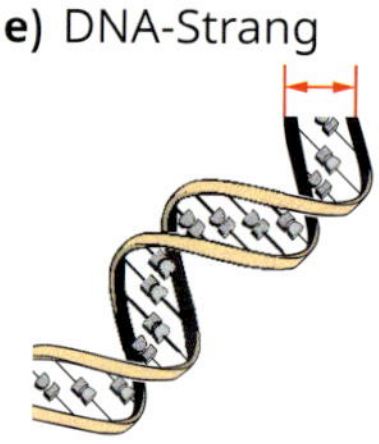
0,00001 mm

**7** Beantworte folgende Fragen. Rechne dazu mit den Angaben aus Aufgabe 6.
**a)** Wie viel mal so groß oder so klein ist die Dicke eines Haares im Vergleich zur Dicke bzw. Breite eines DNA-Stranges?
**b)** Wie viele Zellen müsste man aneinanderlegen, um eine Länge von 1,8 m zu erhalten?
**c)** Wie viele Viren müsstest du aufeinanderstapeln, um einen Turm zu erhalten, der genau so hoch ist wie dein Sekundo-Buch lang (26,5 cm)?
**d)** Wie viele Bakterien finden, der Länge nach aneinandergereiht, auf einem Meterstab mit 2 m Länge Platz?

# Standardschreibweise*

Taschenrechner verwenden oft einen „." statt eines Kommas. Das x steht für einen Malpunkt.

Wenn die Ziffern einer Zahl nicht mehr auf das Display des Taschenrechners passen, nutzt er die abgebildete Schreibweise. Sie heißt **Standardschreibweise**.

**1** **Löst die Aufgabe in Partnerarbeit.**
a) Wie heißt die Zahl $1{,}024 \cdot 10^{13}$ ausführlich geschrieben?
b) Bestimmt mit Hilfe des Taschenrechners die Werte für $20^8$ und $20^{12}$. Rechnet dann die Anzeigen des Taschenrechners in die ausführliche Schreibweise um.

**2** Schreibe die großen Zahlen wie ein Taschenrechner.
a) $34\,000 = 3{,}4 \cdot 10^{\square}$
b) $1\,800\,000 = \square \cdot 10^{\square}$
c) $230\,000 = \square \cdot 10^{\square}$

**3** Schreibe die kleinen Zahlen wie ein Taschenrechner.
a) $0{,}0078 = 7{,}8 \cdot 10^{-\square}$
b) $0{,}098 = \square \cdot 10^{\square}$
c) $0{,}00000021 = \square \cdot 10^{\square}$

Sehr große und sehr kleine Zahlen werden häufig in der **Standardschreibweise** geschrieben.
Dabei werden die Zahlen als **Produkt** einer **Zahl zwischen 1 und 10** und einer **Zehnerpotenz** geschrieben.
Mit dieser Schreibweise kann man sehr große und sehr kleine Zahlen platzsparender schreiben und besser vergleichen.

**Große Zahlen:**

$123456 = 1{,}23456 \cdot 10^5$

*Komma „wandert" um 5 Stellen nach links*

Erläuterung über die Stellenwerttafel:

| HT | ZT | T | H | Z | E | z | h | t | zt | ht |
|---|---|---|---|---|---|---|---|---|---|---|
| | | $\cdot 10^5$ | | | 1 | 2 | 3 | 4 | 5 | 6 |
| 1 | 2 | 3 | 4 | 5 | 6 | | | | | |

**Kleine Zahlen:**

$0{,}00067 = 6{,}7 \cdot 10^{-4}$

*Komma „wandert" um 4 Stellen nach rechts*

Erläuterung über die Stellenwerttafel:

| HT | ZT | T | H | Z | E | z | h | t | zt | ht |
|---|---|---|---|---|---|---|---|---|---|---|
| | | | | | 6 | 7 | | $\cdot 10^{-4}$ | | |
| | | | | | 0 | 0 | 0 | 0 | 6 | 7 |

Digital+
VES-188264-412

**4** Schreibe die große Zahl in der Standardschreibweise.
**a)** 8 300 **b)** 99 000 000 000 **c)** 34 567 000 **d)** 34 000 **e)** 2 654 000

**5** Schreibe die kleine Zahl in der Standardschreibweise.
**a)** 0,0035 **b)** 0,000012 **c)** 0,0000000034 **d)** 0,00000567 **e)** 0,0008762

* Die Standardschreibweise wird auch als **wissenschaftliche Schreibweise** bezeichnet.

**6** Schreibe die Anzeige des Taschenrechners als Zahl ohne Zehnerpotenz.

**a)** 2,7×10⁻⁵ → $2{,}7 \times 10^{-5}$ **b)** $4{,}1 \times 10^{-6}$ **c)** $7{,}14159 \times 10^{7}$ **d)** $1{,}2643 \times 10^{-10}$

**7** Gib an, zwischen welchen beiden benachbarten Zehnerpotenzen die Zahl liegt.

**a)** 35 000 **b)** 678 000 **c)** 0,065
**d)** 0,4 **e)** 22 500 000 **f)** 0,00003

7 900 liegt zwischen 1 000 und 10 000
→ $10^3 < 7900 < 10^4$

**8** Dilara hat für ihre Hausarbeit zu unserem Sonnensystem im Internet einige Fakten recherchiert. Hilf Dilara, den Text übersichtlicher zu gestalten, und gib die im Text vorkommenden Zahlen in der Standardschreibweise an.

*Unsere Sonne ist zirka 4 700 000 000 Jahre alt und hat eine voraussichtliche Lebensdauer von 10 000 000 000 Jahren.*
*Durch den Prozess der Kernfusion hat sie eine Energieausstrahlung von 383 000 000 000 000 000 000 000 000 Watt.*
*Dabei entstehen im Sonnenkern Temperaturen von bis zu 15 000 000 °C. Im noch sichtbaren Bereich für Teleskope sind es noch 5 500 °C.*
*Der Durchmesser der Sonne beträgt 1 392 000 km. Der durchschnittliche Abstand der Sonne zur Erde beträgt 149 600 000 km.*

**9** Immer drei Zahlen sind gleich. Schreibe alle „Zahlendrillinge" auf.

1 200 000 | $1{,}2 \cdot 10^{12}$ | $1{,}2 \cdot 10^{5}$ | $1{,}2 \cdot 10^{9}$ | 1 200 000 000 000 | 1,2 Mio. | 120 000 | 1 200 000 000 | 1,2 Bio. | $1{,}2 \cdot 10^{6}$ | 120 Tsd. | 1,2 Mrd.

**10** Schreibe als Bruch und als Dezimalzahl.

**a)** $10^{-4}$ **b)** $5 \cdot 10^{-3}$ **c)** $2 \cdot 10^{-5}$ **d)** $4{,}3 \cdot 10^{-6}$ **e)** $1{,}7 \cdot 10^{-9}$ **f)** $3{,}8 \cdot 10^{-7}$

**11** Schreibe als Dezimalzahl und in der Standardschreibweise mit einer Zehnerpotenz.

**a)** 5 Zehntausendstel **b)** 150 Millionstel **c)** 30 Hunderttausendstel **d)** 400 Milliardstel

**12** Schreibe ausführlich mit Ziffern und in der Standardschreibweise mit einer Zehnerpotenz.

**a)** 630 Tsd. **b)** 4 Mio. 300 Tsd. **c)** 4 Mrd. 700 Mio. **d)** 180 Mrd.
**e)** 40 Mrd. **f)** 25 Mrd. 300 Mio. **g)** 15 Bio. 700 Mrd. **h)** 8,6 Mrd.

Vorsilben bei kleinen Maßen

| | | |
|---|---|---|
| milli | m | $10^{-3}$ |
| mikro | µ | $10^{-6}$ |
| nano | n | $10^{-9}$ |
| pico | p | $10^{-12}$ |

**13** Wandle folgende Größenangaben in Meter um. Verwende dazu die Standardschreibweise. Beispiel: $550\ \text{nm} = 550 \cdot 10^{-9}\ \text{m} = 5{,}5 \cdot 10^{-7}\ \text{m}$

**a)** 5 mm **b)** 20 µm **c)** 800 nm **d)** 35 pm **e)** 930 µm **f)** 450 nm

**14** **a)** Das Licht legt in der Sekunde $3 \cdot 10^5$ km zurück. Wie lange benötigen die Strahlen der Sonne, bis sie auf der Erde auftreffen? Die Entfernung Erde – Sonne beträgt etwa 149 600 000 km.

**b)** Wie viel Nanosekunden braucht das Licht, um eine Strecke von 30 cm zurückzulegen?

# Schach – das Spiel der Könige

Eine Legende aus Indien berichtet:

Um dem tyrannischen Herrscher Shihram seine Fehler aufzuzeigen, erfand der Brahmane Sissa ibn Dahir das Schachspiel. Denn auch beim Schach kann ein König ohne seine Bauern und Offiziere nichts ausrichten. Klug wie er war, ließ der Brahmane seinem König ein prachtvoll geschnitztes Schachspiel zukommen.

Als König Shiram ihn dafür belohnen wollte, erbat sich Sissa ibn Dahir von seinem König lediglich Weizenkörner. Dabei sollte auf das erste Feld eines Schachspiels ein Weizenkorn gelegt werden und auf jedes weitere Feld immer die doppelte Menge des vorherigen Feldes. Also auf das zweite Feld zwei Weizenkörner, auf das dritte Feld vier Weizenkörner und so weiter.

König Shihram lachte darüber und war gleichzeitig verärgert wegen dieses bescheidenen Wunsches.

Sissa erfindet das Schachspiel.

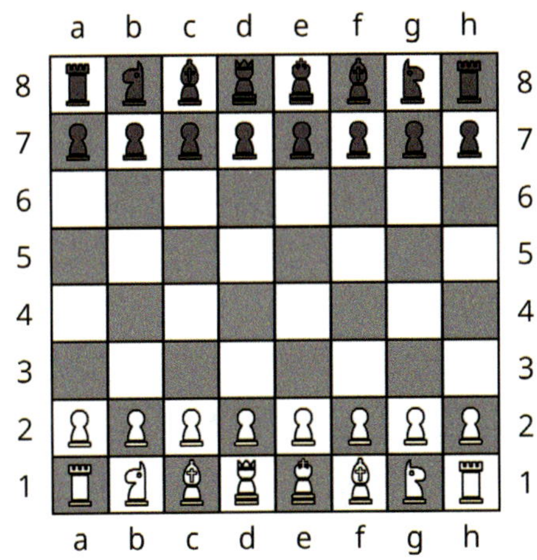


**1** **a)** Erstelle eine Tabelle für die ersten sechzehn Felder und berechne die Anzahl der Weizenkörner.

**b)**

Für welche Taschenrechnereingabe erhältst du die Anzahl der Weizenkörner auf dem 16. Feld?

**c)** Berechne die Anzahl der Weizenkörner auf dem letzten Feld des Schachspiels.

**2** Gehe davon aus, dass 20 Weizenkörner eine Masse von 1 g haben.

**a)** Bestimme die Masse der Weizenkörner, die auf dem letzten Feld liegen.

**b)** Vergleiche dieses Ergebnis mit der Masse an Weizen, die weltweit produziert wird. Im Erntezeitraum 2023/24 betrug dieser Wert rund 790 Millionen Tonnen.

**Die Lösungen ergeben zwei Inseln, durch die der Erdäquator verläuft.**

**1** a) $\frac{16{,}4 - 9}{0{,}1}$

b) $2^3 - 3^2$

c) $(10 + 17) \cdot \frac{2}{3}$

**2** Berechne die fehlende Angabe beim Dreieck.

| | | |
|---|---|---|
| **a)** g = 3,2 m | h = 2,5 m | A = ■ m² |
| **b)** A = 13 m² | h = 5,2 m | g = ■ m |
| **c)** A = 38 m² | g = 8 m | h = ■ m |

**3** Für 8 m Stoff zahlt Frau Dörries 91,60 €. Ihre Freundin kauft von demselben Stoff 2 m mehr.
Die Freundin muss ■ € bezahlen.

**4** **a)** Ist 2 ein Teiler von 2483? ja [40] nein [41]
**b)** Ist 5 ein Teiler von 50 056? ja [42] nein [43]
**c)** Ist 3 ein Teiler von 1 323? ja [44] nein [45]

**5** Setze die angegebenen Zahlen ein und berechne den Term.
**a)** $3x - 7 \cdot (y + 3) + 1$; $x = 4$ $y = -3$
**b)** $75 + 3 \cdot (a + b)^2$; $a = 5$ $b = 7$

**6** Berechne den fehlenden Wert.
**a)** G = 144 €; W = ■ €; p % = 5 %
**b)** G = 650 kg; W = 78 kg; p % = ■ %

**7** Berechne den Flächeninhalt in m² (Maße in m).

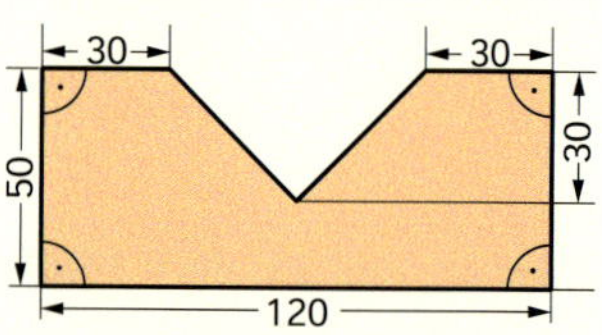


**8** Um eine Wand mit Brettern zu verkleiden, benötigt Herr Mohnke 80 Bretter von 18 cm Breite. Im Baumarkt sind nur Bretter von 16 cm Breite vorrätig. Wie viele von den schmalen Brettern muss er kaufen?

| | | |
|---|---|---|
| U: −1 | E: 1,5 | B: 3 |
| A: 4 | T: 5 | T: 6 |
| N: 6,5 | D: 7 | A: 7,2 |
| I: 7,5 | R: 9,5 | R: 11,45 |
| G: 12 | A: 13 | M: 18 |
| M: 40 | G: 41 | Y: 42 |
| A: 43 | L: 44 | R: 45 |
| S: 74 | S: 90 | A: 114,50 |
| F: 180 | H: 426,94 | P: 507 |
| K: 650 | N: 725 | O: 5 100 |

# Quadratwurzeln

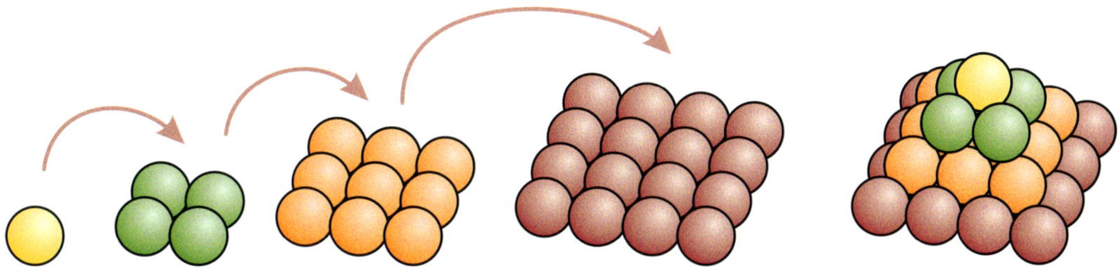

**1** a) Berechne, wie viele Kugeln du benötigst, um die oben dargestellte Pyramide zu bauen.
b) Bestimme, wie viele Kugeln dazu kommen müssten, um eine Pyramide mit 5 „Kugelebenen“ zu bauen.
c) Bestimme auch die Anzahl weiterer, jeweils hinzukommender Kugeln, bis zur 10. Ebene der Pyramide.
d) Gib an, für welche Ebene du 169 Kugeln benötigst.

**2** Bestimme die Seitenlänge des Quadrates und zeichne es dann in dein Heft.

**3** Zeichne die Rechtecke und die dazu flächeninhaltsgleichen Quadrate in dein Heft.

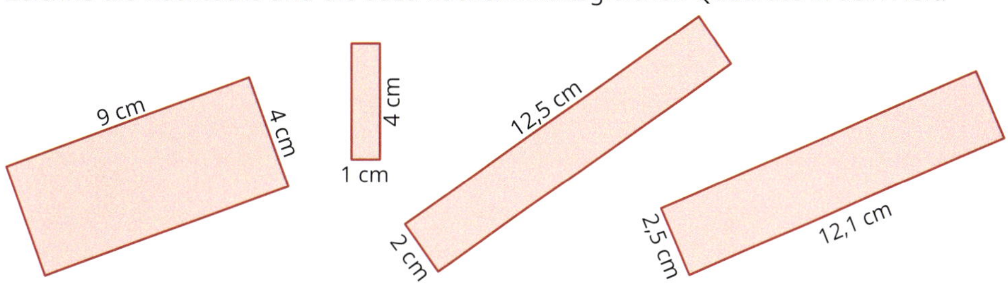


**4** Auf dem Ziffernblatt dieser besonderen Uhr sind die wichtigsten Ziffern als Quadratwurzeln dargestellt.

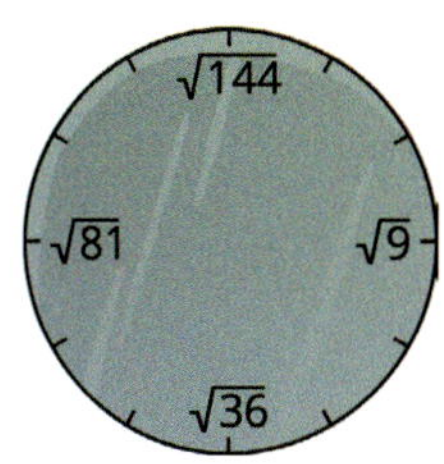


a) Ergänze die restlichen Ziffern einer Uhr ebenfalls mit den zugehörigen Wurzeln. Schreibe sie in Tabellenform in dein Heft.
b) Vervollständige den Merktext und schreibe ihn in dein Heft:

*Um die Quadratwurzel einer ______ (lahZ) zu bestimmen, musst du herausfinden, welche Zahl mit sich selbst ______ (luptilimreizt) die Zahl unter dem ______ (Wriuchezelzen) ergibt.*
*Das Wurzelziehen ist also der ______ (umegtrehke) Rechenvorgang zum Quadrieren einer ______ (lahZ).*
*Hilfreich hierbei ist es, wenn du dich gut mit ______ (draQuatlahzen) auskennst.*

Die **Quadratwurzel** (kurz Wurzel) aus einer positiven Zahl a ist diejenige positive Zahl, die mit sich selbst multipliziert die Zahl a ergibt. Das **Wurzelziehen** ist also die **Umkehrung des Quadrierens**.

Quadrieren

$\sqrt{49} = 7$ denn $7^2 = 49$

Wurzelziehen

Digital+
WES-188264-413

- $\sqrt{121} = 11$ denn $11^2 = 121$
- $\sqrt{0{,}25} = 0{,}5$ denn $0{,}5^2 = 0{,}25$
- $\sqrt{3} \approx 1{,}73$ denn $1{,}73^2 \approx 3$

**5** Bestimme die folgenden Wurzeln. Die Ergebnisse sind ganzzahlig.
Begründe wie im Beispiel: $\sqrt{100} = 10$, denn $10^2 = 100$
**a)** $\sqrt{121}$ **b)** $\sqrt{81}$ **c)** $\sqrt{16}$ **d)** $\sqrt{196}$ **e)** $\sqrt{144}$ **f)** $\sqrt{225}$ **g)** $\sqrt{324}$ **h)** $\sqrt{400}$

**6** Ergänze die Zahl unter dem Wurzelzeichen. Rechne im Kopf.
**a)** $\sqrt{\square} = 9$ **b)** $\sqrt{\square} = 13$ **c)** $\sqrt{\square} = 17$ **d)** $\sqrt{\square} = 30$ **e)** $\sqrt{\square} = 1\,000$

**7** Berechne, zwischen welchen natürlichen Zahlen die Wurzel liegt. Rechne im Kopf. Überschlage wie im Beispiel.
**a)** $\sqrt{5}$ **b)** $\sqrt{10}$ **c)** $\sqrt{20}$ **d)** $\sqrt{40}$ **e)** $\sqrt{50}$
**f)** $\sqrt{80}$ **g)** $\sqrt{150}$ **h)** $\sqrt{200}$ **i)** $\sqrt{250}$ **j)** $\sqrt{399}$

$8 < \sqrt{70} < 9$, da
$8^2 < 70$ und $70 < 9^2$

**8** Finde heraus, wie du mit dem Taschenrechner die Wurzeln berechnest. Runde dein Ergebnis auf Hundertstel.
**a)** $\sqrt{5}$ **b)** $\sqrt{111}$ **c)** $\sqrt{12}$ **d)** $\sqrt{3}$ **e)** $\sqrt{7}$ **f)** $\sqrt{44}$

$\sqrt{2} = 1{,}414213562...$
$\approx 1{,}41$

**9** **a)** Berechne nur die Wurzeln, die sich im Kopf lösen lassen. Ein Überschlag kann dir helfen. Rechne Zeile für Zeile von links nach rechts, dann erhältst du ein Lösungswort.
**b)** Bestimme die restlichen Wurzeln der Aufgabe mit dem Taschenrechner. Runde auf zwei Nachkommastellen.

| | | | | | | | | | | | |
|---|---|---|---|---|---|---|---|---|---|---|---|
| F | $\sqrt{2\,500}$ | G | $\sqrt{250}$ | E | $\sqrt{25}$ | E | $\sqrt{2{,}5}$ | R | $\sqrt{90}$ | U | $\sqrt{900}$ |
| E | $\sqrt{16}$ | M | $\sqrt{1{,}6}$ | A | $\sqrt{160}$ | R | $\sqrt{1\,600}$ | S | $\sqrt{100}$ | N | $\sqrt{1\,000}$ |
| T | $\sqrt{10\,000}$ | E | $\sqrt{0{,}1}$ | E | $\sqrt{64}$ | N | $\sqrt{640}$ | I | $\sqrt{6\,400}$ | N | $\sqrt{640\,000}$ |

**10** Berechne aus der Oberfläche die Kantenlänge des Würfels.
**a)** $O = 216\ cm^2$ **b)** $O = 150\ cm^2$ **c)** $O = 121{,}5\ cm^2$ **d)** $O = 1\,734\ cm^2$

**11** Die Figuren sind aus flächeninhaltsgleichen Quadraten zusammengesetzt. Bestimme die Kantenlänge des Quadrates und den Umfang der Figur.

**a)**
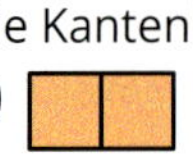
$A = 72\ cm^2$

**b)**
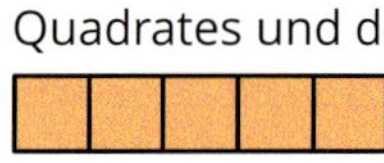
$A = 1125\ cm^2$

**c)**
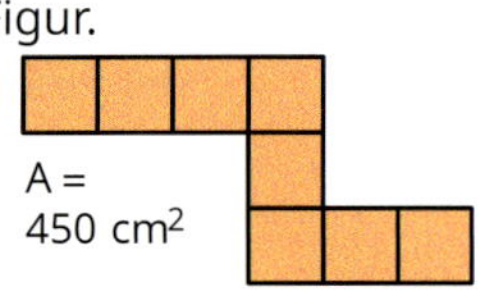
$A = 450\ cm^2$

**12** Ein Quadrat hat den Flächeninhalt $A = 70{,}56\ cm^2$. Berechne seinen Umfang.

**13** Für welche Zehnerpotenzen lässt sich die Quadratwurzel im Kopf bestimmen? Formuliere eine Regel und erkläre sie deiner Klasse.

# Vermischte Aufgaben

**1** Schreibe diese Zahlen in Potenzschreibweise. Es gibt mehrere Möglichkeiten.

**a)** 16 **b)** 64 **c)** 10 000 **d)** 625 **e)** 81 **f)** 256 **g)** 1 000 000

**2** Der Bremsweg eines Autos lässt sich mit der rechts angegebenen Faustregel berechnen. Dabei ist s der Bremsweg in m und v die Geschwindigkeit in $\frac{km}{h}$.

Faustregel für den Bremsweg
$s = \left(\frac{v}{10}\right)^2$

**a)** Bestimme mit Hilfe der Faustregel den Bremsweg s in Metern bei folgenden Geschwindigkeiten:

Ⓐ 30 $\frac{km}{h}$ Ⓑ 50 $\frac{km}{h}$ Ⓒ 100 $\frac{km}{h}$ Ⓓ 200 $\frac{km}{h}$

Ⓔ 40 $\frac{km}{h}$ Ⓕ 70 $\frac{km}{h}$ Ⓖ 130 $\frac{km}{h}$ Ⓗ 300 $\frac{km}{h}$

**b** Berechne, wie sich der Bremsweg verändert, wenn sich die Geschwindigkeit verdoppelt. Findest du eine Regel?

**c** Entwickle eine Faustregel, mit der du bei gegebenem Bremsweg s die Geschwindigkeit v ermitteln kannst. Forme dazu die Gleichung $s = \left(\frac{v}{10}\right)^2$ nach v um.

Berechne dann für folgende Werte die Geschwindigkeit v in $\frac{km}{h}$. Runde auf ganze Zahlen.

Ⓐ s = 10 m Ⓑ s = 25 m Ⓒ s = 50 m Ⓓ s = 80 m Ⓔ a = 200 m Ⓕ s = 400 m

**3** Berechne den Potenzwert im Kopf und schreibe ihn in dein Heft.

| | | | | | | |
|---|---|---|---|---|---|---|
| **a)** $2^4$ | **b)** $3^3$ | **c)** $11^2$ | **d)** $100^2$ | **e)** $15^2$ | **f)** $19^2$ | **g)** $80^2$ |
| **h)** $2^6$ | **i)** $5^3$ | **j)** $10^4$ | **k)** $1\,000^2$ | **l)** $14^2$ | **m)** $18^2$ | **n)** $70^2$ |
| **o)** $25^2$ | **p)** $120^2$ | **q)** $7^2$ | **r)** $20^3$ | **s)** $500^2$ | **t)** $1^3$ | **u)** $6^3$ |

**4** Schreibe diese Zahlen in Potenzschreibweise. Es gibt mehrere Möglichkeiten.

**a)** 1 024 **b)** 1 296 **c)** 100 000 000 **d)** 4 096 **e)** 729 **f)** 15 625

**5** **Partnerarbeit:** Welche Wurzeln lassen sich im Kopf berechnen, welche nicht? Formuliert eine Regel und erklärt euer Ergebnis der Klasse.

**a)** $\sqrt{9}$, $\sqrt{90}$, $\sqrt{900}$, $\sqrt{9\,000}$, $\sqrt{90\,000}$ … **b)** $\sqrt{10}$, $\sqrt{100}$, $\sqrt{1\,000}$, $\sqrt{10\,000}$ …

**6** Inka hat mit dem Taschenrechner Wurzeln berechnet. Zeige durch Schätzen, dass das Ergebnis nicht stimmen kann. Beschreibe die Fehler, die Inka gemacht hat.

**a)** $\sqrt{15}$ [7,5] **b)** $\sqrt{250}$ [50] **c)** $\sqrt{125}$ [12,3288280 1]

Vorsilben bei kleinen Maßen

| | | |
|---|---|---|
| milli | m | $10^{-3}$ |
| mikro | µ | $10^{-6}$ |
| nano | n | $10^{-9}$ |
| pico | p | $10^{-12}$ |

**7** Bei Immissionsmessungen an Feuerstätten interessiert die auszubildende Schornsteinfegerin Esra auch die Konzentration an Staubpartikeln in den Abgasen der Heizung. Staubpartikel werden in Feinstaub $PM_{10}$ (Teilchengröße bis 10 µm), Feinststaub $PM_{2,5}$ (bis 250 nm) und Ultrafeinststaub (bis 100 nm) eingeteilt.

**a)** Gib die Angaben in Standardschreibweise und als Dezimalzahl in der Einheit Meter an.

**b)** Vergleiche die Angaben mit einem Stecknadelkopf mit einem Durchmesser von 3 mm.

# Kubikwurzeln

$1\ dm^3 = 1\ \ell$
$1\ dm^3 = 1\,000\ cm^3$

**1** **Löst in Partnerarbeit.**
**a)** Wie lang wäre die Würfelkante bei 8 Liter Volumen?
**b)** Findet noch andere Maßzahlen für das Volumen, bei denen ihr die Länge der Würfelkante einfach bestimmen könnt.
**c)** Bestimmt die Würfelkante für 2 Liter Volumen auf Millimeter genau.

*Kubik ist abgeleitet von Kubus, dem lateinischen Wort für Würfel.*

Die **Kubikwurzel** (auch **3. Wurzel** genannt) aus einer positiven Zahl a ist diejenige positive Zahl, die dreimal mit sich selbst multipliziert die Zahl a ergibt.
Das **Ziehen der 3. Wurzel** ist also die **Umkehrung des Potenzierens mit 3**.

hoch³
$\sqrt[3]{8} = 2$ denn $2^3 = 8$
3. Wurzel

Lies: „3. Wurzel von 8"

- $\sqrt[3]{27} = 3$ denn $3^3 = 27$
- $\sqrt[3]{0{,}008} = 0{,}2$ denn $0{,}2^3 = 0{,}008$
- $\sqrt[3]{3{,}375} = 1{,}5$ denn $1{,}5^3 = 3{,}375$
- $\sqrt[3]{42{,}875} = 3{,}5$ denn $3{,}5^3 = 42{,}875$

Kubikzahlen rechnest du so aus:
$3^3 = 3 \cdot 3 \cdot 3 = 27$

**2** Berechne ohne Taschenrechner für die Zahlen 1 bis 8 die zugehörigen Kubikzahlen.

**3** Berechne ohne Taschenrechner. Schreibe mit Begründung: $\sqrt[3]{8} = 2$, denn $2^3 = 2 \cdot 2 \cdot 2 = 8$
**a)** $\sqrt[3]{64}$ **b)** $\sqrt[3]{125}$ **c)** $\sqrt[3]{1\,000}$ **d)** $\sqrt[3]{\frac{1}{125}}$ **e)** $\sqrt[3]{\frac{27}{64}}$ **f)** $\sqrt[3]{0{,}027}$

Einige Taschenrechner verwenden das Symbol $\sqrt[3]{\ }$

**4** Finde heraus, wie du mit deinem Taschenrechner die dritte Wurzel berechnest. Berechne dann die Kubikwurzel. Runde auf zwei Stellen nach dem Komma.
**a)** $\sqrt[3]{10}$ **b)** $\sqrt[3]{2\,168}$ **c)** $\sqrt[3]{25{,}79}$ **d)** $\sqrt[3]{9{,}46}$ **e)** $\sqrt[3]{\frac{1}{2}}$ **f)** $\sqrt[3]{0{,}8}$

**5** Berechne aus dem Volumen die Kantenlänge des Würfels.
**a)** $V = 4\,096\ cm^3$ **b)** $V = 2\,197\ cm^3$
**c)** $V = 1\,331\ m^3$ **d)** $V = 1\,728\ m^3$

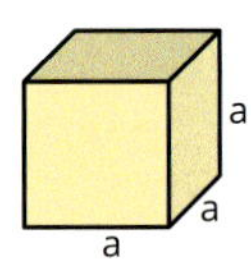


$V = a^3$

**6** Berechne aus dem Volumen die Oberfläche des Würfels in cm².
**a)** $V = 1\,728\ cm^3$ **b)** $V = 8\ \ell$ **c)** $V = 0{,}027\ m^3$

$O = 6 \cdot a^2$

**7** Der Aletschgletscher ist der längste Gletscher in den Alpen. Im Jahr 2002 war er 23,6 km lang und bestand aus 27 Mrd. Tonnen Eis. Die Dichte von Eis ist $0{,}92\ \frac{g}{cm^3}$.
**a)** Bestimme die Kantenlänge eines Eiswürfels, der die gleiche Masse wie der Aletschgletscher 2002 hatte.
**b)** Recherchiere im Internet die Ausdehnung des Gletschers heute.

# Rationale Zahlen

*$\mathbb{Q}$ ist das mathematische Zeichen für die Menge der rationalen Zahlen.*

**1** Magnus hat zum Geburtstag ein seltsames Spiel geschenkt bekommen. Es heißt „Paare in $\mathbb{Q}$". Magnus weiß noch nicht, wie man es spielt. Rechts siehst du alle aufgedeckten Spielkarten. Wie funktioniert dieses Spiel?

| | | | |
|---|---|---|---|
| $\frac{1}{4}$ | 0,25 | $\frac{1}{6}$ | 0,2 |
| $\frac{1}{2}$ | $\frac{1}{3}$ | 0,125 | $\frac{1}{9}$ |
| $0,1\overline{6}$ | $0,\overline{1}$ | $\frac{1}{5}$ | $0,\overline{3}$ |
| $\frac{1}{7}$ | 0,5 | $0,\overline{142857}$ | $\frac{1}{8}$ |

**a)** Erkläre Magnus schriftlich anhand der Beispiele auf den Spielkarten, wie er Brüche in Dezimalzahlen umwandeln kann. Bilde anschließend alle Paare, indem du die passenden Zahlen mit einem Gleichheitszeichen aufschreibst.

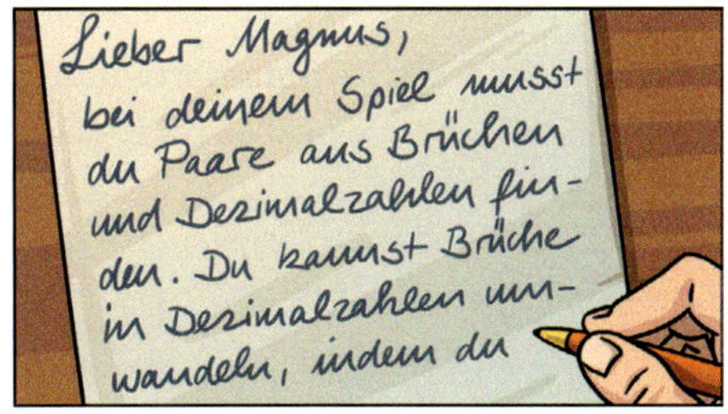


**b)** Erfinde weitere Spielkarten mit Paaren aus Dezimalzahlen und Brüchen, mit denen Magnus sein Spiel erweitern kann.

*Es gibt Dezimalzahlen mit einer Periode, die nicht sofort hinter dem Komma beginnt. Solche Zahlen heißen gemischt periodisch.*

**c)** Übertrage die folgende Tabelle in dein Heft und sortiere alle Zahlen auf den blauen Spielkarten ein.

| abbrechende Dezimalzahlen | periodische Dezimalzahlen | gemischt periodische Dezimalzahlen |
|---|---|---|
| 0,25 | $0,\overline{3}$ | $0,1\overline{6}$ |
| | | |

**d)** Erkläre Magnus, wie er abbrechende Dezimalzahlen in Brüche umwandeln kann.

Erinnerung:
$1 = \frac{1}{1}$ $\quad 0,1 = \frac{1}{10}$

Eine Zahl heißt **rational**, wenn sie sich als Bruch $\frac{a}{b}$ mit den Zahlen a, b aus der Menge $\mathbb{Z}$ der ganzen Zahlen schreiben lässt. Der Wert von b darf hierbei nicht 0 sein.

$0,25 = \frac{1}{4}$ $\quad 1,38 = \frac{138}{100} \left(= \frac{69}{50}\right)$ $\quad 0,\overline{1} = \frac{1}{9}$ $\quad 0,\overline{3} = \frac{1}{3}$ $\quad 0,0\overline{1} = \frac{1}{90}$

**2** Erkläre folgende Aussage mit Beispielen: „Jede ganze Zahl ist rational".

**3** Erkläre folgende Aussage mit Beispielen: „Jede abbrechende Dezimalzahl ist rational".

**4** **Gruppenarbeit:**

**a)** Warum kann man die gemischt periodische Dezimalzahl $3,5\overline{61}$ als Bruch $\frac{a}{b}$ mit ganzen Zahlen a und b schreiben? Erklärt die Herleitung der Gruppe Sevkan aus der Klasse 9a.

**b)** Schreibt auch die folgenden gemischt periodischen Dezimalzahlen als Brüche $\frac{a}{b}$ mit ganzen Zahlen für a und b. Stellt eure Ergebnisse in der Klasse vor.

① $0,4\overline{5}$ ② $14,2\overline{8}$ ③ $0,3\overline{34}$
④ $6,2\overline{13}$ ⑤ $0,4\overline{85}$ ⑥ $0,5\overline{641}$

*Gruppe Sevkan*

$100x = 356,1\overline{61}$
$x = 3,5\overline{61}$ } −

$99x = 352,6 \quad | \cdot 10$
$990x = 3526 \quad | : 990$
$x = \frac{3526}{990}$

# Reelle Zahlen

**1** **Gruppenarbeit:** Erklärt die Aussagen A, B und C für die Zahlen a und b aus der Menge $\mathbb{Z}$ der ganzen Zahlen. Setzt ganze Zahlen ein und überprüft so die Aussagen.

A: Wenn $a^2$ gerade ist, muss auch a eine gerade Zahl sein, da alle Quadrate von ungeraden Zahlen ungerade sind.

B: Wenn a eine gerade Zahl ist, ist $a^2$ durch 4 teilbar.

C: Wenn $2b^2$ durch 4 teilbar ist, dann ist b gerade.

**2** **Gruppenarbeit:** Ist die Zahl $\sqrt{2}$ rational? Giacomo und Janis glauben das nicht. Sie haben eine Idee und notieren Argumente. Übertragt den Beweis in eure Hefte und füllt die Lücken.

Nutzt eure Erkenntnisse aus Aufgabe 1.

*Nehmen wir an, $\sqrt{2}$ wäre eine rationale Zahl. Dann gäbe es einen Bruch $\frac{a}{b}$ mit den teilerfremden ganzen Zahlen a und b, für den gilt:*

$\sqrt{2} = \frac{a}{b}$ | beide Seiten werden quadriert

$(\sqrt{2})^2 = \left(\frac{a}{b}\right)^2$

$2 = \frac{a^2}{b^2}$ $\quad | \cdot b^2$

$2b^2 = a^2$

*$a^2$ ist eine ______ Zahl.*
*Also ist auch a ______.*
*Da a eine gerade Zahl ist, ist $a^2$ sogar durch ___ teilbar.*
*Auch $2b^2$ ist dann durch ___ teilbar.*
*Damit ist $b^2$ ______.*
*Und b ist auch ______.*
*Das ist ein Widerspruch zur Annahme, dass es einen Bruch $\frac{a}{b}$ mit den teilerfremden ganzen Zahlen a und b gibt.*
*Die Aussage „$\sqrt{2}$ ist rational" ist also falsch.*
*$\sqrt{2}$ ist eine irrationale ______!*

Eine Zahl heißt **irrational**, wenn sie sich **nicht** als Bruch $\frac{a}{b}$ mit den teilerfremden Zahlen a, b aus der Menge $\mathbb{Z}$ der ganzen Zahlen schreiben lässt (mit $b \neq 0$).
Irrationale Zahlen sind nicht abbrechende, nicht periodische Dezimalzahlen.

Die Menge $\mathbb{Q}$ der rationalen Zahlen und die Menge der irrationalen Zahlen bilden zusammen **die Menge $\mathbb{R}$ der reellen Zahlen**.

Rationale Zahlen: 3,5; $\frac{1}{2}$; 3,333... = $3,\overline{3}$; ... Irrationale Zahlen: $\sqrt{2}$; $\sqrt{3}$; $\sqrt[3]{10}$; π; ...

Reelle Zahlen

**Digital+**
WES-188264-414

**3** **Partnerarbeit:** Ist die Zahl rational oder irrational? Begründet.

**a)** 3,017017017... **b)** 3,017001700017000017... **c)** $\sqrt{2{,}25}$ **d)** $\sqrt{9}$ **e)** $\sqrt{3}$

**Potenz**
Ein Produkt aus gleichen Faktoren kann man als Potenz schreiben:

$3^4 = 3 \cdot 3 \cdot 3 \cdot 3 = 81$

Potenz – 4-mal der Faktor 3 – Potenzwert

$3^4$ ← Exponent (4), Basis (3)

1 Schreibe als Potenz.
a) $7 \cdot 7 \cdot 7 \cdot 7$ b) $5 \cdot 5 \cdot 5 \cdot 5 \cdot 5$ c) $20 \cdot 20 \cdot 20$

2 Schreibe als Produkt und berechne im Kopf.
a) $3^4$ b) $4^3$ c) $2^5$ d) $25^2$

3 Bestimme den Flächeninhalt eines Quadrates mit der Kantenlänge a. Rechne im Kopf.
a) a = 16 cm b) a = 19 dm

**Zehnerpotenzen**
Ein positiver Exponent gibt die Anzahl der Nullen hinter der 1 an, ein negativer die Anzahl der Nullen vor der 1.
$10^4 = 10\,000$ (4 Nullen hinter der 1)
$10^{-4} = 0{,}0001$ (4 Nullen vor der 1)
**Standardschreibweise** für große und kleine Zahlen: Der erste Faktor ist eine Zahl zwischen 1 und 10, der zweite Faktor ist eine Zehnerpotenz.

$43\,000\,000 = 4{,}3 \cdot 10^7$
Komma um 7 Stellen nach links
$0{,}000027 = 2{,}7 \cdot 10^{-5}$
Komma um 5 Stellen nach rechts

4 Schreibe als Zehnerpotenz.
a) 10 000 b) 100 000 000 c) 10 Mio.

5 Das Licht legt in einer Sekunde 300 Mio. Meter zurück. Notiere in Standardschreibweise.

6 Schreibe als Bruch und als Dezimalzahl.
a) $10^{-4}$ b) $10^{-5}$ c) $10^{-1}$ d) $10^{-8}$

7 Spezielles Dünndruckpapier ist einen fünfhundertstel Millimeter dick.
a) Schreibe in der Standardschreibweise.
b) Wie viele Blätter übereinander sind 1 cm hoch?

Die **Quadratwurzel** aus einer positiven Zahl a ist diejenige positive Zahl, die mit sich selbst multipliziert die Zahl a ergibt.

$\sqrt{121} = 11$, denn $11^2 = 121$

Die **Kubikwurzel** (auch 3. Wurzel genannt) aus einer positiven Zahl a ist diejenige positive Zahl, die dreimal mit sich selbst multipliziert die Zahl a ergibt.

$\sqrt[3]{1\,000} = 10$, denn $10^3 = 1\,000$

8 Berechne die Quadratwurzel im Kopf.
a) $\sqrt{121}$ b) $\sqrt{81}$ c) $\sqrt{144}$ d) $\sqrt{169}$

9 Berechne die Kubikwurzel im Kopf.
a) $\sqrt[3]{1\,000}$ b) $\sqrt[3]{125}$ c) $\sqrt[3]{8}$ d) $\sqrt[3]{64}$

10 Berechne die Seitenlänge des Quadrats. Runde.
a) $A = 1\,446\ cm^2$ b) $A = 82{,}5\ m^2$

11 Berechne die Kantenlänge des Würfels. Runde.
a) $V = 1\,500\ cm^3$ b) $V = 0{,}5\ m^3$

**Rationale Zahlen** (Menge $\mathbb{Q}$) können als Bruch $\frac{a}{b}$ geschrieben werden ($b \neq 0$).
**Irrationale Zahlen** können nicht als Bruch geschrieben werden.
**Reelle Zahlen** (Menge $\mathbb{R}$) sind alle rationalen und irrationalen Zahlen zusammen.

12 Rational oder irrational? Begründe.
a) $\sqrt{6}$ b) $\sqrt{121}$ c) $\sqrt{10^5}$ d) $\sqrt{1}$

13 Schreibe die Zahl als Bruch, wenn sie rational ist.
a) 4,75 b) $0{,}\overline{3}$ c) $\sqrt{6{,}9169}$

1 Schreibe das Produkt als Potenz und berechne den Potenzwert im Kopf
a) $2 \cdot 2 \cdot 2 \cdot 2 \cdot 2 \cdot 2$ b) $3 \cdot 3 \cdot 3 \cdot 3$ c) $40 \cdot 40$ d) $10 \cdot 10 \cdot 10 \cdot 10$ e) $5 \cdot 5 \cdot 5$

2 Berechne den Potenzwert im Kopf.
a) $11^2$ b) $15^2$ c) $2^7$ d) $50^2$ e) $4^3$ f) $10^3$ g) $300^2$ h) $6^3$ i) $18^2$ j) $10^6$

3 Notiere als Zehnerpotenz: a) 1 Million b) zehntausend c) 1 Milliarde

4 Notiere in der Standardschreibweise:
a) 3 000 000 000 b) 56 000 000 c) 961 000 d) 0,00004 e) 0,00376

5 Gib als Zahl ohne Potenz an: a) $10^7$ b) $8 \cdot 10^6$ c) $3{,}5 \cdot 10^{-2}$ d) $460 \cdot 10^{-4}$

6 Ein Quadrat hat einen Flächeninhalt von 144 $m^2$. Berechne die Seitenlänge und den Umfang.

7 Ein Würfel hat 125 $cm^3$ Volumen. Berechne die Kantenlänge und die Oberfläche.

8 Berechne im Kopf: a) $\sqrt{64}$ b) $\sqrt[3]{64}$ c) $\sqrt{196}$ d) $\sqrt{10\,000}$ e) $\sqrt[3]{1\,000}$

9 Die Vorderseite eines Würfels hat den Flächeninhalt 625 $cm^2$. Berechne die Kantenlänge und das Volumen des Würfels.

10 a) Gib die Differenz zwischen $10^5$ und $10^4$ an. b) Berechne, welcher Bruchteil $5^{19}$ von $5^{20}$ ist.

11 Ein Weinfass hat einen Inhalt von 2,16 hℓ.
Welche Kantenlänge hätte ein Würfel gleichen Volumens?

12 Damiano macht eine Ausbildung zum Landwirt. Er hat die Aufgabe, ein 120 $m^2$ großes, quadratisches Salatfeld einzuzäunen. So soll die Ernte vor Tieren geschützt werden. Der Platz für ein 4,5 m langes Tor soll freigelassen werden. Wie viel Meter Zaun benötigt Damiano?

13 Die Figuren setzen sich aus maßgleichen Würfeln zusammen. Bestimme die Kantenlänge eines Würfels und die Oberfläche der zusammengesetzten Figur.
a) $V = 250\ cm^3$

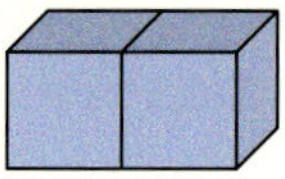

b) $V = 320\ cm^3$

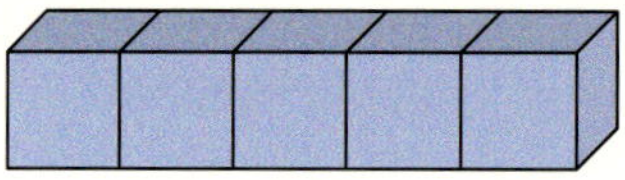

c) $V = 1\,512\ cm^3$

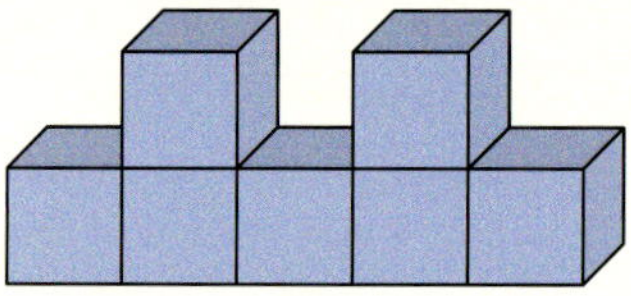

14 Wein wird auch in quaderförmigen Kartons mit 5 ℓ Inhalt verkauft.
Welche Maße hat ein 20 cm hoher Karton mit quadratischer Grundfläche? Runde auf Millimeter.

15 Ein Würfel hat bezüglich der Oberfläche und des Volumens dieselben Maßzahlen. Nur die Maßeinheiten sind unterschiedlich, nämlich $m^2$ und $m^3$. Bestimme die Kantenlänge.

# Satz des Pythagoras 5

## In diesem Kapitel lernst du, …

… was der Satz des Pythagoras aussagt,
… wie du mit dem Satz des Pythagoras in einem rechtwinkligen Dreieck bei zwei gegebenen Seitenlängen die dritte Seitenlänge berechnen kannst,
… wie du den Satz des Pythagoras in Anwendungsaufgaben nutzen kannst,
… wie du rechnerisch überprüfen kannst, ob ein Dreieck rechtwinklig ist.

# Löse die folgenden Aufgaben und schätze dich ein.

**1** Übertrage das Dreieck in dein Heft und zeichne die Höhe zur rot gekennzeichneten Seite ein.

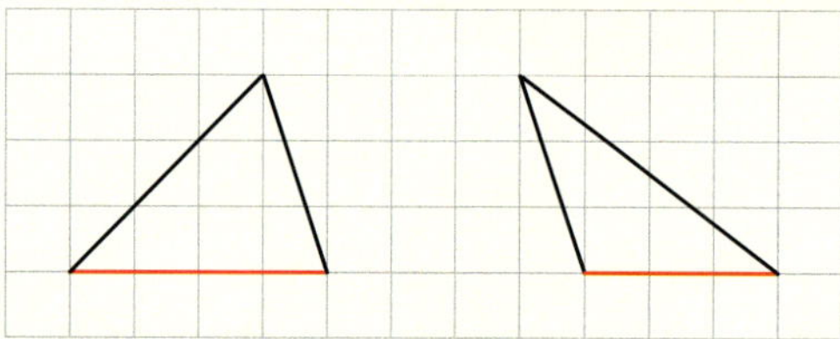

Ich kann Höhen in Dreiecke einzeichnen.

Das kann ich gut. ☺ | Ich bin noch unsicher. → S. 199, A 1–2

**2** Berechne im Kopf.

**a)** $5^2$ **b)** $7^2$ **c)** $12^2$ **d)** $9^2$ **e)** $20^2$

**f)** $\sqrt{36}$ **g)** $\sqrt{64}$ **h)** $\sqrt{121}$ **i)** $\sqrt{144}$ **j)** $\sqrt{225}$

Ich kann Quadratzahlen und Quadratwurzeln des großen Einmaleins im Kopf berechnen.

Das kann ich gut. ☺ | Ich bin noch unsicher. → S. 200, A 1–3

**3** Berechne den Flächeninhalt.

**a)**

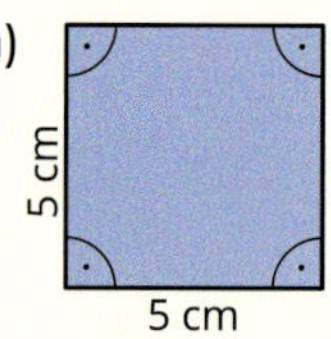


**b)**

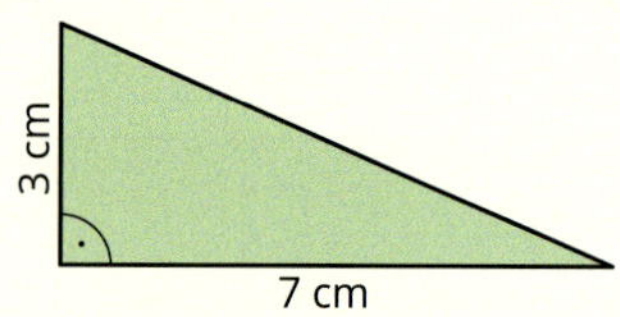


Ich kann den Flächeninhalt von Quadraten und rechtwinkligen Dreiecken berechnen.

Das kann ich gut. ☺ | Ich bin noch unsicher. → S. 200, A 4–5
→ S. 201, A 1–2

**4** Trage die Punkte B(3|−1) und C(−2|3) in ein Koordinatensystem ein. Verbinde die beiden Punkte miteinander.
Für welchen dieser drei Punkte ist das Dreieck ABC rechtwinklig?

$A_1(6|3)$ $A_2(2{,}5|3{,}5)$ $A_3(1{,}5|3{,}5)$

Ich kann Dreiecke durch Messen auf Rechtwinkligkeit überprüfen.

Das kann ich gut. ☺ | Ich bin noch unsicher. → S. 202, A 1–2

**5** Bestimme die Seitenlänge des abgebildeten Quadrats.

**a)**

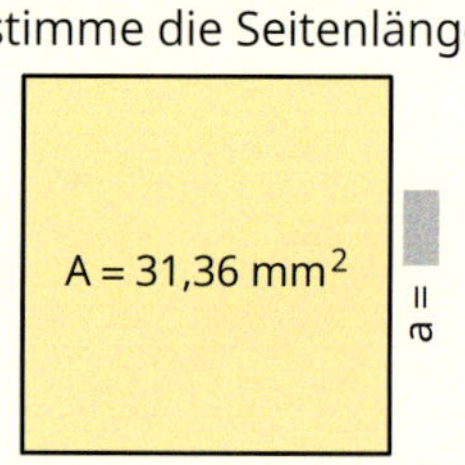


**b)**

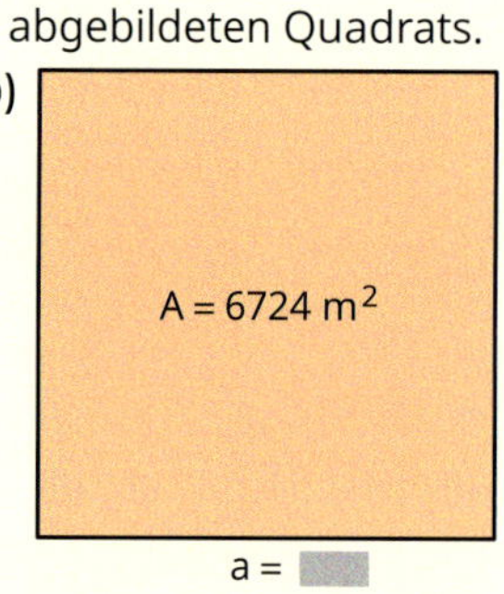


Ich kann die Seitenlänge von Quadraten bei vorgegebem Flächeninhalt bestimmen.

Das kann ich gut. ☺ | Ich bin noch unsicher. → S. 208, A 3–4

# Rechtwinklige Dreiecke

**1** **Partnerarbeit:**

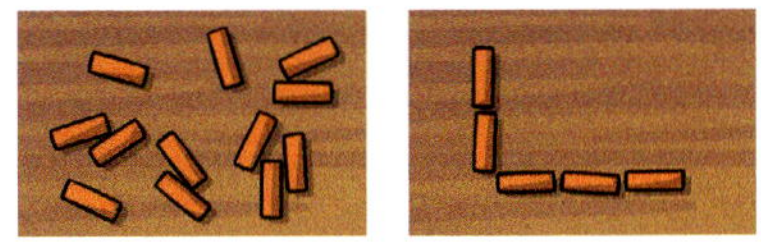

**a)** Zerschneidet einen Strohhalm in zwölf gleich große Teile.

**b)** Legt mit *allen* zwölf Teilen ein rechtwinkliges Dreieck. Bestimmt die Anzahl der einzelnen Strohhalmteile der Dreiecksseiten.

**c)** Messt alle drei Seiten aus und zeichnet das rechtwinklige Dreieck ins Heft.

**d)** Markiert die Seite rot, die dem rechten Winkel gegenüberliegt. Markiert die Seiten blau, die den rechten Winkel einschließen.

In einem rechtwinkligen Dreieck heißt die Seite, die dem rechten Winkel gegenüberliegt, Hypotenuse. Sie ist die längste Seite im rechtwinkligen Dreieck. Die Seiten, die den rechten Winkel einschließen, heißen Katheten.

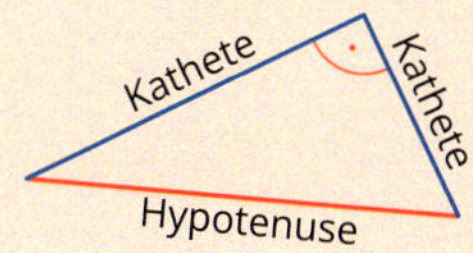


Gib in dem rechtwinkligen Dreieck die Hypotenuse und die Katheten an.

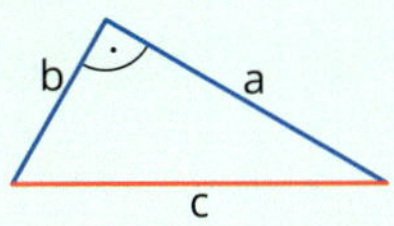


Die Hypotenuse ist die Strecke c, die Katheten sind die Strecken a und b.

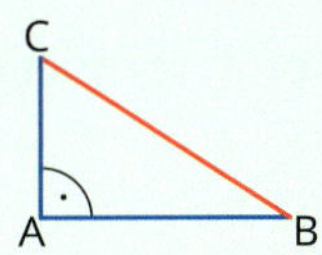


Die Hypotenuse ist die Strecke $\overline{BC}$, die Katheten sind die Strecken $\overline{AB}$ und $\overline{AC}$.

**2** Gib die Hypotenuse und die Katheten an.

**a)**
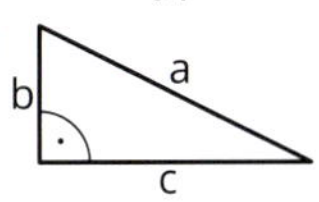


**b)**
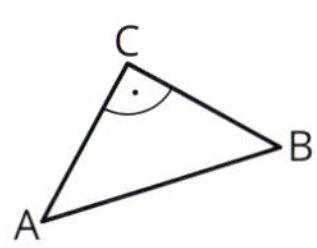


**c)**
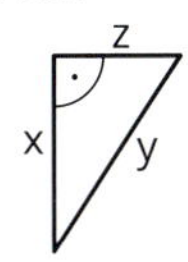


**d)**
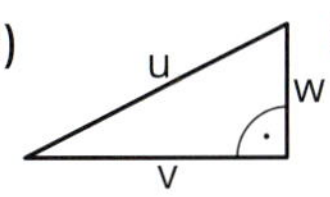


**e)**
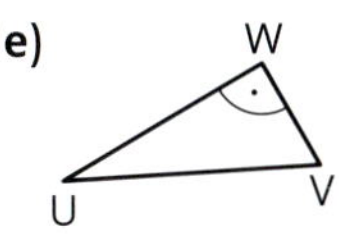


**3** Zeichne das Dreieck in ein Koordinatensystem. Zeichne den rechten Winkel ein. Markiere die Hypotenuse rot und die Katheten blau.

**a)** A(2|1) B(5|1) C(5|3)

**b)** X(1|3) Y(1|7) Z(−2|7)

**c)** G(−3|−2) H(−3|−6) I(5|−6)

**d)** U(3|4) V(9|4) W(6|7)

**4** Leon hat die Dreiecke beschriftet. Es haben sich Fehler eingeschlichen. Korrigiere sie.

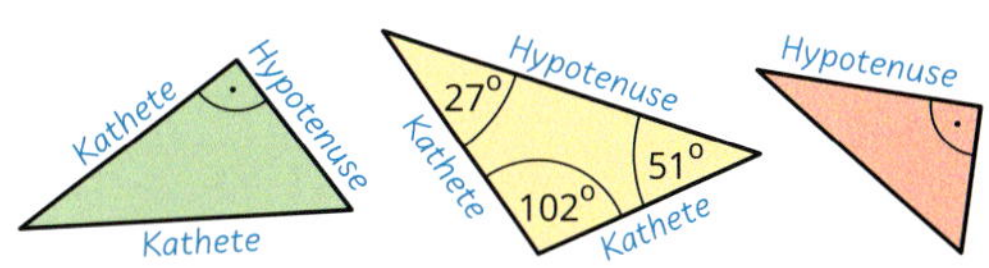


**5** Übertrage die Figuren in dein Heft.

**a)** Zeichne den rechten Winkel ein und markiere die Hypotenuse.

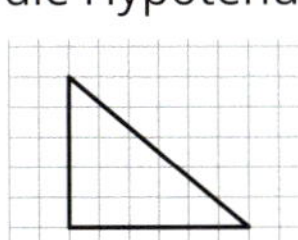

**b)** Zeichne den rechten Winkel ein und markiere die beiden Katheten.

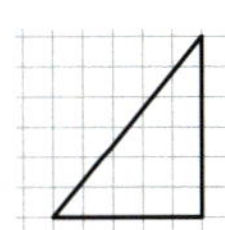

**c)** Ergänze zu einem rechtwinkligen Dreieck. Markiere die Hypotenuse.

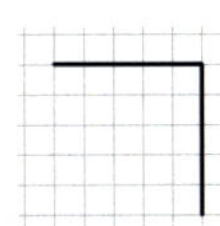

**6** Von einem rechtwinkligen Dreieck sind folgende Werte bekannt: a = 5,4 cm, b = 6,5 cm und γ = 34°. Begründe mit Hilfe einer Skizze, dass b die Hypotenuse sein muss.

# Satz des Pythagoras

**Löst alle Aufgaben in Partnerarbeit.**

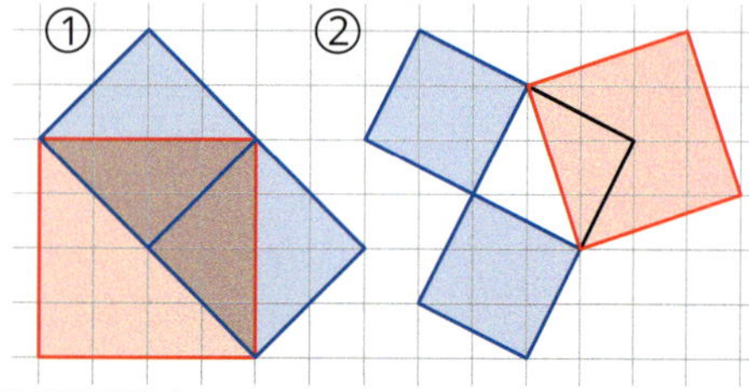


**1** **a)** Begründet für die Figuren ① und ②, dass der Flächeninhalt der blauen Quadrate zusammen genauso groß ist wie der Flächeninhalt des roten Quadrats.

**b)** Jetzt wird es kniffliger. Beschreibt euch zunächst gegenseitig möglichst genau die Figur ③. Übertragt dann die Figur auf Karopapier und begründet, dass die Beobachtung von Pia richtig ist.

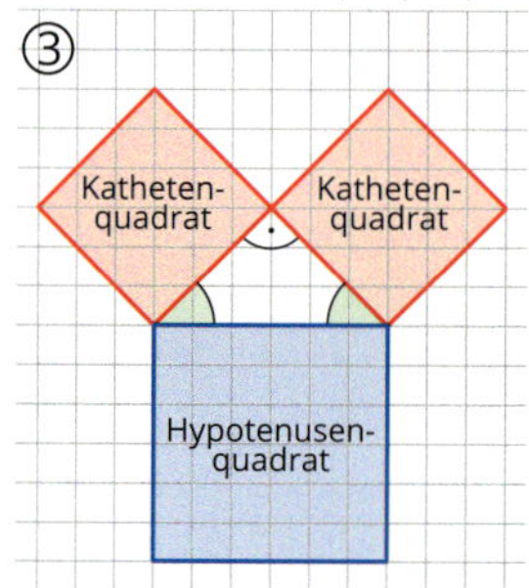


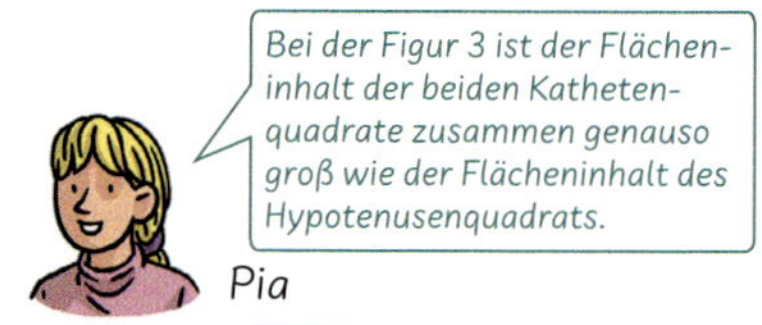

**c)** Überprüft rechnerisch die Vermutung von Omar für folgende rechtwinklige Dreiecke.

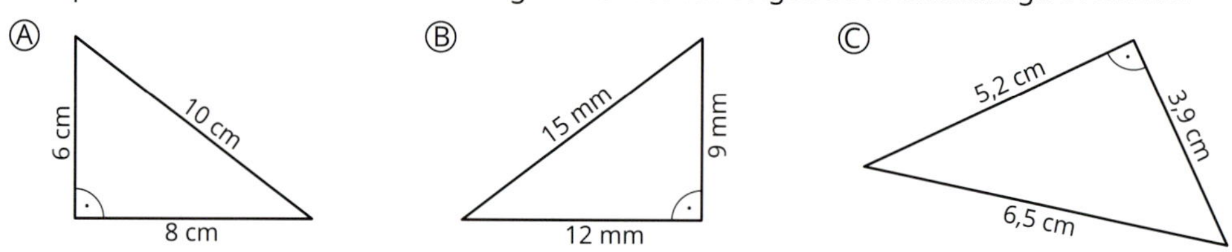


**d)** Zeichnet zwei rechtwinklige Dreiecke mit selbst gewählten Seitenlängen. Stimmt auch für diese Dreiecke die Vermutung von Omar?

**2** **a)** Übertragt die Figur auf Karopapier und schneidet die drei Quadrate und die acht Dreiecke aus.

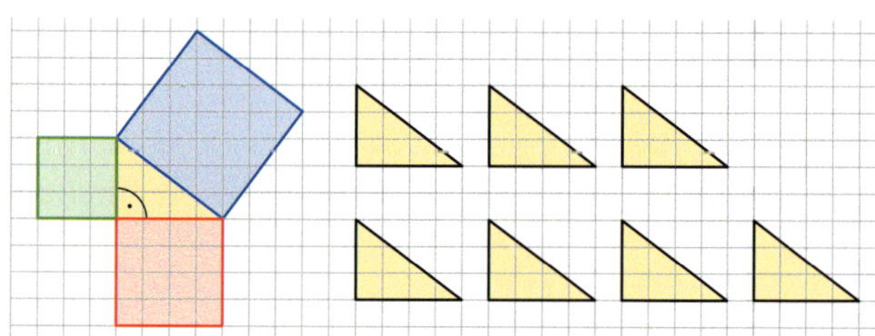

**b)**

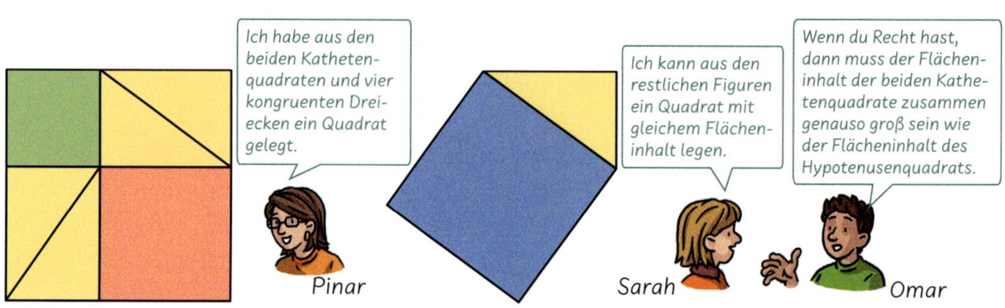


Geht wie Pinar und Sarah vor und begründet mit Hilfe von euren ausgeschnittenen Figuren, dass die Behauptung von Omar für alle rechtwinkligen Dreiecke stimmt.

**c)** Notiert mit Hilfe der Karten einen wichtigen Merksatz für rechtwinklige Dreiecke.

| | | |
|---|---|---|
| *Im rechtwinkligen Dreieck* | *der beiden Kathetenquadrate* | *ist die Summe* |
| *des Hypotenusenquadrats.* | *der Flächeninhalte* | *gleich dem Flächeninhalt* |

## Satz des Pythagoras

In jedem rechtwinkligen Dreieck ist die Summe der Flächeninhalte der beiden Kathetenquadrate gleich dem Flächeninhalt des Hypotenusenquadrats.

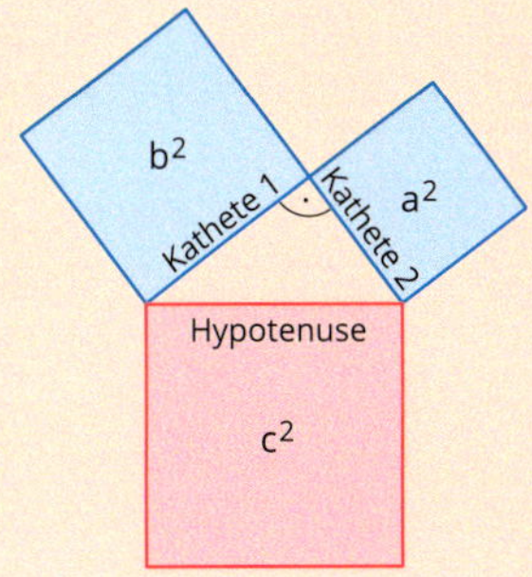


(Kathete 1)$^2$ + (Kathete 2)$^2$ = (Hypotenuse)$^2$
Für $\gamma = 90°$ gilt $a^2 + b^2 = c^2$.

Mit dem Satz des Pythagoras kannst du aus zwei Seitenlängen eines rechtwinkligen Dreiecks die Länge der dritten Seite berechnen.

Schreibe eine Gleichung auf, die nach dem Satz des Pythagoras für das rechtwinklige Dreieck gilt.
Die Hypotenuse ist die Seite x, die Katheten sind die Seiten z und y. Dann gilt nach dem Satz des Pythagoras: $y^2 + z^2 = x^2$.

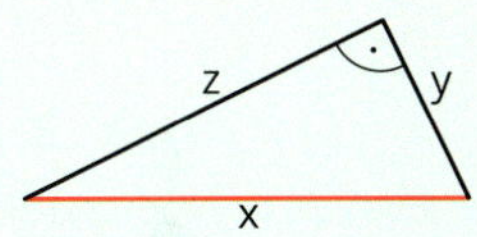


Digital+
WES-188264-511

**3** Schreibe eine Gleichung auf, die nach dem Satz des Pythagoras für das Dreieck gilt.

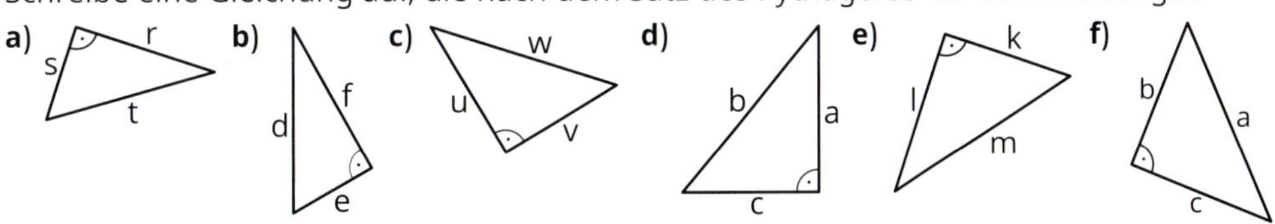


**4** Prüfe, ob im Dreieck der Satz des Pythagoras gilt. Notiere, wenn möglich, die Gleichung.

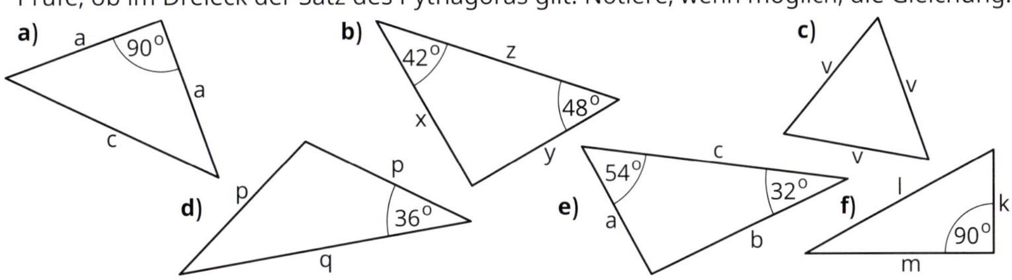


**5** **a)** Begründe, dass die Gleichung von Lena stimmt.
**b)** Zeichne ein Dreieck, in dem Toms Formel gilt.
**c)** Zeichne ein rechtwinkliges Dreieck, in dem die Gleichung $a^2 + c^2 = b^2$ gilt.

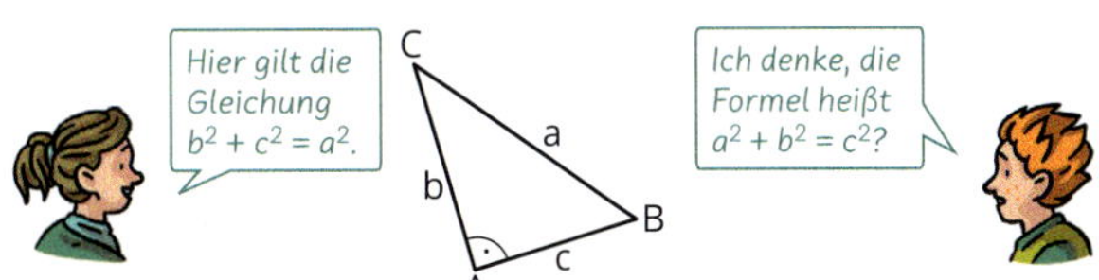


**6** Gib alle Gleichungen nach dem Satz des Pythagoras an.

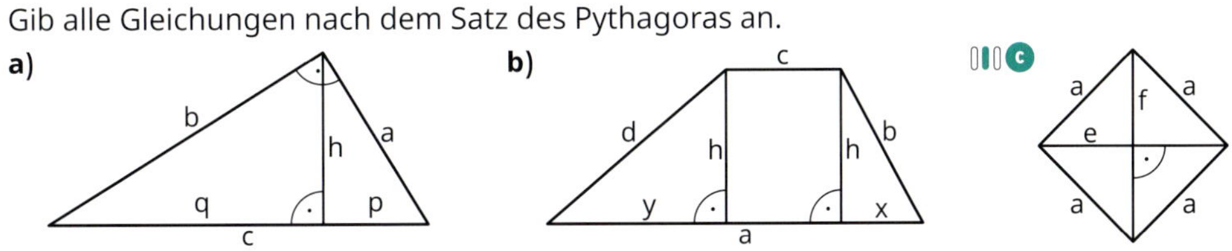

# Berechnung der Hypotenuse

Wenn du im rechtwinkligen Dreieck die Längen der beiden Katheten kennst, dann kannst du die Länge der Hypotenuse mit Hilfe des Satzes des Pythagoras berechnen.

Gegeben ist ein rechtwinkliges Dreieck mit a = 2,9 cm, b = 5,6 cm und $\gamma = 90°$.
Berechne die Länge der Hypotenuse.

① *Planfigur zeichnen*

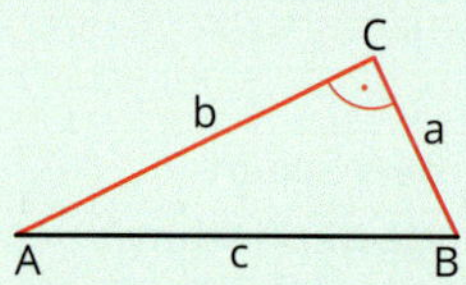


② *Hypotenuse berechnen*

$$a^2 + b^2 = c^2$$
$$2{,}9^2 + 5{,}6^2 = c^2$$
$$8{,}41 + 31{,}36 = c^2$$
$$39{,}77 = c^2 \quad | \sqrt{\ }$$
$$\mathbf{c \approx 6{,}3}$$

Die Hypotenuse c ist ungefähr 6,3 cm lang.

**1** Berechne die Länge der Hypotenuse. Fertige vorher eine Planfigur an und markiere die gegebenen Werte.

**a)** a = 7 cm, b = 4 cm, $\gamma = 90°$
**b)** a = 55 mm, b = 97 mm, $\gamma = 90°$
**c)** b = 20 m, c = 16 m, $\alpha = 90°$
**d)** a = 3 cm, b = 5 cm, $\gamma = 90°$
**e)** a = 2,6 cm, c = 6,7 cm, $\beta = 90°$

**2** Berechne die Länge der Hypotenuse x.

**a)**
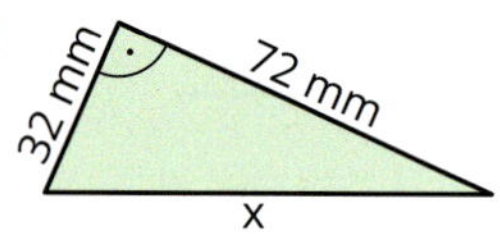


**b)**
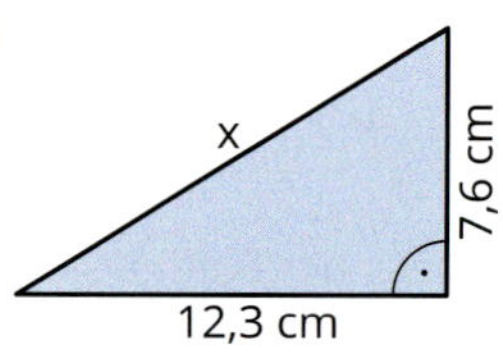


**c)**
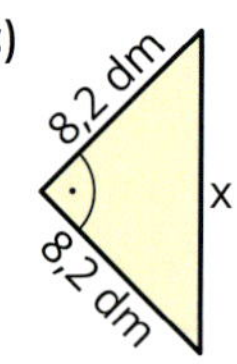


**d)**
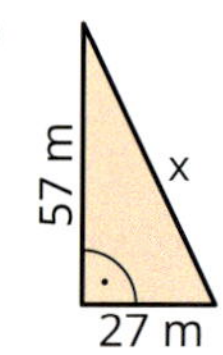


**3** **Partnerarbeit:** Die Figur aus zwei Rundstäben soll zu einem rechtwinkligen Dreieck ergänzt werden. Findet heraus, welcher der noch vorhandenen Stäbe zu den beiden anderen passt (Maße in cm). Erklärt euch gegenseitig, wie ihr gerechnet habt.

**a)**
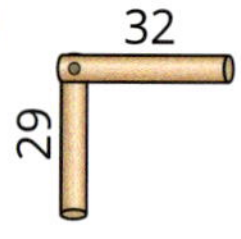


**b)**

**c)**
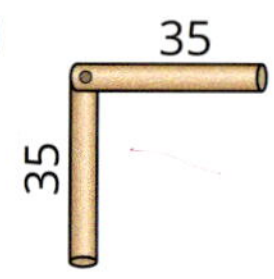


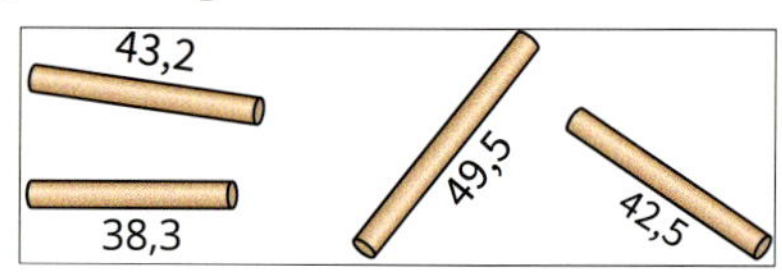


**4** Berechne die Länge der grün markierten Strecke.

**a)**
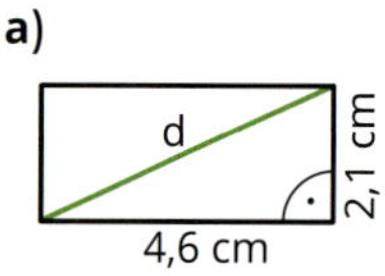


**b)**
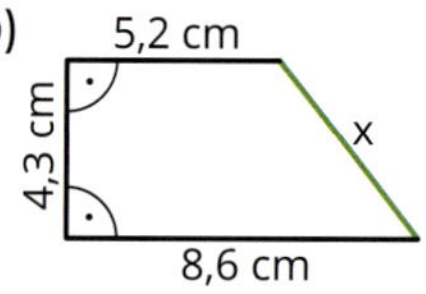


**c)**
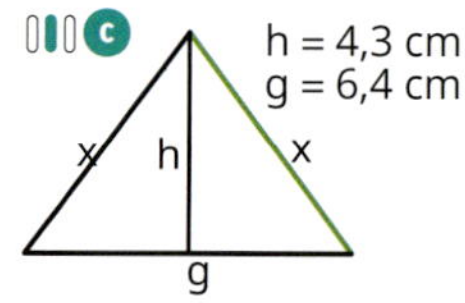


**d)**
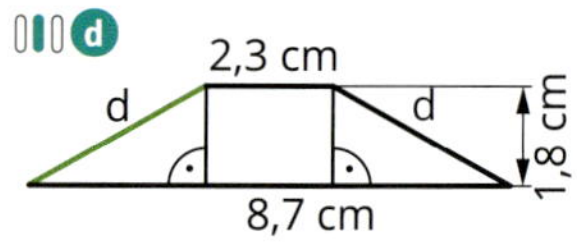


**5** Flynn kürzt seinen Schulweg über den Spielplatz ab.
**a)** Berechne den Unterschied zwischen den beiden Wegen.
**b)** Flynns Schrittgeschwindigkeit beträgt durchschnittlich 3,6 $\frac{km}{h}$. Bestimme, wie viel Zeit er durch die Abkürzung spart.

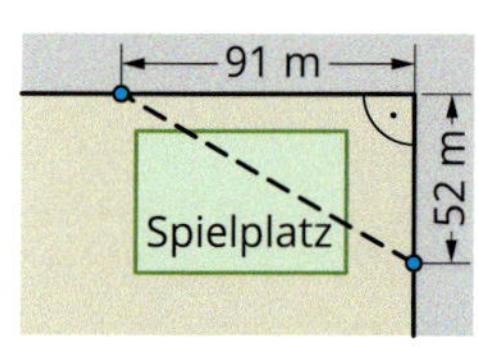

# Berechnung einer Kathete

Wenn du im rechtwinkligen Dreieck die Länge der Hypotenuse und die Länge einer Kathete kennst, dann kannst du die Länge der zweiten Kathete mit Hilfe des Satzes des Pythagoras berechnen.

Gegeben ist ein rechtwinkliges Dreieck mit c = 6,4 cm, b = 4,7 cm und γ = 90°.
Berechne die Länge der zweiten Kathete.

① *Planfigur zeichnen*

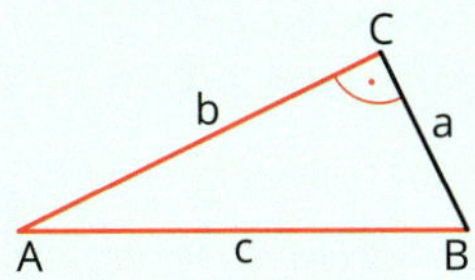


② *Zweite Kathete berechnen*

$$a^2 + b^2 = c^2$$
$$a^2 + 4{,}7^2 = 6{,}4^2$$
$$a^2 + 22{,}09 = 40{,}96 \qquad | -22{,}09$$
$$a^2 = 18{,}87 \qquad | \sqrt{}$$
$$\mathbf{a \approx 4{,}3}$$

Die zweite Kathete a ist ungefähr 4,3 cm lang.

**1** Berechne die Länge der zweiten Kathete. Fertige vorher eine Planfigur an.

**a)** a = 5 cm, c = 8 cm, γ = 90°
**b)** a = 42 dm, c = 92 dm, γ = 90°
**c)** a = 2,2 m, b = 1,4 m, α = 90°
**d)** a = 3,1 cm, b = 6,5 cm, β = 90°
**e)** a = 16,2 cm, c = 22,1 cm, γ = 90°
**f)** a = 72 mm, b = 49 mm, α = 90°

**2** Berechne die Länge der zweiten Kathete.

**a)**
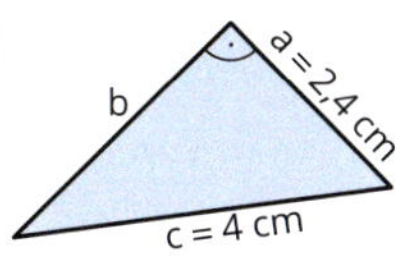


**b)**
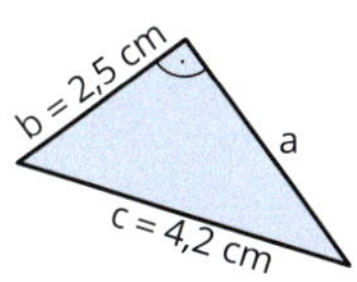


**c)**
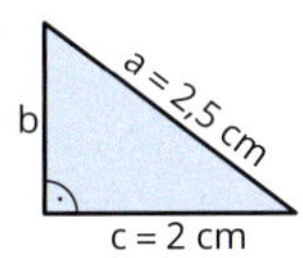


**d)**
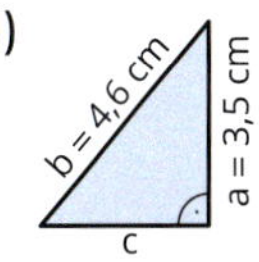


**3** Von einem rechtwinkligen Dreieck sind die Hypotenuse und eine Kathete gegeben. Bestimme die Länge der zweiten Kathete. Die gerundeten Lösungen stehen auf den Kugeln.

**a)** 3,5 cm und 6,2 cm
**b)** 5,5 cm und 8,2 cm
**c)** 5,6 cm und 2,9 cm
**d)** 5,9 cm und 4,5 cm
**e)** 6,7 cm und 3,5 cm
**f)** 3,6 cm und 6,3 cm

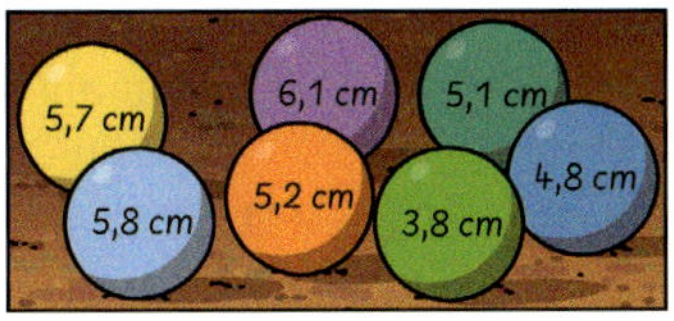


**4** **Partnerarbeit:** Überprüft die Rechenwege von Peter und Lisa. Notiert die Fehler, die sie gemacht haben.

**5** Berechne die Länge der rot markierten Strecke.

**a)**
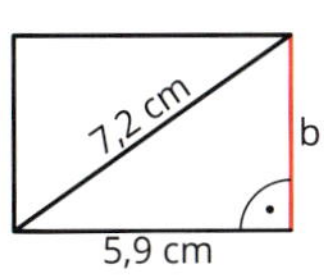


**b)**
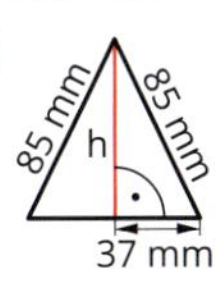


**c)**
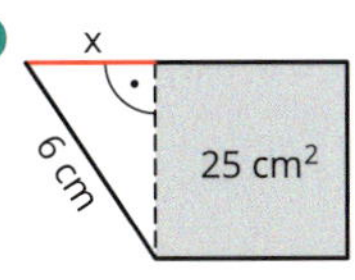


**d)**
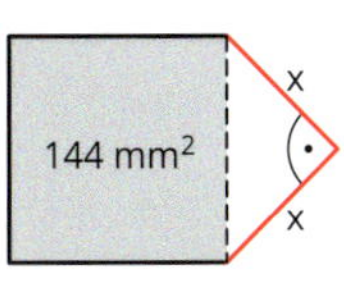

# Vermischte Aufgaben

**1** Berechne die rot eingezeichneten Längen. Runde abschließend auf mm.

a) 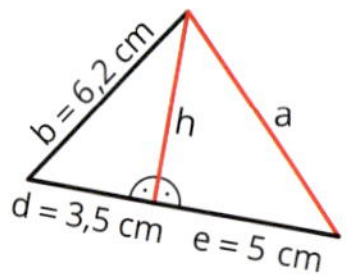


b) 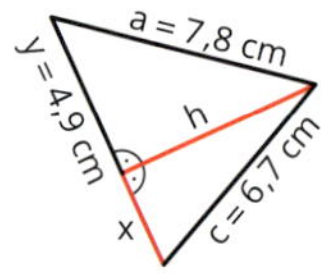


c) 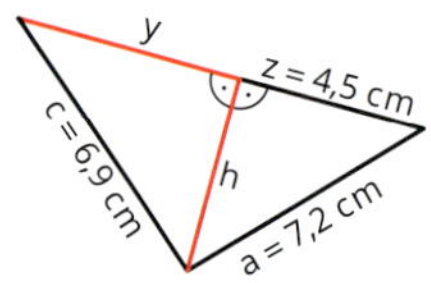


d) 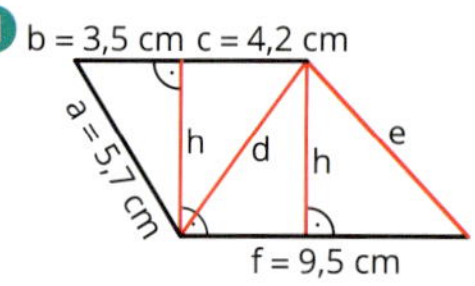


**2** Bestimme die fehlende Seite im rechtwinkligen Dreieck.

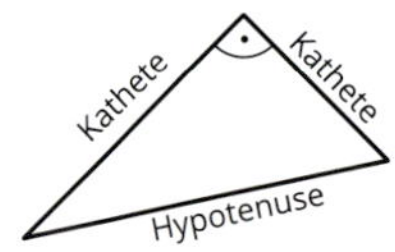


**a)** Die beiden Katheten sind 6 cm und 2,5 cm lang.
**b)** Die Hypotenuse ist 4,2 cm lang und eine Kathete 2,5 cm.
**c)** Die längste Seite ist 8,9 cm lang, eine andere Seite 3,9 cm.

**3** **Partnerarbeit:** Fabian, Ronja und Aynur bearbeiten die rechts abgebildete Aufgabe.

**a)** Leider haben alle Fehler in ihren Skizzen gemacht. Schaut euch die drei Skizzen an und notiert die Fehler.
**b)** Erstellt selbst eine Skizze und löst die Aufgabe.
**c)** Schreibt eine Mitteilung an Fabian, in der ihr ihm wichtige Tipps zur Lösung dieser Aufgabe gebt.

> Durch einen Sturm ist ein 5,40 m langer Mast eines Segelboots in einer Höhe von 75 cm abgeknickt.
> In welcher Entfernung liegt die Spitze von der Mastverankerung entfernt?

① Fabian ② Ronja ③ Aynur

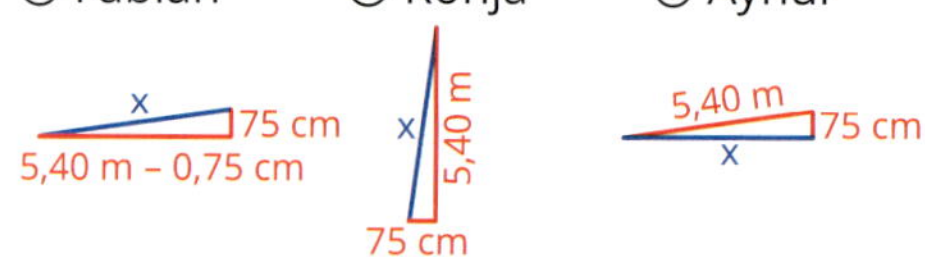


**4** Eine Tür hat die Innenabmessungen 200 cm x 90 cm. Eine kreisförmige Tischplatte hat einen Durchmesser von 2,20 m. Passt die Tischplatte durch die Tür?

**5** Eine Leiter steht 1,20 m von der Hauswand entfernt und reicht 3,75 m hoch. Berechne die Länge der Leiter.

**6** Selma und Zoe trainieren auf dem Schulsportplatz. Selma läuft auf der Außenlinie, Zoe quer über den Sportplatz.

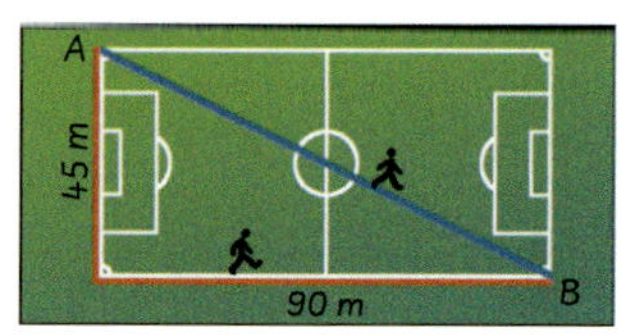


**a)** Berechne die Länge der beiden Laufstrecken.
**b)** Selma und Zoe starten gemeinsam am Punkt A. Selma läuft mit einer Geschwindigkeit von 4,9 $\frac{m}{s}$, Zoe mit einer Geschwindigkeit von 3,5 $\frac{m}{s}$.
Kommt Zoe als Erste am Punkt B an? Begründe mit Hilfe einer Rechnung.

**7** Paul und Leon lassen ihren Drachen steigen. Paul steht mit dem Drachen 30 m von Leon entfernt. Die Drachenschnur ist 60 m lang. Der Drachen steht direkt über Leon. Berechne die Höhe des Drachens über der Erdoberfläche.

**8** Ein 2,40 m hohes Bücherregal mit einer Regaltiefe von 55 cm wird liegend aufgebaut. Die Raumhöhe beträgt 2,45 m. Kann das Regal aufgestellt werden?

**9** Die Höhe eines gleichseitigen Dreiecks kann mit der Formel $h = \sqrt{\frac{3}{4} \cdot a^2}$ berechnet werden. Begründe mit Hilfe des Satzes des Pythagoras, dass die Formel stimmt.

**10** **Partnerarbeit:**

**a)** Stellt mit Hilfe des Satzes des Pythagoras eine Formel zur Berechnung der Schenkellänge a in einem gleichschenkligen Dreieck auf und erprobt eure Formel an einem gleichschenkligen Dreieck mit h = 5,5 cm und c = 8 cm.

**b)** Ermittelt eine Formel zur Berechnung der Seitenlänge c (a und h sind gegeben) sowie der Höhe h (a und c sind gegeben).

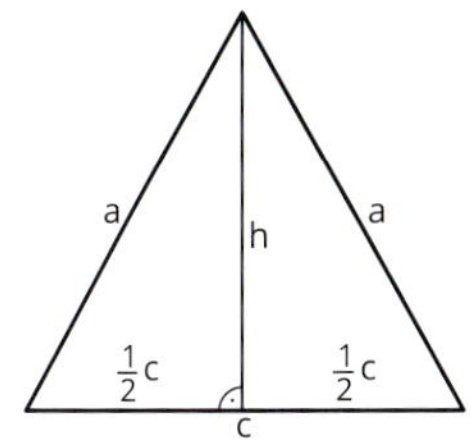


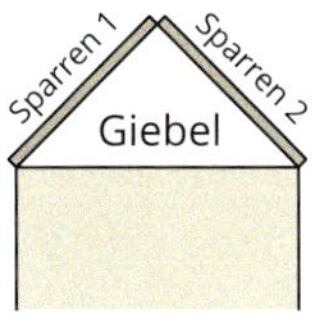


**11** In den skizzierten Giebelwänden sind nicht alle Maße angegeben. Berechne

**a)** die Sparrenlänge a,  **b)** die Giebelhöhe h,  **c)** die Giebelbreite c.

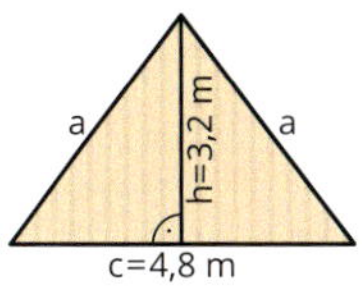


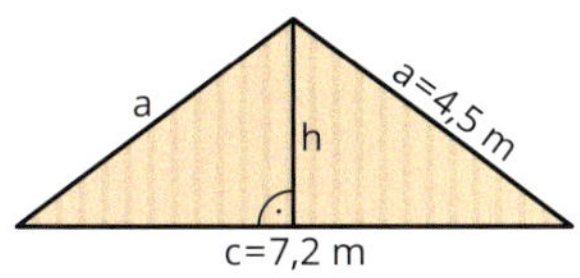


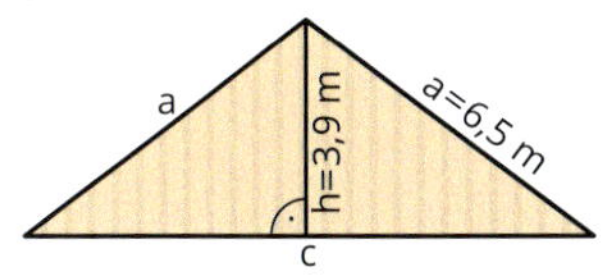


**12** Überprüfe, ob die Zeitungsmeldung stimmen kann.

> **Feuerwehrleitern sind 30 m lang und werden in einem Abstand von 12 m zur Hauswand ausgefahren. Sie reichen also bis 23 m Höhe.**

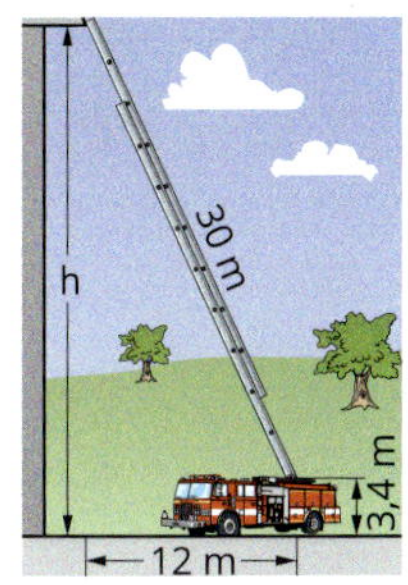


**13** Clara, die Auszubildende einer Gärtnerei, soll in einem quadratischen Park (Seitenlänge = 600 m) die gesamte Diagonale mit Narzissen bepflanzen. Die Narzissen sollen im Abstand von 0,2 m gepflanzt werden. Kannst du ihr helfen, die Anzahl der Narzissen für die Diagonale zu bestimmen? Eine Skizze kann dir helfen.

**14** **a)** Berechne die Länge der Diagonalen d in einem Quadrat mit der gegebenen Seite. Runde auf dieselbe Stelle wie bei der gegebenen Seite.

① a = 8,7 cm  ② a = 27,3 cm  ③ a = 6,56 m

**b** Tim berechnet die Diagonale im Quadrat mit der Formel $d = \sqrt{2a^2}$. Erkläre.

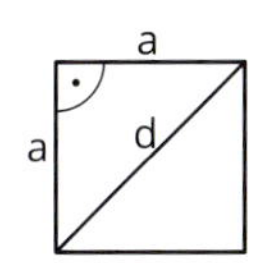


**15** Berechne die fehlende Länge in einem gleichseitigen Dreieck.

**a)** a = 6 cm; h = ▒  **b)** u = 27 cm; h = ▒  **c** h = 10 cm; a = ▒

**16** Sina und Leif berechnen die Seitenlänge in einem Quadrat. Sie wissen, dass die Diagonale 2,7 cm lang ist.

**a)** Erläutere, wie beide vorgegangen sind. Setze fort.

**b)** Welcher Weg erscheint dir geschickter? Diskutiere mit anderen.

| Leif | Sina |
| --- | --- |
| $a^2 + a^2 = d^2$ | $a^2 = \frac{d^2}{2}$ |
| $2a^2 = 2{,}7^2$ | $a = \sqrt{\frac{2{,}7^2}{2}}$ |

**17** Berechne die Länge der fehlenden Diagonalen e oder f der Raute sowie deren Flächeninhalt.

**a)** a = 6,1 cm; f = 10,6 cm  **b)** a = 75 mm; e = 128 mm

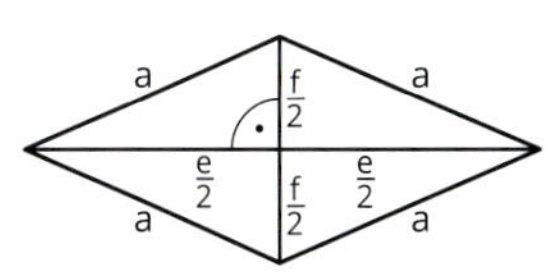


**18** Ermittle den Umfang einer Raute mit A = 22,8 cm² und der Diagonalenlänge e = 6 cm.

**19** **a)** Berechne den Flächeninhalt des Deichquerschnitts.

**b)** Wie viel m³ Erde werden benötigt, um einen Deich mit den abgebildeten Maßen auf einer Länge von 5 km anzulegen? Wie viele Lkw-Ladungen zu jeweils 20 m³ Erde sind das?

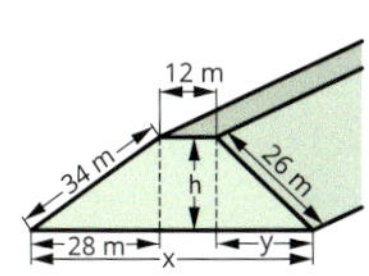

**20** Berechne die Mantellinie s eines Kegels mit der Körperhöhe $h_K = 10{,}5$ cm und dem Grundkreisradius $r = 3{,}2$ cm.

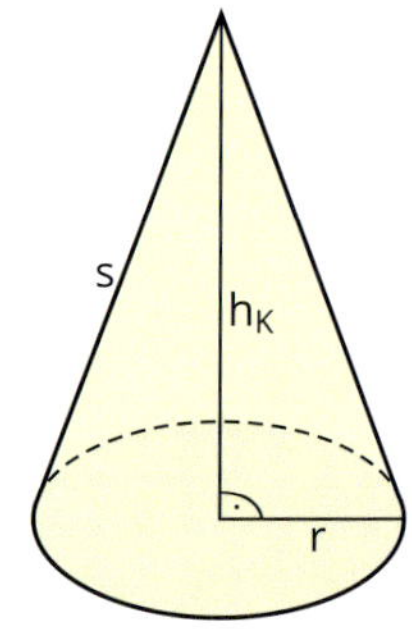


**21** Bestimme die fehlende Größe des Kegels.

**a)** $r = 15{,}4$ cm, $s = 26{,}5$ cm, $h_K = ▒$

**b)** $h_K = 1{,}67$ m, $s = 2$ m, $r = ▒$

**22** Zwei Karnevalshütchen haben dieselbe Mantellänge $s = 15$ cm, aber verschiedene Durchmesser $d_1 = 16$ cm und $d_2 = 8$ cm an der Öffnung. Berechne jeweils die Höhe.

**23** **Partnerarbeit:** Es gibt verschiedenen Möglichkeiten, die Raumdiagonale d eines Quaders zu berechnen.

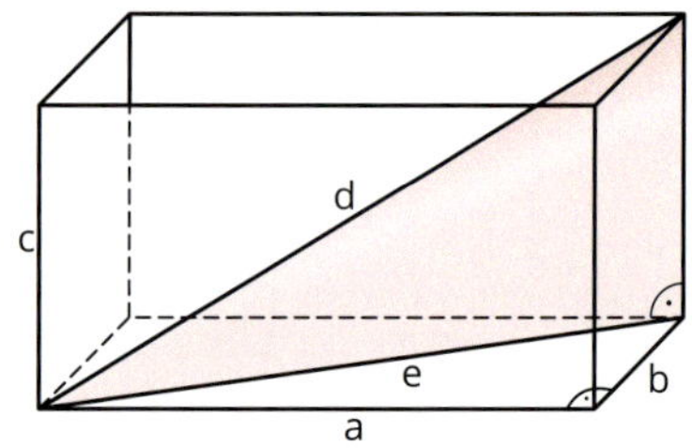


**a)** Bestimmt die Raumdiagonale d für einen Quader mit den Maßen $a = 12$ cm; $b = 5$ cm und $c = 6$ cm. Berechnet zuerst die Flächendiagonale e. Wählt dann ein rechtwinkliges Dreieck mit den Seiten e und d. Bestimmt damit die Raumdiagonale. Präsentiert euren Lösungsweg.

**b)** Tom geht bei der Berechnung der Diagonalen anders vor. Er beginnt mit einer Gleichung für $d^2$ und ersetzt dann in dieser $e^2$ durch einen anderen Ausdruck. Vollzieht Toms Weg nach und stellt diesen ebenfalls vor.

**24** **a)** Ein Raum hat die Maße $a = 9$ m, $b = 6$ m und $c = 3$ m. Wie lang ist die Raumdiagonale?

**b)** Berechne zusammen mit anderen die Raumdiagonale in deinem Klassenzimmer.

**25** In der Pyramide gibt es die beiden abgebildeten rechtwinkligen Dreiecke:

$h_K$ ist die Körperhöhe. a ist die Grundkante.

$h_s$ ist die Seitenhöhe. s ist die Seitenkante.

Berechne die gesuchte Größe:

**a)** gegeben: $h_K = 14$ cm; $a = 8$ cm gesucht: $h_s$

**b)** gegeben: $s = 15$ cm; $a = 10$ cm gesucht: $h_s$

**c)** gegeben: $h_s = 10$ cm; $h_K = 8$ cm gesucht: s

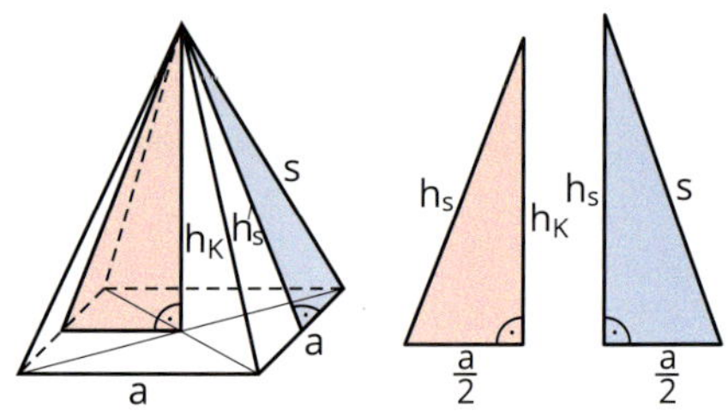


**26** **a)** Ein Würfel hat eine Kantenlänge von 6,5 cm. Wie lang ist die Raumdiagonale d?

**b)** Zeige, dass für die Raumdiagonale in einem Würfel gilt: $d = \sqrt{3 \cdot a^2}$.

**27** **Gruppenarbeit:** Eine Spinne sitzt in einem Zimmer in einer unteren Ecke und möchte auf einem möglichst kurzen Weg zur Fliege in der schräg gegenüberliegenden oberen Ecke gelangen. Welchen Weg würde sie wohl nehmen? Das Zimmer ist 4,50 m lang, 3,60 m breit und 2,50 m hoch. Skizziert einen Weg der Spinne im Netz des Zimmers und löst dann das Problem rechnerisch. Präsentiert anschließend eure Lösung den anderen.

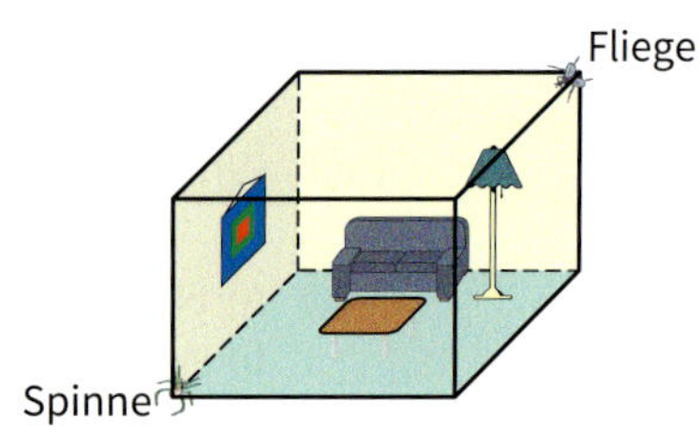

**Die Lösungen ergeben drei geografische Begriffe aus Asien.**

**1** Berechne im Kopf.

**a)** $6 - 7 \cdot (3 - 2) = \square$ **b)** $-2(5 \cdot 12 - 12) = \square$

**c)** $\frac{4}{3} \cdot \frac{9}{8} = \square$ **d)** $-0{,}5 \cdot 2{,}4 = \square$

**e)** $-4 \cdot (\sqrt{64} - 10) = \square$ **f)** $-9 + 15 \cdot (26 - 5^2) = \square$

**2** Ein Bus fuhr eine Strecke von 160 km in $2\frac{1}{2}$ h.

**a)** Die Durchschnittsgeschwindigkeit betrug $\square\ \frac{km}{h}$.

**b)** In 30 Minuten fuhr er durchschnittlich $\square$ km.

**3** **a)** alter Preis: 120 €
Preiserhöhung: 8 %
neuer Preis: $\square$ €

**b)** alter Preis: 218 €
Preissenkung: 40 %
neuer Preis: $\square$ €

**4** **a)** Von 480 Konzertkarten wurden 35 % der Karten nicht verkauft.
Bestimme die Anzahl der verkauften Karten.

**b)** Die Klasse 9a hat insgesamt 30 Schülerinnen und Schüler. 50 % der Schülerinnen und Schüler kommen mit dem Fahrrad, 20 % mit dem Bus zur Schule. Alle anderen Schülerinnen und Schüler kommen zu Fuß zur Schule. Berechne ihre Anzahl.

**5** **a)** Berechne die Oberfläche.
$O = \square\ cm^2$

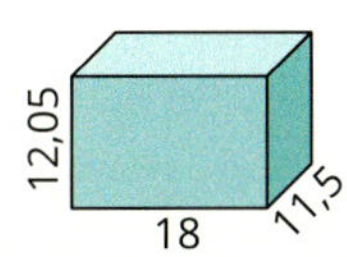


**b)** Berechne das Volumen.
$V = \square\ cm^3$

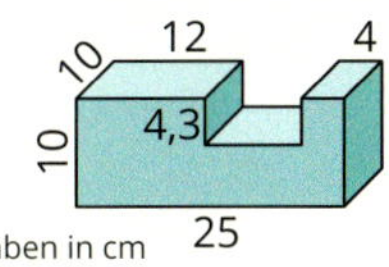


Angaben in cm

**6** Herr Müller verkauft Autopolitur auf dem Wochenmarkt.
Eine Dose kostet 9,80 €. In der letzten Woche erzielte er folgende Verkaufszahlen.

| Mo | Di | Mi | Do | Fr | Sa |
|---|---|---|---|---|---|
| 103 | 85 | 132 | 97 | 112 | 148 |

Berechne die durchschnittlichen täglichen Einnahmen für die Autopolitur der letzten Woche.

**7** Löse die Gleichungen.

**a)** $8x - 17 = 7 \quad x = \square$

**b)** $x + y = 50$ und $x - y = 10 \quad x = \square \quad y = \square$

| | | |
|---|---|---|
| C: −135 | I: −96 | N: −2 |
| A: −1,2 | H: −1 | T: 0 |
| M: 1,5 | R: 3 | H: 4 |
| A: 6 | L: 8 | G: 9 |
| P: 18 | L: 20 | A: 30 |
| A: 32 | Y: 64 | B: 87,20 |
| V: 110,40 | G: 129,60 | A: 130,80 |
| R: 254,60 | N: 312 | W: 732 |
| U: 1 105,77 | E: 1 124,95 | S: 2113 |

# Satz des Pythagoras in Anwendungsaufgaben

**1** **Partnerarbeit:**

**a)** Zur nebenstehenden Aufgabe haben Jonathan, Sofie und Elias Skizzen angefertigt. Beurteilt die Brauchbarkeit ihrer Skizzen.

> In der Mitte einer straff gespannten Wäscheleine hängt ein Eimer mit Sand. Dadurch hat sich die 6 m lange Leine auf 6,10 m gedehnt. Wie tief hängt die Leine nun in der Mitte durch?

**b)** Stellt mit Hilfe der geeigneten Skizze eine Gleichung auf, berechnet die gesuchte Strecke x und formuliert einen aussagekräftigen Antwortsatz.

Die folgenden Schritte helfen dir bei der Lösung von Anwendungsaufgaben mit dem Satz des Pythagoras:

① Lies den Text gründlich und markiere wichtige Informationen.
② Fertige eine Skizze mit den gegebenen und gesuchten Maßen an. Suche darin rechtwinklige Dreiecke und benenne die gesuchte Länge, z. B. mit x.
③ Treffe gegebenenfalls sinnvolle Annahmen.
④ Stelle eine Gleichung auf, die zur Situation der Aufgabe passt und löse sie.
⑤ Formuliere einen passenden und aussagekräftigen Antwortsatz.

① Kira lässt einen Drachen steigen. Ihr Hund folgt dem Drachen, bis er sich senkrecht unter dem Drachen befindet. In Bauchhöhe hält Kira das Ende der 64 m langen, straff gespannten Schnur. Ihr Hund ist 40 m von ihr entfernt. Wie hoch steht der Drachen über dem Hund?

② Skizze: ③ Bauchhöhe: ca. 90 cm

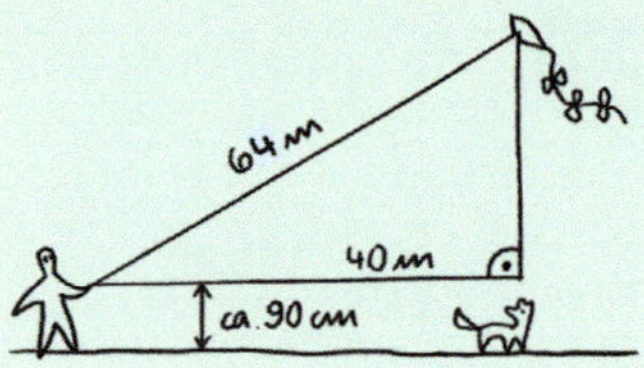


④ Gleichung und Lösung:
$x^2 + 40^2 = 64^2$
$x^2 = 4096 - 1600$
$x = \sqrt{2496}$
$x \approx 49{,}96$ m
Bauchhöhe berücksichtigen:
49,96 m + 0,90 m = 50,86 m

⑤ Antwortsatz: Der Drachen steht ungefähr 51 m über dem Hund.

Digital+ WES-188264-512

**2** In Berlin kann man mit einem Fesselballon in die Luft steigen. Der Ballon ist über ein Stahlseil am Boden befestigt. Bei Windstille steht der Ballonboden in 150 m Höhe senkrecht über dem Startplatz. Durch starken Wind wird er 50 m weit abgetrieben. Der 16-jährige Rio macht in diesem Moment ein Selfie und behauptet später, sein Kopf befinde sich auf dem Foto in 145 m Höhe über dem Erdboden. Kann Rios Behauptung stimmen?

**3** Die Zugspitze ist 2 962 m hoch, der Gipfel des Törle 1 535 m. Berechne die Entfernung der beiden Gipfel voneinander (Luftlinie). Runde auf ganze Meter.

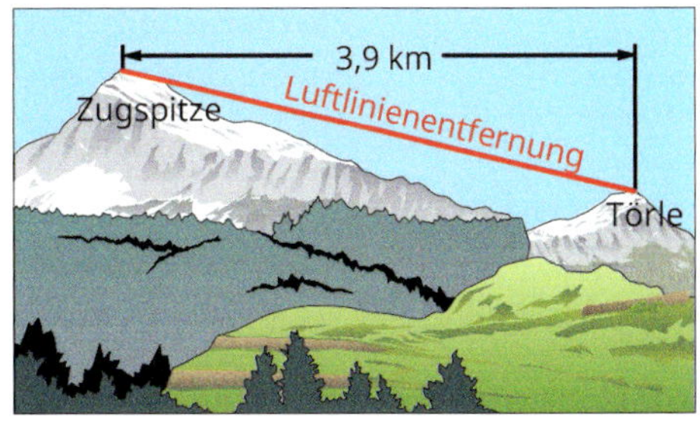


**4** Von der Zugspitze führt eine Seilschwebebahn bis zum Eibsee hinunter, der 974 m über NN liegt. Auf der Landkarte sind die beiden Seilbahnstationen 4 km voneinander entfernt. Wie lang ist das Halteseil?
Diskutiere mit anderen, ob das Ergebnis die tatsächliche Länge des Seiles angibt.

**5** Beim letzten Sturm ist die Tanne in Meyers Garten in 6,5 m Höhe umgeknickt. Die Spitze berührt 10,5 m vom Stamm entfernt den Boden. Wie hoch war die Tanne?

**6** Aus einem Baumstamm mit einem Durchmesser von 30 cm wird ein Balken mit quadratischer Grundfläche ausgesägt. Welches Volumen kann ein 4 m langer Balken höchstens haben? Skizziere zunächst und rechne dann.

**7** Tina sitzt auf einer Kaimauer 5 m über dem Meeresspiegel und versucht herauszufinden, wie weit sie auf das Meer hinausschauen kann. Welche Überlegungen stellt Tina an? Schätze zuerst die Entfernung und berechne dann. Runde auf Kilometer.

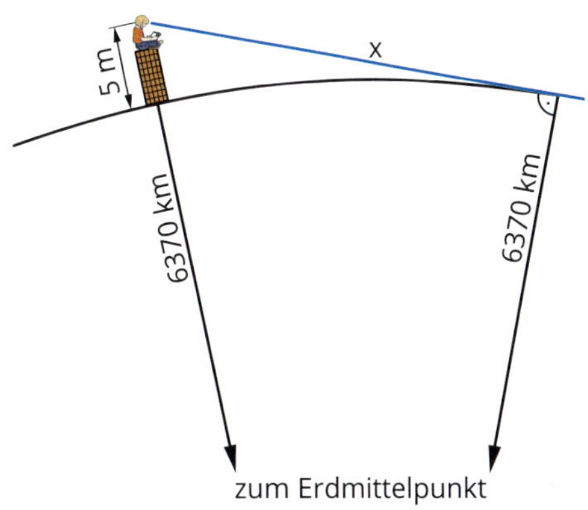


**8** Der höchste Leuchtturm der Welt steht in Yokohama. Er ist 106 m hoch, und sein Leuchtfeuer soll 32 km weit sichtbar sein. Ist das möglich?

**9** Die Lichter des Empire-State-Building mit seiner Höhe von 381 m sollen sogar in einer Entfernung von 130 km noch zu sehen sein. Überprüfe rechnerisch.

**10** Der Damm des Elbe-Seiten-Kanals hat zur wassergewandten Seite ein anderes Gefälle als zur landgewandten Seite. Welche der beiden Böschungslinien ist länger?

Steigung 1 : 4 bedeutet:
Auf 4 m Breite wird ein Höhenunterschied von 1 m erreicht.

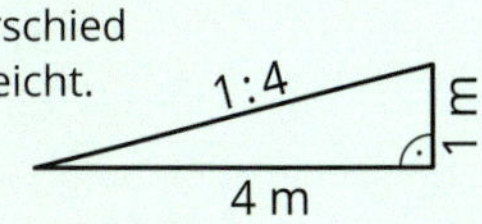


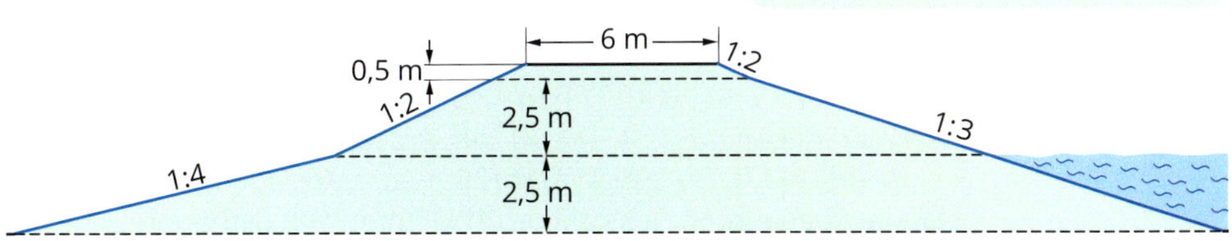

# Umkehrung des Satzes des Pythagoras

**1** **Partnerarbeit:** Havva und Joshua wollen über die Seitenlängen eines Dreiecks herausfinden, ob das Dreieck rechtwinklig ist.

**a)** Erklärt euch gegenseitig, warum Joshua ein Dreieck mit diesen Maßen konstruiert.

**b)** Führt die Dreieckskonstruktionen von Havva und Joshua auf einem Blatt aus.

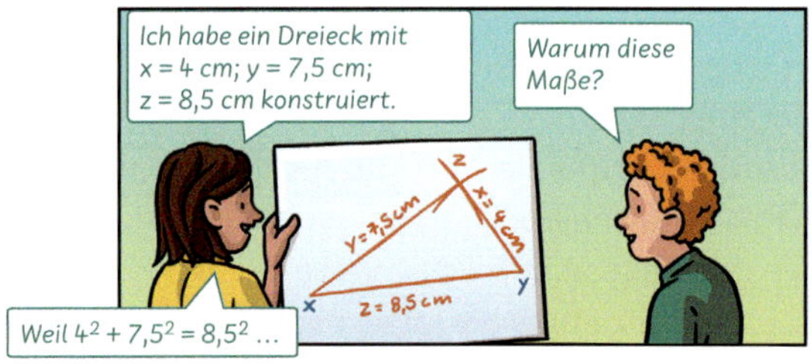


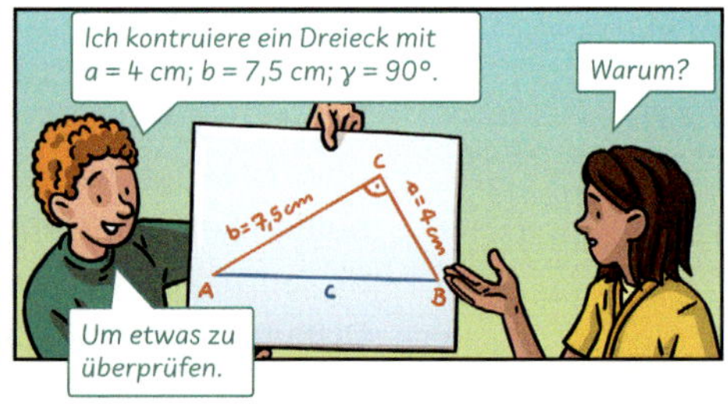


**c)**

*Also gilt $c^2 = 4^2 + 7{,}5^2$ und damit $c^2 = 62{,}25$ und $c = 8{,}5$.*

*Folglich sind auch die entsprechenden Winkel gleich groß.*

*Der Winkel zwischen a und b ist 90° groß. Das gilt dann auch für den Winkel zwischen x und y.*

*In Joshuas Dreieck gilt wegen des rechten Winkels der Satz des Pythagoras.*

*Dadurch sind die Dreiecke von Havva und Joshua wegen SSS kongruent: $x = a$; $y = b$; $z = c$.*

Bringt die Karten in die richtige Reihenfolge und notiert den Beweis in eurem Heft. Ergänzt einen Satz, der beschreibt, was Havva und Joshua bewiesen haben.

**Kehrsatz des Satzes des Pythagoras**

Wenn für die Seitenlängen a, b, c eines Dreiecks $a^2 + b^2 = c^2$ gilt, dann ist dieses Dreieck rechtwinklig mit c als Hypotenuse.

Überlegung: Die Hypotenuse ist die längste Seite.

Sind die Dreiecke mit den Maßen 5 cm, 12 cm und 13 cm bzw. 7 cm, 9 cm und 10 cm rechtwinklig?

Dreieck 1: $5^2 + 12^2 = 13^2$
$25 + 144 = 169$ (w)
Das Dreieck ist **rechtwinklig**.

Dreieck 2: $7^2 + 9^2 = 10^2$
$49 + 81 \neq 100$ (f)
Das Dreieck ist **nicht** rechtwinklig

**2** Ist das Dreieck mit den Maßen $a = 10$ cm; $b = 24$ cm und $c = 26$ cm rechtwinklig? Begründe und gib ggf. an, welche Seiten zueinander senkrecht sind.

**3** Überprüfe, ob das Dreieck ABC rechtwinklig ist.

**a)** $a = 5{,}2$ cm; $b = 2$ cm; $c = 4{,}8$ cm
**b)** $a = 7$ cm; $b = 8$ cm; $c = 10$ cm
**c)** $a = 5{,}2$ cm; $b = 6{,}5$ cm; $c = 3{,}9$ cm
**d)** $a = 8{,}1$ cm; $b = 13{,}5$ cm; $c = 10{,}8$ cm

**4** Drei natürliche Zahlen, die die Gleichung $a^2 + b^2 = c^2$ erfüllen, heißen pythagoreische Zahlen.

**a)** Prüfe nach, ob die Zahlen pythagoreische Zahlen sind.

① (6|8|12) ② (5|12|13) ③ (7|10|12) ④ (9|12|15)
⑤ (8|15|17) ⑥ (12|16|20) ⑦ (18|32|36) ⑧ (20|21|29)

**b)** Marc behauptet: „Ich kann in 20 Minuten 100 pythagoreische Zahlen aufschreiben.“ Was meinst du dazu?

# Vermischte Aufgaben

**1** Bestimme die fehlende Länge. Runde, wenn nötig, auf Millimeter.

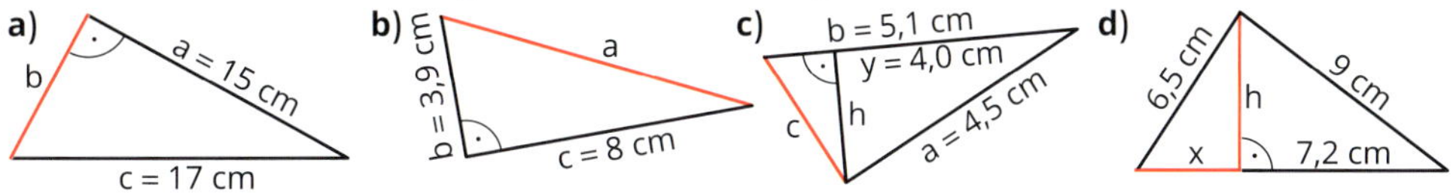


**2** Zeichne die Punkte in ein Koordinatensystem (Einheit 1 cm) und verbinde sie. Bestimme die Längen der Strecken $\overline{AB}$, $\overline{AC}$ und $\overline{BC}$ durch Ablesen oder Berechnen.

**a)** A(1 | 2), B(10 | 2), C(1 | 7) **b)** A(2 | 4,5), B(9,5 | 0), C(9,5 | 4,5) **c)** A(−4 | −4), B(8 | −4), C(−4 | 3)

**3** Ist das Dreieck rechtwinklig? Prüfe rechnerisch.

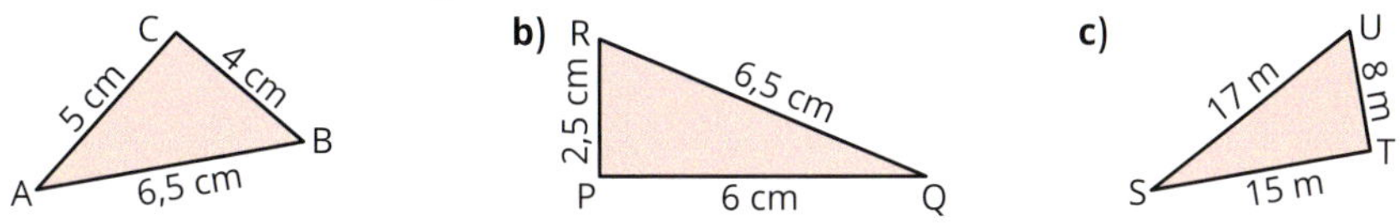


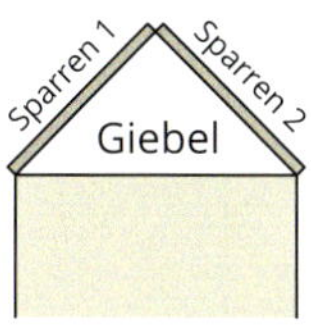


**4** Es gibt Dachformen, die unterschiedliche Sparrenlängen auf beiden Dachseiten aufweisen. Überprüfe, bei welchem Dach die Sparren senkrecht zueinander stehen.

① Sparrenlänge: 3,6 m und 4,8 m
Giebelbreite: 6 m

② Sparrenlänge: 4,2 m und 6 m
Giebelbreite: 7,20 m

③ Sparrenlänge: 4 m und 7,5 m
Giebelbreite: 8,50 m

**5** Tim löst die Aufgabe an der Tafel so:

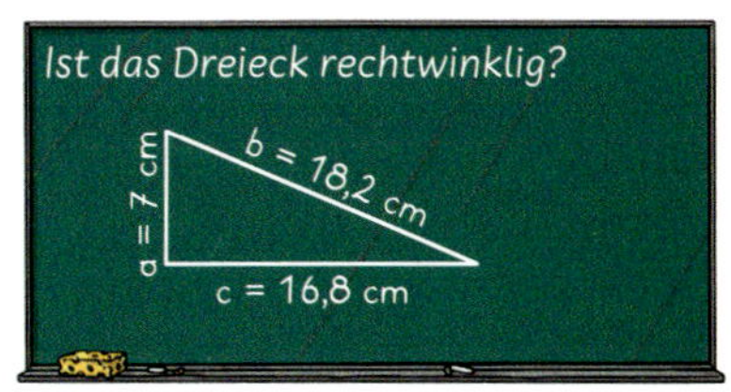


$7^2 + 18{,}2^2 = 49 + 331{,}24 = 380{,}24$
$16{,}8^2 = 282{,}24$
$282{,}24 \neq 380{,}24$
Antwort: Das Dreieck ist nicht rechtwinklig.

Was sagst du zu Tims Lösung?

**6** **Partnerarbeit:** Immer, wenn im alten Ägypten der Nil über die Ufer trat, wurden die Felder der Bauern neu vermessen. Die Feldmesser hießen Seilspanner, weil sie zur genauen Bestimmung von rechten Winkeln Seile spannten, die durch Knoten in 12 gleiche Abstände unterteilt waren.

**a)** Ein Seilspanner hält das Seil am ersten Knoten fest. An welchen zwei weiteren Knoten muss das Seil gespannt werden, damit ein rechter Winkel entsteht? Begründet eure Antwort mit Hilfe des Kehrsatzes des Satzes des Pythagoras.

**b)** Nutzt eure Überlegungen aus a) und beantwortet die Frage des Lehrlings auf der Einstiegsseite des Kapitels.

**c)** Charlotte behauptet: „Dann hatten also alle 12-Knoten-Seile der alten Ägypter die gleiche Länge.“ Diskutiert miteinander und nehmt Stellung zu Charlottes Aussage.

**7** In einem Quadrat ist die Diagonale 8,5 cm lang. Berechne die Seitenlänge des Quadrats.

**8** Ein Quader mit quadratischer Grundfläche ist 25 cm lang und hat ein Volumen von 3025 cm³.

**a)** Berechne die Längen der Flächendiagonalen und der Raumdiagonalen.

**b)** Um wie viel Prozent verringert sich die Länge der Raumdiagonalen, wenn die Seitenlänge des Quadrates um 20 % verkürzt wird? Überschlage vorher.

# Beweise, Beweise

**Arbeitet in 3-er Gruppen.**

Für den Satz des Pythagoras gibt es viele Wege, um nachzuweisen, dass er für alle rechtwinkligen Dreiecke gilt. Drei dieser Wege sind auf dieser Seite dargestellt.

**1** Bei diesem altindischen Beweis werden aus acht kongruenten Dreiecken und den beiden Kathetenquadraten zwei Quadrate mit der Seitenlänge (a + b) gelegt. In der Mitte des zweiten Quadrats lassen die Dreiecke eine weiße Fläche frei.

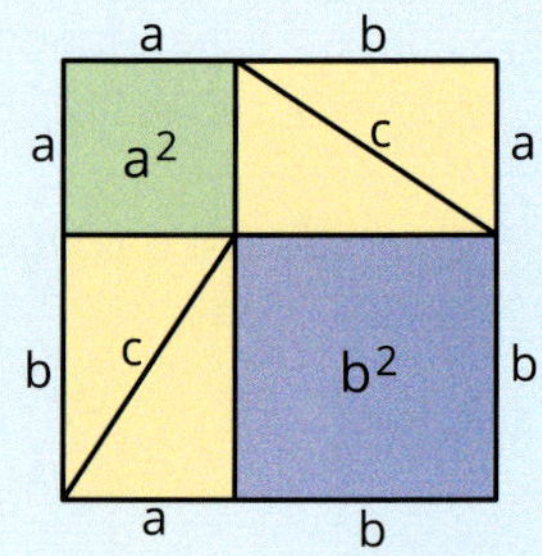


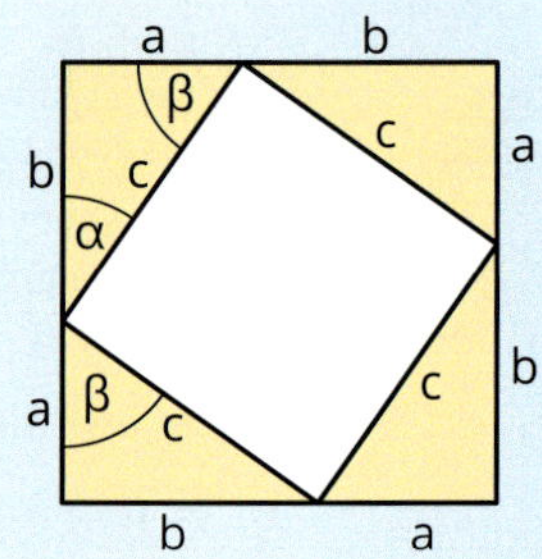


**a)** Weist nach, dass diese weiße Fläche ein Quadrat mit der Seitenlänge c ist. Bringt dazu die Beweisschritte auf den Karten in die richtige Reihenfolge.

- $a^2 + 2ab + b^2 = 2ab + c^2 \quad | -2ab$
- Die Raute ist quadratisch: $180° - \alpha - \beta = 180° - 90° = 90°$
- Die gelben Dreiecke sind zu einem Quadrat mit der Kantenlänge a + b gelegt.
- $a^2 + b^2 = c^2$
- Es gilt $(a + b)^2 = 4 \cdot \frac{ab}{2} + c^2$
- Das weiße Viereck ist eine Raute mit der Kantenlänge c.

**b)** Erklärt euch gegenseitig, warum durch diese Argumentation der Satz des Pythagoras bewiesen wird.

**2** Dieser Beweis stammt von dem indischen Mathematiker Bhaskara, der im 12. Jh. lebte. Die Beweisfigur besteht aus 4 kongruenten rechtwinkligen Dreiecken, deren Hypotenusen ein Quadrat bilden.

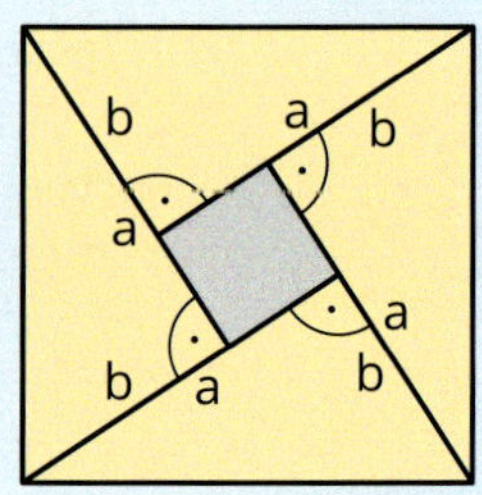


**a)** Überlegt, welche Eigenschaften die graue Figur in der Mitte hat und welche Seitenlänge sie besitzt.

**b)** Der Flächeninhalt des großen Quadrats lässt sich berechnen, indem man die Seitenlänge des Quadrats quadriert oder indem man die Flächeninhalte der Dreiecke und des grauen Quadrats addiert. Stellt diesen Sachverhalt mit einer Gleichung dar.

**c)** Wenn ihr die Gleichung aus b) geschickt umformt, dann erhaltet ihr eine Gleichung, mit der der Satz des Pythagoras bewiesen ist.

**3** Dieser Beweis stammt von James A. Garfield, der 1881 amerikanischer Präsident war. In der Beweisfigur sind die zwei gelben Dreiecke zueinander kongruent, die aneinandergesetzten Katheten bilden eine gerade Linie.

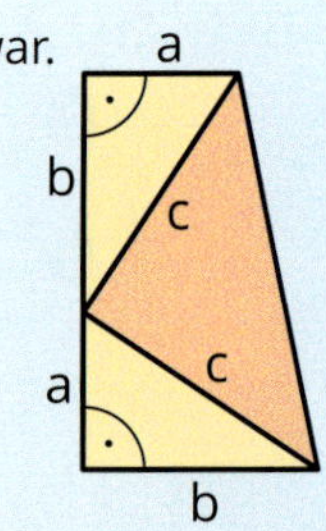


**a)** Überlegt, welche Eigenschaften die rötliche Figur in der Mitte hat.

**b)** Begründet, dass die gesamte Beweisfigur ein Trapez ist.

**c)** Der Flächeninhalt der Beweisfigur lässt sich auf zwei Weisen berechnen. Notiert die entsprechenden Terme und setzt sie gleich.

**d)** Vereinfacht die Gleichung aus c) geschickt. Was fällt euch auf?

# Satz des Thales

**Bearbeitet alle Aufgaben in Partnerarbeit.**

*Thales von Milet*

Thales von Milet war ein griechischer Philosoph und Mathematiker, der ungefähr 625–545 v. Chr. in Milet lebte.

**1** Der nach Thales von Milet benannte mathematische Satz besagt, was für Dreiecke ABC entstehen, wenn der Punkt C auf einem Kreis mit dem Durchmesser $\overline{AB}$ liegt. Ihr könnt es selbst entdecken mit Geodreieck und Zirkel oder mit DGS.

① Zeichnet eine Strecke $\overline{AB}$ und ihren Mittelpunkt M.
② Zeichnet einen Kreis um M durch A und B.
③ Wählt einen beliebigen Punkt C auf der Kreislinie.
④ Verbindet die Punkte zu einem Dreieck ABC.
⑤ Zeichnet den Winkel γ ein und messt seine Größe.
⑥ • Für die Konstruktion im Heft: Wiederholt die Schritte ③, ④ und ⑤ mit einem anderen Punkt C.
• Für die Konstruktion mit DGS: Bewegt C auf dem Kreis hin und her und beobachtet dabei den Winkel γ.

**2** Überlegt euch eine Begründung für den Satz des Thales mit Hilfe der Abbildung.
Es gilt $\overline{AM} = \overline{MC} = \overline{MB}$.
Denkt daran: Die Summe der Innenwinkel ist bei allen Dreiecken 180°.

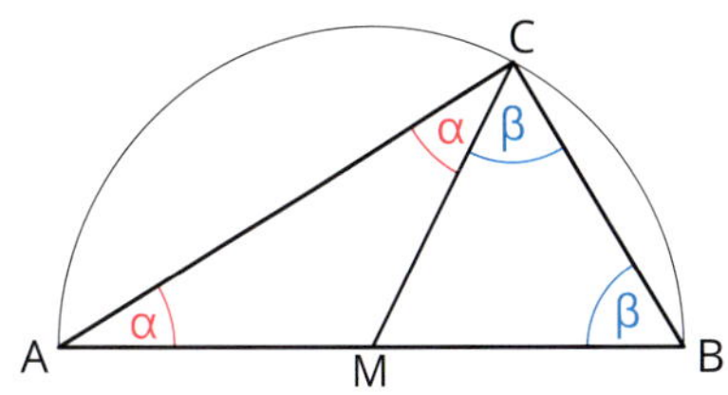


**3** Kehrt den Satz um. Wo liegen alle Punkte C, die mit einer gegebenen Strecke $\overline{AB}$ ein rechtwinkliges Dreieck ABC mit γ = 90° bilden?

① Zeichnet die Strecke $\overline{AB}$ = 9 cm.
② Legt das Geodreieck so an, dass die linke Kathete durch Punkt A und die rechte Kathete durch Punkt B verläuft.
③ Markiert auf dem Blatt den Punkt $C_1$ an der Spitze des Geodreiecks.
④ Wiederholt achtmal ein anderes Anlegen der Katheten des Geodreiecks durch die Punkte A und B und markiert an der Spitze die Punkte $C_2$ bis $C_9$.
⑤ Findet ihr eine Linie, auf der alle Punkte $C_1$ bis $C_9$ liegen?

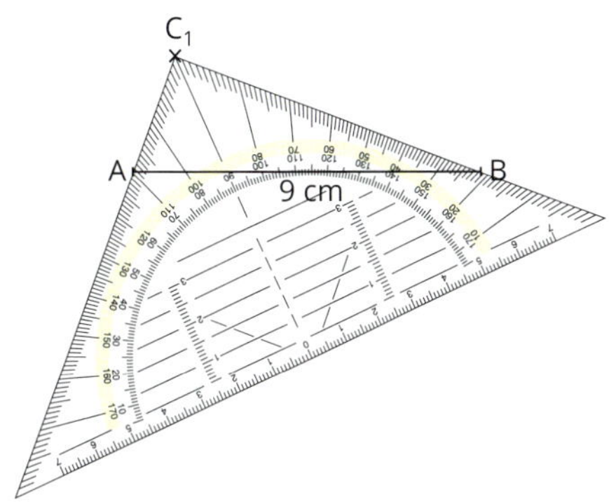


**4** Kehrt den Satz um. Wo liegen alle Punkte C, die mit einer gegebenen Strecke $\overline{AB}$ ein rechtwinkliges Dreieck ABC mit γ = 90° bilden? Nutzt am besten eine DGS.

① Zeichnet die Strecke $\overline{AB}$.
② Zeichnet einen Strahl b durch A.
③ Konstruiert die Senkrechte zu b durch Punkt B.
④ Schneidet b mit seiner Senkrechten. Nennt den Schnittpunkt D.
⑤ Aktiviert unter Eigenschaften „Spur anzeigen“ für D und bewegt b an C hin und her.

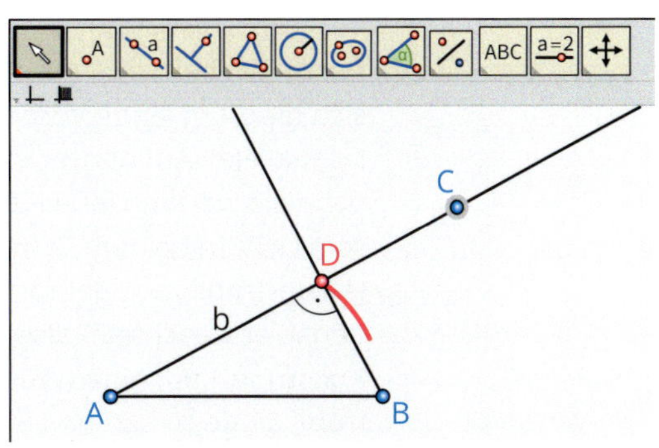

**Der Satz des Thales**

Wenn C auf einem Kreis mit Durchmesser $\overline{AB}$ liegt, dann ist $\gamma$ ein rechter Winkel.

**Auch die Umkehrung des Satz des Thales gilt.**

Wenn das Dreieck ABC rechtwinklig ist mit $\gamma = 90°$, dann liegt C auf einem Kreis mit dem Durchmesser $\overline{AB}$.

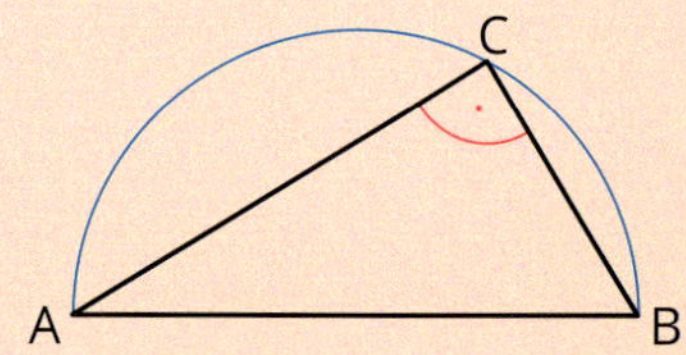


Die Hypotenusenabschnitte eines rechtwinkligen Dreiecks sind p = 2,6 cm und q = 3,9 cm. Zeichne das Dreieck.

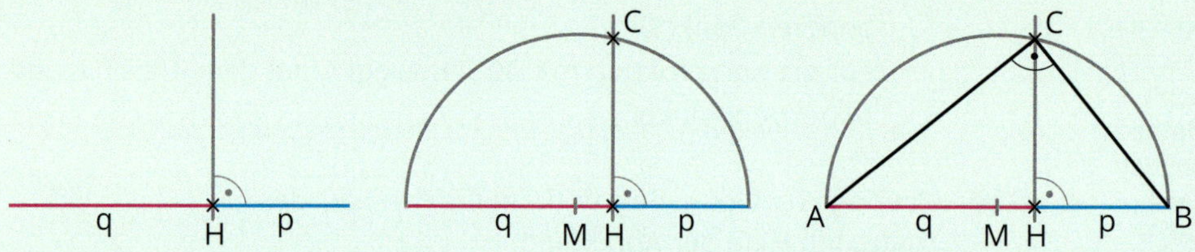


Digital+
WES-188264-513

5 Nutze den Thaleskreis:
Zeichne ein in Punkt C rechtwinkliges Dreieck mit c = 5 cm und a = 4 cm.

6 Konstruiere das Dreieck ABC. Prüfe mit dem Thaleskreis, ob $\gamma$ ein rechter Winkel ist.

**a)** a = 6 cm; b = 8 cm; c = 10 cm **b)** a = b = 6 cm; c = 9 cm

7 Konstruiere ein Dreieck mit den folgenden Werten: c = 7 cm, q = 4,8 cm und $\gamma = 90°$. Miss die Längen der Katheten und und prüfe durch eine Rechnung, ob die Längen dem Satz des Pythagoras entsprechen.

8 Maik und Tina sollen ein bei C rechtwinkliges Dreieck mit den Maßen p = 3,8 cm und q = 2,6 cm konstruieren.

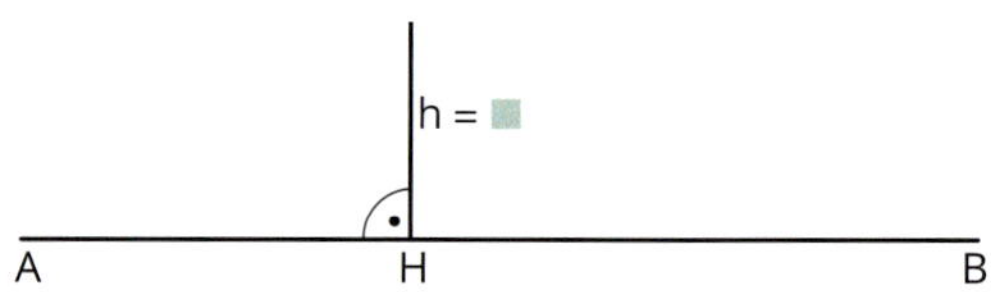


**a)** Übertrage Maiks und Tinas Zeichnung ins Heft.

**b)** Nutze den Satz des Thales und miss die Längen von a, b, c und h.

**c)** Berechne die Längen von a, b, c und h. Vergleiche mit den Messergebnissen aus b).

9 Ein gleichschenklig-rechtwinkliges Dreieck hat die Hypotenuse c = 12 cm. Konstruiere es, miss die Länge der Höhe.

10 **Partnerarbeit:** Auf der linken Seite der Schillerstraße befindet sich die 24 m lange Vorderfront des Kinos „SchiLi“ (Schiller-Lichtspiele). Auf der rechten Seite verläuft in 11 m Abstand parallel zum Kino eine Häuserfront. Ein Scheinwerfer strahlt sein Licht mit einem Öffnungswinkel von 90° aus. Er soll an der Häuserfront so angebracht werden, dass er die Kinofront genau ausleuchtet – also nicht mehr und auch nicht weniger. Konstruiert auf einem DIN-A4-Blatt einen Punkt auf der Häuserfront, an dem man den Scheinwerfer anbringen kann.

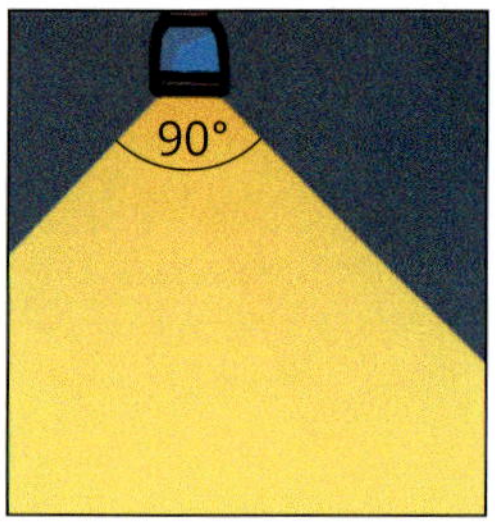

# Katheten- und Höhensatz

**Löst alle Aufgaben in Partnerarbeit.**
Die Klasse 9a sucht nach weiteren Gesetzmäßigkeiten bei rechtwinkligen Dreiecken.

**1**

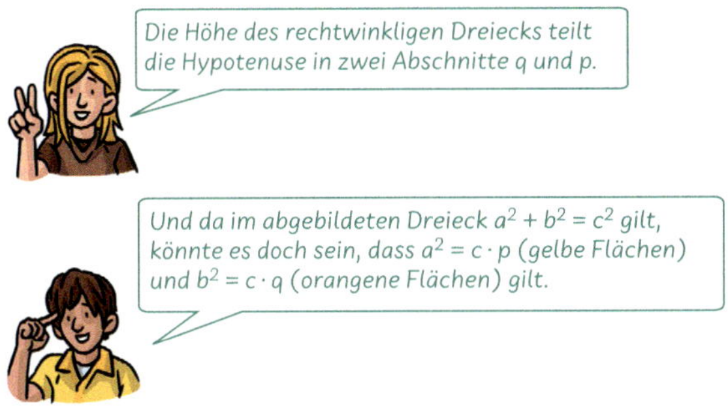


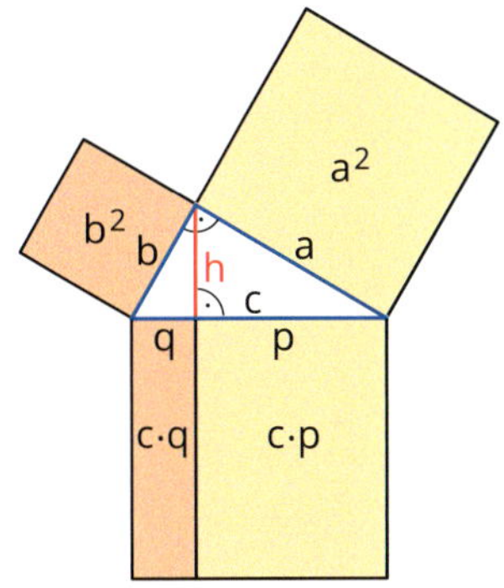


Messt die Längen von a, b, c sowie von p und q und prüft durch Rechnung, ob Yusufs Vermutung richtig sein könnte.

**2** Liam hat das rote Parallelogramm gezeichnet: Parallele durch D zu $\overline{AB}$

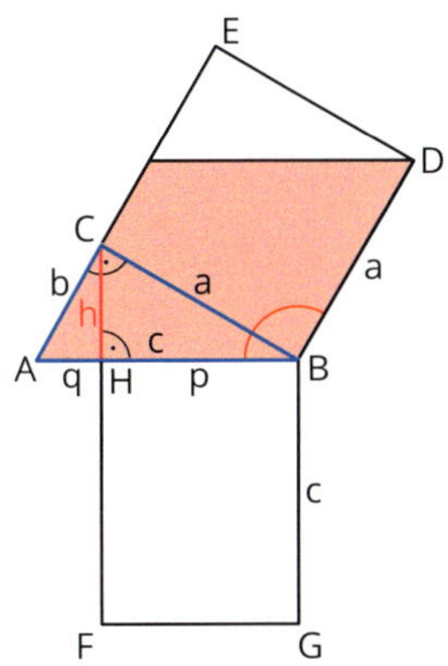


Mia hat das grüne Parallelogramm gezeichnet: Parallele durch G zu $\overline{BC}$

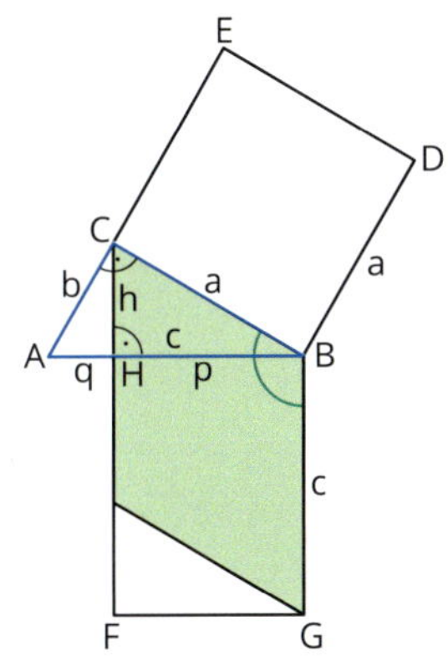


Begründet nacheinander die folgenden Behauptungen von Liam und Mia.
Ⓐ Das rote Parallelogramm hat den Flächeninhalt $A = a^2$.
Ⓑ Das grüne Parallelogramm hat den Flächeninhalt $A = c \cdot p$.
Ⓒ Beide Parallelogramme haben die Seitenlängen a und c.
Ⓓ Die beiden Winkel mit dem roten und dem grünen Winkelbogen sind gleich groß.

Für Parallelogramme gilt als Formel für den Flächeninhalt: A = Grundseite · Höhe

**3** Begründet, dass das rote und das grüne Parallelogramm kongruent sind. Was folgt daraus für Yusufs Vermutung aus Aufgabe 1?

**4** Beweist nun, dass auch $b^2 = c \cdot q$ richtig ist. Stellt euren Beweis der Klasse vor.

**5** Setzt die Rechnung von Elif fort – dann wisst ihr, was sie entdeckt hat.

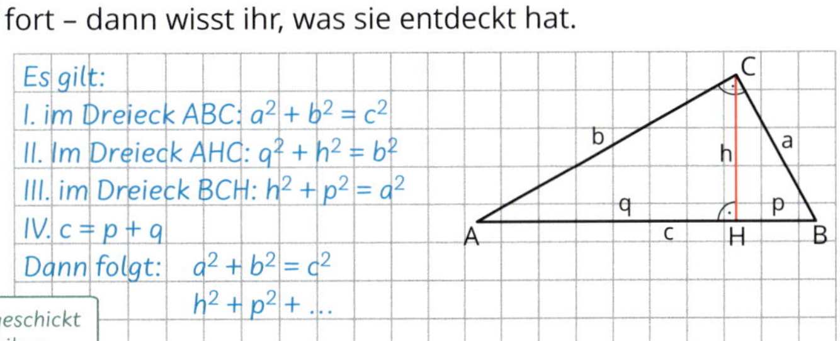

**Kathetensatz**

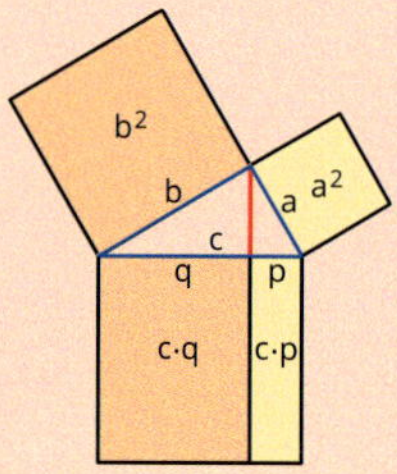


$b^2 = c \cdot q$

$a^2 = c \cdot p$

**Höhensatz**

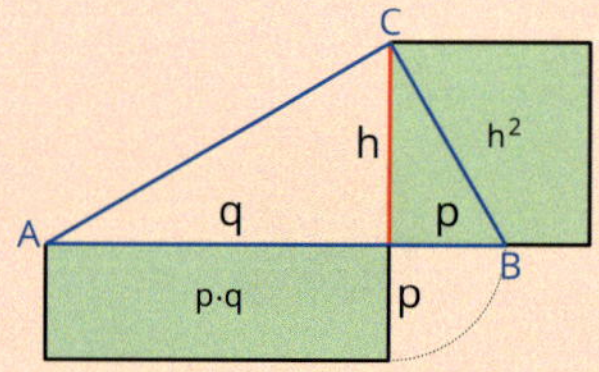


$h^2 = p \cdot q$

Von einem rechtwinkligen Dreieck ($\gamma = 90°$) ist gegeben: a = 6 m; p = 2,5 m
Berechne auf Zentimeter gerundet die Längen von c und h.

| | | | |
|---|---|---|---|
| $a^2 = c \cdot p$ | $\vert : p$ | $h^2 = p \cdot q$ | $\vert \sqrt{}$ |
| $c = a^2 : p$ | \| Werte einsetzen | $h = \sqrt{p \cdot q}$ | \| Werte einsetzen |
| $c = 36 : 2{,}5$ | | $h = \sqrt{2{,}5 \cdot 11{,}9}$ | |
| **c = 14,40 m** | | **h ≈ 5,45 m** | |

Digital+
WES-188264-514

**6** Berechne die rot markierten Strecken. Vergleiche mit anderen.

a)
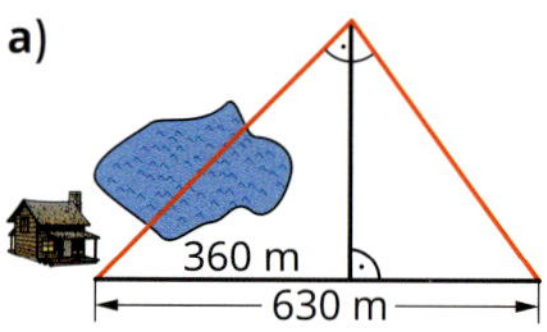


b)
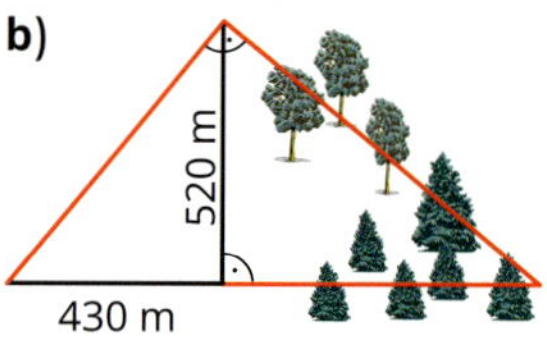


c)
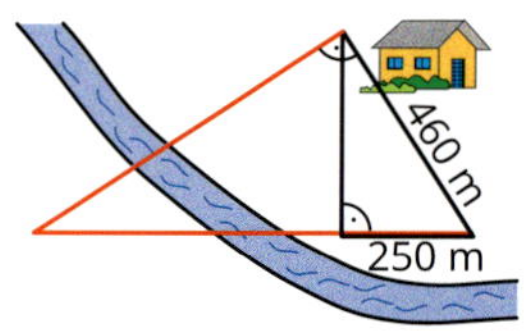


**7** **Partnerarbeit:** Berechnet von dem bei C rechtwinkligen Dreieck die fehlenden Längen von a, b, c, p, q und h. Rundet die Ergebnisse auf Millimeter.
**a)** b = 9 cm und c = 12 cm **b)** p = 4,6 cm und h = 5,9 cm **c)** c = 8,4 cm und q = 3,7 cm

**8** Konstruiere zum abgebildeten Rechteck die Kantenlänge eines Quadrats, das denselben Flächeninhalt wie das Rechteck hat, auf zwei verschiedenen Wegen im Heft:
**a)** mit Hilfe des Höhensatzes
**b)** mit Hilfe des Kathetensatzes

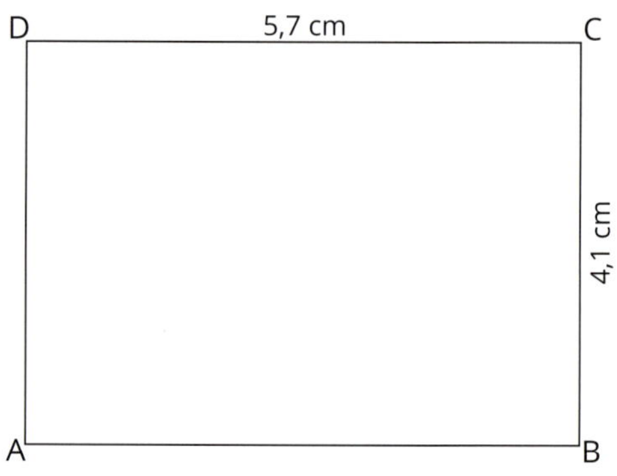


**9** **Partnerarbeit:** Ein Rechteck hat die Seitenlängen x = 8 cm und y = 5 cm. Konstruiert ohne Rechnung ein Quadrat, das denselben Flächeninhalt wie das Rechteck hat.

Wählt p = x und q = y und konstruiert h mit dem Satz des Thales.

**10** Von einem bei C rechtwinkligen Dreieck sind folgende Maße bekannt: a = 11,2 cm und p = 7 cm. Konstruiere das komplette Dreieck, miss die Längen von $h_c$, b, q und c und überprüfe deine Messergebnisse durch Rechnung.

**11** **Partnerarbeit:** Konstruiert zu einem Quadrat mit der Seitenlänge x = 8,7 cm ein Rechteck mit gleichem Flächeninhalt, dessen eine Seite 6,5 cm lang ist.

**Satz des Pythagoras**

In jedem rechtwinkligen Dreieck haben die beiden Kathetenquadrate zusammen denselben Flächeninhalt wie das Hypotenusenquadrat.

$(\text{Kathete } 1)^2 + (\text{Kathete } 2)^2 = (\text{Hypotenuse})^2$

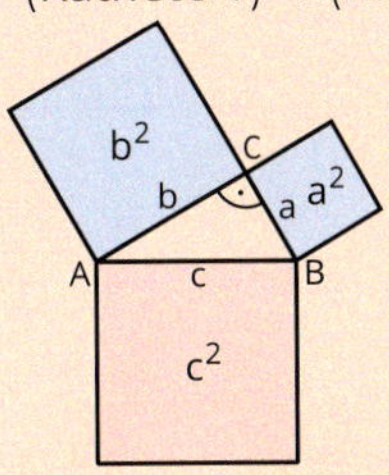


Mit $\gamma$ als rechtem Winkel gilt: $\mathbf{a^2 + b^2 = c^2}$

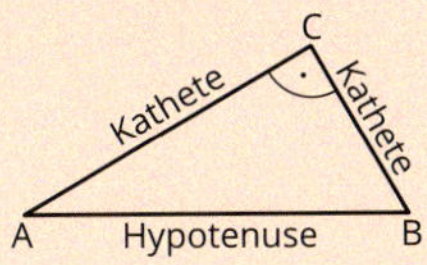


**Berechnungen der Hypotenuse und einer Kathete mit dem Satz des Pythagoras**

| **Hypotenuse** | **eine Kathete** |
|---|---|
| $a = 3{,}2$ cm; $b = 6$ cm; $\gamma = 90°$; $c = $ ▒ | $c = 9$ cm; $b = 5{,}4$ cm $\gamma = 90°$; $a = $ ▒ |
| $c^2 = 3{,}2^2 + 6^2$<br>$c^2 = 10{,}24 + 36$<br>$c \approx 6{,}8$ | $a^2 + 5{,}4^2 = 9^2$<br>$a^2 = 9^2 - 5{,}4^2$<br>$a^2 = 81 - 29{,}16$<br>$a \approx 7{,}2$ |
| Die Hypotenuse c ist ca. 6,8 cm lang. | Die Kathete a ist ca. 7,2 cm lang. |

**Kehrsatz zum Satz des Pythagoras**

Gilt für die Seitenlängen a, b und c eines Dreiecks $a^2 + b^2 = c^2$, dann ist das Dreieck bei C rechtwinklig mit c als Hypotenuse.

Überprüfe, ob das Dreieck rechtwinklig ist.
$a = 8$ cm; $b = 6$ cm; $c = 10$ cm
$8^2 + 6^2 = 10^2$; $64 + 36 = 100$ **wahr**
Das Dreieck ist rechtwinklig.

Der **Satz des Thales und seine Umkehrung**

Wenn C auf einem Kreis mit $\overline{AB}$ als Durchmesser liegt, misst der Winkel bei C 90°.

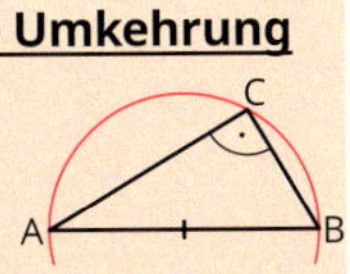


Wenn das Dreieck ABC rechtwinklig ($\gamma = 90°$) ist, dann liegt C auf einem Kreis mit $\overline{AB}$ als Durchmesser.

**1** Berechne die rote Seitenlänge.

**a)**
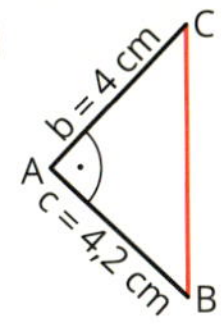


**b)**
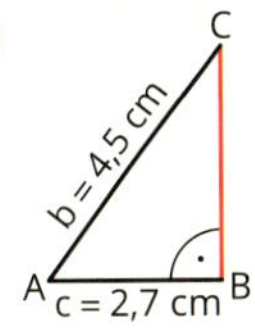


**c)**
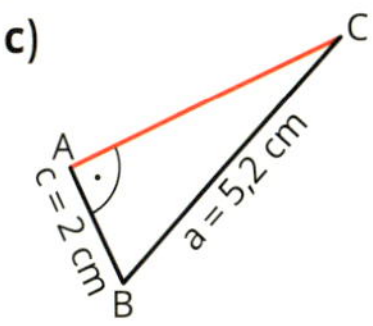


**2** Berechne für das rechtwinklige Dreieck ABC die fehlende Seitenlänge. Erstelle vorher eine Skizze.

**a)** $a = 8{,}4$ cm; $b = 6{,}3$ cm; $\gamma = 90°$
**b)** $a = 6{,}5$ cm; $b = 6$ cm; $\alpha = 90°$
**c)** $b = 15$ cm; $c = 4{,}2$ cm; $\beta = 90°$

**3** Eine Leiter ist 5,5 m lang. Bis zu welcher Höhe reicht die Leiter mindestens an der Hauswand, wenn sie einen Abstand von 1,5 m bis 2 m zur Hauswand haben soll? Runde auf cm.

**4** Berechne die Höhe $h_c$ im gleichschenkligen Dreieck mit $a = b = 8$ cm und $c = 7$ cm.

**5** Berechne die rot gezeichnete Länge (Maße in cm).

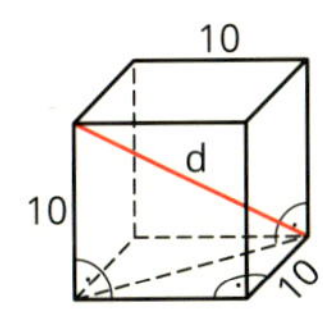


**6** Überprüfe, ob das Dreieck rechtwinklig ist.

**a)** $a = 3{,}2$ cm, $b = 6{,}5$ cm, $c = 7$ cm
**b)** $a = 3{,}5$ cm, $b = 8{,}4$ cm, $c = 9{,}1$ cm
**c)** $a = 37{,}5$ cm, $b = 20$ cm, $c = 42{,}5$ cm

**7** Ist das Dreieck rechtwinklig?

**a)** $a = 8$ cm; $b = 15$ cm; $c = 17$ cm
**b)** $a = 11$ cm; $b = 14$ cm; $c = 20$ cm

**8** Gib die fehlenden Winkel an.

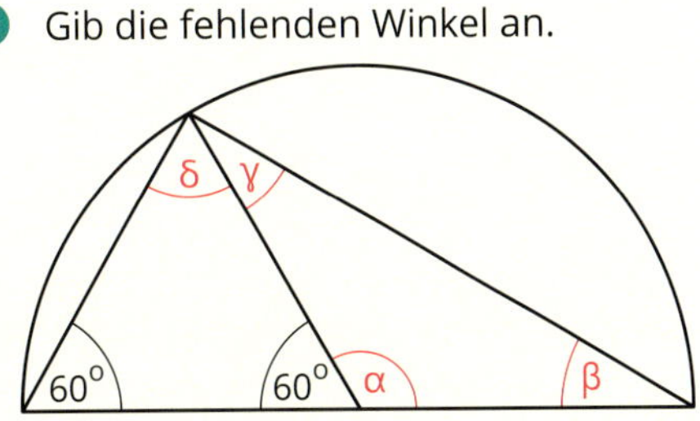

**1** Notiere alle Gleichungen, die nach dem Satz des Pythagoras in der Figur gelten.

a)
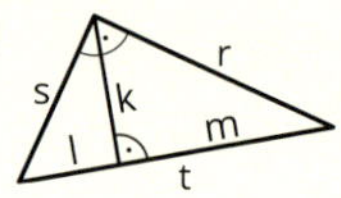


b)
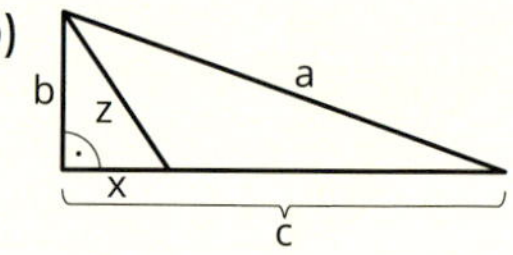


**2** Berechne die fehlende Seitenlänge. Runde das Ergebnis auf mm.

a)
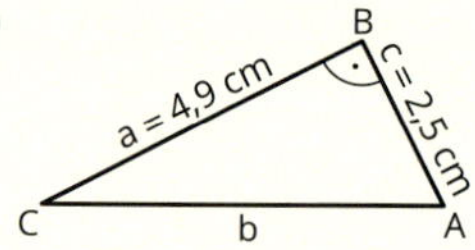


b)
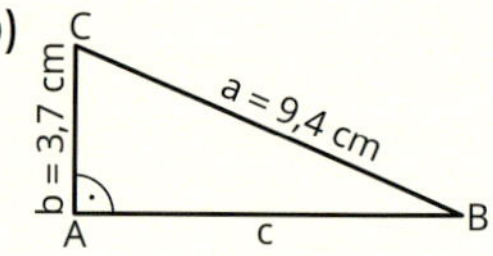


**3** Eine Rampe für Rollstuhlfahrer und Personen mit Kinderwagen ist 3,05 m lang. Welche Höhe wird damit überwunden?

**4** Liegen die Seiten a und b senkrecht zueinander?

**a)** $a = 3{,}6$ cm; $b = 2{,}7$ cm; $c = 4{,}5$ cm

**b)** $a = 2{,}5$ cm; $b = 1{,}0$ cm; $c = 2{,}7$ cm

**5** Berechne alle drei Diagonalen der Seitenflächen des Quaders mit $a = 7{,}5$ cm; $b = 3{,}2$ cm; $c = 10$ cm.

**6** Fertige eine Skizze an. Stelle dann eine Gleichung auf, die zur Situation der Aufgabe passt. Löse die Gleichung und formuliere einen Antwortsatz.

**a)** Der Mast ist 45 m hoch; die Halteseile sind 20 m vom Mast entfernt im Boden befestigt. Wie lang ist ein Halteseil?

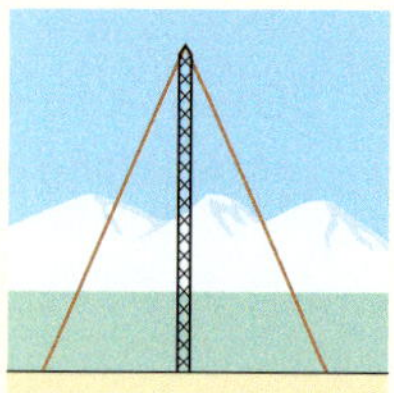

**b)** Für einen Farbanstrich wird 1 ℓ Farbe auf 5 $m^2$ gerechnet. Wie viel Liter Farbe sind für das Streichen der Giebelfläche notwendig?

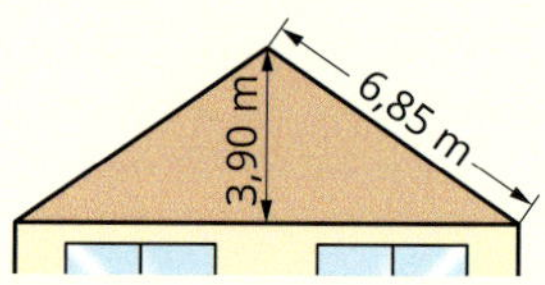


**7** Die Seitenlänge eines gleichseitigen Dreiecks beträgt 12 cm. Berechne die Länge der Höhe h.

**8** Berechne die Länge der rot eingezeichneten Strecken. Runde auf eine Stelle nach dem Komma.

a)
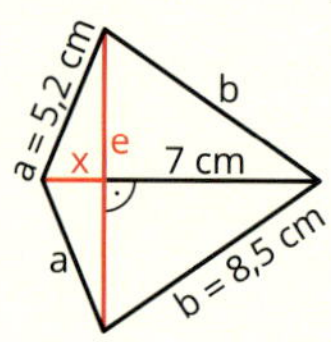


b)
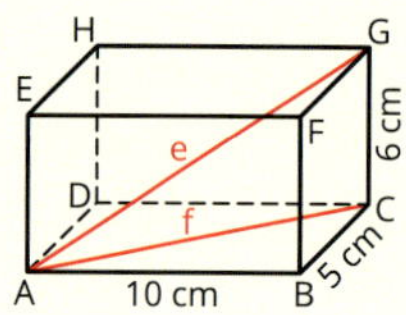


c)
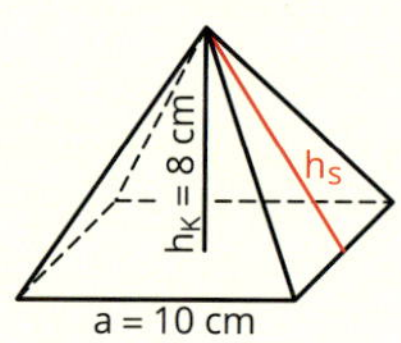


**9** In der Bauanleitung eines Drachens mit den Seitenlängen 41 cm und 65 cm werden die Längen der Diagonalleisten mit 58 cm und 87 cm angegeben. Überprüfe, ob die Angaben stimmen können.

**10** Konstruiere zum abgebildeten Quadrat ein Rechteck mit gleichem Flächeninhalt, dessen eine Seite die Länge der Strecke $\overline{PQ}$ hat.
Tipps: Greife alle abgebildeten Längen mit dem Zirkel ab. Wähle für die Quadratseite die Dreiecksseite a und für die Strecke $\overline{PQ}$ den Hyptenusenabschnitt p.

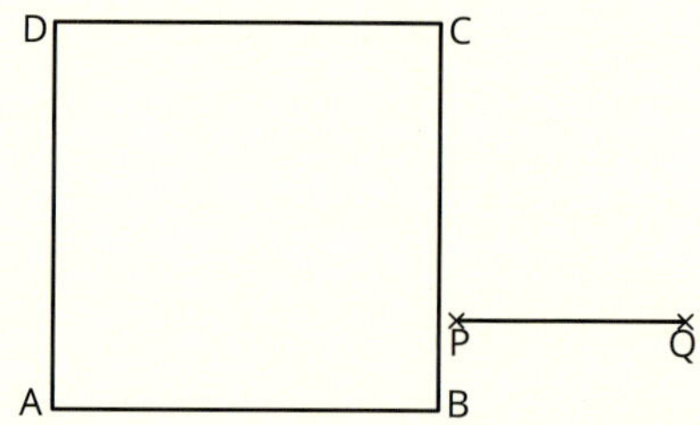

# Prozent- und Zinsrechnung

# 6

Gehaltsabrechnung KUR IMMOBILIEN

**Ilona Kaiser**

| | |
|---|---|
| Steuerklasse | I |
| Peronalnummer | 072612 |
| Kinderfreibeträge | 0 |
| Konfession | ev. |

| | |
|---|---|
| **Bruttolohn** | **2600,00 €** |
| Lohnsteuer | 226,50 € |
| Solidaritätszuschlag | 0,00 € |
| Kirchensteuer | 24,88 € |
| Krankenversicherung | 211,90 € |
| Rentenversicherung | 241,80 € |
| Pflegeversicherung | 48,75 € |
| Arbeitslosenversicherung | 31,20 € |
| **Nettolohn** | **1815,47 €** |

## In diesem Kapitel lernst du, …

… die Prozentrechnung im Alltag anzuwenden,
… wie du mit dem Wachstumsfaktor rechnen kannst,
… mit Rabatt und Skonto zu rechnen,
… die Zinsrechnung in Sachaufgaben anzuwenden.

# Löse die folgenden Aufgaben und schätze dich ein.

**1** Wandle den Prozentsatz in eine Dezimalzahl um und umgekehrt.

**a)** 15 % 76 % 12,5 % 130 % 82 % 40 %
**b)** 0,16 0,32 1,5 0,08 0,92 2,3

Ich kann Prozentsätze in Dezimalzahlen umwandeln und umgekehrt.
Das kann ich gut. ☺ Ich bin noch unsicher. → S. 203, A 1–2

**2** Wandle den Prozentsatz in einen gekürzten Bruch um und umgekehrt.

**a)** 50 % 25 % 1 % 10 % 60 % 90 %
**b)** $\frac{3}{4}$ $\frac{1}{5}$ $\frac{3}{5}$ $\frac{3}{10}$ $\frac{21}{50}$ $\frac{11}{100}$

Ich kann Prozentsätze in Brüche umwandeln und umgekehrt.
Das kann ich gut. ☺ Ich bin noch unsicher. → S. 203, A 3–5

**3** Berechne den Prozentwert im Kopf.

**a)** 10 % von 80 €
**b)** 20 % von 300 g
**c)** 25 % von 480 €
**d)** 150 % von 800 kg
**e)** 50 % von 1 200 g

Ich kann einfache Prozentwerte im Kopf berechnen.
Das kann ich gut. ☺ Ich bin noch unsicher. → S. 204, A 1–2

**4** Berechne den fehlenden Wert mit dem Taschenrechner.

| | p % | W | G |
|---|---|---|---|
| **a)** | 45 % | | 72 € |
| **b)** | 34 % | | 890 m |
| **c)** | 13 % | 234 € | |
| **d)** | 37 % | 277,5 $m^2$ | |
| **e)** | | 7,50 cm | 50 cm |
| **f)** | | 330 g | 2 kg |

Ich kann gesuchte Werte bei Prozentaufgaben berechnen.
Das kann ich gut. ☺ Ich bin noch unsicher. → S. 204, A 3–4
→ S. 205, A 1–4

**5** Lisa zahlt die Geldgeschenke von ihrem Geburtstag in Höhe von 800 € auf ihr Tagesgeldkonto ein. Vorher hatte sie bereits 240 € auf diesem Konto. Sie erhält pro Jahr 2,5 % Zinsen.
Berechne, wie viel Geld sie nach einem Jahr auf ihrem Konto hat, wenn sie kein Geld mehr zusätzlich einzahlt.

Ich kann Jahreszinsen berechnen.
Das kann ich gut. ☺ Ich bin noch unsicher. → S. 206, A 1–2

# Erneuerbare Energie

Die Energiewende verändert Deutschland. Es wird immer mehr elektrischer Strom aus erneuerbaren Energien wie z. B. Windenergie, Wasserkraft oder Photovoltaik (Strom aus Sonnenenergie) erzeugt. Im Jahr 2023 wurden insgesamt 273 Terawattstunden (TWh) Strom durch erneuerbare Energien erzeugt.
1 TWh = 1 Milliarde Kilowattstunden (kWh)

**Strom aus erneuerbaren Energien**

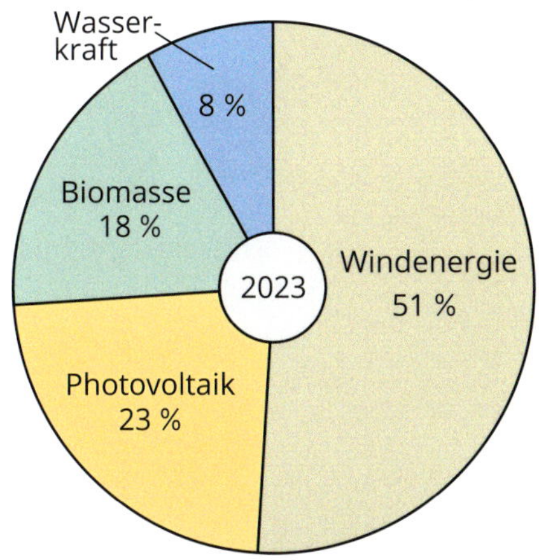


**1** Lies in der Grafik ab.
**a)** Welche erneuerbare Energie hatte bei der Stromerzeugung im Jahr 2023 den größten Anteil?
**b)** Wie hoch war der prozentuale Anteil von Wasserkraft?

**2** Berechne, wie viel TWh Strom im Jahr 2023 jeweils durch Wasserkraft und Photovoltaik erzeugt wurden.

**3** Im Jahr 2023 lag der Anteil der erneuerbaren Energie an der Gesamtstromerzeugung bei 56 %. Berechne, wie viel TWh Strom im Jahr 2023 insgesamt erzeugt wurden.

**4** Durch Windkraft wurde im Jahr 2023 zwölf Prozent mehr Energie erzeugt als vier Jahre zuvor. Berechne, wie viel TWh im Jahr 2019 durch Windenergieanlagen erzeugt wurden.

**5** Die Privathaushalte in Deutschland verbrauchen ca. 135 TWh Strom im Jahr. Kann man sie dann nur mit Windenergie versorgen? Begründe deine Antwort.

**6** Mit Biomasse wird neben Strom auch Wärmeenergie zum Heizen erzeugt: im Jahr 2023 waren es 158 TWh. Jana meint erstaunt: *Dann wird nur ca. ein Viertel der Biomasse zur Stromerzeugung verwendet!* Hat sie Recht? Begründe.

# Prozentuale Erhöhung und Verminderung

**1** **Partnerarbeit:**

*Preiserhöhung um 25 %*
*alter Preis | neuer Preis*
*500 € | ▢*
*100 % + 25 % = 125 % = 1,25*
*Rechnung: 500 € · ▢ = ▢*

*Preissenkung um 20 %*
*alter Preis | neuer Preis*
*800 € | ▢*
*100 % − 20 % = 80 % = ▢*
*Rechnung: 800 € · ▢ = ▢*

Besprecht das Tafelbild und überlegt, wie der neue Preis berechnet werden kann.

**2** Mit welchen Faktoren kannst du den Endpreis in einem Schritt berechnen?
**a)** Erhöhung um 15 %, 50 %, 5 % **b)** Verminderung um 15 %, 5 %, 2 %

Eine prozentuale Erhöhung oder eine prozentuale Verminderung kannst du schnell mit dem **Wachstums- oder dem Abnahmefaktor** berechnen.

**Prozentuale Erhöhung**
① Addiere den Prozentsatz zu 100 %.
② Wandle dein Ergebnis von ① in eine Dezimalzahl (Wachstumsfaktor) um.
③ Multipliziere den Grundwert mit dem Wachstumsfaktor.

**Prozentuale Verminderung**
① Subtrahiere den Prozentsatz von 100 %.
② Wandle dein Ergebnis von ① in eine Dezimalzahl (Abnahmefaktor) um.
③ Multipliziere den Grundwert mit dem Abnahmefaktor.

Der alte Preis beträgt 180 € und wird um 16 % erhöht. Neuer Preis?
① 100 % + 16 % = 116 %
② 116 % = 1,16
③ 180 € · 1,16 = **208,80 €**

Der alte Preis beträgt 560 € und wird um 33 % reduziert. Neuer Preis?
① 100 % − 33 % = 67 %
② 67 % = 0,67
③ 560 € · 0,67 = **375,20 €**

Digital+
WES-188264-611

**3** **a)** Familie Scheu bekommt eine Mieterhöhung von 4 %. Die alte Miete betrug 750 €. Berechne die Miete nach der Mieterhöhung.
**b)** Ein Neuwagen verliert nach einem Jahr etwa 24 % seines Wertes. Wie viel ist ein Auto mit einem Neupreis von 35 000 € nach einem Jahr noch wert?

**4** Gib zum Wachstums- oder Abnahmefaktor die Preisänderung in Prozent an.
**a)** 1,7: ▢ % Erhöhung **b)** 1,25: ▢ % Erhöhung **c)** 1,005: ▢ % Erhöhung
**d)** 0,5: ▢ % Verminderung **e)** 0,85: ▢ % Verminderung **f)** 0,995: ▢ % Verminderung

**5** Berechne den neuen Preis.

**6** Inlineskater kosten 95 €, dazu wird die Mehrwertsteuer von 19 % verlangt. Auf den Gesamtpreis erhält man im Ausverkauf 20 % Rabatt. Berechne den neuen Preis.

# Rabatt und Skonto

**1** **Partnerarbeit:**
Eine Schule möchte für einen Jahrgang Taschenrechner bestellen und erhält das aufgeführte Angebot. Berechne die Endsumme. Berücksichtige auch das Skonto.

**Angebot:**

| | | |
|---|---|---|
| 120 Taschenrechner à 11,20 € …… | 1 344 | € |
| abzüglich 12 % Schulrabatt …….. | | € |
| Zwischensumme ……………… | | € |
| zuzüglich 19 % MwSt. …………… | | € |
| Endsumme ………………… | | € |

Bei Zahlung innerhalb v. 14 Tagen, 2 % Skonto

**Rabatt**
Ein Rabatt ist ein Preisnachlass, der beim Kauf großer Mengen, im Ausverkauf oder bei speziellen Verkaufsaktionen gewährt wird.

Beim Ausverkauf bekommt Fatme 20 % Rabatt auf die 84 € teure Jeans. Wie viel muss sie bezahlen?
84 € · 0,8 = **67,20 €**
Fatme muss 67,20 € bezahlen.

**Skonto**
Skonto ist ein Preisnachlass, der bei Bezahlung innerhalb einer Frist gewährt werden kann.

Da Toni das Motorrad bar bezahlt, erhält er vom Händler 3 % Skonto. Wie viel muss er zahlen?
4 650 € · 0,97 = **4 510,50 €**
Toni zahlt 4 510,50 €.

Digital+
VES-188264-612

**2** **Partnerarbeit:**
Erklärt euch gegenseitig mit Hilfe des Beispiels die Begriffe Rabatt und Skonto.

*„40 % auf alles und bei sofortiger Bezahlung zusätzlich 3 % billiger."*

**3** Wie viel Euro werden bei der Bestellung eingespart?

| **a)** | **b)** | **c)** | **d)** |
|---|---|---|---|
| Artikel: Basketball | Artikel: Sprachbuch 09 | Artikel: Mikroskop | Artikel: Amperemeter |
| Menge: 11 Stück | Menge: 95 Stück | Menge: 6 Stück | Menge: 14 Stück |
| Einzelpreis: 21,75 € | Einzelpreis: 15,20 € | Einzelpreis: 106,15 € | Einzelpreis: 90,35 € |
| Rabatt: 4 % | Rabatt: 3 % | Rabatt: 12 % | Rabatt: 8 % |

**4** Welcher Betrag muss bezahlt werden?
**a)** Firma Linax erhält auf den Rechnungsbetrag von 2 356,70 € einen Rabatt von 5 %.
**b)** Ulrike erhält die Malerrechnung über 1 420 €. Hinzu kommen noch 19 % MwSt.
**c)** Firma Arlt bestellt Werkzeuge zum Preis von 648,30 €. Sie zieht 2 % Skonto ab.

**5** Zum Preis von 200 € werden noch 19 % MwSt. hinzugerechnet und 5 % Rabatt gewährt.
Peter möchte 5 % abziehen und dann 19 % MwSt. hinzurechnen. Monika sagt: „Die Reihenfolge ist egal."
Hat Monika recht?
Überprüfe durch die nebenstehende Rechnung und begründe deine Antwort.

| | | | |
|---|---|---|---|
| *Preis* | *200 €* | *Preis* | *200 €* |
| *19 % MwSt.* | | *5 % Rabatt* | |
| *Zwischensumme:* | | *Zwischensumme:* | |
| *5 % Rabatt* | | *19 % MwSt.* | |
| *Endpreis:* | | *Endpreis:* | |

*200 €* —·▢→ ▢ —·▢→ *Endpreis*

# Bruttolohn – Nettolohn

**1** Recherchiere Begriffe aus Herrn Cetins Gehaltsabrechnung, die du nicht kennst, im Internet und erkläre sie der Klasse.

**GEHALTSABRECHNUNG** FUCHS Bau

**Malek Cetin**

| | |
|---|---|
| Steuerklasse | I |
| Peronalnummer | 103467 |
| Kinderfreibeträge | 0 |
| Konfession | - |

| **Steuerplichtiger Bruttolohn** | **2975,00 €** |
|---|---|
| Lohnsteuer | 312,53 € |
| Solidaritätszuschlag | 0,00 € |
| Kirchensteuer | 0,00 € |
| Krankenversicherung | 233,54 € |
| Rentenversicherung | 276,68 € |
| Pflegeversicherung | 68,43 € |
| Arbeitslosenversicherung | 38,68 € |

**2** Lohnsteuer, Solidaritätszuschlag, Kirchensteuer, Krankenversicherung, Rentenversicherung, Pflegeversicherung und Arbeitslosenversicherung sind die gesetzlichen Abzüge vom Bruttolohn.
Wie hoch ist die Gesamtsumme der gesetzlichen Abzüge bei Herrn Cetin?
Wie viel Euro bekommt er netto ausgezahlt?

**Sozialabgaben (in % vom Bruttolohn), die der Arbeitnehmer zahlt.**[1]

Rentenversicherung: 9,3 %
Arbeitslosenversicherung: 1,3 %
Krankenversicherung[2]: 7,85 %
Pflegeversicherung: 2,3 %

[1] Stand 2024
[2] Abhängig von der jeweiligen Krankenkasse

**3** Überprüfe die Sozialabgaben von Herrn Cetin.
**a)** Wie viel Prozent seines steuerpflichtigen Bruttolohns machen sie insgesamt aus?
**b)** Berechne seine Sozialabgaben in €.

Vom Bruttolohn wird die Lohnsteuer abgezogen. Du kannst sie aus einer Lohnsteuertabelle aus dem Internet ablesen.

**Lohnsteuer 2024 in Steuerklasse I**

| Bruttolohn | Lohnsteuer |
|---|---|
| 600 € | 0,00 € |
| 1 000 € | 0,00 € |
| 1 365 € | 0,91 € |
| 1 400 € | 5,66 € |
| 1 500 € | 20,00 € |
| 1 800 € | 72,08 € |
| 2 000 € | 110,41 € |
| 2 500 € | 214,00 € |
| 2 796 € | 276,41 € |
| 3 200 € | 368,16 € |
| 3 600 € | 462,50 € |

Die Summe der Sozialabgaben wird als Sozialversicherung zusammengefasst.

**4** Bestimme die Höhe der Sozialversicherung und der Lohnsteuer (Steuerklasse I) vom angegebenen Bruttolohn.

**5** Frau Müller ist in der evangelischen Kirche und bezahlt dafür 9 % ihrer Lohnsteuer an Kirchensteuer.
Sie verdient 3 200 € brutto.
Berechne ihren Nettolohn.

# Vermischte Aufgaben

**1** Timo macht eine Ausbildung im Einzelhandel. Sein Anfangsgehalt beträgt 900 € und steigt im Laufe der Ausbildung um 30 %. Berechne, wie hoch Timos Gehalt am Ende seiner Ausbildung ist.

**2** Übertrage die Tabelle in dein Heft und berechne die fehlende Größe.

| alter Preis | a) 460 € | b) 340,60 € | c) 14 950 € | d) ■ € | e) ■ € |
|---|---|---|---|---|---|
| Erhöhung bzw. Minderung | Erhöhung 6 % | Erhöhung ■ % | Minderung ■ % | Minderung 4 % | Minderung 14 % |
| neuer Preis | ■ € | 362,74 € | 14 352 € | 12 € | 2 141,14 € |

**3** Herr Ulm erhält nach 39 % Abzügen (Steuern und Sozialabgaben) 1 861,11 € ausgezahlt.
**a)** Berechne seinen Bruttolohn (vor den Abzügen).
**b)** Nach einer Steuersenkung hat er nur noch 33 % Abzüge. Berechne den neuen Nettolohn.

**4** Die Miete wird zum 1. Juni um 12,5 % erhöht. Wie hoch war die alte Miete, wie hoch ist die neue?
**a)** Familie Ludwig im 2. Stock muss nun 52,89 € mehr Miete im Monat bezahlen.
**b)** Herr Bingöl im 1. Stock bezahlte vor der Erhöhung 420 € Miete.
**c)** Frau Bleul im obersten Stock muss nun 621,25 € Miete zahlen.

**5** Eine Schulband plant ein Konzert. Lisa gehört zum Veranstaltungsteam und macht eine Kostenaufstellung. Die Band und das Veranstaltungsteam arbeiten kostenlos. Da die Band den Gewinn spenden möchte, erhält sie vom Vermieter der Location einen Rabatt von 30 %. Um unvorhergesehene Kosten decken zu können, addiert Lisa zu ihren gesamten Kosten noch 15 % dazu.
**a)** Lisa plant mit einem Eintrittspreis von 5 €. Wie viele Besucher müssen kommen, damit die Kosten gedeckt sind?
**b)** Es kamen 850 Besucher. Wie viel Geld kann gespendet werden?

*Eine Location ist ein Veranstaltungsort.*

| Kosten |
|---|
| Technik: 1 200 € |
| Werbung: 200 Flyer je 1,80 € |
| Location-Miete (ohne Rabatt): 650 € |

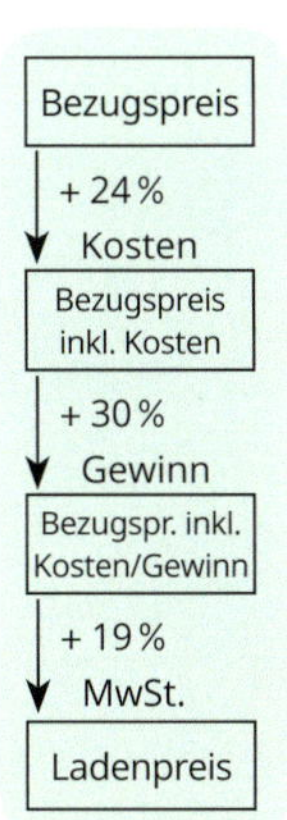


**6** **a)** Die Firma Löwe liefert 250 Drucker an ein Kaufhaus. Berechne den Rechnungsbetrag und den Bezugspreis für einen Drucker, den das Kaufhaus zahlt.
**b)** Das Kaufhaus kalkuliert seinen Ladenpreis mit 24 % Kosten, 30 % Gewinn und 19 % MwSt. Zu welchem Preis wird ein einzelner Drucker angeboten?
**c)** Wie viel € betragen die Kosten, der Gewinn und die MwSt. zusammen je Drucker? Wie viel Prozent des Bezugspreises sind das?
**d)** Berechne alle Anteile in Prozent vom Ladenpreis und stelle den Sachverhalt in einem Kreisdiagramm dar.

Ihre Bestellung vom 4. April
Artikel: Drucker MTX-V3

| | |
|---|---|
| 250 Stück à 137 € | ___ € |
| 5 % Mengenrabatt | – ___ € |
| | ___ € |
| 2 % Nachlass | – ___ € |
| bei Barzahlung | ___ € |
| Fracht | + 240 € |
| Bezugspreis | ___ € |

**Die Ergebnisse der Aufgaben 1 bis 6 ergeben zwei berühmte Vulkane der Erde.**

**1** Berechne schriftlich oder im Kopf.

**a)** $20 : 0{,}5$ **b)** $4{,}2 : 7$

**c)** $6 \cdot 9 \cdot 0{,}1$ **d)** $0{,}6 \cdot 2{,}5$

**2** Zeichne die Dreiecke ① bis ④ in ein Koordinatensystem (Einheit 1 cm).

① A(1|1) B(4|1) C(1|5) ② A(4|4) B(4|7) C(2|7)

③ A(5|1) B(7|1) C(5|4) ④ A(5|5) B(8|2) C(8|8)

**a)** Dreieck ① hat einen Flächeninhalt von ■ $cm^2$.

**b)** Welche Dreiecke sind kongruent?

① und ② (12) ② und ③ (23)

① und ③ (13) ④ und ① (41)

**3** Hier ist der Notenspiegel eines Tests für die Schülerinnen und Schüler der Klasse 9a.

| Note | 1 | 2 | 3 | 4 | 5 | 6 |
|---|---|---|---|---|---|---|
| Anzahl | 1 | 4 | 9 | 7 | 3 | 1 |

**a)** Wie viele Teilnehmer gab es?

**b)** $\frac{1}{5}$ der Noten sind besser als ■.

**c)** Der Mittelwert der Testnoten beträgt ■.

**4** Aus Zinkblech $\left(\text{Dichte: } 7\,\frac{g}{cm^3}\right)$ wurde eine 0,5 cm dicke Platte hergestellt.

**a)** Die graue Plattenfläche ist ■ $cm^2$ groß.

**b)** Die Platte wiegt ■ kg.

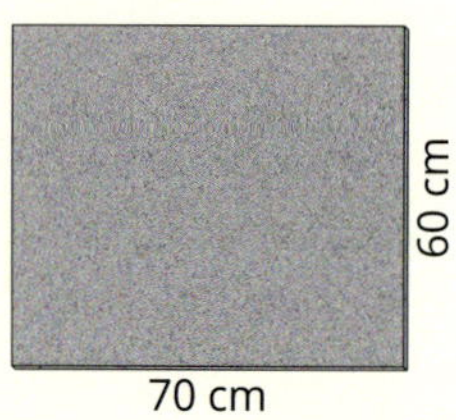


**5** **a)** $\frac{2}{3}$ von 120 $cm^2$ = ■ $cm^2$ **b)** $\frac{2}{5}$ von 1,5 m = ■ cm

**c)** $\frac{3}{4}$ von 0,2 ℓ = ■ ℓ **d)** $\frac{9}{10}$ von 0,8 km = ■ km

**6** Ein Wasserbehälter hat ein Volumen von 14,4 $m^3$.

**a)** Wie viel ℓ Wasser passen hinein?

**b)** Wenn in jeder Minute 20 ℓ hineinfließen, dauert das vollständige Füllen ■ Stunden.

| | | |
|---|---|---|
| A 0,15 | T 0,6 | T 0,72 |
| O 1,5 | R 2 | L 3 |
| I 3,4 | R 5,4 | M 6 |
| A 9,9 | P 10 | U 12 |
| F 13 | R 14,7 | I 15 |
| B 23 | O 25 | S 40 |
| G 41 | K 60 | T 75 |
| A 80 | F 225 | E 375 |
| K 4200 | E 8000 | A 14400 |

# Wiederholung: Zinsen

**Jahreszinsen**
Die Zinsen Z für ein ganzes Jahr berechnest du durch Multiplizieren des Kapitals K mit dem Zinssatz p %.

Zinsen für ein Jahr: $Z = K \cdot p\,\%$

**Zinsen für den Bruchteil eines Jahres**
Die Zinsen für einen Bruchteil eines Jahres berechnest du durch Multiplizieren der Jahreszinsen mit dem Bruchteil des Jahres. (Zinsjahr: 360 Tage)

Zinsen für **t** Tage: $Z = K \cdot p\,\% \cdot \frac{t}{360}$

Zinsen für **m** Monate: $Z = K \cdot p\,\% \cdot \frac{m}{12}$

Lilly erhält bei ihrer Bank auf ihr Kapital von 12 000 € im Jahr 1,5 % Zinsen. Berechne, wie viel Euro das im Jahr sind.
$Z = 12\,000\,€ \cdot 0{,}015 = \mathbf{180\,€}$
Pro Jahr erhält sie 180 € Zinsen.

Ben bekommt von seiner Bank einen Kredit über 5 000 € zu einem Jahreszins von 3,6 %.
Wie viel Euro muss er pro Monat an Zinsen bezahlen?
$Z = 5\,000\,€ \cdot 0{,}036 \cdot \frac{1}{12} = \mathbf{15\,€}$
Pro Monat muss er 15 € Zinsen zahlen.

Digital+
WES-188264-613

1 Am Jahresanfang zahlt Laura 6 000 € auf ihr Tagesgeldkonto. Am Jahresende bekommt sie 0,55 % Zinsen dazu. Wie viel Euro hat Laura dann insgesamt auf dem Konto?

2 Berechne die fehlenden Werte.

| | a) | b) | c) | d) | e) | f) | g) |
|---|---|---|---|---|---|---|---|
| **Kapital K** | 7 200 € | 3 200 € | | | | 12 500 € | 870 € |
| **Zinssatz p %** | 1,5 % | 0,6 % | 2 % | 0,3 % | 2,5 % | | |
| **Zinsen Z** | | | 35 € | 90 € | 26,50 € | 81,25 € | 0,87 € |

3 Tina möchte sich einen Motorroller kaufen und braucht daher kurzfristig einen Kredit über 2 500 € von ihrer Bank. Durch einen Banken-Vergleich im Internet findet sie ein günstiges Angebot über 0,68 % Zinsen mit einer Laufzeit von einem Jahr. Berechne, wie viel Tina im Monat bei diesem Angebot zurückbezahlen muss.

*Dispozinsen zahlst du, wenn du dein Konto überziehst.*

4 Herr Magelt hat sein Girokonto um 450 € überzogen. Für diesen Kredit verlangt die Bank einen Dispozins von 11,5 %. Wie viel Zinsen muss Herr Magelt für diesen Kredit bezahlen?

5 Recherchiert im Internet nach verschiedenen Kreditangeboten. Wer findet das beste Angebot für ein Darlehen über 20 000 €? Berechnet, wie viel Zinsen ihr nach einem Jahr bezahlen müsstet.

6 **a)** Herr Marx hat 30 Tage lang sein Girokonto um 2 000 € überzogen. Der Zinssatz für Schulden dieser Art beträgt bei seiner Bank 14 %. Wie viel Zinsen muss Herr Marx zahlen?
**b)** Frau Kowalski hat 4 600 € auf ihrem Sparkonto, der Zinssatz ist 3 %. Nach 4 Monaten löst sie das Konto auf. Wie viel Euro bekommt sie insgesamt ausbezahlt?

# Tilgung von Krediten durch Ratenzahlung

**1** Herr Martin ist ein begeisterter Segler und möchte sich für die neue Saison ein eigenes Boot zulegen. 5 000 € hat er schon angespart. Für die restlichen 10 000 € bietet ihm die Bank einen Kredit zu 2,5 % an. Jährlich kann Herr Martin 1 200 € als Kreditrate für die Rückzahlung beiseitelegen.
Wie lange dauert es, bis der Kredit abbezahlt ist?
Erstelle mit einem Tabellenkalkulationsprogramm solch einen Tilgungsplan.

*Die Jahreszinsen berechnest du hier mit der Zinsformel: „B8*$C$4/100". Mit dem „$"-Zeichen greifst du immer auf das gleiche Feld zu.*

*Statt C8 mit der Tastatur zu schreiben, klicke ich einfach auf die Zelle C8.*

D8 =$B$4-C8

| | A | B | C | D | E |
|---|---|---|---|---|---|
| 1 | **Tilgungsplan** | | | | |
| 2 | | | | | |
| 3 | Kreditsumme | Kreditrate | Zinssatz in % | | |
| 4 | 10000 | 1200 | 2,5 | | |
| 5 | | | | | |
| 6 | **Jahre** | **Schulden am** | **Zinsen** | **Tilgung** | **Restschuld am** |
| 7 | | **Jahresanfang** | | | **Jahresende** |
| 8 | Jahr 1 | 10000,00 | 250,00 | 950,00 | 9050,00 |
| 9 | Jahr 2 | 9050,00 | | | |

*Die Tilgung ergibt sich, wenn du von der Kreditrate die Zinsen abziehst.*

Bei einem Bankkredit müssen regelmäßig Rückzahlungen in Form von **Kreditraten** erfolgen.

Die **Kreditrate** setzt sich zusammen aus **Zinsen** und **Tilgung**.

Die **Zinsen** sind der Betrag, den die Bank für die Bereitstellung des Kredits einnimmt.

Die **Tilgung** ist der Betrag, um den die Schuldensumme tatsächlich verringert wird. Durch Abzug der Tilgung von den Schulden am Jahresanfang ergibt sich die Restschuld am Jahresende.

C8 =B8*$C$4/100

| | A | B | C | D | E |
|---|---|---|---|---|---|
| 1 | **Tilgungsplan** | | | | |
| 2 | | | | | |
| 3 | Kreditsumme | Kreditrate | Zinssatz in % | | |
| 4 | 10000 | 1200 | 2,5 | | |
| 5 | | | | | |
| 6 | **Jahre** | **Schulden am** | **Zinsen** | **Tilgung** | **Restschuld am** |
| 7 | | **Jahresanfang** | | | **Jahresende** |
| 8 | Jahr 1 | 10000,00 | 250,00 | 950,00 | 9050,00 |
| 9 | Jahr 2 | 9050,00 | 226,25 | 973,75 | 8076,25 |
| 10 | Jahr 3 | 8076,25 | 201,91 | 998,09 | 7078,16 |
| 11 | Jahr 4 | 7078,16 | 176,95 | 1023,05 | 6055,11 |
| 12 | Jahr 5 | 6055,11 | 151,38 | 1048,62 | 5006,49 |
| 13 | Jahr 6 | 5006,49 | 125,16 | 1074,84 | 3931,65 |
| 14 | | | | | |

*Um die Spalten zu ergänzen und die Formeln zu übertragen, klicke mit der Maus auf das kleine Quadrat und ziehe dieses nach unten.*

*Hier kannst du ablesen, wann die Restschuld Null ist und der Kredit abbezahlt ist.*

**2** **a)** Berechne die Laufzeit des Kredites, wenn Herr Martin einen Zinssatz von 1,99 % (0,8 %) erhält.
**b)** Ermittle die Laufzeit, wenn sich durch den Kauf eines Bootsanhängers die Kreditsumme um 2 500 € erhöht.
**c)** Wie lange muss er den Kredit bedienen, wenn es ihm gelingt, eine jährliche Rate von 1 500 € (2 000 €) beiseite zu legen?

Du kannst mit der Tabelle aus Aufgabe 1 arbeiten. Du musst nur geeignete Werte verändern.

*Einen Kredit bedienen heißt, die monatlichen Rückzahlungen zu leisten.*

**3** Familie Metin möchte ein E-Auto kaufen.
Die Bank bietet für den Kredit einen Zinssatz von 2,2 %.
Die Metins können jedes Jahr 3 600 € aufbringen. Zudem erhalten sie einmalig vom Staat eine Kaufprämie für E-Fahrzeuge in Höhe von 4 000 €.
Wie teuer darf das Auto maximal sein, wenn der Kredit nach 5 Jahren abbezahlt sein soll?
Berechne den Kaufpreis mit Hilfe einer Tabellenkalkulation.

Ermittle zuerst einen Schätzwert des Kaufpreises und erstelle mit diesem und den anderen Kenngrößen einen Tilgungsplan. Verändere nun den Schätzwert solange, bis dein Plan die Ausgangsbedingungen erfüllt.

**4**

Noah möchte sich für seinen Weg zur Ausbildungsstelle einen Elektro-Roller anschaffen. Der Händler bietet ihm eine Ratenzahlung an. Bei einer Bank hat er ein anderes Angebot entdeckt.

**a)** Welchen Betrag muss Noah insgesamt bezahlen, wenn er sich für das Angebot des Händlers (24 Raten) entscheidet? Bestimme den Unterschied zwischen dem Ladenpreis und dem Ratenpreis des Rollers. Welcher Prozentsatz des Ladenpreises ist das?

**b)** Berechne mit Hilfe einer Tabellenkalkulation, mit welcher Laufzeit Noah zu rechnen hat, wenn er sich für das Angebot der Bank entscheidet.

**c)** Welche Zahlungen muss er bei dem Angebot der Bank insgesamt leisten? Wie viel davon sind Zinsen? Ermittle mit der Tabellenkalkulation.

**d)** Noah hat 500 € gespart. Begründe, für welches Angebot er sich entscheiden sollte.

Um immer auf das gleiche Feld, hier C4, zuzugreifen, benutzt du das „$"-Zeichen.

Die Formel musst du für die Monatszinsen anpassen.

C8 =B8*$C$4/100*1/12

| | A | B | C | D | E |
|---|---|---|---|---|---|
| 1 | **Tilgungsplan** | | | | |
| 2 | | | | | |
| 3 | Kreditsumme | Kreditrate | Zinssatz in % | | |
| 4 | 2999 | 139 | 5,99 | | |
| 5 | | | | | |
| 6 | **Monate** | **Schulden am** | **Zinsen** | **Tilgung** | **Restschuld am** |
| 7 | | **Monatsanfang** | | | **Monatsende** |
| 8 | Monat 1 | 2999,00 | 14,97 | 124,03 | 2874,97 |
| 9 | Monat 2 | 2874,97 | | | |

Für die Bildung von Summen verwendest du die Σ-Schaltfläche.

# Ratensparen

**1** Die Webers möchten am Stadtrand ein Grundstück mit Garten, Obstbäumen und einer Wiese kaufen. Dafür möchten sie in 7 Jahren 20 000 € angespart haben.
Berechne mit Hilfe einer Tabellenkalkulation möglichst genau, welche Sparrate sie jährlich zum Jahresanfang einzahlen müssen. Starte mit einem geschätzten Betrag. Kopiere die Spalten und verändere gegebenenfalls die Werte bis der Zielbetrag in der gewünschten Zeit erreicht ist.

E3: =C3*(1+D3/100)

*Hier Formel für das Feld E3: Zinsformel mit Wachstumsfaktor eingeben.*

| | A | B | C | D | E |
|---|---|---|---|---|---|
| 1 | **Jahre** | **Sparrate** | **Kapital am** | **Zinssatz** | **Kapital am** |
| 2 | | | **Jahresanfang** | | **Jahresende** |
| 3 | Jahr 1 | 2400 | 2.400,00 € | 1,8 | 2.443,20 € |
| 4 | | | | | |

*Geschätzte Sparrate eingeben*

C4: =SUMME(E3;$B$3)

*Um immer auf das gleiche Feld, hier B3, zuzugreifen, benutzt du das „$"-Zeichen.*

| | A | B | C | D | E |
|---|---|---|---|---|---|
| 1 | **Jahre** | **Sparrate** | **Kapital am** | **Zinssatz** | **Kapital am** |
| 2 | | | **Jahresanfang** | | **Jahresende** |
| 3 | Jahr 1 | 2400 | 2.400,00 € | 1,8 | 2.443,20 € |
| 4 | Jahr 2 | | 4.843,20 € | 1,8 | 4.930,38 € |
| 5 | | | | | |

*Um die Spalten zu ergänzen und die Formeln zu übertragen, klicke mit der Maus auf das kleine Quadrat und ziehe dieses nach unten.*

**2** Familie Weber will auch noch ein Gartenhäuschen auf ihrem Gartengrundstück bauen. Dafür benötigen sie zusätzlich 5 000 €.
Rechne mit der Tabelle aus Aufgabe 1.

**a)** Mit welcher Laufzeit müssten sie jetzt rechnen, wenn die Sparrate unverändert bliebe?

**b)** Mit welcher Sparrate würden sie die neue Summe in derselben Zeit erreichen?

**c)** Bestimme den Zinssatz, den sie bei einer Bank bekommen müssten, damit sie mit der unveränderten Jahresrate aus Aufgabe 1 diese höhere Summe ansparen könnten.

**Die prozentuale Erhöhung (Verminderung)**

① Addiere (subtrahiere) den **Prozentsatz** zu 100 % (von 100 %).
② Wandle das Ergebnis in eine Dezimalzahl (**Wachstums- oder Abnahmefaktor**) um.
③ **Multipliziere** den Grundwert mit dem Wachstums- oder Abnahmefaktor.

Eine Miete von 550 € wird um 8 % erhöht.
① 100 % + 8 % = 108 %
② 108 % = 1,08
③ 550 € · 1,08 = **549 €** (neue Miete)

Ein Preis von 60 € wird um 15 % gesenkt.
① 100 % – 15 % = 85 %
② 85 % = 0,85
③ 60 € · 0,85 = **51 €** (neuer Preis)

**1** Bestimme den Wachstums- oder Abnahmefaktor.
**a)** Erhöhung: 22 %, 8 %
**b)** Verminderung: 3 %, 12 %

**2** Berechne den neuen Preis.
**a)** alter Preis: 2 700 €; Preiserhöhung um 18 %.
**b)** alter Preis: 16 450 €; Preissenkung um 21 %.
**c)** alter Preis: 87,50 €; Preiserhöhung um 30 %.

**3** Im Sonderangebot kauft sich Erem ein Fahrrad für 420,75 € statt 495 €. Um wie viel Prozent wurde der Preis gesenkt?

**4** Eine Hose kostet im Einkauf 36 €.
Der Händler rechnet mit 18 % Kosten.
Die Hose soll schließlich mit einem Gewinn von 25 % verkauft werden.
Zu welchem Preis wird die Hose angeboten?

**Der Rabatt und das Skonto**

**Rabatt:** Preisnachlass z. B. beim Einkauf von größeren Mengen oder Verkaufsaktionen.
**Skonto:** Preisnachlass bei Barzahlung innerhalb einer Frist.

**5** Berechne den Endpreis.
**a)** 736,50 €; 4 % Rabatt
**b)** 248,00 €; 2 % Skonto

**6** Der Warenpreis ist 1 474 €. Gib den Endpreis an bei 7 % MwSt., 6 % Rabatt und 2 % Skonto.

**Der Bruttolohn und der Nettolohn**

Wenn du vom Bruttolohn die Lohnsteuer, Sozialabgaben und Kirchensteuer abziehst, erhältst du den Nettolohn.

**7** Ein Handwerker hat einen Bruttolohn von 3 465 €. Er hat insgesamt 36 % Abzüge. Berechne seinen Nettolohn.

**8** Frau Uhl bekommt 2 390,75 € überwiesen (Abzüge: 34,5 %). Wie hoch ist ihr Bruttolohn?

**Die Zinsrechnung**

Das **Kapital K** ist gespartes oder geliehenes Geld. Der **Zinssatz p %** gibt an, wie viel Prozent des Kapitals für 1 Jahr an **Zinsen** gutgeschrieben werden oder bezahlt werden müssen.

**Zinsen für ein Jahr: Z = K · p %**

**Die Zinsen für Monate und Tage**

Jeder **Zinsmonat** hat **30 Tage**, das **Zinsjahr** hat **360 Tage**.

Zinsen für **m** Monate: $Z = K \cdot p\,\% \cdot \frac{m}{12}$

Zinsen für **t** Tage: $Z = K \cdot p\,\% \cdot \frac{t}{360}$

**9** Berechne die Zinsen im Kopf.
**a)** 2 % von 800 € **b)** 3 % von 2 500 €
**c)** 1,5 % von 500 € **d)** 0,5 % von 1 200 €

**10** Setze in die Formel für Jahreszinsen ein und berechne dann die fehlende Größe.
**a)** Zinssatz: 3,5 %, Jahreszinsen: 56,70 €
**b)** Kapital: 950 €, Jahreszinsen: 76 €

**11** Bestimme die Zinsen für den Bruchteil eines Jahres.

**a)** K = 670 €; p % = 5 %; $t = \frac{1}{2}$ Jahr
**b)** K = 368 €; p % = 4,5 %; t = 3 Monate
**c)** K = 9 000 €; p % = 7 %; t = 112 Tage

**1** Nach Abschluss der Tarifverhandlungen erhält Lena eine Lohnerhöhung von 2,5 %. Bisher verdiente sie 1 480,80 € brutto. Berechne den neuen Bruttolohn.

**2** Zur Finanzierung seines neuen Autos leiht sich Herr Yücel einen Betrag von 8 500 € zu einem Zinssatz von 2,5 %. Nach 5 Monaten möchte er den Kredit tilgen.
Wie viel Euro muss er insgesamt zurückzahlen?

**3** Die Sophie-Scholl-Schule kauft für ihren 7. Jahrgang 156 Taschenrechner für je 14 €. Die Händlerin gibt der Schule einen Rabatt von 8 %. Bestimme die Höhe der Gesamtrechnung.

**4** Bariş macht eine Ausbildung zum Maler und Lackierer. Er verdient im dritten Lehrjahr 915 € brutto. Er bezahlt keine Lohnsteuer, er muss aber 20 % Sozialabgaben abrechnen.
Berechne seinen Nettolohn.

**5** Übertrage in dein Heft, vervollständige das Angebot und berechne den Endpreis.

| Angebot über 35 Stühle | |
|---|---|
| Stückpreis 64 € .................... | ■ |
| Zuzüglich 19 % MwSt. .............. | ■ |
| Zwischensumme: ................. | ■ |
| Mengenrabatt 6 % ................ | ■ |
| Endpreis ......................... | ■ |

**6** Frau Seidel legt für ihre kleine Tochter 1 500 € auf einem Kinderkonto mit 3 % Zinsen an. Nach einem Jahr bekommt sie den ersten Kontoauszug.
Wie hoch ist der Kontostand?

**7** Für den erfolgreichen Abschluss einer Lebensversicherung über 150 000 € erhält Frau Werner eine Provision von 2 100 €. Wie hoch ist die Provision in Prozent?

**8** Ein Kapital von 1 000 € wird für 70 Tage zu einem Zinssatz von 0,9 % verzinst. Berechne die Zinsen.

**9** Ein Händler bezieht Jacken zum Stückpreis von 45 €. Er kalkuliert 25 % Kosten und 30 % Gewinn. Berechne den Verkaufspreis einschließlich 19 % MwSt.

**10** Auf den Warenpreis von 856 € werden 5 % Rabatt und bei Barzahlung 2 % Skonto gewährt. Wie hoch ist der Endpreis der Ware einschließlich 19 % MwSt.?

**11** Herr Berger hat ein monatliches Bruttoeinkommen von 2 480 €. Netto bekommt er 1 659,12 €.
**a)** Wie viel Prozent seines Bruttoeinkommens betragen die monatlichen Abzüge?
**b)** Er bezahlt 18,45 € Kirchensteuer. Das sind 9 % der Lohnsteuer. Wie hoch ist die Lohnsteuer?
**c)** Für Sozialabgaben werden 151,28 € abgezogen. Wie viel Prozent vom Bruttolohn ist das?

**12** Ein Computer für 1 250 € wird um 20 % teurer. Im Rahmen einer Sonderaktion wird der neue Preis wieder um 20 % ermäßigt. Sabine behauptet: „Dann kostet er wieder 1 250 €."
Nimm Stellung.

**13** Osman erhält von seiner Bank 75 € Zinsen. Er hat 7 500 € angelegt und erhält 3 % Zinsen. Wie lange war das Geld angelegt? Löse zuerst die Zinsformel nach t auf.

**14** Das Sporthaus Schoeb kalkuliert den Ladenpreis für ein Rennrad auf 499 €. Berechne den Bezugspreis.

Bezugspr. —(15 % Kosten)→ ☐ —(20 % Gewinn)→ ☐ —(19 % MwSt.)→ 499,–

# Kreis und Zylinder 7

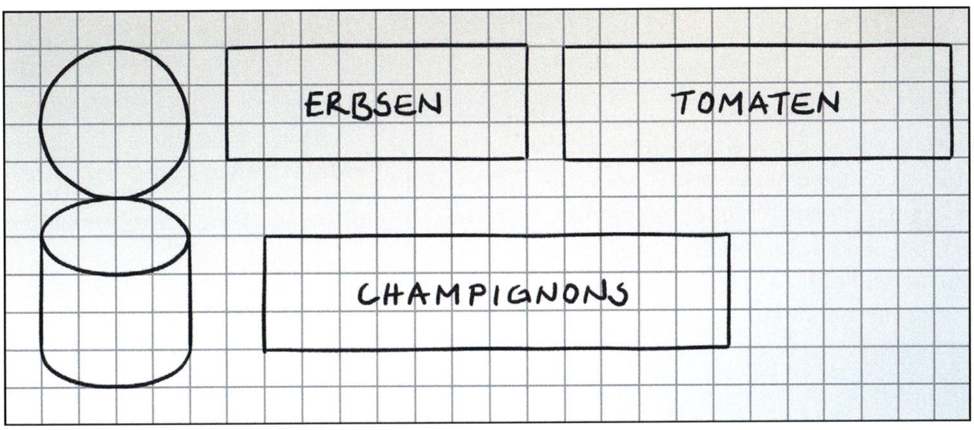

Schätze das Volumen der zylinderförmigen Dose:

- ca. 1 Liter (1000 $cm^3$)
- ca. $\frac{3}{4}$ Liter (750 $cm^3$)
- ca. $\frac{1}{2}$ Liter (500 $cm^3$)
- ca. $\frac{1}{4}$ Liter (250 $cm^3$)

## In diesem Kapitel lernst du, …

… wie du den Umfang und den Flächeninhalt von Kreisen berechnest,
… wie du den Flächeninhalt von Kreisringen berechnest,
… wie du den Flächeninhalt und die Bogenlänge von Kreisausschnitten berechnest,
… wie du das Netz und das Schrägbild eines Zylinders zeichnest,
… wie du die Oberfläche und das Volumen von Zylindern berechnest.

# Löse die folgenden Aufgaben und schätze dich ein.

**1** Berechne Oberfläche und Volumen des Körpers.

**a)** Quader

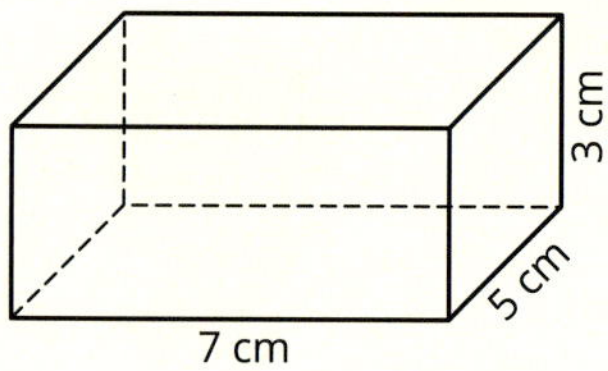


**b)** Prisma

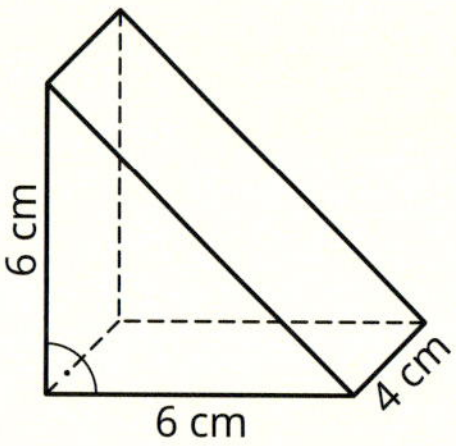


Ich kann von Quadern und Prismen Oberfläche und Volumen berechnen.
Das kann ich gut. ☺ | Ich bin noch unsicher. → S. 207, A 1–2

**2** Runde die Größe, wie in Klammer angegeben.
**a)** 2,453 cm (2 Stellen hinter dem Komma)
**b)** 3,8976 cm (2 Stellen hinter dem Komma)
**c)** 8,091 mm (1 Stelle hinter dem Komma)
**d)** 1,246 dm (auf mm genau)
**e)** 7,499 kg (auf ganze kg)

Ich kann Größen runden.
Das kann ich gut. ☺ | Ich bin noch unsicher. → S. 208, A 1–2

**3** **a)** Von einem Quader sind gegeben: a = 12 cm, b = 8 cm, $V = 384\ cm^3$. Setze die Maße in die Formel $V = a \cdot b \cdot c$ ein und berechne c.
**b)** Bei einem Prisma sind $O = 344\ cm^2$ und $M = 192\ cm^2$ bekannt. Setze in die Formel $O = 2 \cdot G + M$ ein und berechne G.

Ich kann fehlende Größen eines Körpers mithilfe einer Gleichung berechnen.
Das kann ich gut. ☺ | Ich bin noch unsicher. → S. 206, A 3–5

**4** Wandle in die angegebene Flächeneinheit um.
**a)** $1{,}6\ dm^2 = ▒\ cm^2$
**b)** $241\ cm^2 = ▒\ dm^2$
**c)** $23\ cm^2 = ▒\ mm^2$
**d)** $3\ m^2 = ▒\ cm^2$
**e)** $7788{,}9\ cm^2 = ▒\ m^2$
**f)** $15\ a = ▒\ m^2$

Ich kann Flächenmaße in andere Einheiten umwandeln.
Das kann ich gut. ☺ | Ich bin noch unsicher. → S. 215, A 1–3

**5** Wandle in die angegebene Volumeneinheit um.
**a)** $15\ dm^3 = ▒\ cm^3$
**b)** $3468\ cm^3 = ▒\ dm^3$
**c)** $48\ cm^3 = ▒\ mm^3$
**d)** $3600\ mm^3 = ▒\ cm^3$
**e)** $2\ m^3 = ▒\ \ell$
**f)** $850\ m\ell = ▒\ dm^3$

Ich kann Volumennmaße in andere Einheiten umwandeln.
Das kann ich gut. ☺ | Ich bin noch unsicher. → S. 209, A 1–3

# Umfang des Kreises

**Löst alle Aufgaben in Partnerarbeit.**

**1** Notiert eine Kurzanleitung, wie man den Umfang eines Radreifens durch Abrollen bestimmen kann.

**2** Beschreibt, wie Mona und Lisa den Kreisumfang mit Hilfe einer Schnur messen.

**3** Besorgt euch kreisrunde Gegenstände, und messt jeweils den Umfang und den Durchmesser. Notiert die Maße in einer Tabelle. Was fällt euch auf?

| *Gegenstand* | *Durchmesser (cm)* | *Umfang (cm)* |
|---|---|---|
| *Dose* | | |
| *Handball* | | |

**4** Der Umfang des Kreises (Abb. 1) soll näherungsweise bestimmt werden. Ordnet die gelben Kärtchen für eine ungefähre Abschätzung des Kreisumfangs der entsprechenden Figur (Abb. 2 oder Abb. 3) zu, begründet eure Entscheidung und ergänzt dazu den Lückentext im Heft.

u = 3d | u = 4d

*Der Umfang des Kreises (rot) ist kleiner als der Umfang des ______ (blau)*
*und ______ als der Umfang des ______ (grün).*
*Der Umfang des Kreises liegt näher bei ______ (3d oder 4d).*

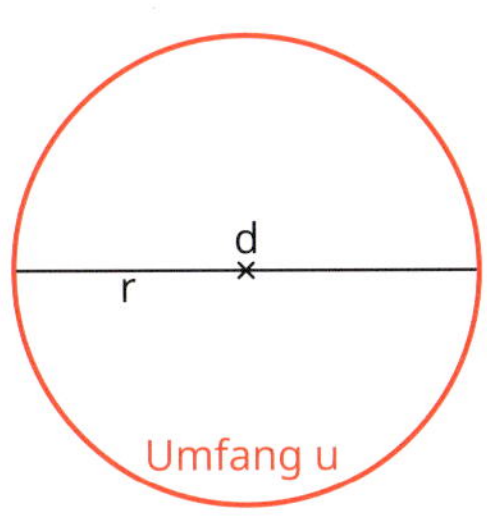


Abb. 1

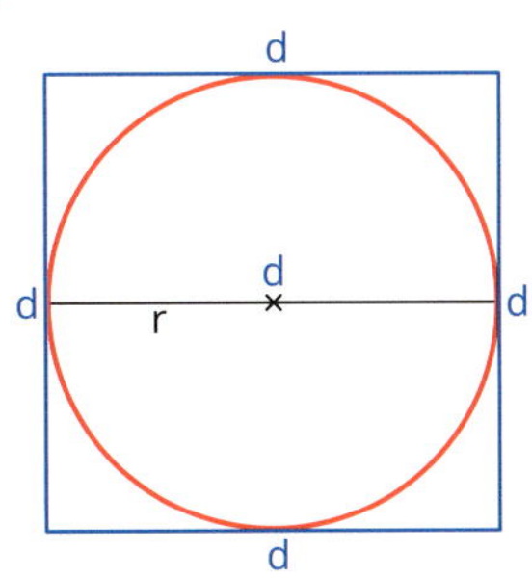


Abb. 2

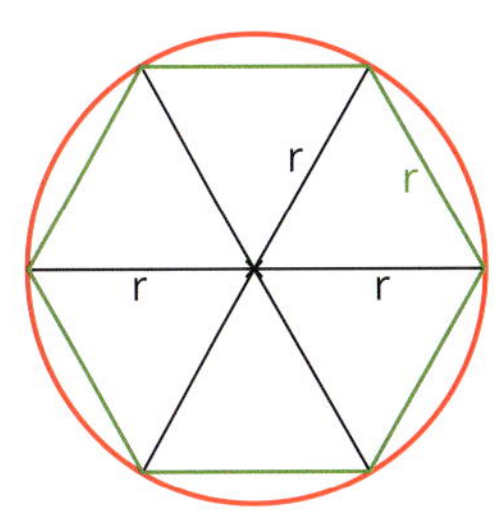


Abb. 3

## Umfang des Kreises

Dividiert man den Umfang eines Kreises durch seinen Durchmesser, so ist das Ergebnis für alle Kreise gleich.

Dieses Verhältnis nennt man **Kreiszahl**, und es wird mit dem griechischen Buchstaben π (gelesen „Pi") bezeichnet. π ist eine irrationale Zahl,
**π ≈ 3,141592654...**

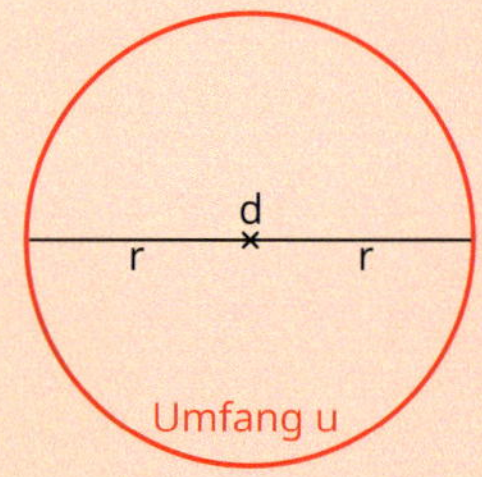


Für den **Umfang u** eines Kreises mit dem **Radius r** oder dem **Durchmesser d** gilt:

**$u = 2\pi \cdot r$ oder $u = \pi \cdot d$**

Berechne den Umfang eines Kreises mit dem Radius r = 0,8 m.

$u = 2\pi \cdot r$
$u = 2\pi \cdot 0{,}8\ m$
$u \approx 5{,}03\ m$*

Ein Kreis hat einen Umfang von u = 8,80 cm. Berechne den Radius r des Kreises.

$u = 2\pi \cdot r$
$8{,}80 = 2\pi \cdot r \quad |:(2\pi)$
$8{,}80 : (2\pi) = r$
$r \approx 1{,}40\ cm$

Digital+
WES-188264-711

**5** Berechne den Umfang des Kreises.

**a)**
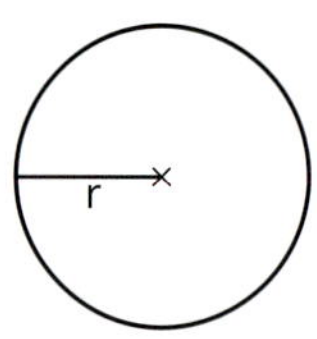

r = 2 cm

**b)**
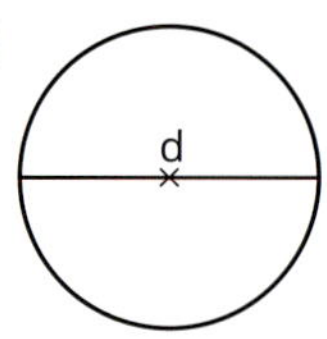

d = 6 cm

**c)**
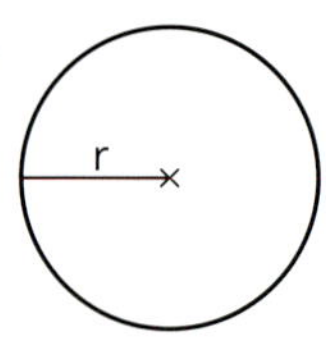

r = 3,5 cm

**d)**
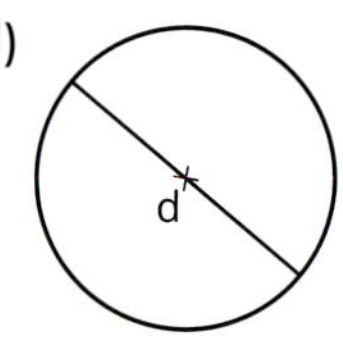

d = 5,6 dm

**6** Berechne den Kreisumfang.

**a)** r = 11 cm **b)** r = 8,2 cm **c)** r = 3,45 cm **d)** d = 0,75 m
**e)** r = 7 cm **f)** r = 0,65 cm **g)** r = 55 cm **h)** d = 8,8 dm

**7** Berechne den Umfang des abgebildeten Gegenstandes.

**a)**

**b)**

**c)**
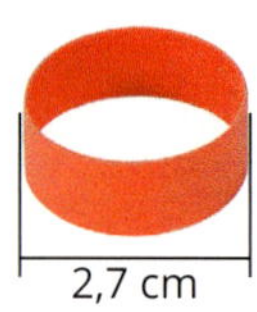


**d)**

**8** Berechne den Radius des Kreises.

**a)** u = 5,6 cm **b)** u = 21,7 cm **c)** u = 33,6 m **d)** u = 250 m

**9** Berechne den Durchmesser des Kreises.

**a)** u = 18,5 cm **b)** u = 100 cm **c)** u = 7,8 m **d)** u = 314 m

* Ergebnisse in diesem Kapitel werden auf 2 Stellen hinter dem Komma gerundet, außer wenn es im Aufgabentext anders notiert ist oder die Lehrkraft andere Vorgaben macht.

**10** Beim Programmieren des Fahrrad-Computers muss der Radumfang in mm eingegeben werden.

**a)** Bestimmt den Radumfang für die Kinderradreifen K1 und K2 sowie für die Mountainbikereifen M1 und M2.

**b)** Banu berechnet für ihr Tourenrad einen Umfang von 2 204,28 mm. Fährt Banu mit Reifen vom Typ T1 oder T2?

**So programmierst du schnell und richtig**

Dein Fahrrad-Computer arbeitet korrekt, wenn du den für deinen Fahrradtyp passenden Radumfang (u) eingegeben hast. Bestimme zunächst die Reifengröße D:
*D = 2 · Breite + Innendurchmesser des Reifens*
Ermittle dann den Umfang u mit der Formel:
u = 3,14 · D

| Typ | Reifenbreite (in mm) | Innendurchmesser (in mm) |
|---|---|---|
| K1 | 47 | 406 |
| K2 | 47 | 507 |
| M1 | 50 | 559 |
| M2 | 54 | 559 |
| T1 | 32 | 622 |
| T2 | 40 | 622 |
| R1 | 18 | 622 |
| R2 | 20 | 622 |

**11** Schätze den Umfang und ordne den passenden Wert zu. Den Umfang kannst du im Kopf mit der Faustformel „Umfang = 3 mal Durchmesser“ schätzen.

**a)** d = 7 m  **b)** r = 1 m  **c)** r = 5 m
**d)** d = 5 m  **e)** r = 2,5 m  **f)** r = 10 m
**g)** d = 0,5 m  **h)** d = 1 m

| | |
|---|---|
| u ist ungefähr 1,5 m | u ist ungefähr 30 m |
| u ist ungefähr 6 m | u ist ungefähr 60 m |
| u ist ungefähr 15 m | u ist ungefähr 15 m |
| u ist ungefähr 21 m | u ist ungefähr 3 m |

**12** **a)** Stell dir vor, die Erde hätte genau Kugelform und einen mittleren Erdumfang von 40 000 km.
Berechne daraus den mittleren Erdradius.

**b)** Ein Satellit umkreist die Erde auf einer Kreisbahn im Abstand von ca. 36 000 km. Fertige eine Skizze an und berechne die Länge der Umlaufbahn des Satelliten um die Erde.

**13** Bei einem Riesenrad soll das kreisförmige Gestänge (hellblau) neu lackiert werden. Ronja macht eine Ausbildung zur Malerin und Lackiererin. Die Chefin bittet Ronja, den Umfang des Riesenrads grob zu bestimmen, um damit die richtige Menge des Lacks bestellen zu können. Ronja misst für die Höhe des Ticket-Shops 2,50 m, danach schätzt sie den Radius des Riesenrads und berechnet einen ungefähren Wert für den Umfang. Gehe so vor wie Ronja und schätze den Umfang des Riesenrads.

**14** Auf 1 km dreht sich ein Rad etwa 500-mal. Welchen Radius hat es? Runde auf cm.

**15** Stell dir vor, um einen Fußball mit dem Umfang u = 70 cm legt man ein Seil. Dann legt man einen Drahtring, der 1 m länger als das Seil ist, so um den Ball, dass überall der gleiche Abstand zum Ball ist. Passt zwischen Ball und Draht eine flache Hand, eine Faust, eine Fußlänge?
Was für ein Objekt würde unter den Drahtring passen, wenn statt eines Fußballs die Erdkugel genommen würde?

# Die Kreiszahl π

3,14159265358979323846264338327950288419716939937510582097494459230781640628620899

8628034825342117067982148086513282306647938446095 50

**Löst alle Aufgaben in Partnerarbeit.**

**1** Schon seit vielen tausend Jahren versuchten Mathematiker, die Kreiszahl **π** möglichst genau zu bestimmen. Berechnet mit dem Taschenrechner oder einem Computerprogramm die genannten Näherungswerte und vergleicht sie.

Schreiber (Ägypter) ca. 2000 v. Chr.

Archimedes (Grieche) ca. 250 v. Chr.

Liu Hui (Chinese) ca. 260 n. Chr.

Fibonacci (Italiener) ca. 1220 n. Chr.

**2** In den USA wird zu Ehren der Kreiszahl π seit 1988 von seinen Anhängern der Pi-Tag (englisch Pi-Day) gefeiert.

**a)** Traditionell werden am Pi-Tag kreisförmige Kuchen gegessen. Auf wie viele Nachkommastellen wurde π bei dem abgebildeten Kuchen gerundet?

**b)** Der Pi-Tag wird immer am 14. März gefeiert. Besonders genaue Anhänger feiern um 13.59 Uhr. Überlegt, warum Datum und Uhrzeit so gewählt wurden.

**c)** Recherchiert im Internet nach weiteren Informationen zum Pi-Tag und präsentiert sie in der Klasse.

**3** Es werden immer wieder neue Pi-Weltrekorde für die größte Anzahl von Nachkommastellen der Kreiszahl π aufgestellt. Im März 2017 war der Schweizer Peter Trüb Weltrekordhalter mit mehr als 22 460 000 000 000 (22 Billionen 460 Milliarden) Nachkommastellen.

**a)** Stellt euch vor, ihr würdet die Zahl π mit allen Nachkommastellen, die Peter Trüb fand, auf einer Papierrolle ausdrucken. Wie lang müsste die Papierrolle sein, wenn jede gedruckte Ziffer 1 mm breit wäre?

**b)** Recherchiert im Internet, wie viele Nachkommastellen der neueste Weltrekord hat.

**c)** Im Guiness-Buch der Rekorde werden auch Rekorde im auswendig Lernen von möglichst vielen Nachkommastellen aufgeführt. Der Inder Suresh Kumar Sharma ist Rekordhalter mit 70 300 Stellen nach dem Komma, die er am 21. 10. 2015 in 17 Stunden fehlerfrei aufsagte. Wie viele Nachkommastellen könnt ihr auswendig lernen und aufsagen oder aufschreiben?

# Flächeninhalt des Kreises

**Bildet 3er-Gruppen. Jede Gruppe bearbeitet eine Aufgabe und präsentiert das Ergebnis.**

**1** **a)** Bestimmt den ungefähren Flächeninhalt dieses Kreises, indem ihr die Kästchen zählt.

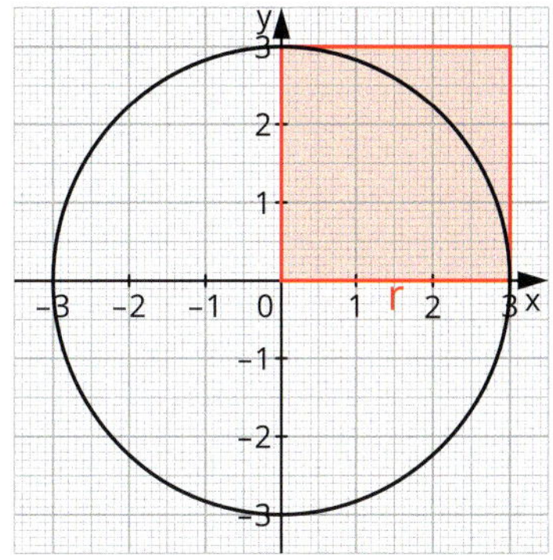


**b)** Zeichnet vier Kreise mit verschiedenen Radien r, wenn möglich auf Millimeterpapier, und bestimmt den Flächeninhalt A ebenfalls durch Zählen der Kästchen. Bestimmt auch den Flächeninhalt des Quadrats über dem Radius. Notiert eure Ergebnisse in einer Tabelle im Heft.

| Radius r (cm) | 3 cm | | | |
|---|---|---|---|---|
| Radiusquadrat $r^2$ ($cm^2$) | | | | |
| Flächeninhalt A ($cm^2$) | | | | |

**c)** Was könnt ihr über den Zusammenhang zwischen der Fläche des Kreises und des Radiusquadrats aussagen? Schreibt eure Überlegungen auf.

**d)** Stellt eine Formel auf, mit der der Flächeninhalt des Kreises in Abhängigkeit vom Radiusquadrat berechnet wird.

**2** **a)** Schneidet aus Papier einen Kreis mit Radius 8 cm aus. Faltet ihn in 8 gleich große Teile. Schneidet die Teile aus und setzt sie wie abgebildet (Abb. 2) zusammen. Schneidet Teil 1 an der gestrichelten Linie durch und setzt zur rechteckähnlichen Figur zusammen (Abb. 3).

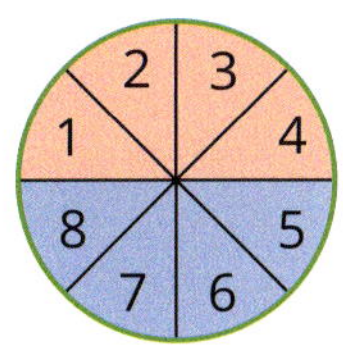

Abb. 1

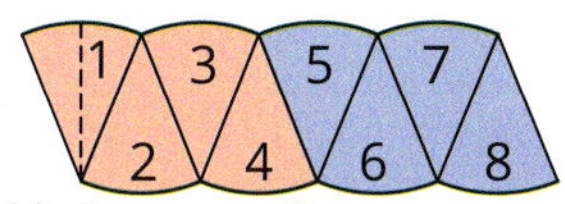

Abb. 2

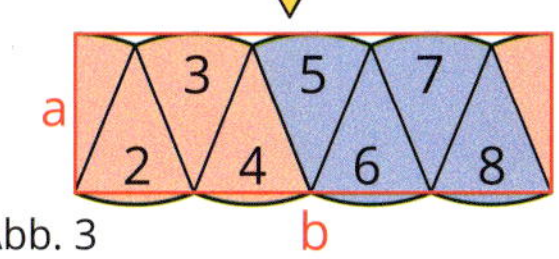

Abb. 3

**b)** Berechnet mit Hilfe eures „Rechtecks“ näherungsweise den Flächeninhalt des Kreises.

**c)** Betrachtet die Figur von Abb. 3, überlegt und ergänzt den Lückentext im Heft:

*„Die Seite a des Rechtecks entspricht dem ____________ des Kreises. Die Seite b des Rechtecks entspricht dem halben ____________ des Kreises, also $\pi \cdot r$. Daraus ergibt sich folgende Formel für den Flächeninhalt des Kreises: A = ____________.“*

**3**

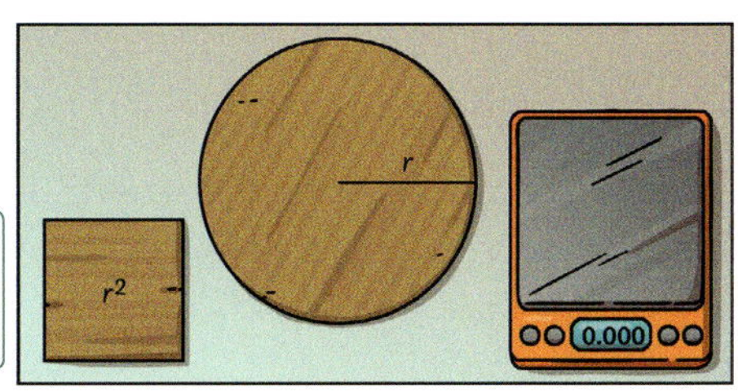


**a)** Schneidet aus dickem Karton Kreise sowie die zugehörigen Radiusquadrate aus. Besorgt euch eine Feinwaage aus der Chemie und bestimmt die Masse eurer Teile. Übertragt die Tabelle in euer Heft und füllt sie aus.

| Radius r | 8 cm | 10 cm | 12 cm |
|---|---|---|---|
| Masse Quadrat $m_Q$ | | | |
| Masse Kreis $m_K$ | | | |
| Verhältnis $m_K : m_Q$ | | | |

**b)** Beschreibt in Worten, wie man den Flächeninhalt eines Kreises berechnen kann. Schreibt auch eine Formel auf.

**Flächeninhalt des Kreises**

Für den **Flächeninhalt A** eines Kreises mit dem Radius r gilt:

$$\mathbf{A = \pi \cdot r^2}$$

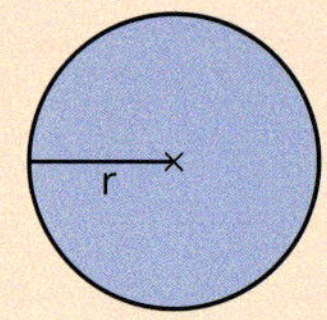


Berechne den Flächeninhalt eines Kreises mit dem Radius r = 3,2 cm.

$A = \pi \cdot r^2$
$A = \pi \cdot (3{,}2\text{ cm})^2$
$A \approx 32{,}17\text{ cm}^2$

Ein Kreis hat einen Flächeninhalt von A = 10,75 m². Berechne den Radius des Kreises.

$A = \pi \cdot r^2$
$10{,}75 = \pi \cdot r^2 \quad | : \pi$
$3{,}4219 \approx r^2 \quad | \sqrt{\ }$
$1{,}85\text{ m} \approx r$

Digital+
WES-188264-712

**4** Berechne den Flächeninhalt des Kreises.

**a)**
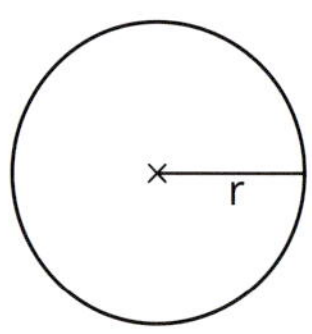

r = 3 cm

**b)**
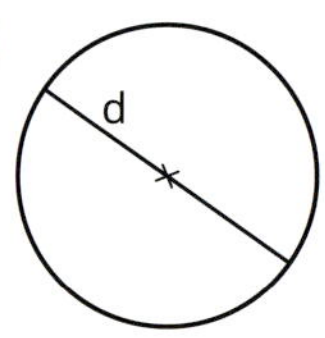

d = 11 cm

**c)**
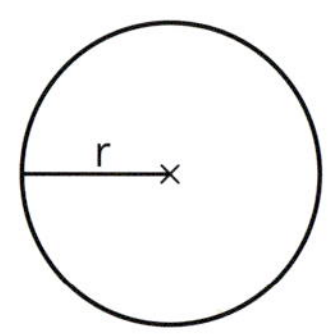

r = 6,5 cm

**d)**
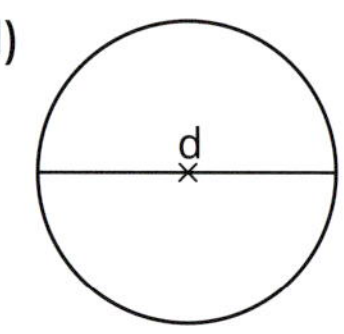

d = 2,7 dm

**5** Berechne den Flächeninhalt des Kreises.

**a)** r = 15 cm **b)** r = 1,8 cm **c)** r = 7,54 cm **d)** d = 0,88 cm
**e)** r = 5 cm **f)** r = 1,52 cm **g)** r = 22 cm **h)** d = 4,4 dm

**6** Berechne den Flächeninhalt der Kreisfläche des abgebildeten Gegenstandes.

**a)**

d = 3,8 m

**b)**

d = 8,6 cm

**c)**

d = 25,75 mm

**d)**

d = 1,2 m

**7** Manchmal ist es nicht notwendig, die Kreisfläche genau auszurechnen, es reicht ein grober Schätzwert. Runde den Radius oder den Durchmesser ganzzahlig und rechne mit dem Näherungswert $\pi \approx 3$ im Kopf.

**a)** r = 1,95 m **b)** r = 5,12 cm **c)** d = 6,03 cm **d)** r = 0,97 m

**8** **Partnerarbeit:** Überlegt euch zwei Situationen, in denen man den Flächeninhalt des Kreises genau berechnen muss, und zwei Situationen, in denen eine Überschlagsrechnung genügt.

**9** In einem Park sollen kreisförmige Blumenbeete angelegt werden. Der Durchmesser soll 4,5 m betragen. Die Blumen kosten pro Quadratmeter 60 €. Wie hoch sind die Kosten für 4 Beete?

**10** Mit wachsendem Radius wächst auch die Kreisfläche.

**a)** Übertrage die Tabelle in dein Heft und fülle sie mit gerundeten Werten bis r = 5 m aus.

| *Radius* | *Flächeninhalt* |
|---|---|
| *0,5 m* | ▢ |
| *1,0 m* | ▢ |
| *1,5 m* | ▢ |

*Zum doppelten Radius die ▢-fache Fläche?*

**b)** Zeichne den Graphen der Zuordnung *Radius (r) → Flächeninhalt (A)* mit den Tabellenwerten.

**c** Diskutiert: Ist die Zuordnung *r → A* proportional, antiproportional oder keins von beiden? Begründet.

**11** Quadratische Ringermatten gibt es in verschiedenen Größen. Abgebildet siehst du die kleinste Matte, die größte misst 12 m x 12 m und hat eine Kampffläche mit d = 9 m. Berechne für beide Matten den Flächeninhalt der ganzen Matte sowie die Größe der kreisförmigen Kampffläche.

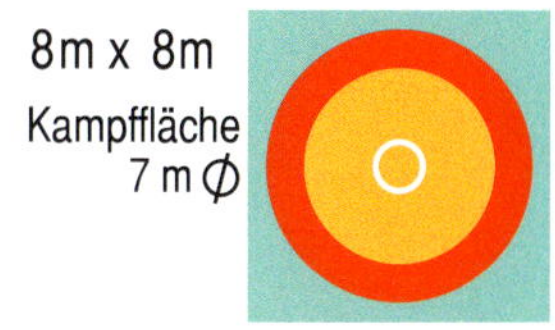


**12** Thomas macht eine Ausbildung zum Restaurator. Als nächstes soll eine beschädigte Kirchturmuhr auf dem quadratischen Kirchturm restauriert werden. Thomas bekommt den Auftrag, den goldfarbenen Flächeninhalt der Uhr ungefähr zu bestimmen. Dazu misst er die Grundkante der Turmmauer a = 8 m. Schätze zuerst den Durchmesser der Uhr und ermittle damit einen Schätzwert für den Flächeninhalt.

**13** Der Flächeninhalt des Kreises ist bekannt. Berechne den Radius.

**a)** $A = 75{,}31\ cm^2$ **b)** $A = 12{,}34\ mm^2$

**c)** $A = 33{,}55\ m^2$ **d)** $A = 2{,}5\ a$

**14** In einen quadratischen Karton mit Seitenlänge 30 cm passen eine große Pizza oder 4 Mini-Pizzen. Von welcher Lieferung hast du mehr?

**15** Eine kreisförmige Rasenfläche hat einen Umfang von 100 m.

**a)** Welchen Flächeninhalt hat die Rasenfläche? Runde auf $m^2$.

**b)** Hat ein Kreis mit 200 m Umfang den doppelten Flächeninhalt?

**16** In dem Stadion sollen die Tartanbahn und der Rasen erneuert werden. Die Tartanbahn ist 6 m breit, der Belag kostet 45 € pro $m^2$ inklusive Arbeitszeit. Der Rollrasen kostet 15 € pro $m^2$, für die Verlegung rechnet man 3,75 € pro $m^2$. Erstelle einen Kostenplan für die Erneuerung.

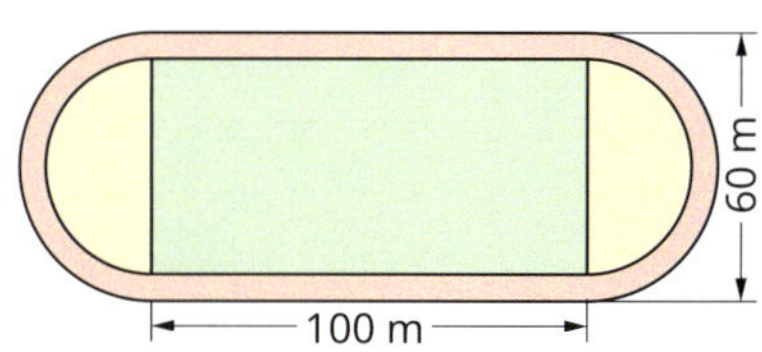


**17** Familie Schlenker hat einen kreisrunden Tisch mit einer Fläche von $7{,}065\ m^2$. Sie möchte eine Tischdecke kaufen, die überall 10 cm über den Tisch ragt. Wie groß sind der Durchmesser und der Umfang der Tischdecke?

# Vermischte Aufgaben

**1** Berechne den Umfang u und den Flächeninhalt A des Kreises.
**a)** $r = 6$ cm **b)** $r = 1{,}5$ cm **c)** $d = 4{,}6$ m **d)** $r = 3{,}68$ cm **e)** $d = 21$ dm

**2** Berechne den Flächeninhalt und den Umfang des kreisrunden Gegenstandes.
**a)** Dart-Scheibe $d = 34$ cm **b)** Porzellanteller $d = 28$ cm **c)** Meisterschale DFB $d = 53$ cm **d)** Sägeblatt $d = 40$ cm

**3** Bestimme die fehlenden Werte.

| | | | | | |
|---|---|---|---|---|---|
| Radius | a) 7 cm | b) | c) 1,25 m | d) | e) |
| Durchmesser | | 90 cm | | | |
| Umfang | | | | 12 km | |
| Flächeninhalt | | | | | 78,6 cm² |

**4** Messt zu zweit die Durchmesser der Münzen. Erstellt eine Tabelle für Durchmesser, Radius, Umfang und Flächeninhalt. Stellt beide Funktionen *Radius → Umfang* und *Radius → Flächeninhalt* grafisch dar. Welche Funktion ist proportional?

**5** Ermittle im Kopf einen ungefähren Schätzwert für den Flächeninhalt des Kreises, indem du in der Formel $A = \pi \cdot r^2$ mit $\pi \approx 3$ rechnest.
**a)** $r = 2$ cm **b)** $r = 5$ cm **c)** $r = 10$ cm **d)** $d = 6$ m **e)** $d = 1$ dm

**6** Ein Pizzarezept ist angegeben für ein Backblech mit den Maßen 30 cm x 40 cm. Welchen Durchmesser müsste ein rundes Pizzablech für die gleiche Teigmenge haben?

**7** Berechne den Flächeninhalt der gefärbten Fläche.

**a)**
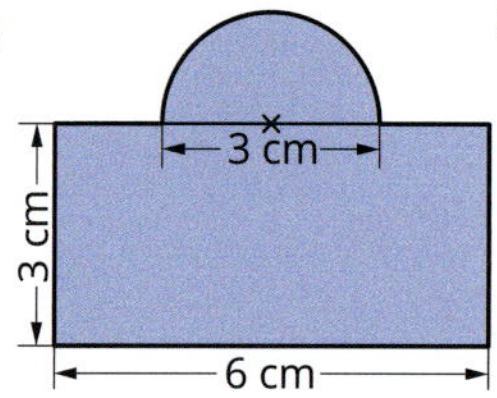


**b)**
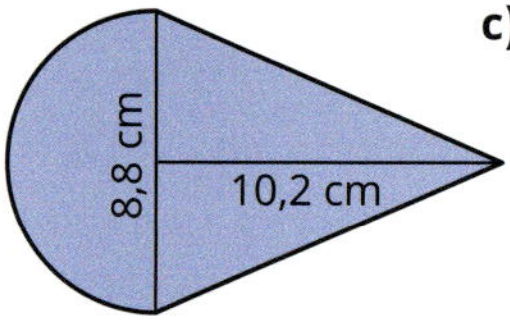


**c)**
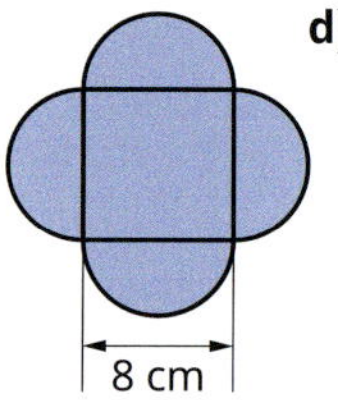


**d)**
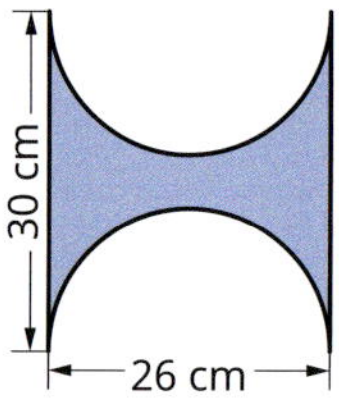


**8** Stelle die Formel für die Kreisfläche $A = \pi \cdot r^2$ nach r um.

**9** **a)** Wie verändert sich der Flächeninhalt eines Kreises, wenn der Umfang verdoppelt wird?
**b)** Wie verändert sich der Kreisumfang, wenn der Flächeninhalt verdoppelt wird?

# Kreisring

**1** a) **Partnerarbeit:** Jeder von euch wählt jeweils einen Wert für den äußeren Radius $r_1$ und einen Wert für den inneren Radius $r_2$. Berechnet den Flächeninhalt eurer Kreisringe.
b) Erklärt euch gegenseitig, wie ihr gerechnet habt, und formuliert gemeinsam eine Anleitung, wie man den Flächeninhalt eines Kreisrings berechnen kann. Wie könnte eine Formel aussehen?

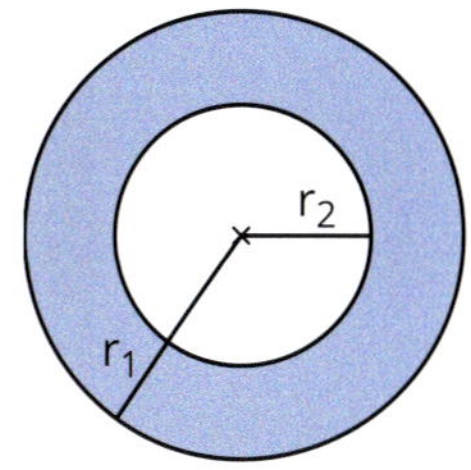


### Kreisring

Du berechnest den Flächeninhalt eines Kreisrings, indem du von der Fläche des größeren Kreises die Fläche des kleineren Kreises subtrahierst.

$\mathbf{A = \pi \cdot r_1^2 - \pi \cdot r_2^2}$

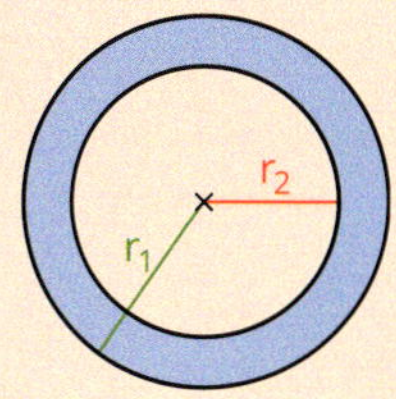


Berechne den Flächeninhalt des Kreisrings.

a)

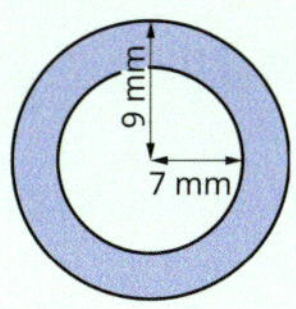


$A = \pi \cdot r_1^2 - \pi \cdot r_2^2$
$A = \pi \cdot (9\text{ mm})^2 - \pi \cdot (7\text{ mm})^2$
$A = \pi \cdot 81\text{ mm}^2 - \pi \cdot 49\text{ mm}^2$
$A \approx 100{,}53\text{ mm}^2$

b)

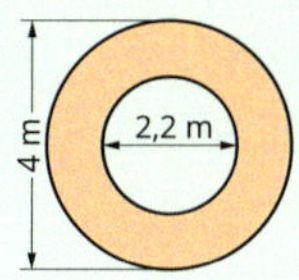


$r_1 = 2\text{ m} \quad r_2 = 1{,}1\text{ m}$
$A = \pi \cdot r_1^2 - \pi \cdot r_2^2$
$A = \pi \cdot (2\text{ m})^2 - \pi \cdot (1{,}1\text{ m})^2$
$A = \pi \cdot 4\text{ m}^2 - \pi \cdot 1{,}21\text{ m}^2$
$A \approx 8{,}77\text{ m}^2$

Digital+
WES-188264-713

**2** Berechne den Flächeninhalt des Kreisrings.

a)

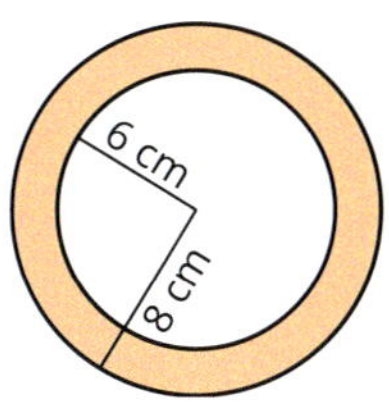


b)

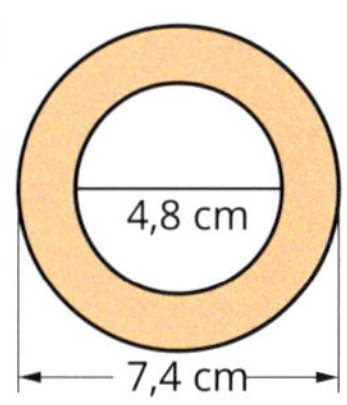


c)

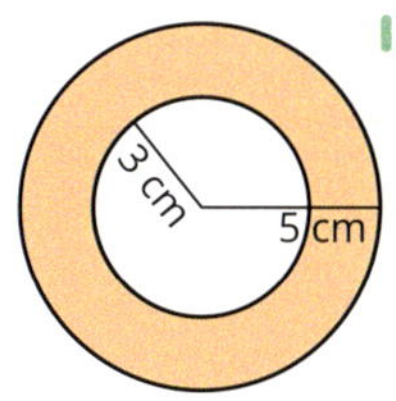


d)

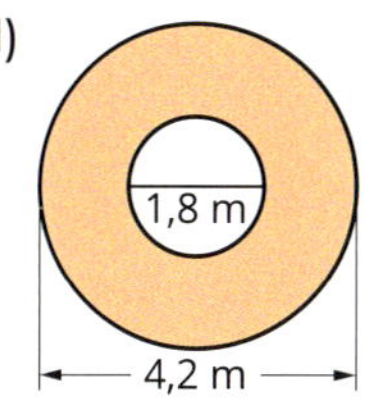


**3** Berechne den Flächeninhalt des Kreisringes.
a) $r_1 = 11$ cm; $r_2 = 6$ cm b) $r_1 = 4$ m; $r_2 = 3{,}2$ m c) $r_1 = 15{,}8$ cm; $r_2 = 14{,}2$ cm

**4** Um ein kreisförmiges Blumenbeet mit dem Radius 2 m ist ringförmig Rasen gesät. Der Radius des äußeren Kreises beträgt 5 m.
a) Berechne den Flächeninhalt des Blumenbeets und des Rasenrings.
b) Der Rasenring bekommt eine innere und äußere Umrandung mit Steinplatten. Bestimme die Gesamtlänge der Steinplatten.

**5** Zeichne einen Kreisring. Der äußere Kreis soll einen Radius von 10 cm besitzen. Der Flächeninhalt des Kreisrings soll drei Viertel des großen Kreises sein.

**6** Von einem Kreisring ist der Flächeninhalt $A = 85{,}2\text{ cm}^2$ und der äußere Radius $r_1 = 6{,}1$ cm bekannt. Berechne den inneren Radius $r_2$.

# Kreisausschnitt

**1**

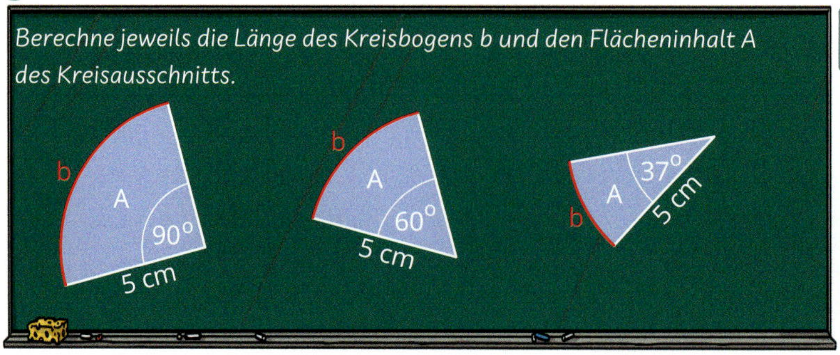

**Partnerarbeit:** Löst die beiden Teilaufgaben und präsentiert eure Ergebnisse der Klasse.

**a)** Berechnet die Länge des Kreisbogens b und den Flächeninhalt A für die drei Kreisausschnitte.

**b)** Pia hat in der Formelsammlung folgende Formel für den Kreisbogen b gefunden:
$b = 2\pi \cdot r \cdot \frac{\alpha}{360°}$
Erklärt die Formel und ergänzt den Lückentext mit den unten stehenden Begriffen:

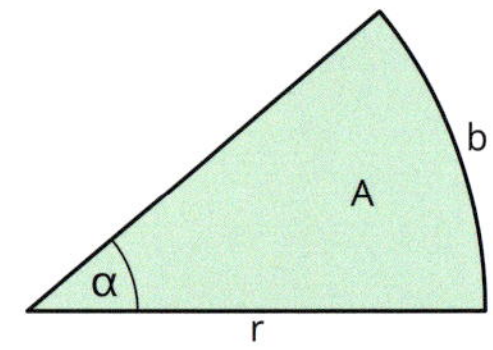


*Man berechnet die Länge des __________, indem man den vollen __________, nämlich __________, durch __________ dividiert und dann mit dem Mittelpunktswinkel α __________.*

*Kreisumfang* | *360°* | *2π · r* | *Kreisbogens b* | *multipliziert*

**Kreisausschnitt (Kreissektor)**

Bogenlänge: $\mathbf{b = 2\pi \cdot r \cdot \frac{\alpha}{360°}}$

Flächeninhalt: $\mathbf{A = \pi \cdot r^2 \cdot \frac{\alpha}{360°}}$

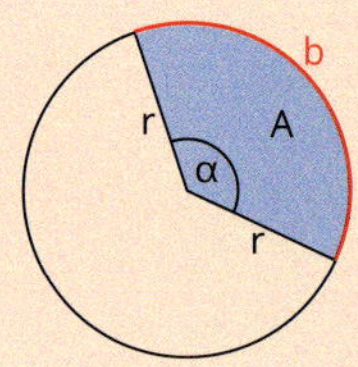


Berechne die Länge des Kreisbogens b und den Flächeninhalt des Kreisausschnitts A.

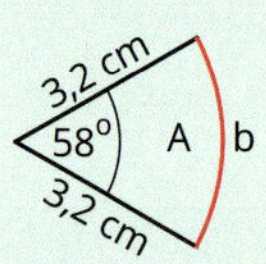


$b = 2\pi \cdot r \cdot \frac{\alpha}{360°}$
$b = 2 \cdot \pi \cdot 3{,}2\text{ cm} \cdot \frac{58°}{360°}$
$b \approx 3{,}24\text{ cm}$

$A = \pi \cdot r^2 \cdot \frac{\alpha}{360°}$
$A = \pi \cdot (3{,}2\text{ cm})^2 \cdot \frac{58°}{360°}$
$A \approx 5{,}18\text{ cm}^2$

Digital+
WES-188264-714

**2** Berechne die Bogenlänge und den Flächeninhalt des Kreisausschnitts.

**a)**

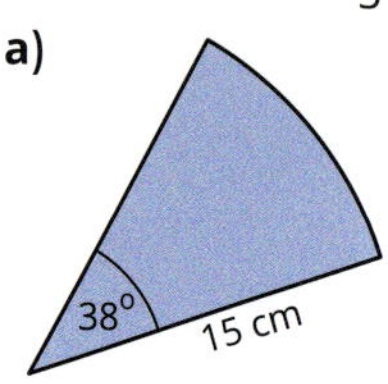


**b)**

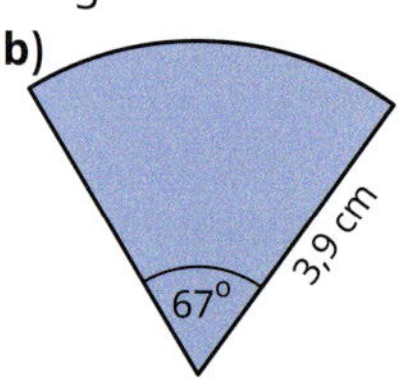


**c)**

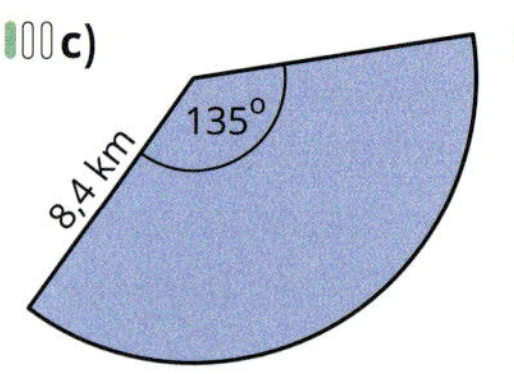


**d)**

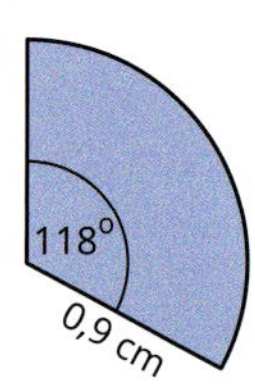


**3** Berechne den Flächeninhalt und die Bogenlänge des Kreisausschnitts.

**a)** r = 6 cm; α = 30°  **b)** d = 3,6 m; α = 145°  **c)** r = 84 mm; α = 61°

**4** Ein Kreisbogen ist 10 cm lang, der zugehörige Kreisradius 5 cm. Wie groß ist der Flächeninhalt dieses Kreisausschnitts?

# Vermischte Aufgaben

*Palisadenpfähle sind lange, angespitzte Holzpfähle für die Begrenzung von Gartenanlagen.*

**1** Von den vier Größen eines Kreises (Radius r, Durchmesser d, Umfang u, Kreisfläche A) ist eine Größe gegeben. Berechne die drei anderen Werte.

**a)** $r = 7$ cm **b)** $d = 70$ cm **c)** $u = 12{,}4$ km **d)** $A = 24{,}4\ \text{km}^2$
**e)** $r = 6{,}4$ cm **f)** $d = 9{,}2$ m **g)** $u = 54{,}2$ dm **h)** $A = 9{,}85\ \text{cm}^2$

**2** Ein kreisrundes Blumenbeet mit 3,2 m Durchmesser wird mit runden Palisadenpfählen eingefasst.
**a)** Berechne den Flächeninhalt des Blumenbeets.
**b)** Die Palisadenpfähle haben 15 cm Durchmesser, ein Pfahl kostet 2,10 €. Wie viele Pfähle müssen gekauft werden und was kosten sie zusammen?

**3** Berechne den Flächeninhalt und die Bogenlänge des Kreisausschnitts.
**a)** $r = 12$ cm; $\alpha = 50°$ **b)** $r = 2$ m; $\alpha = 125°$ **c)** $d = 8{,}4$ cm; $\alpha = 27°$

**4** Berechne den Flächeninhalt des Kreisrings.
**a)** $r_1 = 12$ cm; $r_2 = 7$ cm **b)** $r_1 = 4$ m; $r_2 = 3$ m
**c)** $r_1 = 3{,}6$ cm; $r_2 = 1{,}8$ cm **d)** $r_1 = 7$ m; $r_2 = 6$ m

**5** Berechne den Flächeninhalt der gefärbten Figur.

**a)**
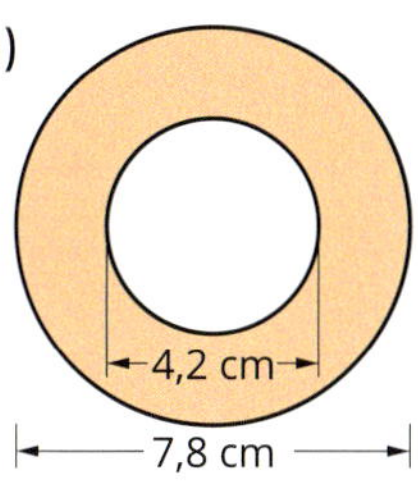


**b)**
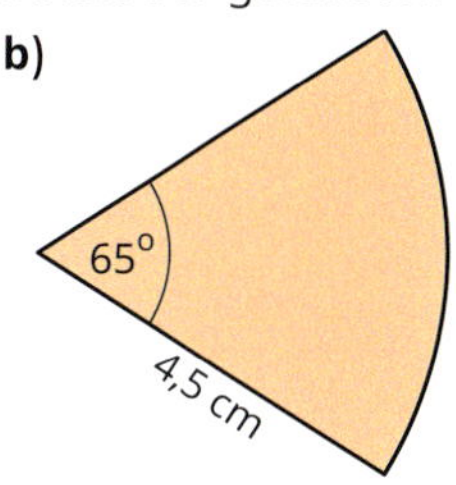


**c)**
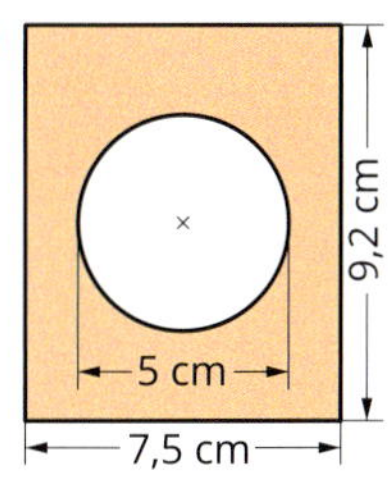


**d)**
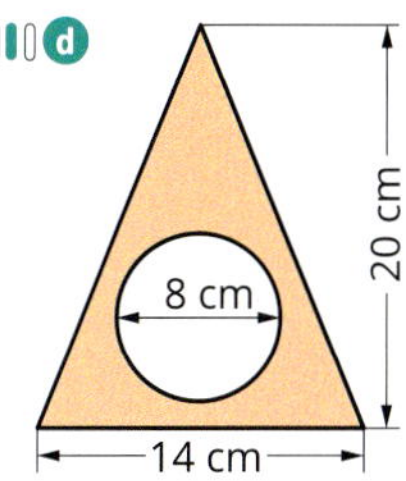


**6** Berechne den Umfang und den Flächeninhalt der gefärbten Figur.

**a)**
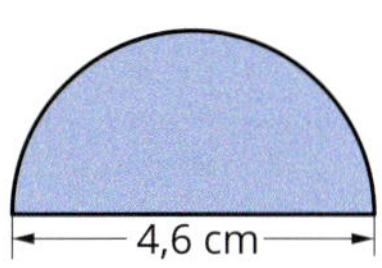


**b)**
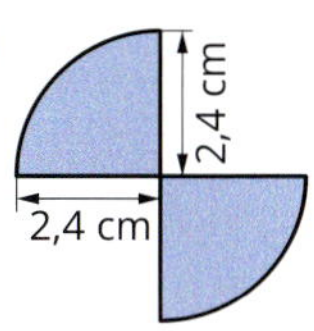


**c)**
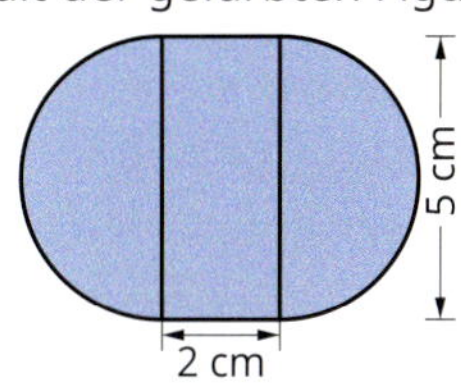


**d)** in cm
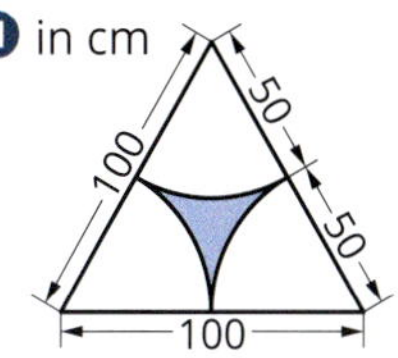


**7** Schreibe eine Begründung für die Kreisausschnitt-Formel $A = \frac{b \cdot r}{2}$ auf. Du kannst mit Hilfe der Abbildung oder mit Hilfe der Formeln für den Flächeninhalt des Kreisausschnitts und des Kreisbogens begründen.

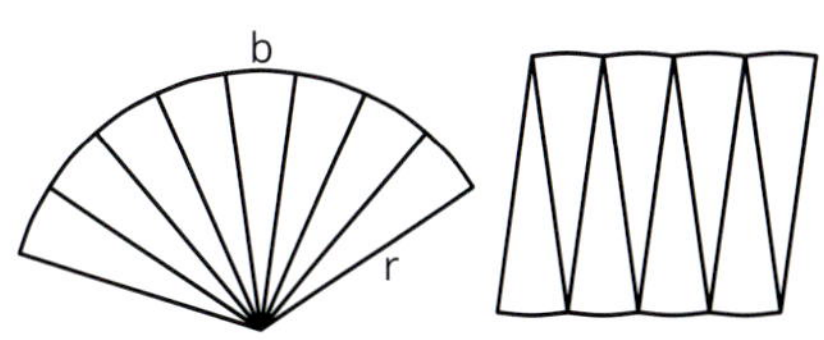


**8** Berechne den Umfang und den Flächeninhalt der gefärbten Figur.

**a)**
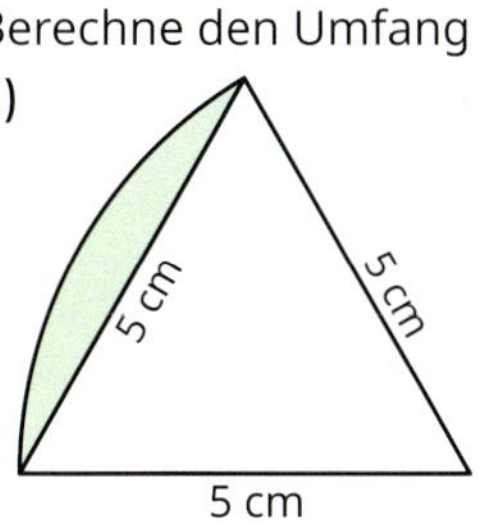


**b)**
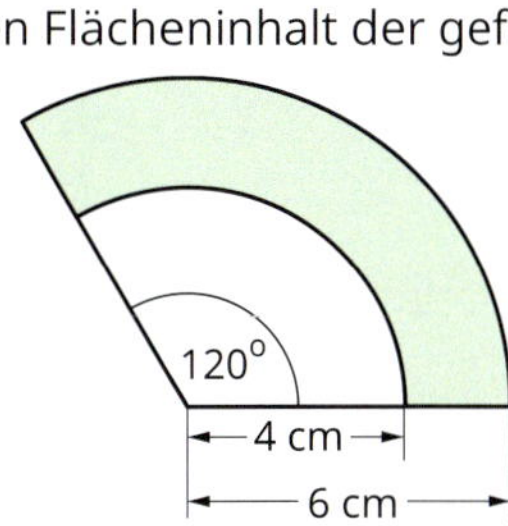


**c)**
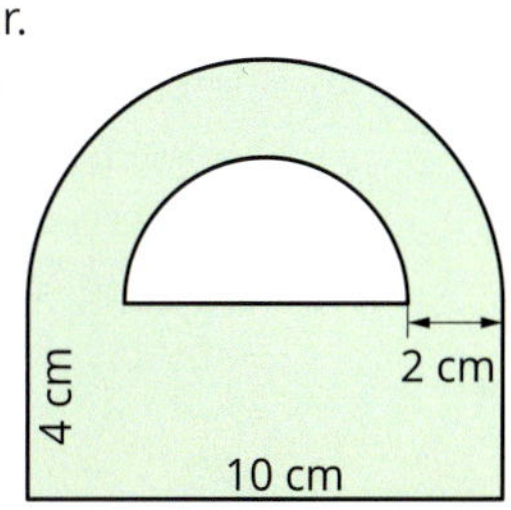

# Im Stadion

**Löst alle Aufgaben in Partnerarbeit.**

**1** Nach den Regeln der FIFA muss ein Fußballfeld rechteckig sein, 90 m bis 120 m lang und 45 m bis 90 m breit.

**a)** Vergleicht die Spielfläche des kleinstmöglichen mit der des größtmöglichen Spielfeldes.

**b)** Ermittelt im Internet, welche Maße ein Spielfeld für internationale Spiele haben darf. Vergleicht die kleinstmögliche mit der größtmöglichen Spielfläche.

**c)** Recherchiert die Maße von Fußballfeldern in Stadien eurer Wahl.

**2** Der Anstoßkreis des Fußballfeldes hat einen Radius von 9,15 m. Welche Strecke legt der Streuwagen zurück, der die Kreislinie nachzieht? Vergleiche sie mit der Gesamtlänge der Außenlinien eines Feldes, das 105 m lang und 60 m breit ist. Schätze zuerst und vergleiche deinen Schätzwert mit anderen Werten aus der Klasse.

**3** Zu Beginn eines Fußballspiels muss der Fußball zwischen 396 g und 453 g schwer sein, sein Umfang muss zwischen 68 cm und 71 cm liegen.

**a)** Erfüllt ein Fußball mit 22,8 cm Durchmesser die zweite Bedingung?

**b)** Die bei der Fußballweltmeisterschaft 2018 verwendeten Bälle hatten einen Umfang zwischen 68,5 cm und 69,5 cm.
Berechne den kleinstmöglichen und den größtmöglichen Durchmesser.

**4** Frauen und Männer benutzen beim Kugelstoßen unterschiedlich schwere Kugeln (Frauen: 4 kg; Männer: 7,257 kg). Der Durchmesser einer Kugel liegt bei den Frauen zwischen 95 mm und 110 mm, bei den Männern zwischen 110 mm und 130 mm.

**a)** Berechne den Umfang, den eine Frauenkugel mindestens bzw. höchstens hat.

**b)** Kann eine Männerkugel einen Umfang von 40 cm haben?

**5** Die Abwurfkreise für Kugelstoßen, Diskuswerfen und Hammerwerfen müssen eine Umgrenzung und einen speziellen Belag haben.
Informiert euch im Internet oder bei Sportvereinen, welche Durchmesser diese Kreise haben müssen. Stellt dann Fragen dazu, beantwortet sie und vergleicht eure Ergebnisse mit denen eurer Mitschülerinnen und Mitschüler.

**6**

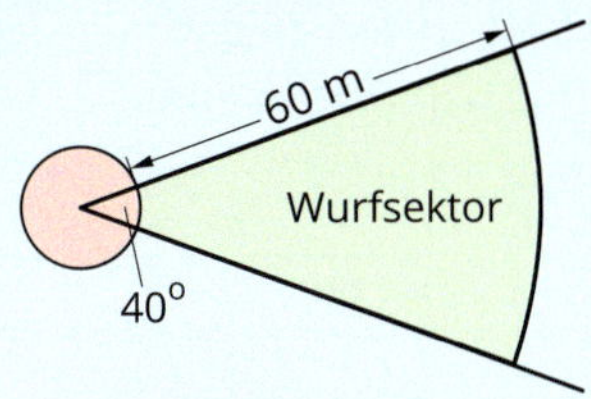


In den Wurf- und Stoßdisziplinen muss das Gerät in einem bestimmten Kreissektor auftreffen. Beim Hammerwerfen hat dieser Wurfsektor einen Winkel von 40°. Der Mittelpunkt des Sektors ist zugleich der Mittelpunkt des Wurfkreises.
Wie lang ist der Bogen, der eine Wurfweite von 60 m markiert? Bedenke, dass die Weite von der Begrenzung des Wurfkreises gemessen wird.

**7** Die Laufbahnen im Stadion werden von Halbkreisen und Geradenstücken begrenzt.

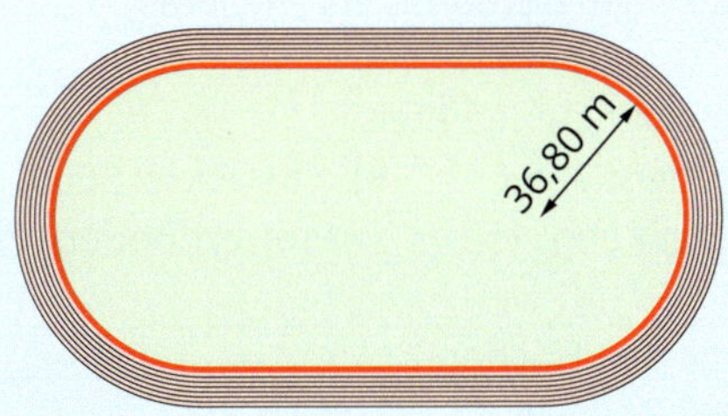


**a)** Die Länge der Innenbahn (Bahn 1) beträgt 400 m, dabei wird 30 cm von der inneren Kante entfernt gemessen. Wie lang sind Kurven und Geradenstücke entlang der Messlinie?

**b)** Die einzelnen Laufbahnen sind 1,22 m breit. Wie lang ist Bahn 2, 3, 4, ... 8? Bei diesen Bahnen wird die Länge in 20 cm Abstand vom inneren Rand gemessen.

**c)** Wie muss der Start für die einzelnen Bahnen beim 400-m-Lauf verschoben werden, wenn das Ziel für alle Bahnen auf einer Linie liegt?

**Die Lösungen ergeben die Namen großer Entdecker.**

**1** Gib das Ergebnis in der angegebenen Einheit an.

**a)** 12 cm + 3,8 m – 70 cm = ▢ m
**b)** 3 h 4 min – 48 min + 34 min = ▢ min
**c)** 7,8 t – 300 kg – 3 700 kg = ▢ t
**d)** 30 cm – 87 mm + 17 cm = ▢ cm

**2** **a)** 100 g Salami kosten 2,29 €. Für 275 g bezahlt Frau Teuber ▢ €, gerundet auf Cent.
**b)** Zwei Musiker spielen einen Marsch in 3,5 min. Eine Kapelle mit 16 Musikern braucht für dasselbe Musikstück ▢ min.

**3** Ein Rechteck hat einen Umfang von 36 cm. Es ist 12 cm lang. Berechne den Flächeninhalt in $cm^2$.

**4** **a)** 72,38 + 15,04 + 82 + 18,3 + 156,55
**b)** $191{,}6 + \sqrt{144}$

**5** Ein Autohaus verkaufte im Jahr 2019 insgesamt 4 000 Autos. Wie viele verkaufte es im Folgejahr, wenn der Verkauf um 3 % gesteigert werden konnte?

**6** **a)** $\sqrt{25^2}$
**b)** $200 - 6{,}5 \cdot 8 + 3{,}5$

**7** **a)** $2x - 7 = 15$ x = ▢
**b)** $4x - 51 = 2x + 151$ x = ▢

**8** Tobias finanziert einen Urlaub mit einem Kredit von 975 € zu einem Zinssatz von 2 %. Wie viel Zinsen bezahlt er für ein Jahr?

**9** Berechne den neuen Preis.

**a)** alter Preis: 320 €
Preissenkung: 15 %

**b)** alter Preis: 560 €
Preiserhöhung: 20%

**10** Berechne den Flächeninhalt des Trapezes (Maße in cm).

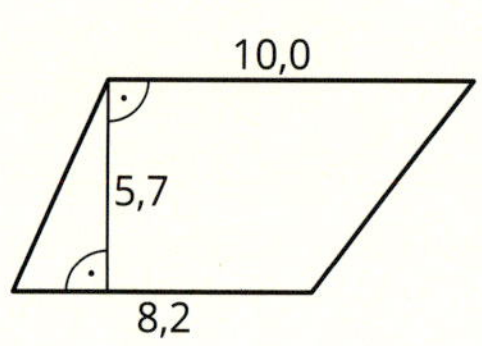


A = ▢ $cm^2$

| | | |
|---|---|---|
| 3,22 C | 3,3 V | 3,5 A |
| 3,8 O | 6,30 M | 10 K |
| 11 C | 19,5 R | 25 A |
| 28 R | 32,2 Y | 38,3 K |
| 51,87 S | 55 X | 72 G |
| 101 O | 151,5 N | 170 O |
| 172 B | 203,6 L | 272 T |
| 344,27 E | 672 E | 894 W |
| 4 030 X | 4 120 L | 25 600 P |

# Oberfläche des Zylinders

**Löst alle Aufgaben in Partnerarbeit.**

**1** Von einem Zylinder mit d = 3 cm und $h_K$ = 5 cm soll ein Schrägbild gezeichnet werden. Das Schrägbild kann liegend (Abb. 1) oder stehend (Abb. 2) gezeichnet werden.

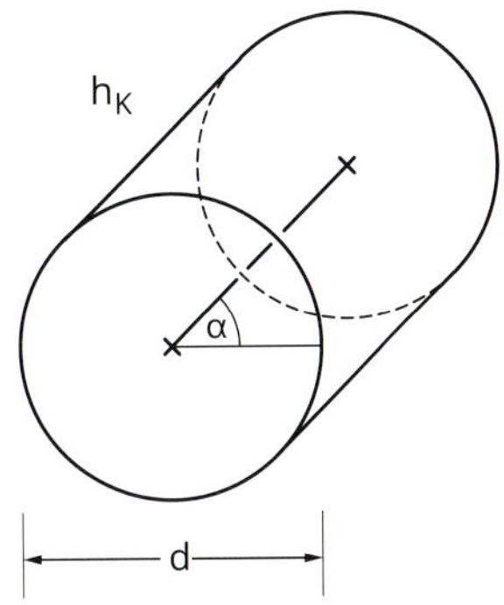


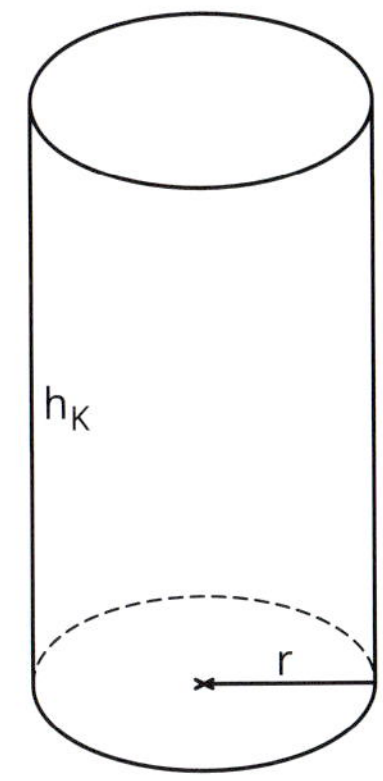


**a)** Erklärt das Schrägbild des liegenden Zylinders. Ihr könnt dazu die Formulierungshilfen auf den Textkärtchen verwenden. Zeichnet dann ein Schrägbild des liegenden Zyinders ins Heft.

Vorderfläche | Winkel 45° | Kreis | zeichne zuerst | Zirkel | verdeckte Kanten | Radius | halber Länge | gestrichelte Linie | nach hinten verlaufende Linien | Körperhöhe

**b)** Erklärt das Schrägbild des stehenden Zylinders und skizziert den stehenden Zylinder im Heft.

Was genau eine Skizze ist, kannst du im Anhang auf Seite 252 nachlesen.

**2** Die Oberfläche des Zylinders in Aufgabe 1 besteht aus drei Teilflächen.

**a)** Zeichnet diese drei Flächen mit den gegebenen Maßen und berechnet deren Flächeninhalt.

**b)** Plant und zeichnet Klebelaschen für die Teilflächen ein, schneidet dann aus und klebt das Zylindermodell zusammen.

**3** ①

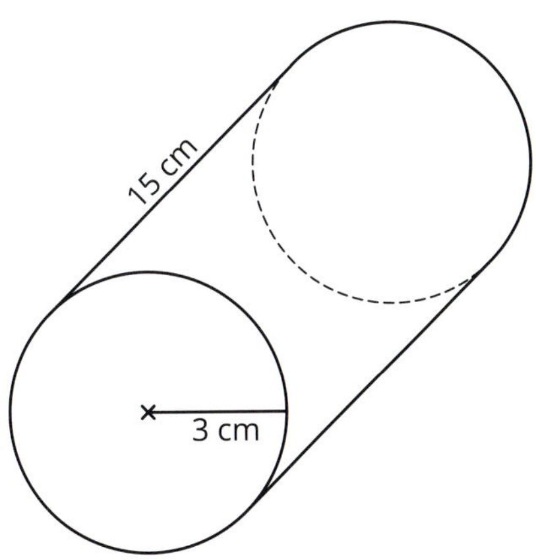


②

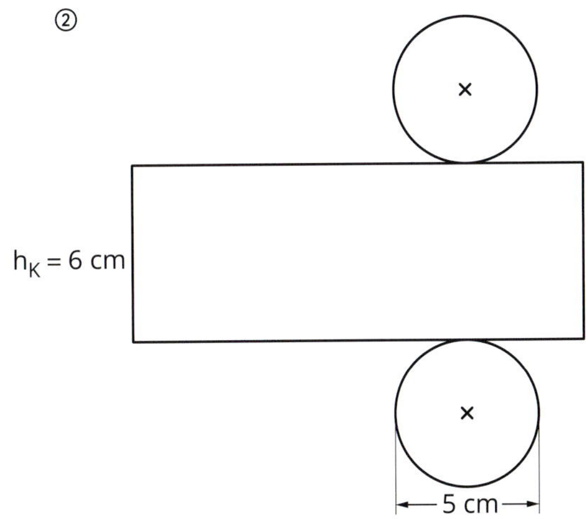


In der Zeichnung sind zwei Zylinder dargestellt: einer als liegendes Schrägbild und einer als Zylindernetz.

**a)** Skizziert jeweils ein (stehendes) Zylinderschrägbild und beschriftet Radius und Höhe.

**b)** Berechnet von beiden Zylindern die Oberfläche.

**c)** Findet eine Formel für die Berechnung der Oberfläche des Zylinders, verwendet dazu O, π, r und $h_K$.

Präsentiert euer Ergebnis der Klasse.

Die **Oberfläche** eines Zylinders berechnest du, indem du die Flächeninhalte der Mantelfläche und der beiden Grundflächen addierst.
Die **Mantelfläche** ist rechteckig.

**Grundfläche:** $G = \pi \cdot r^2$

**Mantelfläche:** $M = u \cdot h_K$
$M = 2\pi \cdot r \cdot h_K$

**Oberfläche:** $O = 2 \cdot G + M$
$O = 2\pi \cdot r^2 + 2\pi \cdot r \cdot h_K$

Schrägbild

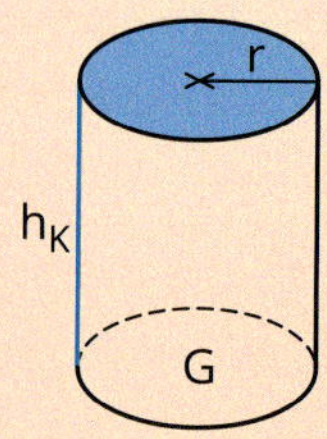


Netz

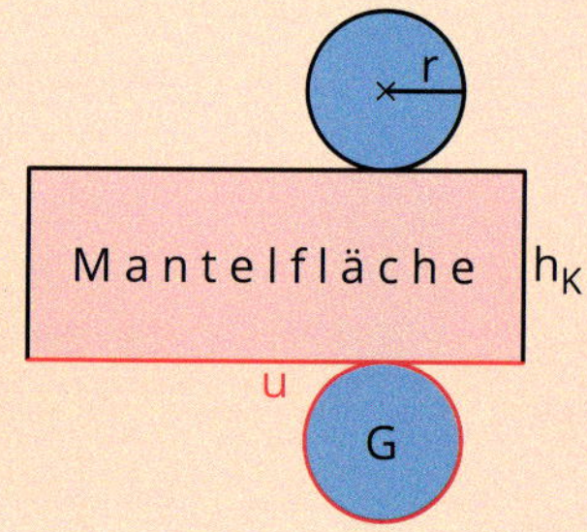


Berechne die Grundfläche, die Mantelfläche und die Oberfläche eines Zylinders mit dem Radius r = 2,8 cm und der Höhe $h_K = 6{,}0$ cm.

| | | |
|---|---|---|
| $G = \pi \cdot r^2$ | $M = 2\pi \cdot r \cdot h_K$ | $O = 2 \cdot G + M$ |
| $G = \pi \cdot (2{,}8\ \text{cm})^2$ | $M = 2\pi \cdot 2{,}8\ \text{cm} \cdot 6{,}0\ \text{cm}$ | $O \approx 2 \cdot 24{,}63\ \text{cm}^2 + 105{,}56\ \text{cm}^2$ |
| $G \approx 24{,}63\ \text{cm}^2$ | $M \approx 105{,}56\ \text{cm}^2$ | $O \approx 154{,}82\ \text{cm}^2$ |

Digital+
WES-188264-715

**4** Berechne die Mantelfläche, dann die Oberfläche des Zylinders.
**a)** $r = 4{,}4$ cm; $h_K = 5{,}7$ cm **b)** $r = 6{,}8$ cm; $h_K = 8{,}0$ cm **c)** $d = 7{,}4$ cm; $h_K = 8{,}3$ cm
**d)** $r = 11$ m; $h_K = 13$ m **e)** $r = 36$ mm; $h_K = 4{,}2$ cm **f)** $r = 1{,}9$ cm; $h_K = 3{,}7$ cm

**5** Berechne die Mantelfläche und die Oberfläche des Zylinders.

**a)**
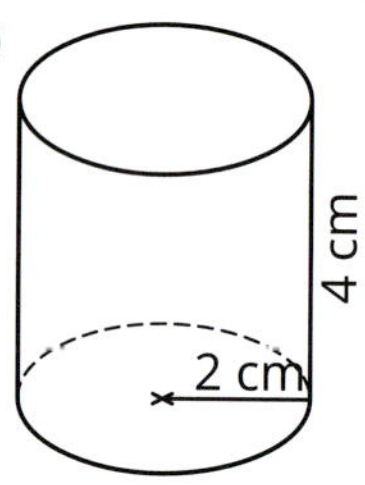


**b)**
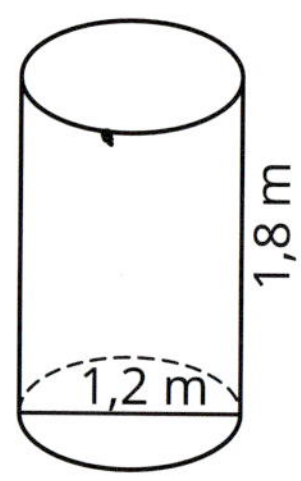


**c)**
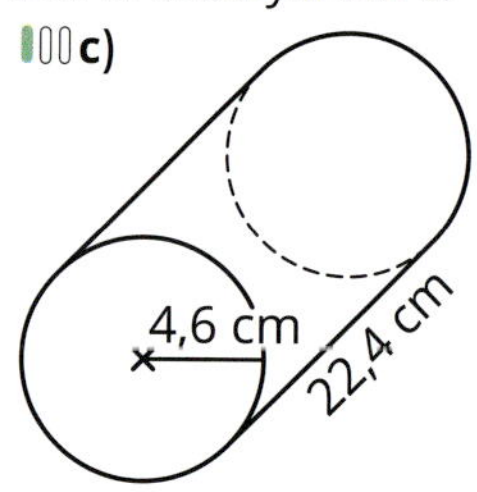


**d)**
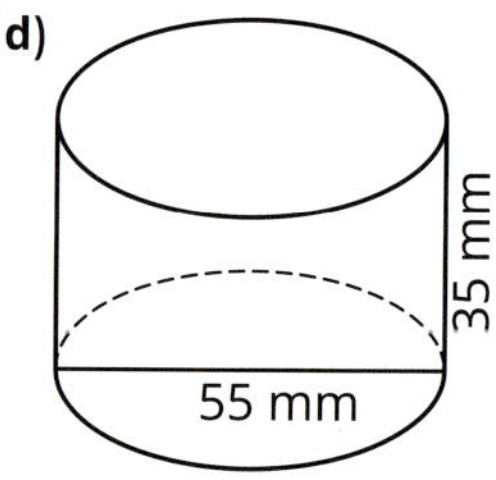


**6** **a)** Berechne den Blechbedarf der Konservendose mit dem Durchmesser 8,6 cm und der Höhe 12,2 cm.
**b)** Berechne die Größe der Werbefläche auf einer Litfaßsäule mit einem Durchmesser von 1,3 m und einer Höhe von 2,8 m.
**c)** Die Walze einer Straßenbaumaschine ist 2,1 m breit und hat 1,1 m Durchmesser. Welche Fläche überfährt die Walze bei einer Umdrehung?

*zu a)*

*zu b)*

*zu c)*

# Volumen des Zylinders

**1** **Partnerarbeit:** Löst die Teilaufgaben und präsentiert die Ergebnisse in der Klasse.

**a)** Erklärt anhand der Bildfolge oben, in welche Körperform der Zylinder annähernd umgewandelt wird.

**b)** Erklärt die Formel $V = G \cdot h_K$ für das Volumen des Zylinders

**c)** Wie kommt man zu der Formel $\mathbf{V = \pi \cdot r^2 \cdot h_K}$?

Das **Volumen** eines Zylinders berechnest du, indem du den Flächeninhalt der Grundfläche G mit der Höhe $h_K$ des Zylinders multiplizierst.

$\mathbf{V = G \cdot h_K}$

$\mathbf{V = \pi \cdot r^2 \cdot h_K}$

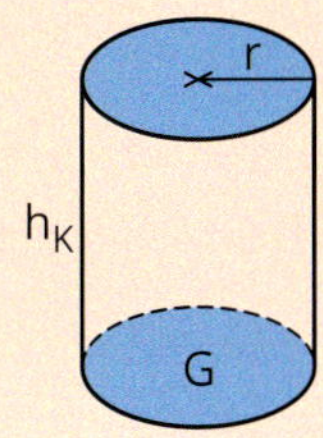


Berechne das Volumen eines Zylinders mit dem Radius r = 4,5 cm und der Höhe $h_K$ = 11,0 cm.

$V = \pi \cdot r^2 \cdot h_K$

$V = \pi \cdot (4{,}5\ \text{cm})^2 \cdot 11{,}0\ \text{cm}$

$V \approx 699{,}79\ \text{cm}^3$

Ein Zylinder hat ein Volumen von 550 cm³, der Radius der Grundfläche beträgt 3,8 cm. Berechne die Körperhöhe $h_K$ des Zylinders.

$V = \pi \cdot r^2 \cdot h_K$

$550 = \pi \cdot 3{,}8^2 \cdot h_K$

$550 \approx 45{,}36 \cdot h_K \quad |:45{,}36$

$12{,}13 \approx h_K$

Die Höhe beträgt etwa 12,13 cm.

Digital+
ES-188264-716

**2** Berechne das Volumen des Zylinders.

**a)** r = 4 cm; $h_K$ = 9 cm  **b)** d = 40 mm; $h_K$ = 70 mm  **c)** r = 6,0 cm; $h_K$ = 4,4 cm

**3** Berechne das Volumen des abgebildeten Zylinders.

**a)**
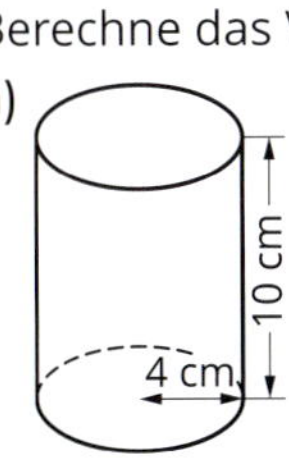


**b)**
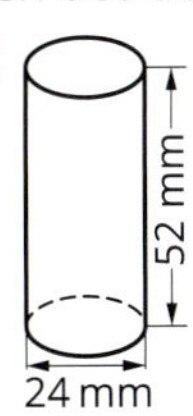


**c)**
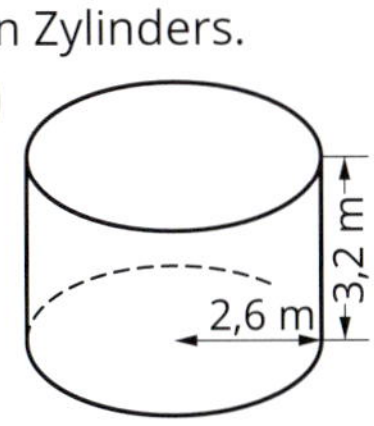


**d)**
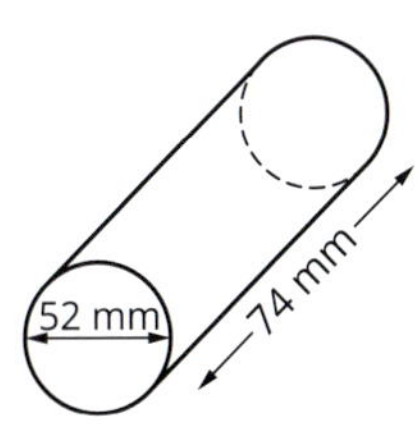


**4** Vom Zylinder sind Volumen und Radius der Grundfläche gegeben. Berechne die Höhe $h_K$.

**a)** V = 86,4 cm³; r = 3,3 cm  **b)** V = 654,3 cm³; r = 7,2 cm

## Vermischte Aufgaben

**1** Berechne das Fassungsvermögen der Dose.

**a)**

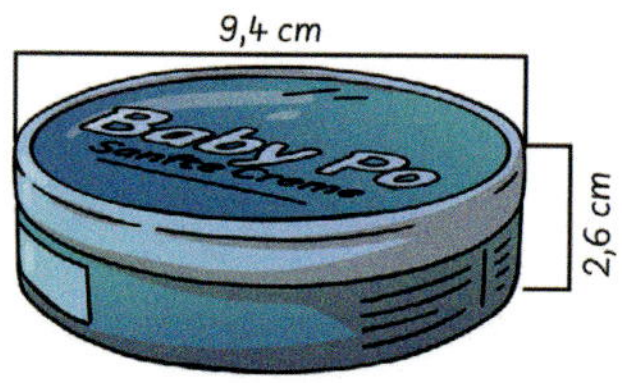


**b)**

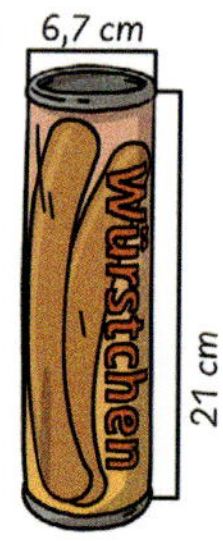


**c)**

**d)**

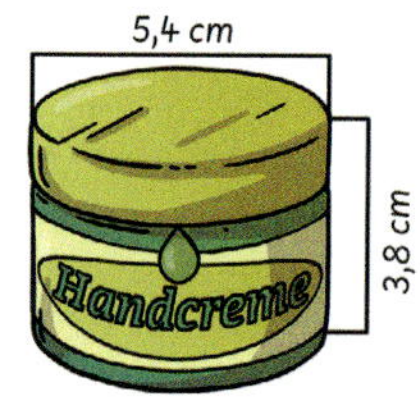


**2** Berechne die Oberfläche und das Volumen des Zylinders.

**a)** $r = 2$ cm; $h_K = 5$ cm
**b)** $d = 22$ mm; $h_K = 66$ mm
**c)** $r = 5{,}0$ cm; $h_K = 3{,}6$ cm
**d)** $d = 5{,}8$ m; $h_K = 3{,}5$ m

**3** Berechne Volumen und Oberfläche des Zylinders. Beachte, dass Radius (oder Durchmesser) und Höhe in verschiedenen Einheiten gegeben sind.

**a)** $r = 6{,}8$ cm; $h_K = 2{,}4$ dm
**b)** $d = 12$ mm; $h_K = 7{,}5$ cm

**4** Zeichne ein Netz und ein Schrägbild des Zylinders mit den gegebenen Maßen.

**a)** $r = 2$ cm; $h_K = 5$ cm
**b)** $r = 2{,}6$ cm; $h_K = 6{,}2$ cm

**5** **Partnerarbeit:** Berechnet die gesuchte Größe des Zylinders und präsentiert das Ergebnis der Klasse.

**a)** $V = 246{,}8\ cm^3$; $r = 5$ cm $h_K = ▢$
**b)** $M = 301{,}6\ cm^2$; $h_K = 12$ cm $r = ▢$
**c)** $O = 84\ cm^2$; $M = 38\ cm^2$ $G = ▢$
**d)** $V = 128{,}5\ cm^3$; $r = 3{,}5$ cm $h_K = ▢$

**6** Berechne die gesuchte Größe des Zylinders.

**a)** $V = 67{,}96\ cm^3$

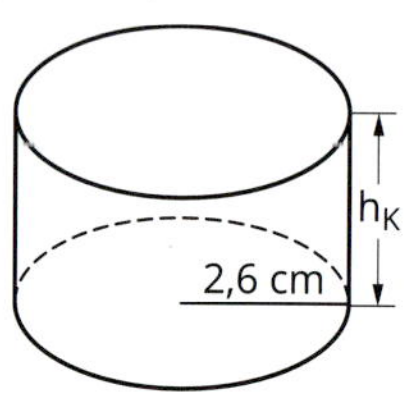


$h_K = ▢$

**b)** $G = 4{,}23\ cm^2$

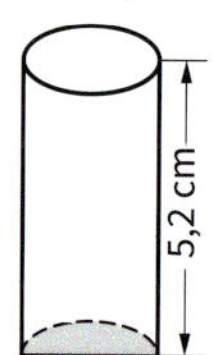


$O = ▢$

**c)** $O = 376\ cm^2$

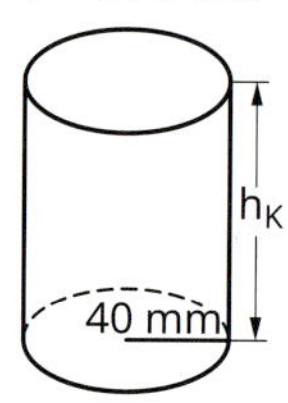


$V = ▢$

**d)** $V = 157{,}16\ cm^3$

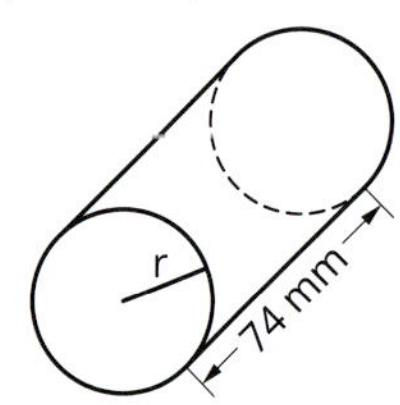


$r = ▢$

**7** Berechne die gesuchte Größe des Zylinders, indem du zuerst die entsprechende Formel nach der gesuchten Größe auflöst und dann die gegebenen Zahlen einsetzt.

**a)** $V = 200\ cm^3$, $h_K = 5$ cm $r = ▢$
**b)** $V = 176\ cm^3$, $r = 4{,}5$ cm $h_K = ▢$
**c)** $M = 83{,}9\ cm^2$, $r = 3{,}8$ cm $h_K = ▢$
**d)** $M = 246{,}8\ cm^2$, $h_K = 27$ cm $r = ▢$

**8** **Partnerarbeit:** Eine Cola-Dose hat ein Fassungsvermögen von 0,33 ℓ. Welche Maße für den Radius r und die Höhe $h_K$ kann die Dose haben?

**9** Ein Zylinder hat ein Volumen von $169{,}65\ cm^3$ und ist genauso hoch wie breit. Berechne die Oberfläche des Zylinders.

Angabe zu Dichten verschiedener Stoffe im Anhang des Buches

10 Berechne, wie viel der zylinderförmige Gegenstand wiegt.
**a)** Ein Rundbalken aus Fichtenholz mit 28 cm Durchmesser und 4,2 m Länge
**b)** Ein Eisendraht mit 22 m Länge und 2 mm Durchmesser

11 Wie viel kg wiegt ein zylinderförmiger Gegenstand aus dem angegebenen Material?
**a)** Aluminium

**b)** Beton

**c)** Holz

12 Ein Nudelholz ist 25 cm breit und hat einen Durchmesser von 6,2 cm. Welche Teigfläche kann bei einer vollen Umdrehung gewalzt werden?

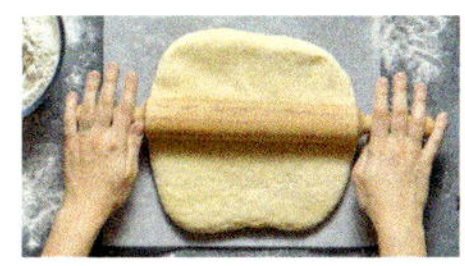

13 Die Regentonne hat innen 50 cm Durchmesser und ist 110 cm hoch. Wie viel Liter Wasser fasst sie? (Tipp: 1 Liter = 1 Kubikdezimeter)

14 Leyla macht eine Ausbildung zur Tischlerin. Im zweiten Lehrjahr soll sie eine kreisrunde Tischplatte anfertigen. Die Tischplatte soll aus einer rechteckigen Platte aus Buchenholz, die 90 cm breit, 1,40 m lang und 4,2 cm dick ist, gesägt werden und zwar mit dem größtmöglichen Radius. Berechne das Volumen und das Gewicht der fertigen Tischplatte (1 $cm^3$ Buchenholz wiegt 0,75 g).

15 Schätze mit Hilfe der Vergleichsgröße den Durchmesser und die Höhe der zylinderförmigen Litfaßsäule.
Berechne dann mit den Schätzwerten die Mantelfläche und das Volumen der Litfaßsäule.

16 Aus einem Zylinder mit dem Radius 2 cm und der Höhe 4 cm soll der größtmögliche Würfel gefertigt werden.
Welche Kantenlänge hat der Würfel?

17 **Partnerarbeit:** Max hat in einem Mathebuch nebenstehende Formeln gefunden. Begründet diese Formeln und präsentiert eure Lösung der Klasse.

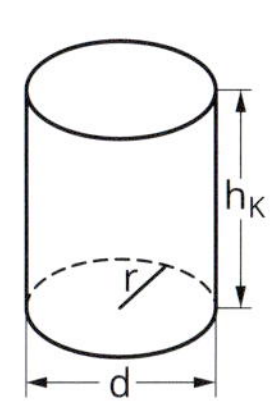


$O = 2\pi \cdot r(r + h_K)$

$O = \frac{\pi}{2} \cdot d(d + 2h_K)$

**18** **Partnerarbeit:**

**a)** Ordnet den rechts abgebildeten Körpern die richtigen Kurzformeln für das Volumen zu.

| | |
|---|---|
| $V = V_{Zy_1} - V_{Zy_2}$ | $V = V_{Wü} + V_{Zy}$ |
| $V = V_{Zy_1} + V_{Zy_2}$ | $V = V_{Zy_1} - V_{Zy_2}$ |

**b)** Ordnet den Körpern nun die richtigen Kurzformeln für die Oberfläche zu.

| | |
|---|---|
| $O = O_{Zy_1} + M_{Zy_2} - 2A_{Kreis}$ | $O = O_{Zy_1} + M_{Zy_2}$ |
| $O = O_{Wü} + M_{Zy}$ | $O = O_{Zy_1} + M_{Zy_2}$ |

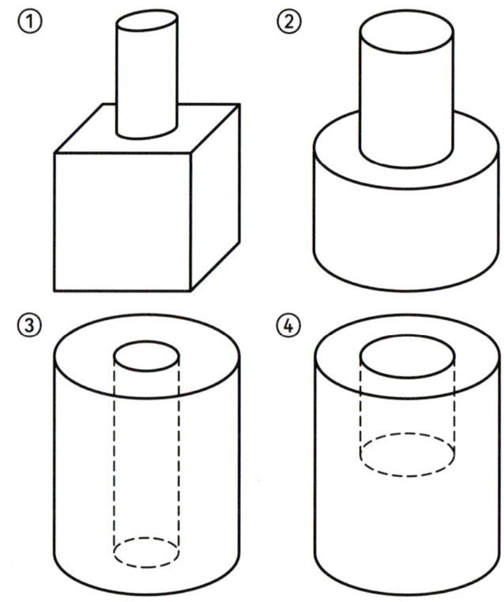


**19** Berechne das Volumen des abgebildeten Körpers. Alle Maße in mm.

**a)**

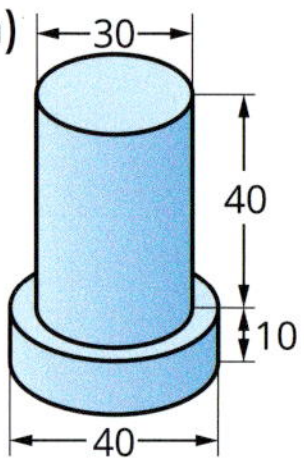


**b)**

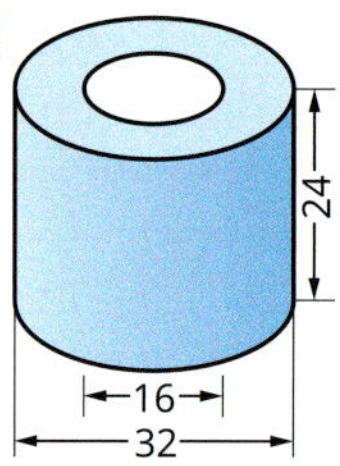


**c)**

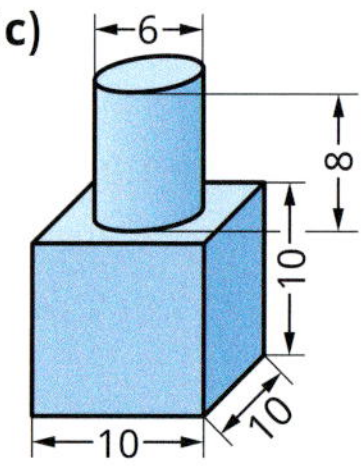


**d)**

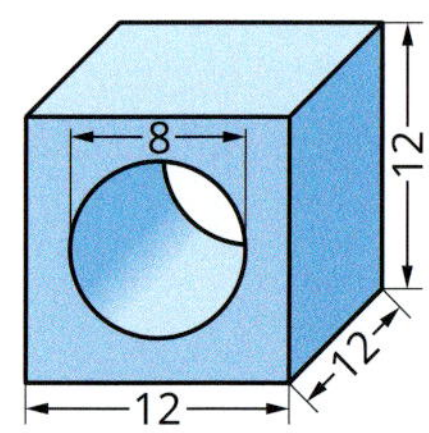


**20** Berechne die Oberfläche des abgebildeten Körpers. Alle Maße in cm.

**a)**

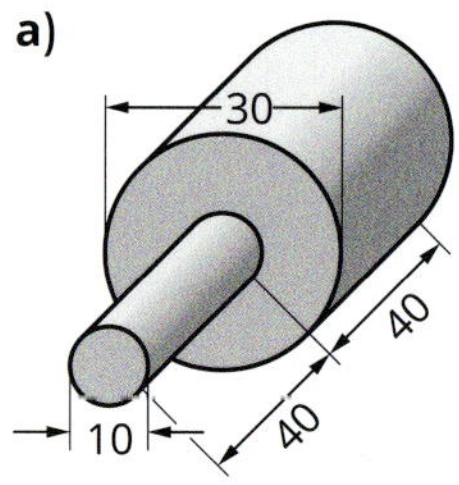


**b)**

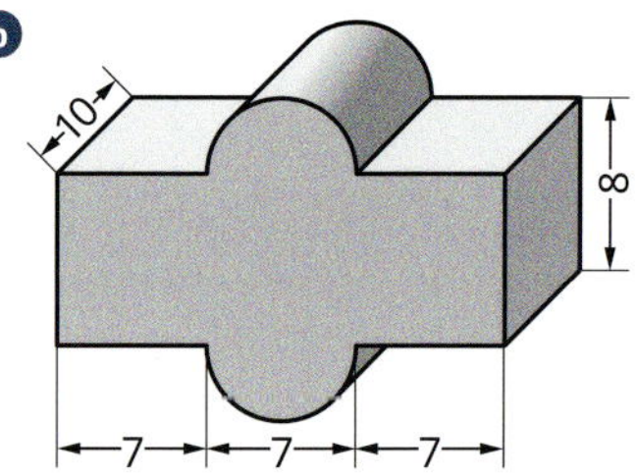


**21** Ein 80 cm langes Eisenrohr hat einen Innendurchmesser von 5 cm und einen Außendurchmesser von 5,5 cm. Berechne die Masse des Rohres.

*Ein Polsterer stellt Polstermöbel, Stühle und Matratzen her.*

**22** Für die Ausbildung zum Polsterer wurde in der Berufsschule die Aufgabe gestellt, von dem abgebildeten Sitzelement aus Schaumstoff das Volumen und die zu beziehende Oberfläche (ohne Unterboden) zu berechnen. Berechne (Maßangaben in cm).

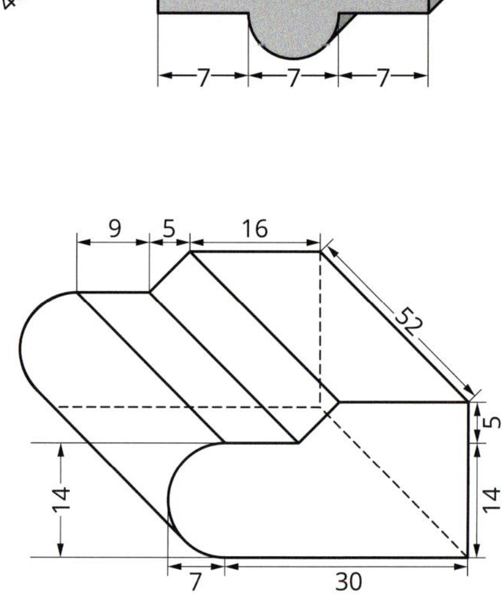


**23** Ein 20 cm hoher Zylinder mit 12 cm Außendurchmesser hat eine 3 mm dicke Kupferwand und ist innen mit Holz gefüllt.

**a)** Wie viel wiegt er?

**b)** Schwimmt er im Wasser oder geht er unter?

## Umfang und Flächeninhalt des Kreises

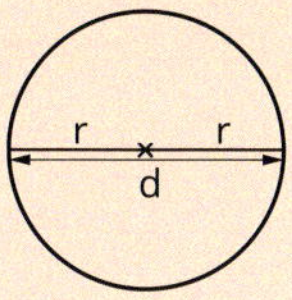


$u = 2\pi \cdot r$

$u = \pi \cdot d$

$A = \pi \cdot r^2$

$\pi \approx 3{,}14$

Berechne Umfang und Flächeninhalt eines Kreises mit r = 4 cm.

| | |
|---|---|
| $u = 2\pi \cdot r$ | $A = \pi \cdot r^2$ |
| $u = 2\pi \cdot 4\ cm$ | $A = \pi \cdot (4\ cm)^2$ |
| $u \approx 25{,}13\ cm$ | $A \approx 50{,}27\ cm^2$ |

**1** Berechne Umfang und Flächeninhalt des Kreises.
**a)** Radius r = 2,5 cm **b)** Durchmesser d = 24 m

**2** Berechne den Radius des Kreises mit u = 22,0 cm.

**3** Ein kreisförmiger Spiegel mit 45 cm Durchmesser soll eingerahmt werden.
**a)** Wie lang ist der Rahmen?
**b)** Wie groß ist die Fläche des Spiegels?

## Kreisring und Kreisausschnitt

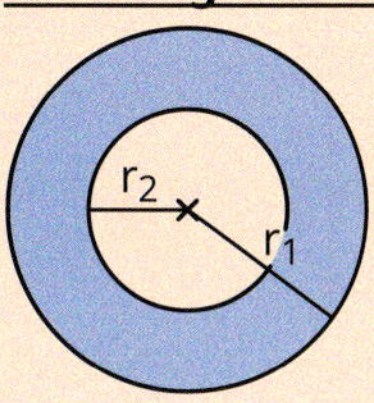


$A = \pi \cdot r_1^2 - \pi \cdot r_2^2$

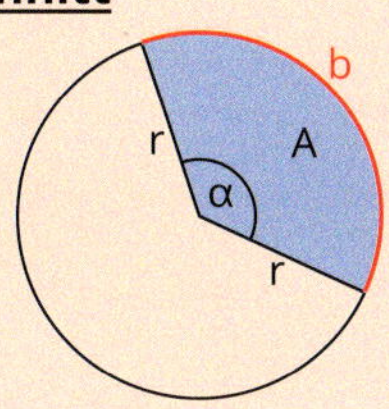


Bogenlänge:
$b = 2\pi \cdot r \cdot \frac{\alpha}{360°}$

Flächeninhalt:
$A = \pi \cdot r^2 \cdot \frac{\alpha}{360°}$

**4** Berechne den Flächeninhalt des Kreisrings mit einem inneren Radius von 4,5 cm und einem äußeren Radius von 5,5 cm.

**5** Berechne Flächeninhalt und Bogenlänge des Kreisausschnitts mit den angegebenen Maßen.
**a)** r = 8 cm α = 40° **b)** d = 46 mm α = 75°

**6** Ein Kreis mit r = 6 cm wird in sechs gleich große Kreisausschnitte zerschnitten. Berechne Bogenlänge und Flächeninhalt eines Kreisausschnitts.

## Oberfläche des Zylinders

**Netz**

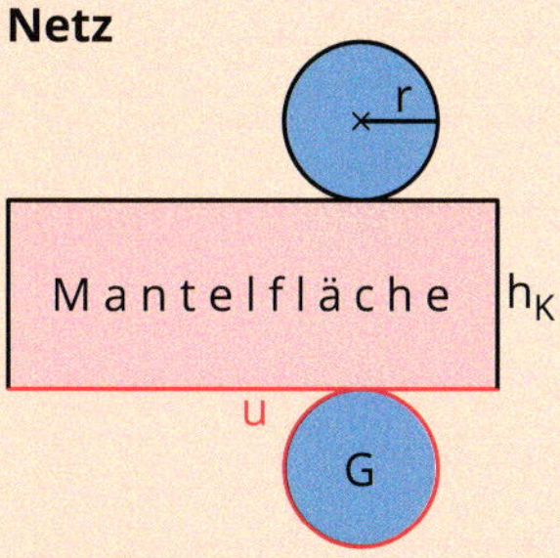


**Schrägbild**

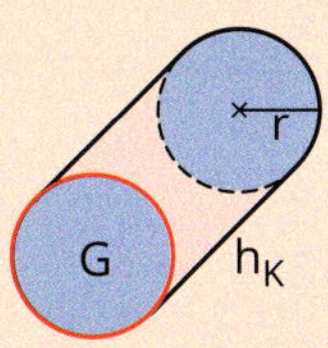


$M = u \cdot h_K$ $G = \pi \cdot r^2$ $O = 2G + M$

$M = 2\pi \cdot r \cdot h_K$ $O = 2\pi \cdot r^2 + 2\pi \cdot r \cdot h_K$

**7** Zeichne ein Netz und ein Schrägbild eines Zylinders mit r = 3 cm und $h_K = 5$ cm.

**8** Berechne die Mantel- und die Oberfläche des Zylinders.

**a)**

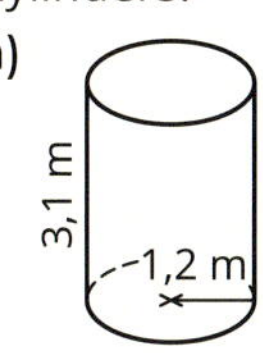


**b)**

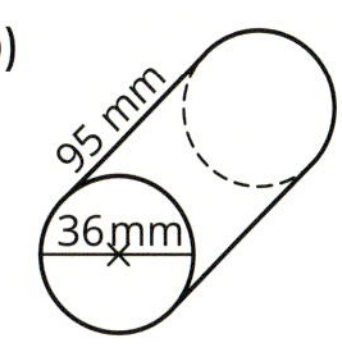


**9** Berechne die Grundfläche des Zylinders mit O = 81 cm² und M = 57 cm².

## Volumen des Zylinders

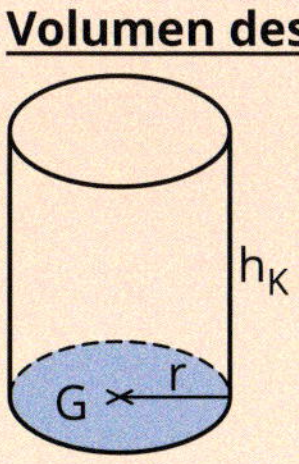


$V = G \cdot h_K$

$V = \pi \cdot r^2 \cdot h_K$

**10** Berechne das Volumen des Zylinders.
**a)** r = 7 cm; $h_K = 8$ cm
**b)** d = 18 mm; $h_K = 9$ mm

**11** Ein Zylinder mit Radius 2 cm hat ein Volumen von V = 17,2 cm³. Berechne die Höhe $h_K$.

1 Ein Kreis hat einen Radius von 4 cm. Berechne seinen Umfang und seinen Flächeninhalt.

2 Berechne den Durchmesser des Kreises mit einem Umfang von 4 m.

3 Berechne den Flächeninhalt des abgebildeten Kreisrings.

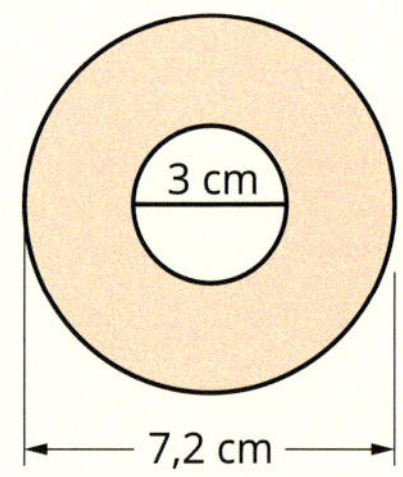


4 Ein Kreisausschnitt hat einen Radius von r = 4 cm und einen Mittelpunktswinkel von α = 50°. Berechne die Länge des Kreisbogens b und den Flächeninhalt A des Kreisausschnitts.

5 Ein Zylinder hat den Radius 2,6 cm und die Höhe 6,0 cm.
**a)** Zeichne ein Schrägbild des Zylinders.
**b)** Zeichne ein Netz des Zylinders.

6 Berechne die Oberfläche und das Volumen des abgebildeten Zylinders.

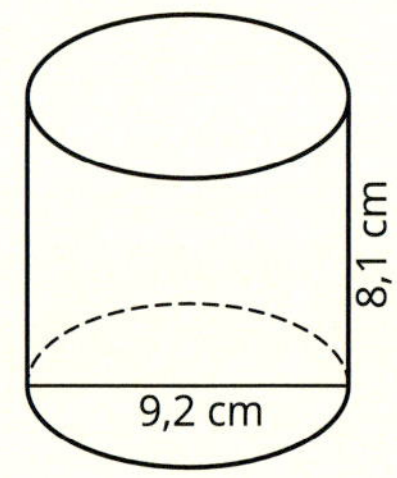


7 Ein Zylinder mit Radius 3,3 cm hat ein Volumen von 72,3 cm³.
Berechne die Höhe $h_K$ des Zylinders.

8 Eine kreisförmige Liegewiese mit Radius 27,5 m wird erneuert. Der Rasensamen für einen Quadratmeter kostet 0,65 €. Wie hoch sind die Kosten für die Liegewiese?

9 Von einem Zylinder sind die Mantelfläche M = 112,5 cm² und die Körperhöhe $h_K$ = 10 cm gegeben. Berechne den Radius r des Zylinders.

10 Berechne Umfang und Flächeninhalt der Figur. Maße in cm.

**a)**
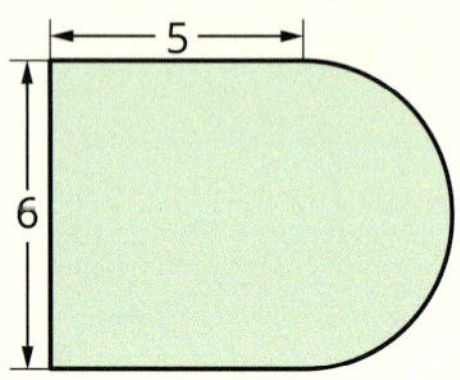


**b)**
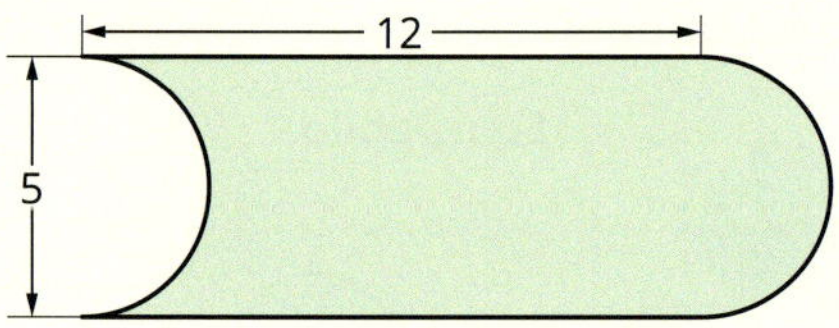


11 Die Räder eines Fahrrades haben einen Durchmesser von 48 cm. Wie viele Umdrehungen macht ein Rad auf einer 2 km langen Strecke?

12 Ein Kreisausschnitt hat einen Flächeninhalt von 18,85 cm² und einen Radius von 6 cm. Berechne den Mittelpunktswinkel α.

13 Berechne das Volumen des abgebildeten Körpers (Maße in cm).

14 Berechne die Oberfläche des abgebildeten Körpers.

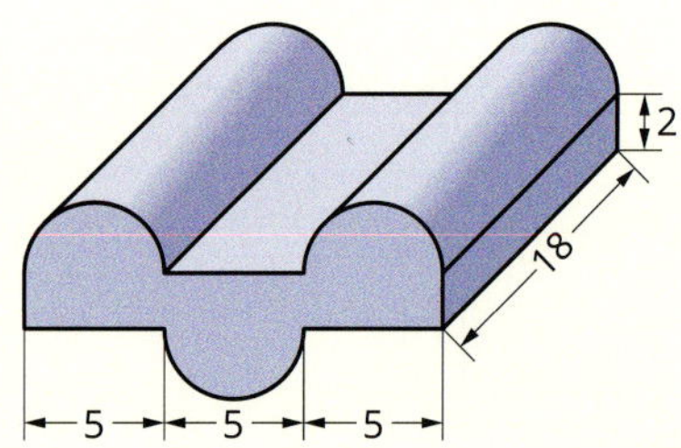


15 Um wie viel Prozent vergrößert sich das Volumen eines Zylinders, wenn der Radius und die Höhe jeweils um 50 % vergrößert werden?

# Lineare Gleichungssysteme 8

## In diesem Kapitel lernst du, ...

... wie du lineare Gleichungen mit zwei Variablen löst,
... wie du ein Gleichungssystem aus zwei linearen Gleichungen zeichnerisch löst,
... wie du ein Gleichungssystem aus zwei linearen Gleichungen rechnerisch löst,
... wie du Sachaufgaben mit einem linearen Gleichungssystem löst.

# Löse die folgenden Aufgaben und schätze dich ein.

**1** Löse die Klammer auf und fasse zusammen.

**a)** $4 + (x - 3)$ **b)** $a - (2 - 5a)$
**c)** $(x + 5) \cdot 8$ **d)** $3x + (x + 7)$
**e)** $3(x + 2) + 7$ **f)** $3(2a + 3b) - b$

Ich kann bei Termen Klammern auflösen und zusammenfassen.
Das kann ich gut. ☺ | Ich bin noch unsicher. → S. 209, A 4–6

**2** Löse die Gleichung und mache die Probe.

**a)** $3(x + 4) = 48$
**b)** $2x + 3 + 7x = 9x - 1 + 2x$
**c)** $8x - (9 + 5x) = 0$
**d)** $5 + 3(9x - 6) = 2(3x + 4) - (-8x + 60)$

Ich kann lineare Gleichungen lösen und eine Probe durchführen.
Das kann ich gut. ☺ | Ich bin noch unsicher. → S. 210, A 1–3

**3** Lies die Koordinaten der markierten Punkte ab.

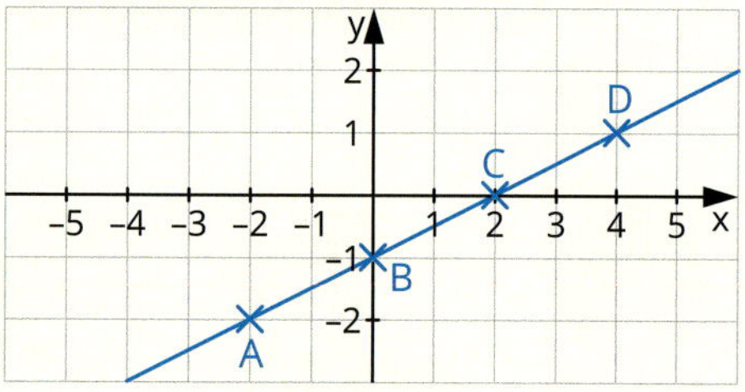


Ich kann die Koordinaten von Punkten auf einem Graphen angeben.
Das kann ich gut. ☺ | Ich bin noch unsicher. → S. 194, A 1

**4** Zeichne den Funktionsgraphen im Koordinatensystem.

**a)** $y = 2x + 1$ **b)** $y = -x + 4$
**c)** $y = 0{,}5x + 3$ **d)** $y = \frac{1}{3}x - 3$

Ich kann zu einer linearen Funktion den Graphen zeichnen.
Das kann ich gut. ☺ | Ich bin noch unsicher. → S. 211, A 1–2

**5** Stelle eine Gleichung auf und löse sie.

**a)** Multipliziere eine Zahl mit 5 und subtrahiere 15. Du erhältst 20. Wie heißt die Zahl?
**b)** In einem Rechteck mit 50 cm Umfang ist eine Seite 15 cm lang. Wie lang ist die andere Seite?

Ich kann zu Sachaufgaben Gleichungen aufstellen und lösen.
Das kann ich gut. ☺ | Ich bin noch unsicher. → S. 210, A 4–5

# Lagebeziehungen von Graphen linearer Funktionen

**Löst alle Aufgaben in Partnerarbeit.**

**1** **a)** Bestimmt die Funktionsgleichungen der Geraden im Bild rechts.

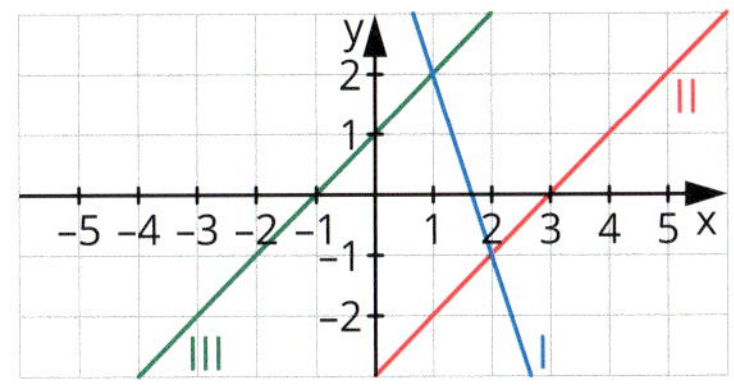


**b)** Beschreibt die Lage der Geraden im Koordinatensystem **und** zueinander. Folgende Ausdrücke können euch helfen:

*Gerade steigt – Gerade fällt – parallel zueinander – schneiden sich im Punkt – verläuft durch den Punkt*

**c)** Lest die Koordinaten der Schnittpunkte der Geraden ab.

**d)** Kontrolliert die abgelesenen Schnittpunkte durch Einsetzen der Koordinaten in die zugehörigen Funktionsgleichungen.

**2** **a)** Schreibt alle Lagebeziehungen zwischen zwei Graphen auf, die ihr der Abbildung entnehmen könnt. Welche Funktionsgraphen verlaufen parallel zueinander und welche schneiden sich? Notiert in einer Tabelle.

| *… verlaufen parallel zueinander* | *… schneiden sich* |
|---|---|
| *$y = 2x + 5$ und $y = 2x - 4$* | |

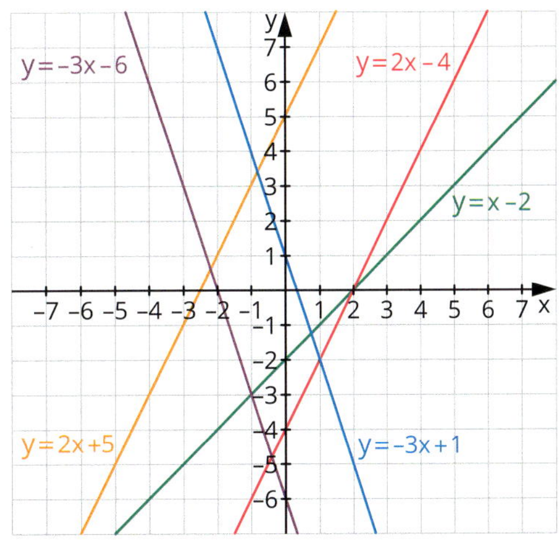


**b)** Betrachtet die Funktionsgleichungen in eurer Tabelle. Erklärt, wie man an zwei Funktionsgleichungen ablesen kann, ob sich ihre Graphen schneiden oder parallel zueinander verlaufen. Verwendet dabei die Begriffe *y-Achsenabschnitt* und *Steigung*.

**c)** Notiert jeweils 3 Paare von sich schneidenden Graphen und Graphen, die parallel zueinander verlaufen. Kontrolliert eure Beispiele mit dem Computer.

**3** **a)** Zeichnet die Graphen der Funktionen mit einem Computerprogramm in ein gemeinsames Koordinatensystem. Was stellt ihr fest?

$x = 2y - 6$ $\quad$ $3 - y = -0{,}5x$ $\quad$ $3y - 1{,}5x = 9$ $\quad$ $y - 0{,}5x = 3$ $\quad$ $x - 2y = -6$

**b)** Wie viele Schnittpunkte haben die Geraden?

**c)** Bestätigt die Aussage von Joris durch eine Rechnung.

**d)** Notiert mindestens 3 Gleichungen, deren Graphen dieselbe Gerade ergeben wie die zur Funktion $y = 2x - 3$. Überprüft anschließend mit dem Computer.

Mit Hilfe der **Steigungen** und der **y-Achsenabschnitte** kannst du überprüfen, wie die Graphen von zwei linearen Funktionen zueinander liegen.

Ⓐ **Schnittpunkt S**

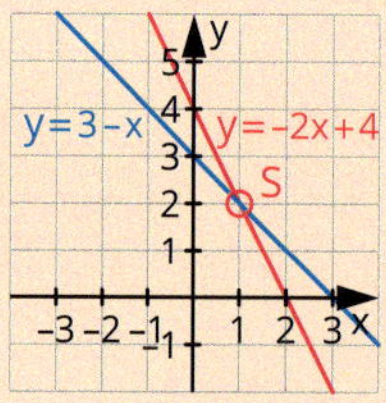


- **Steigungen verschieden**

Ⓑ **Parallele Geraden**

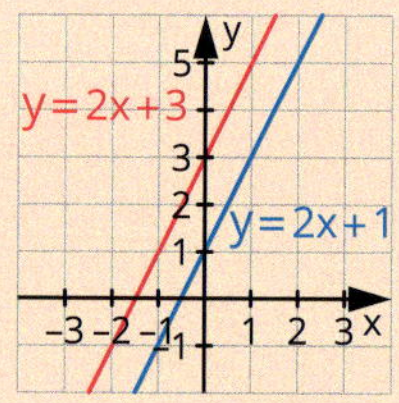


- **Steigungen gleich**
- **y-Achsenabschnitte verschieden**

Ⓒ **Identische Geraden**

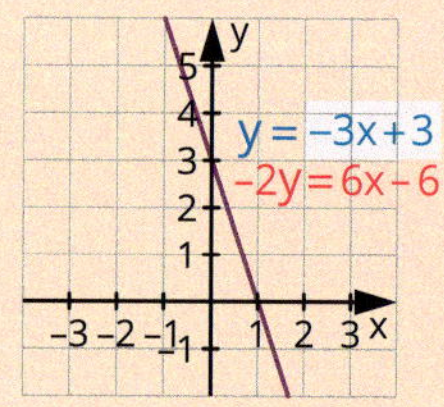


- **Steigungen gleich**
- **y-Achsenabschnitte gleich**

Wie liegen die Graphen der Funktionen zueinander? Begründe.

I $y = 2x + 5$ II $y = -2x + 5$
Die Geraden schneiden sich, weil sie unterschiedliche Steigungen haben.

I $y = 3x + 7$ II $y = 3x - 4$
Die Geraden sind parallel zueinander, weil sie dieselbe Steigung und unterschiedliche y-Achsenabschnitte haben.

I $y = 4x + 6$ II $2y = 8x + 12$
Die Geraden sind identisch, weil sie dieselbe Steigung und denselben y-Achsenabschnitt haben (zweite Gleichung durch 2 dividieren).

**4** **a)** Gib ohne vorher zu zeichnen an, wie die Graphen der Funktionen zueinander liegen. Begründe deine Antwort.

Ⓐ I $y = 3x + 4$ II $y = 3x - 5$
Ⓑ I $y = -\frac{1}{3}x + 1$ II $3y = 3 - x$
Ⓒ I $y = -2x + 2$ II $y = 2x + 6$
Ⓓ I $4y = 2x + 8$ II $x + y = 5$

**b)** Ermittle bei sich schneidenden Funktionsgraphen aus Aufgabe a) die Koordinaten des Schnittpunktes zeichnerisch.

**5** Setze die passende Funktionsgleichung ein, damit sich eine wahre Aussage ergibt.

**a)** Der Graph von $y = -7x + 3$ verläuft parallel zum Graphen von ___. — $y = 7x + 3$ / $y = -7x - 5$

**b)** Der Graph von $y = \frac{1}{2}x + 4$ schneidet den Graphen von ___. — $y = \frac{1}{4}x + 4$ / $y = \frac{1}{2}x + 5$

**c)** Der Graph von $y = 2x + 5$ ist identisch mit dem Graphen von ___. — $y = -6x - 15$ / $-3y = -6x - 15$

**6** **Partnerarbeit:** Notiert jeweils 3 Funktionsgleichungen, deren Graphen die folgenden Bedingungen erfüllen. Überprüft eure Lösungen mit dem Computer.

Ⓐ Die Gerade schneidet den Graphen von $y = 3x + 4$.
Ⓑ Die Gerade verläuft parallel zum Graphen von $y = 3x + 4$.
Ⓒ Die Gerade ist identisch zum Graphen von $y = 3x + 4$.

**7** Gegeben sind eine Funktionsgleichung und ein Punkt S. Notiert jeweils eine Funktionsgleichung, deren Graph die angegebene Gerade im Punkt S schneidet. Überprüft eure Beispiele mit dem Computer.

**a)** $y = 3x - 5$; $S(3|4)$ **b)** $y = -1{,}5x + 9$; $S(-2|12)$ **c)** $y = 7x - 8$; $S(4|20)$

# Lineare Gleichungen mit zwei Variablen

**1**

**Partnerarbeit:**

**a)** Erklärt und beurteilt die Lösungsansätze von Tim und Leni.

**b)** Gebt jeweils drei Lösungen an, die man aus den Tafelbildern entnehmen kann.

**c)** Wie viele Lösungen haben Tim und Leni jeweils gefunden?

Die **Lösungen** einer linearen **Gleichung mit zwei Variablen** sind **Zahlenpaare**. Du kannst durch **Einsetzen** einzelne Lösungen bestimmen. Wenn du **alle Lösungen** darstellen willst, kannst du die **zugehörige Gerade** zeichnen.

Bestimme mindestens drei Lösungen der Gleichung $y - 2x = 1$.

**Auflösen:**

① *Löse die Gleichung nach y auf.* $y - 2x = 1 \quad | + 2x$

$y = 2x + 1$

**Lösung durch Einsetzen:**

| x | $y = 2x + 1$ |
|---|---|
| 0 | $2 \cdot 0 + 1 = 1$ |
| 1 | $2 \cdot 1 + 1 = 3$ |
| 2 | $2 \cdot 2 + 1 = 5$ |

② *Setze für x Zahlen ein.*

③ *Berechne den Wert von y.*

**Zeichnerische Lösung:**

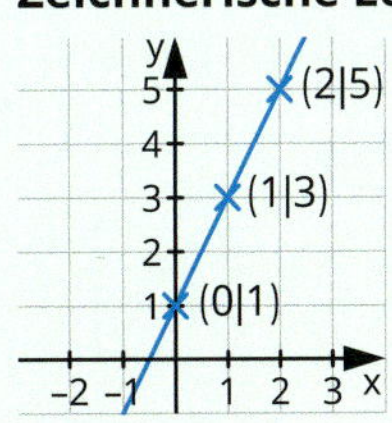


② *Zeichne den Graphen.*

③ *Lies die Koordinaten von einzelnen Punkten ab.*

Lösungen sind z. B. die Zahlenpaare (0|1), (1|3) und (2|5).

Digital+
WES-188264-810

**2** Löse durch Einsetzen. Gib jeweils drei Paare natürlicher Zahlen an, die Lösungen sind.

**a)** $y - x = -1$ **b)** $x + y = 6$ **c)** $2y + 4x = 8$ **d)** $4y - 2x = 2$
**e)** $5x + 2y = 16$ **f)** $4x - y = 30$ **g)** $2x - y = 7$ **h)** $1{,}5x + 3y = 9$

**3** Löse die Gleichung zeichnerisch. Gib jeweils zwei Zahlenpaare an, die Lösungen sind.

**a)** $2x - y = 5$ **b)** $x + 0{,}5y = 3$ **c)** $x + 0{,}5y = 2{,}5$ **d)** $3x + 2y = 7$
**e)** $2x - 2y = -4$ **f)** $3x + y = 14$ **g)** $3x - 2y = 7$ **h)** $1{,}5x + y = 4$

**4** Sind die angegeben Zahlenpaare Lösungen der Gleichung? Prüfe durch Einsetzen.

**a)** $4x - 2y = 2$ (4|7); (−1|−2)
**b)** $2y - x = 6$ (1|4); (−3|5)
**c)** $y = -3x + 9$ (2|6); (−2|15)
**d)** $5x - y = 4$ (3|11); (2|−1)

**5** Ergänze so, dass die Zahlenpaare Lösungen der Gleichung sind.

**a)** $x + y = 13$ (5|■); (■|−3)
**b)** $x - y = 6$ (■|−3); (8|■)
**c)** $2x + y = 10$ (2|■); (■|−2)
**d)** $2(x + y) = 12$ (■|3); (−1|■)

**6** Subtrahiert man 6 vom Doppelten der ersten Zahl, so erhält man die zweite.
**a)** Prüfe am Text, ob das Zahlenpaar $x = 7$; $y = 6$ eine Lösung des Zahlenrätsels ist.
**b)** Welche Gleichung passt zu dem Zahlenrätsel? ① $y = 6 - 2x$; ② $y = 2x - 6$; ③ $y = 2 - 6x$
**c)** Bestimme mindestens drei Lösungen der richtigen Gleichung und prüfe am Text.

**7** Das Hotel Seeblick hat x Zweibettzimmer und y Einbettzimmer, insgesamt 20 Betten.
**a)** Wie viele Einbettzimmer gibt es, wenn 8 Zweibettzimmer vorhanden sind?
**b)** Notiere eine Gleichung für x und y, löse sie nach y auf und zeichne den Graphen.
**c)** Markiere alle Punkte, die zu Lösungen gehören.
**d)** **Partnerarbeit:** Warum sind nicht alle Punkte der Geraden Lösungen?

**8** **a)** Im Technikunterricht soll aus einem Drahtstück ein Rechteck ohne Rest gebogen werden. Wie lang und wie breit können die fertigen Rechtecke sein? Schreibe als Gleichung und gib alle ganzzahligen Lösungen an.
**b)** Bestimme mit einer Gleichung vier mögliche Lösungen, wenn aus dem gleichen Draht ein gleichschenkliges Dreieck gebogen werden soll.

**9** Stelle eine Gleichung für den Umfang der Figur auf und gib zwei Lösungen an.

**a)**
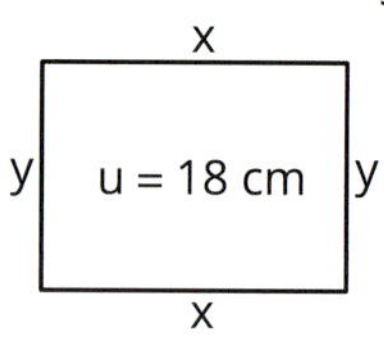


**b)**
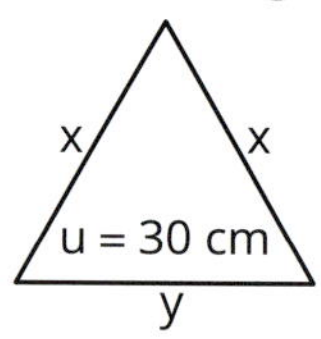


**c)**
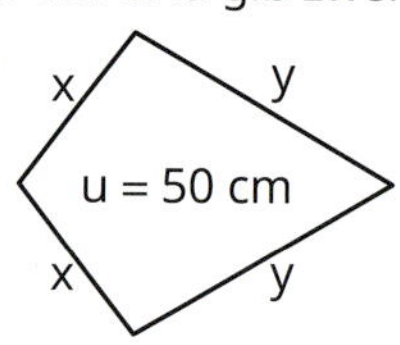


**d)**
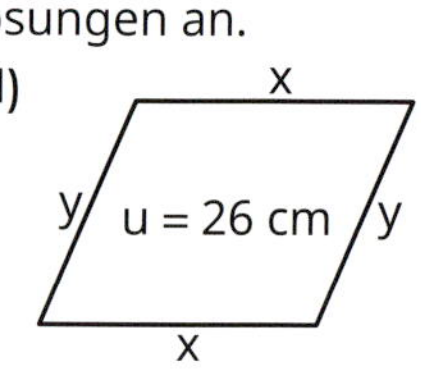


**10** Herr Küßner kauft im Räumungsverkauf Hemden zu 12 Euro und T-Shirts zu 8 Euro. Insgesamt zahlt er 96 Euro. Wie viele Hemden und T-Shirts können es sein? Schreibe als Gleichung und gib alle Lösungen an.

**11** Gib zwei Zahlenpaare an, die Lösungen der Gleichung sind.
**a)** $x + y = 0$ **b)** $x + y = -3$ **c)** $2x + y = -1$ **d)** $x - y = 0{,}5$

**12** In einer Kasse liegen x Scheine zu je 50 € und y Scheine zu je 20 € im Gesamtwert von 600 €. Notiere dies als Gleichung und präsentiere alle möglichen Lösungen.

**13** Stelle eine Gleichung auf und ermittle drei mögliche Lösungen.
**a)** Die Summe zweier Zahlen ist –8.
**b)** Zwei Zahlen unterscheiden sich um 19.
**c)** Die Summe aus dem Doppelten einer Zahl und dem 3-Fachen einer anderen ist 120.
**d)** Subtrahiert man zweimal eine Zahl vom 5-fachen einer anderen, so erhält man 34.

**14** Stelle alle Lösungen der Gleichung zeichnerisch dar. Löse zuerst die Klammern auf.
**a)** $2(3x - y) = 4$ **b)** $3(2x - y) = 6$ **c)** $0{,}5(3x - y) = 2$ **d)** $\frac{1}{3}(y - 2x) = 1$

# Lineare Gleichungssysteme

**Löst alle Aufgaben in Partnerarbeit.**

**1**

**a)** Erklärt Liams Rechenansatz.
**b)** Setzt die Rechnung von Liam fort, bis ihr eine passende Lösung ermittelt habt.

**2**

**a)** Vervollständigt die Zeichnung von Damian im Heft und lest den Schnittpunkt der Geraden ab.
**b)** Begründet: Warum gibt der Schnittpunkt der Geraden eine Lösung der Aufgabe an?

**3** Ari behauptet: „Das Zahlenpaar (5 | 11) erfüllt die beiden Gleichungen $y = 3x - 4$ und $y = 2x + 1$."
**a)** Prüft seine Aussage durch Einsetzen und mit Hilfe einer Zeichnung.
**b)** Gibt es noch mehr Lösungen, die beide Gleichungen erfüllen? Begründet.

**4** Prüft durch Einsetzen, ob die Zahlenpaare beide Gleichungen erfüllen.

| | | | | | |
|---|---|---|---|---|---|
| **a)** | I $4x + 2y = 2$ | II $3x - 21 = -15$ | (−1 \| 4) | (2 \| 3) | (2 \| −3) |
| **b)** | I $2y - x = 8$ | II $5x + y = 15$ | (3 \| 0) | (−2 \| 5) | (2 \| 5) |
| **c)** | I $x - y = -3$ | II $2y = 3x - 20$ | (9 \| 12) | (−14 \| −11) | (4 \| −3) |

**5**
**a)** Bestimmt zu den Geraden die passenden Funktionsgleichungen.
**b)** Begründet, warum die Geraden sich nicht schneiden.
**c)** Wie viele gemeinsame Lösungen haben beide Gleichungen? Begründet.

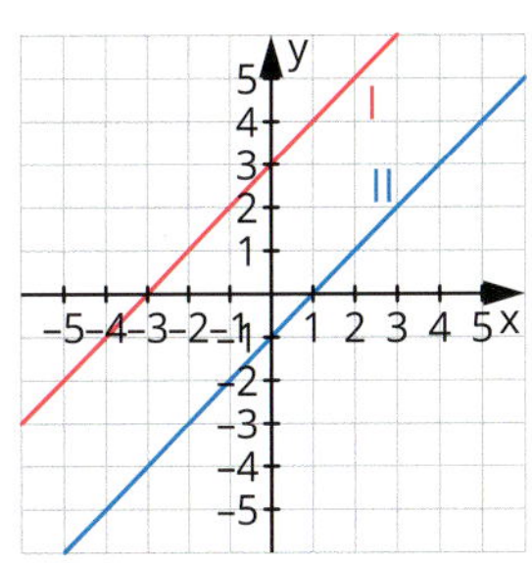

Zwei lineare Gleichungen **I** und **II** mit denselben Variablen x und y können zusammen ein **lineares Gleichungssystem (LGS)** bilden. Lösungen sind alle Zahlenpaare (x|y), die beide Gleichungen erfüllen. Du kannst die Lösungen **zeichnerisch** ermitteln.

Löse das Gleichungssystem: **I** $y - \frac{1}{3}x = 3$ **II** $y - 7 = -x$

① **I** $y = \frac{1}{3}x + 3$
**II** $y = -x + 7$

③ $x = 3,\ y = 4$

④ *Probe:*
**I** $4 = \frac{1}{3} \cdot 3 + 3$ (w)
**II** $4 = -3 + 7$ (w)

① *Löse beide Gleichungen nach y auf.*
② *Zeichne die Geraden im Koordinatensystem.*
③ *Lies die Koordinaten des Schnittpunktes S ab.*
④ *Probe: Setze die Werte für x und y in beide Ausgangsgleichungen ein und berechne.*

②
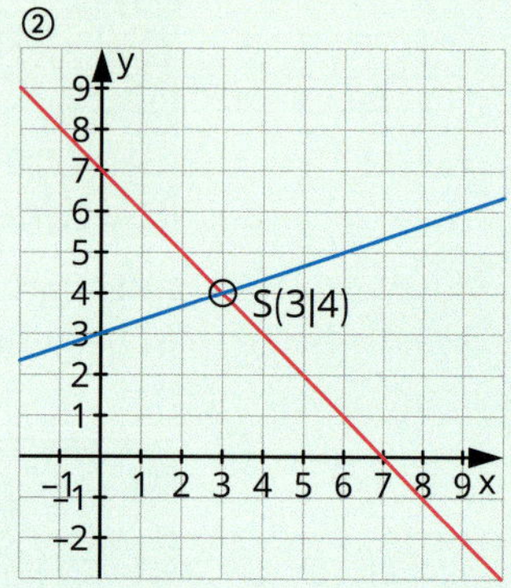


*Antwort:* Das Zahlenpaar (3|4) ist die Lösung des LGS.
Die Lösungsmenge kannst du so notieren: L = {(3|4)}

Digital+
WES-188264-811

**6** Bestimme die Lösung des linearen Gleichungssystems zeichnerisch.

**a)** I $y = 3x - 1$
II $y = 5x - 5$

**b)** I $y = 0{,}5x + 3$
II $y = -3x - 4$

**c)** I $2x + y = 8$
II $4x - y = 10$

**d)** I $4x + y = 20$
II $2x + y = 12$

**7**

**Partnerarbeit:**

**a)** Notiert zu jedem Bild einen Satz, indem ihr die Lücken jeweils passend ergänzt.
*Die Funktionsgraphen ________, deshalb hat das LGS ________ Lösung(-en).*

**b)** Löst die Gleichungen aus dem Bild oben nach y auf. Erklärt, wie man an den aufgelösten Gleichungen erkennen kann, wie viele Lösungen das Gleichungssystem hat.

Ⓐ *Das Gleichungssystem Ⓐ hat genau eine Lösung L = {(1|2)}, weil …*
Ⓑ *Das Gleichungssystem Ⓑ hat keine Lösung, d. h. die Lösungsmenge ist leer (L = { }), weil …*
Ⓒ *Das Gleichungssystem Ⓒ hat unendlich viele Lösungen, d. h. die Lösungsmenge besteht aus allen Paaren mit der Eigenschaft y = −x + 3 (L = {(x|y) | y = −x + 3}), weil …*

*… die Steigung gleich ist*
*… die Steigung verschieden ist*
*… die y-Achsenabschnitte verschieden sind*
*… die y-Achsenabschnitte gleich sind*

**8** Löse die Gleichung nach y auf und entscheide, wie viele Lösungen das Gleichungssystem hat. Wenn es genau eine Lösung gibt, dann bestimme die Lösungsmenge.

**a)** I $2x + 2y = 16$
II $2x + 3y = 8$

**b)** I $3x + 4y = 1$
II $-6x - 8y = -2$

**c)** I $3x + y = 14$
II $4x + 2y = 20$

**d)** I $3x + 2y = 8$
II $6x + 4y = 12$

# Lösen von linearen Gleichungssystemen mit dem Computer

**Löst alle Aufgaben in Partnerarbeit.**

**1**

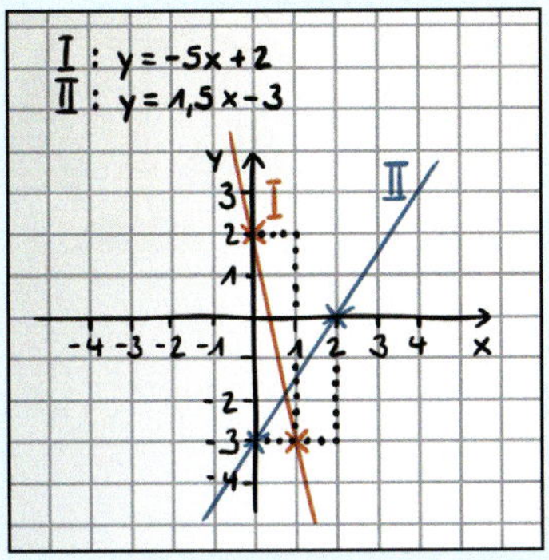

**a)** Warum hat Clara Schwierigkeiten mit der Aufgabe?

**b)** Bestimmt mit einer dynamischen Geometriesoftware den Schnittpunkt der Graphen.
Die Koordinaten des Schnittpunktes erhaltet ihr so:
① *Gebt beide Gleichungen ein.*
② *Ruft das „Schneide"-Werkzeug auf.*
③ *Klickt nacheinander beide Geraden an.*

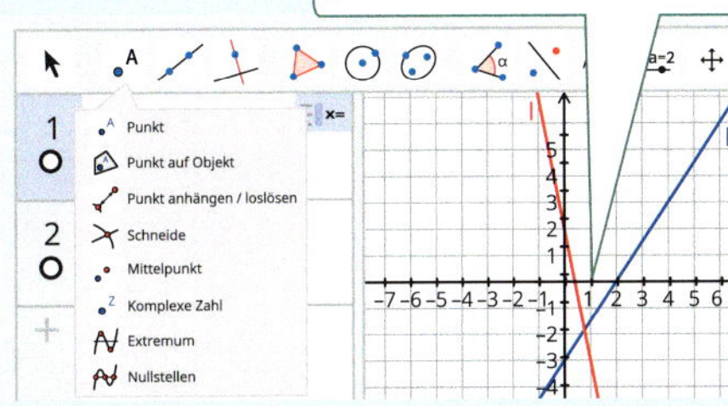


**2** **a)** Auch mit einem Computeralgebrasystem (CAS) könnt ihr Gleichungssysteme lösen:
① *Gebt beide Gleichungen ein.*
② *Markiert die Gleichungen wie im Bild.*
③ *Klickt das „Löse"-Werkzeug* x= *an.*

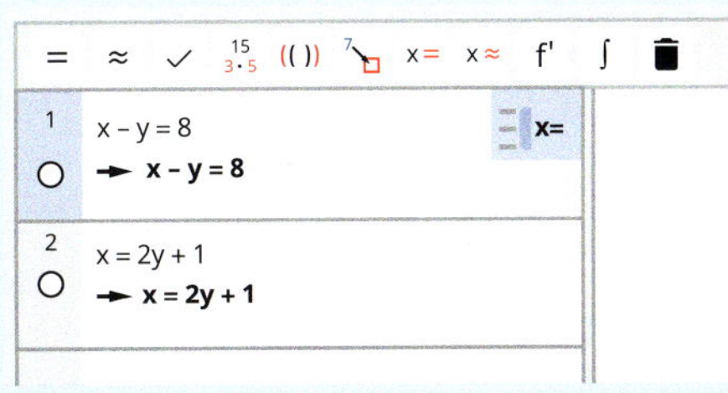


**b)** Auf der Werkzeugleiste findet ihr auch das „Löse"-Werkzeug x≈. Gebt das Gleichungssystem I $6x + y = 3$ und II $3x + 0{,}2y = 1$ ein (Hinweis: Tippt „0.2" für die Zahl 0,2) und ermittelt die Lösung mit Hilfe von beiden „Löse"-Werkzeugen. Erklärt den Unterschied.

**3** Bestimme das im Koordinatensystem abgebildete Gleichungssystem.
Gib auch die Lösungsmenge an. Runde dabei auf zwei Stellen nach dem Komma.

**a)**

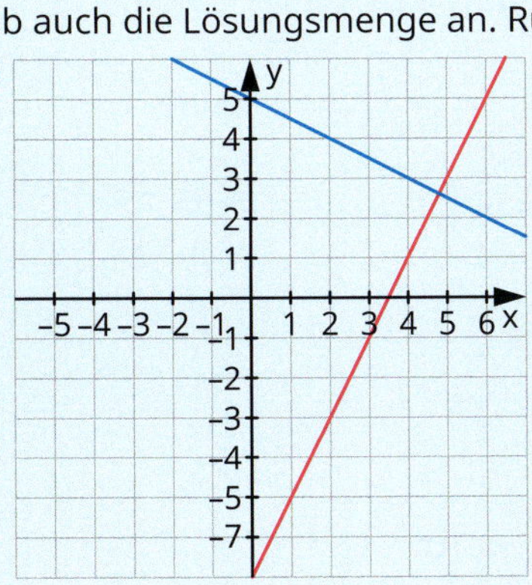

**b)**

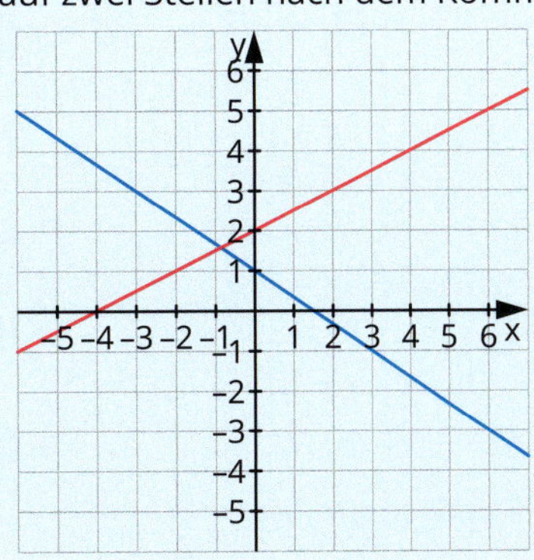

# Das Gleichsetzungsverfahren

**1** **Partnerarbeit:** Die Abbildung veranschaulicht einen Ansatz zum rechnerischen Lösen von linearen Gleichungssystemen.

**a)** Notiert zu dem dargestellten Gleichungssystem die Gleichungen I und II.

**b)** Erklärt, warum die untere Waage im Gleichgewicht ist.

**c)** Wie heißt die Gleichung zum unteren Bild?

**d)** Führt den Lösungsansatz rechnerisch zu Ende.

Beim **Gleichsetzungsverfahren** löst du ein lineares Gleichungssystem, indem du die beiden Gleichungen nach derselben Variablen oder einem Vielfachen derselben Variablen auflöst und diese Terme gleichsetzt.

Löse das Gleichungssystem: **I** $y - 3x = -5$ **II** $y - 4x = -9$

| | | |
|---|---|---|
| **I** | $y = 3x - 5$ | ① *Löse beide Gleichungen nach derselben Variablen auf.* |
| **II** | $y = 4x - 9$ | |
| **I = II** | $3x - 5 = 4x - 9$ | ② *Setze gleich und löse die Gleichung auf.* |
| | $x = 4$ | |
| x in **I** | $y = 3 \cdot 4 - 5$ | ③ *Setze den berechneten Wert in eine Gleichung ein und löse auf.* |
| | $y = 7$ | |
| **I** | $7 - 3 \cdot 4 = -5$ (w) | ④ *Probe: Setze die Werte für x und y in beide ursprünglichen Gleichungen ein.* |
| **II** | $7 - 4 \cdot 4 = -9$ (w) | |

*Die Lösung ist das Zahlenpaar (4 | 7). L = {(4 | 7)}*

Digital+ WES-188264-812

**2** Wende das Gleichsetzungsverfahren an und mache die Probe.

**a)** I $y = 8x + 4$; II $y = 3x + 14$
**b)** I $a = 5b - 23$; II $a = 3b - 11$
**c)** I $x = 7y - 11$; II $x = 3y - 3$
**d)** I $q = 5p - 3$; II $q = 3p + 1$
**e)** I $y = 5x - 35$; II $y = 9x - 67$
**f)** I $y = 8x - 44$; II $y = 2x - 8$
**g)** I $p = 3q - 4$; II $p = q - 10$
**h)** I $y = 2x - 7$; II $y = 3x - 9$

**3**
**a)** I $x + 2y = 3$; II $x + 4y = 5$
**b)** I $x + 4y = 25$; II $x + 5y = 30$
**c)** I $6s + z = 34$; II $s + z = 9$
**d)** I $9x + y = 70$; II $x + y = 14$
**e)** I $-a + 4b = 28$; II $-a - 9b = -37$
**f)** I $x + 9y = -41$; II $x - 4y = 24$
**g)** I $4x - y = 39$; II $7x - y = 63$
**h)** I $6x + y = 57$; II $3x + y = 30$

**4**
**a)** I $2x + 2y = 10$; II $2x + 18y = 42$
**b)** I $6a + b = 57$; II $2b + 6a = 60$
**c)** I $-3x - 6y = -30$; II $2x - 6y = -60$
**d)** I $8b - 4a = 20$; II $-a + 8b = 23$
**e)** I $6x - 3y = 39$; II $6x - y = 33$
**f)** I $9p - 3q = 21$; II $-q + 9p = 25$
**g)** I $3x - 5y = 11$; II $6x + 11y = 1$
**h)** I $\frac{1}{3}a - 7b = -3$; II $\frac{1}{4}a - 13b = -10$

| | | |
|---|---|---|
| **I** | $2y - 5x = 4$ | nach 2y |
| **II** | $2 + 2y = 6x$ | auflösen |
| **I** | $2y = 5x + 4$ | gleich- |
| **II** | $2y = 6x - 2$ | setzen |

# Das Einsetzungsverfahren

**1** **Partnerarbeit:** Die Abbildung veranschaulicht ein Verfahren zum rechnerischen Lösen eines linearen Gleichungssystems.

**a)** Notiert die Gleichungen I und II des dargestellten Gleichungssystems.

**b)** Erklärt, warum die untere Waage im Gleichgewicht ist.

**c)** Wie heißt die Gleichung zum unteren Bild?

**d)** Führt den Lösungsansatz rechnerisch zu Ende.

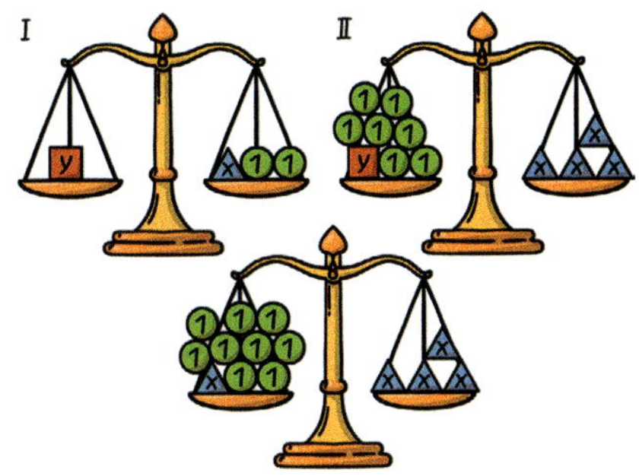


Beim **Einsetzungsverfahren** löst du ein lineares Gleichungssystem, indem du die eine der beiden Gleichungen nach einer Variablen auflöst und den Term in die andere Gleichung einsetzt.

Löse das Gleichungssystem: **I** $3x + 5y = 8$ **II** $11x + y = 12$

**I** $3x + 5y = 8$
**II** $y = 12 - 11x$

① *Löse eine Gleichung nach einer Variablen auf.*

**II in I** $3x + 5 \cdot (12 - 11x) = 8$
$3x + 60 - 55x = 8 \quad | -60$
$-52x = -52 \quad | :(-52)$
$x = 1$

② *Setze den Term in die andere Gleichung ein und löse die entstandene Gleichung auf. (Denke an die Klammer.)*

x in **II** $y = 12 - 11 \cdot 1$
$y = 1$

③ *Setze den berechneten Wert in eine der Gleichungen ein und rechne aus.*

**I** $3 \cdot 1 + 5 \cdot 1 = 8$ (w)
**II** $11 \cdot 1 + 1 = 12$ (w)

*Die Lösung ist das Zahlenpaar (1 | 1).*
*L = {(1 | 1)}*

④ *Probe: Setze die Werte für x und y in beide ursprünglichen Gleichungen ein.*

Digital+
WES-188264-813

**2** Wende das Einsetzungsverfahren an und mache die Probe.

**a)** I $3x + 2y = 12$; II $y = 2x - 1$
**b)** I $s = 5t - 19$; II $2s + 9t = 38$
**c)** I $y = x + 25$; II $6x + 6y = 66$
**d)** I $5x + 3y = 29$; II $y = 4x - 13$
**e)** I $9x + 3y = 30$; II $x = 7y - 4$
**f)** I $y = 7x - 32$; II $8x + 4y = 52$
**g)** I $b = 2a + 7$; II $3a + 4b = 6$
**h)** I $2x + 3y = -8$; II $x = 4y + 7$

**3** Löse eine Gleichung nach einer Variablen auf und wende das Einsetzungsverfahren an.

**a)** I $3y - 2x = 4$; II $x - 2y = 3$
**b)** I $x + 8y = 45$; II $3x + 6y = 45$
**c)** I $3p + 8q = 34$; II $p + 7q = 20$
**d)** I $7x + 7y = 84$; II $3x + y = 28$
**e)** I $a - 6b = 15$; II $7b - 2a = -25$
**f)** I $t + 5s = 17$; II $2t - 4s = 20$
**g)** I $y - 2x = -19$; II $7x - 6y = 89$
**h)** I $3x - 9y = 39$; II $8x + y = -21$

**4** Ordne jedem Gleichungssystem (gelb) die richtige Lösungsmenge (weiß) zu.

a) I $2x - 3y = 3$; II $y = 3x - 8$
L = {(−2 | 1)}
b) I $y - 2x = -1$; II $3x + 2y = 5$
L = {(6 | 5)}
c) I $x - y = 1$; II $2y = x + 4$
L = {(1 | 1)}
d) I $3x + 2y = -4$; II $3x - y = -7$
L = {(−3 | 2)}
e) I $2x - y = 5$; II $3x - 2y = 6$
L = {(3 | 1)}
L = {(4 | 3)}

# Das Additionsverfahren

**1**

**Partnerarbeit:**

**a)** Warum addiert Paul die Gleichungen? Vervollständigt seine Rechnung und macht die Probe.

**b)** Erklärt den Lösungsansatz für das zweite Gleichungssystem und bestimmt seine Lösung.

Beim **Additionsverfahren** löst du ein lineares Gleichungssystem, indem du eine oder beide Gleichungen so multiplizierst, dass vor einer Variablen Zahl und Gegenzahl stehen. Dann addierst du die Gleichungen.

Löse das Gleichungssystem: **I** $-2x + 4y = 24$ **II** $3x + 6y = 60$

| | | |
|---|---|---|
| **I** $-2x + 4y = 24 \quad \vert \cdot 3$ <br> **II** $3x + 6y = 60 \quad \vert \cdot 2$ <br> **I** $-6x + 12y = 72$ <br> **II** $6x + 12y = 120$ | | ① *Multipliziere so, dass vor einer Variablen Zahl und Gegenzahl stehen.* |
| **I + II** $24y = 192 \quad \vert :24$ <br> $y = 8$ | | ② *Addiere und löse die entstandene Gleichung.* |
| y in **II** $3x + 6 \cdot 8 = 60 \quad \vert -48$ <br> $3x = 12 \quad \vert :3$ <br> $x = 4$ | | ③ *Setze den berechneten Wert in eine der Gleichungen ein und löse auf.* |
| **I** $-2 \cdot 4 + 4 \cdot 8 = 24$ (w) <br> **II** $3 \cdot 4 + 6 \cdot 8 = 60$ (w) | *Die Lösung ist das Zahlenpaar (4\|8).* <br> $L = \{(4\vert 8)\}$ | ④ *Probe: Setze die Werte für x und y in beide ursprünglichen Gleichungen ein.* |

Digital+
WES-188264 814

**2** Wende das Additionsverfahren an und mache die Probe.

**a)** I $3x - y = 4$; II $4x + y = 3$
**b)** I $x + 2y = 20$; II $-4x - 2y = -26$
**c)** I $6x + 7y = 56$; II $-6x + 5y = -32$
**d)** I $4a + 8b = 60$; II $7a - 8b = -49$

**3** Forme eine Gleichung so um, dass du das Additionsverfahren anwenden kannst.

**a)** I $2x - 3y = 8$; II $5x + 6y = 20$
**b)** I $3x + 6y = 39$; II $-8x + 3y = -66$
**c)** I $3q + 6p = -57$; II $-7q + 2p = -11$
**d)** I $2x + 9y = 1$; II $4x + 4y = 16$
**e)** I $2a + 7b = 51$; II $6a - 3b = -63$
**f)** I $2a + 9b = -3$; II $4a + 4b = 8$
**g)** I $-8x + 6y = 26$; II $6x + 3y = 33$
**h)** I $4x + 2y = -26$; II $8x - 3y = -31$

**4**

**a)** I $-6p + 4q = 20$; II $8p + 3q = 40$
**b)** I $8s + 3t = 44$; II $6s - 7t = -4$
**c)** I $7x + 9y = -37$; II $3x - 2y = -10$
**d)** I $9x - 7y = 1$; II $-6x + 8y = 16$
**e)** I $8x + 9y = -40$; II $5x + 4y = -12$
**f)** I $-5x + 7y = 101$; II $4x + 3y = -12$
**g)** I $3x - 6y = -57$; II $2x + 2y = -8$
**h)** I $3a + 6b = 3$; II $2a + 5b = 1$

# Vermischte Aufgaben

**1** Löse das Gleichungssystem zeichnerisch.

**a)** I $2x + 3y = 20$ II $x + y = 17$

**b)** I $y - 3x = -1$ II $y - 5x = -5$

**c)** I $x + y = 23$ II $2x + y = 18$

**d)** I $2y - x = -7$ II $-x - 2y = -3$

**2** **Partnerarbeit:** Wie viele Kaninchen und wie viele Hühner sind hinter der Mauer? Wählt zwei Variablen, eine für die Kaninchenanzahl und eine für die Hühneranzahl, stellt zwei Gleichungen auf und löst das Gleichungssystem.

**3** Ragna ist dabei, ein LGS zu lösen. Kontrolliere den Anfang ihres Lösungswegs. Wenn du einen Fehler findest, schreibe den Lösungsweg berichtigt in dein Heft, sonst rechne nur zu Ende.

a)
I $3x - y = 8$
II $y = x + 2$
$3x - x + 2 = 8 \quad | -3x$
$2x = 6 \quad | :2$
$x = 3$
$y = 3 + 2$

b)
I $2x = 5y - 17$
II $2x = 3y - 5$
$5y - 17 = 3y - 5 \quad | -3y + 17$
$2y = 12$
$y = 6$
$2x = 3 \cdot 6 - 5$

c)
I $2x + 3y = 1 \quad | \cdot (-2)$
II $7x + 6y = 26$
I $-4x - 6y = 1$
II $7x + 6y = 26$
$3x = 27 \quad | :3$
$x = 9$

**4** **Partnerarbeit:**

① I $y = 3x + 4$ II $y = 2x + 1$

② I $y = -2x + 1$ II $y = -3x + 3$

③ I $4x + 2y = -16$ II $y = -2x - 8$

④ I $4x + 2y = -8$ II $4x - 2y = -8$

**a)** Löst die Gleichungssysteme grafisch mit einer dynamischen Geometrie-Software.

**b)** Ändert bei der zweiten Gleichung jeweils eine Zahl so ab, dass das entstandene Gleichungssystem keine Lösung hat. Prüft mit dem Computer.

**5** **Partnerarbeit:** Die Lösungsmenge eines linearen Gleichungssystems ist $L = \{(3|-4)\}$. Wie könnte das Gleichungssystem ausgesehen haben? Findet mindestens drei Möglichkeiten. Überprüft eure Vorschläge mit dem Computer.

**6** **Partnerarbeit:** Laura soll ein Gleichungssystem grafisch lösen. Leider liegt der Schnittpunkt der Geraden außerhalb der Seite ihres Mathematikheftes. Notiert die Gleichungen und bestimmt die Lösungsmenge mit einer dynamischen Geometriesoftware.

**a)**

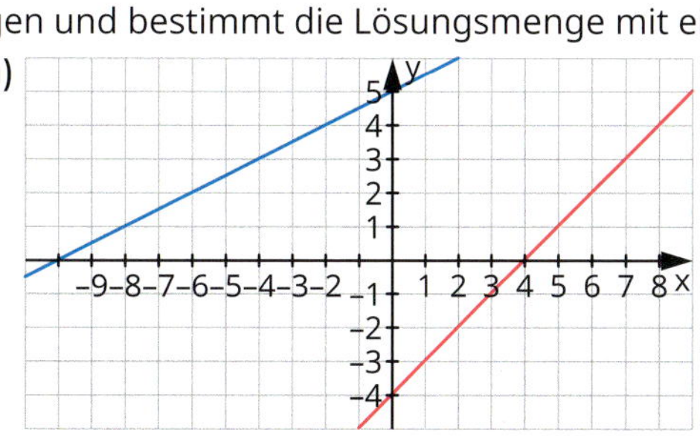


**b)**

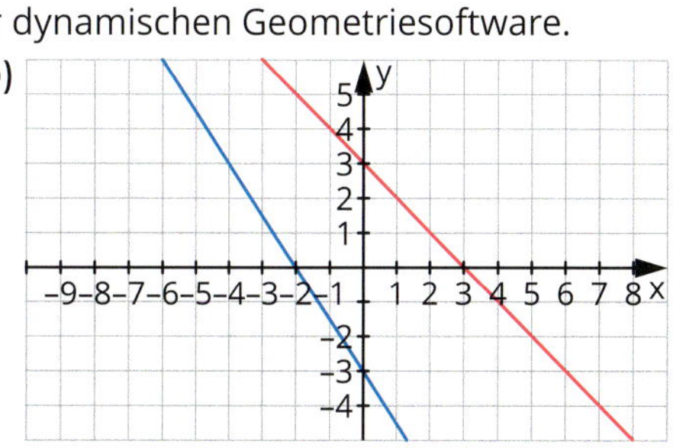

**7** *Löse die Gleichungssysteme.*

① I $4y + 5x = 12$
II $x = 3y + 10$

② I $3x + 4y = -13$
II $2x - 4y = 18$

③ I $2y = 3x + 4$
II $2y = 7x - 4$

④ I $x = 2y - 11$
II $x = 5y - 32$

⑤ I $y = 0{,}5x + 3$
II $4x - 3y = 1$

⑥ I $2y + 5x = 22$
II $5y - 5x = 20$

**a)** Wende zum Lösen der Gleichungssysteme das Verfahren an, bei dem beim 1. Schritt eine Variable wegfällt.

**b)** Schreibe für jedes der drei bekannten Verfahren auf: Welche Bedingungen müssen erfüllt sein, damit du das Verfahren anwenden kannst, ohne vorher umzuformen?

**8** Löse mit einem Verfahren deiner Wahl. Gehe dabei möglichst geschickt vor. Es gibt Gleichungssysteme mit einer Lösung, keiner Lösung und unendlich vielen Lösungen.

**a)** I $4x - 5y = 16$
II $8x - 10y = 32$

**b)** I $y = 2x + 7$
II $4x - 2y = 8$

**c)** I $g = -7z - 45$
II $g = -4z - 30$

**d)** I $-2x + 4y = 4$
II $0{,}5x - y = -1$

**e)** I $2a = 24 - 2c$
II $2a + 8c = 42$

**f)** I $p - 4q = 12$
II $3p - 4q = -4$

**g)** I $y - 2x = -9$
II $\frac{1}{2}y - x = 2$

**h)** I $6y = 2x + 24$
II $\frac{1}{3}x = -y - 7$

**9** Gegeben ist eine Gleichung eines linearen Gleichungssystems. Ordne eine zweite Gleichung so zu, dass das entstandene LGS die angegebene Anzahl von Lösungen hat. Überprüfe deine Wahl, indem du das entstandene LGS löst.

**a)** keine Lösung
I $y = 3x + 4$
① $y = 3x - 5$ ② $y = -3x + 4$

**b)** eine Lösung
I $y = 2x + 7$
① $y = 7x + 7$ ② $y = 2x + 3$

**c)** unendlich viele Lösungen
I $y = x - 1{,}5$
① $2y = 2x + 3$ ② $-2y = 3 - 2x$

**10** Löse das Gleichungssystem mit einem Verfahren deiner Wahl.

**a)** I $-8a + 3b = -35$
II $8a - b = 17$

**b)** I $x = 2y - 11$
II $x = 8y - 65$

**c)** I $-x - 9y = 31$
II $6x + 7y = -45$

**d)** I $-5x + 3y = 33$
II $3x + 3y = -39$

**e)** I $a = 50 - 7b$
II $9a + 4b = 37$

**f)** I $t = 14 - 8s$
II $t = 13 - 7s$

**g)** I $9s - 8t = 97$
II $9s + 2t = 77$

**h)** I $8a + 2b = -82$
II $a + 2b = -19$

**i)** I $6b = 98 - 7a$
II $6b = 18 + 3a$

**11** Nenne und begründe ohne zu zeichnen die Anzahl der Lösungen.

**a)** I $y = -3x + 14$
II $y = -2x + 10$

**b)** I $a = -1{,}5c + 4$
II $a = -1{,}5c + 3$

**c)** I $y = 1{,}5x + 2$
II $y = 2(1 + 0{,}75x)$

**d)** I $p = 3q + 3$
II $p = -5q + 3$

**12** **a)** Ein Gleichungssystem hat die Lösungsmenge $L = \{(4|7)\}$. Die Gerade zu der einen Gleichung hat die Steigung –2. Die andere Gerade schneidet die y-Achse bei –5. Wie lautet das Gleichungssystem?

**b)** Ein Gleichungssystem hat die Lösungsmenge $L = \{(-4|-5)\}$. Eine zugehörige Gerade schneidet die y-Achse an der Stelle 3, die andere Gerade des Systems schneidet die x-Achse an der Stelle 1. Nenne das Gleichungssystem und löse zur Kontrolle.

**Die Lösungen ergeben zwei Städte in Australien.**

1 Für geschickte Kopfrechner recht einfach:
$(28 + 29 + 30 + 31 + 32) : 5 =$ ■

2 Berechne die fehlende Größe
**a)** in der proportionalen Zuordnung:

| Arbeitsstunden (h) | 12 | 18 |
|---|---|---|
| Lohn (€) | 432 | ■ |

**b)** in der antiproportionalen Zuordnung:

| Fahrzeit (min) | 35 | ■ |
|---|---|---|
| Geschwindigkeit $\left(\frac{km}{h}\right)$ | 30 | 50 |

3
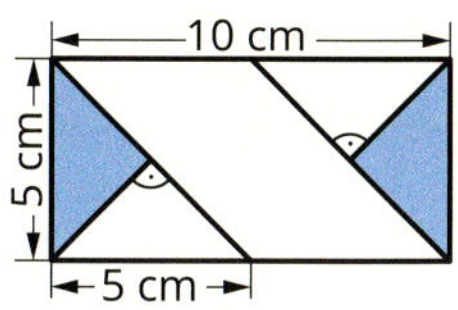


**a)** Der Flächeninhalt des Parallelogramms in der Mitte beträgt ■ $cm^2$.
**b)** In der gesamten Figur sind ■ $cm^2$ gefärbt.

4 Ein IC benötigt für die Strecke von Berlin-Spandau nach Wolfsburg 54 Minuten. Die Strecke ist 162 km lang. Berechne die Durchschnittsgeschwindigkeit für die Strecke Spandau-Wolfsburg in $\frac{km}{h}$.

5 $\frac{3}{2} \cdot \frac{4}{3} + \frac{1}{2} \cdot 4 =$ ■

6 Zeichne das Viereck ABCD in ein Koordinatensystem mit der Gittereinheit 1 cm und berechne den Flächeninhalt des Vierecks in $cm^2$.
A(1|1) B(7|1) C(4|6) D(2|6)

7 Wenn alle 32 Schülerinnen und Schüler der Klasse 9a am Wandertag teilnehmen, kostet die Busfahrt pro Person 15 €. Wenn am Tag des Ausflugs zwei Schüler fehlen, muss jeder ■ bezahlen.

8 **a)** $234\ dm^2 + 500\ cm^2 + 6{,}5\ dm^2 =$ ■ $dm^2$
**b)** $7{,}1\ dm^3 + 0{,}7\ dm^3 + 1{,}3\ \ell =$ ■ $\ell$

| | | |
|---|---|---|
| A: 0 | C: 2 | P: 4 |
| D: 8 | H: 9,1 | E: 12,5 |
| X: 15 | R: 16 | E: 20 |
| H: 20,4 | D: 21 | N: 25 |
| S: 30 | I: 42,8 | K: 50 |
| J: 135 | P: 150,2 | Y: 180 |
| S: 234,5 | T: 245,5 | Y: 648 |
| T: 715 | U: 1542 | W: 3067 |
| R: 4244 | R: 4635 | Z: 4637,10 |
| A: 4885,32 | V: 5014 | M: 5566 |

# Lösen von Sachaufgaben mit linearen Gleichungssystemen

**1** Der Umfang eines Rechtecks beträgt 58 cm.
Eine Seite ist 7 cm länger als die andere.

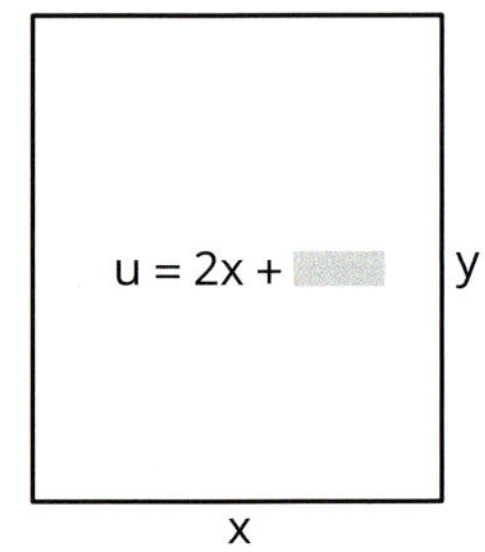


**a)** Übertrage die Zeichnung ins Heft und vervollständige sie.

**b)** Stelle zwei Gleichungen auf und löse das Gleichungssystem.

*Eine Seite ist 7 cm länger als die andere:*

I $y =$

*Der Umfang beträgt 58 cm:*

II $58 =$

**c)** Überprüfe deine Lösung am Text:
Ist eine Seite 7 cm länger als die andere? Beträgt der Umfang 58 cm?

So kannst du Sachaufgaben mit zwei unbekannten Größen lösen:
① Lies den Text gründlich durch und markiere wichtige Informationen.
② Überlege, welche Größen gesucht sind, und nenne sie x und y.
③ Trage alle gegebenen Informationen in eine Skizze oder eine Tabelle ein.
④ Stelle zwei Gleichungen auf, löse das Gleichungssystem und formuliere einen passenden Antwortsatz.
⑤ Mache eine Probe am Text.

**① Text:**
Dana kauft Kerzen ein. Die kleinen kosten 3 €, die großen Kerzen 5 € pro Stück. Für insgesamt 11 Kerzen zahlt sie 43 €. Wie viele Kerzen jeder Sorte hat sie gekauft?

**② Gesucht:**
Anzahl kleine Kerzen: x
Anzahl große Kerzen: y

**③ Tabelle:**

| | Anzahl | Preis (€) |
|---|---|---|
| kl. Kerzen | $x$ | $3x$ |
| gr. Kerzen | $y$ | $5y$ |
| zusammen | $x + y = 11$ | $3x + 5y = 43$ |

**④ Lineares Gleichungssystem:**

**I** $x + y = 11 \quad | -y$
**II** $3x + 5y = 43$

**I** $x = 11 - y$

**I in II** $3 \cdot (11 - y) + 5y = 43$
$33 - 3y + 5y = 43 \quad | -33$
$2y = 10 \quad | :2$
$\mathbf{y = 5}$

y in **I** $x = 11 - 5$
$\mathbf{x = 6}$

**⑤ Probe am Text:**
11 Kerzen insgesamt: $6 + 5 = 11$ (w)
Gesamtpreis 43 €: $6 \cdot 3\,€ + 5 \cdot 5\,€ = 43\,€$ (w)

**Antwort:** Dana kauft 6 kleine und 5 große Kerzen.

**2** Der Lieferservice Pizza Pronto bringt Frau Schlie 3 Pizzas und 2 Dönertaschen. Die Rechnung beträgt 39 €. Herr Berg bestellt 4 Dönertaschen und 2 Pizzas und bezahlt insgesamt 42 €. Wie viel kostet eine Pizza, wie viel eine Dönertasche?

**3** Herr und Frau Bax gehen mit ihren 3 Enkeln in den Zoo. An der Kasse zahlt die Oma 92 €. Herr Abel muss an der Zookasse für sich und 2 Kinder 54 € bezahlen. Berechne den Eintrittspreis für einen Erwachsenen und den für ein Kind.

**4** Für den Umzug in die erste eigene Wohnung möchte Tina für einen Tag einen Kleintransporter mieten. Der Autoverleih bietet zwei Tarife an.
Tarif A: Tagespauschale 59 € zuzüglich 0,30 € je gefahrenen Kilometer
Tarif B: Tagespauschale 79 € zuzüglich 0,20 € je gefahrenen Kilometer

**a)** Tina rechnet mit einer Fahrstrecke von insgesamt 180 km. Welchen Tarif soll sie wählen?

**b)** Bei welcher Fahrstrecke ist der Endpreis bei beiden Tarifen gleich?

**5** Familie Kant möchte in den Ferien ein Hausboot mieten. Vermieter A verlangt pro Tag 195 € und für die Endreinigung 70 €. Vermieter B nimmt für ein ähnliches Hausboot 190 € pro Tag plus 100 € für die Endreinigung.
Ab wie vielen Miettagen ist das Angebot von Vermieter B günstiger?

**6** Addiert man zum 4-Fachen einer Zahl das 6-Fache einer zweiten, erhält man 6. Zieht man jedoch vom Doppelten der ersten Zahl das 6-Fache der zweiten ab, so erhält man 12.

| | | | | | |
|---|---|---|---|---|---|
| | 1. Zahl: x | | 2. Zahl: y | | |
| | 4-Faches 1. Zahl | + | 6-Faches 2. Zahl | = | 6 |
| I | 4x | + | 6y | = | 6 |
| | Doppeltes 1. Zahl | – | 6-Faches 2. Zahl | = | 12 |
| II | 2x | – | 6y | = | 12 |

**7** Die Summe aus dem 4-Fachen einer Zahl und dem 3-Fachen einer anderen ist 1. Die Summe aus dem 3-Fachen der ersten Zahl und dem 4-Fachen der zweiten ist 6.

**8** Nora denkt sich zwei Zahlen. Das Doppelte der ersten Zahl ist um 4 kleiner als das 3-Fache der zweiten Zahl und die Summe beider Zahlen ist um 1 größer als das Doppelte der zweiten Zahl.

**a)** Überprüfe am Text, ob 8 als erste Zahl und 7 als zweite Zahl eine Lösung des Problems ist. Notiere deine Rechnung.

**b)** Welche Gleichungssysteme passen zu dem Problem?

| ① | ② | ③ | ④ |
|---|---|---|---|
| $2x = 3y - 4$ | $3y + 2x = 4$ | $2x + 4 = 3y$ | $2x - 4 = 3y$ |
| $x = y + 1$ | $x + 2y = -1$ | $x + y = 2y + 1$ | $x - 2y = 1$ |

**c)** Löse ein zum Problem passendes Gleichungssystem und mache die Probe am Text.

**9** Clara macht eine Ausbildung zur PTA (pharmazeutisch-technische Assistentin). Von ihrer Chefin hat sie die Aufgabe bekommen, 30 %igen Alkohol mit Wasser so zu verdünnen, dass 3 ℓ 5 %iger Alkohol entstehen. Wie viel Liter jeder Sorte muss sie mischen?

| | Menge (ℓ) | reiner Alkohol |
|---|---|---|
| 30 %iger Alkohol | x | 0,3x |
| Wasser | y | 0 |
| Mischung | x + y = □ | 0,3x = □ · 3 |

**10** Aus den Teesorten A zu 11,50 € je kg und B zu 14,50 € je kg werden 24 kg der Mischung „Kaminfeuer“ hergestellt. Ein Kilogramm der Mischung soll 13,50 € kosten. Berechne die Mengen der einzelnen Sorten.

**11** Aus Kräuterbonbons der Sorte A zu 2,40 € je kg und der Sorte B zu 1,30 € je kg werden 10 kg Hustenmischung hergestellt. Ein Kilogramm der Mischung kostet 1,96 €.
Wie viel kg der einzelnen Sorten hat man genommen?

**12** Löse mit einem Gleichungssystem:

**a)** Der Umfang eines Rechtecks beträgt 168 cm. Die größere Seite ist um 12 cm länger als die kleinere. Welchen Flächeninhalt hat das Rechteck?

**b)** Der Umfang eines Rechtecks beträgt 132 cm. Die eine Seite ist um 8 cm kürzer als die andere. Welchen Flächeninhalt hat das Rechteck?

**13** Berechne die Seiten im Rechteck.

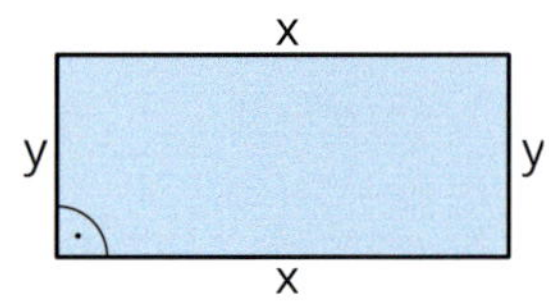


**a)** Eine Seite ist 9 cm kürzer als die andere. Der Umfang beträgt 50 cm.

**b)** Das Rechteck ist doppelt so lang wie breit. Sein Umfang ist 21 cm.

**c)** Der Umfang beträgt 58 cm. Die Differenz der Seiten ist 7 cm.

**14** Berechne die Seiten im gleichschenkligen Dreieck.

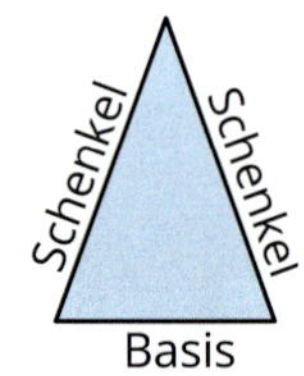


**a)** Ein Schenkel ist 6,5 cm kürzer als die Basis. Der Umfang beträgt 41 cm.

**b)** Ein Schenkel ist dreimal so lang wie die Basis. Der Umfang beträgt 17,5 cm.

**c)** Die Basis ist halb so lang wie ein Schenkel. Der Umfang beträgt 36 cm.

Die Winkelsumme hilft dir.

**15** Berechne die Winkel im gleichschenkligen Dreieck.

**a)** Ein Basiswinkel ist um 66° kleiner als der Winkel an der Spitze.

**b)** Der Winkel an der Spitze ist 2,5-mal so groß wie ein Basiswinkel.

**c)** Die Summe der Basiswinkel ist um 46° größer als der Winkel an der Spitze.

**d)** Ein Basiswinkel ist um 27° größer als der Winkel an der Spitze.

| | |
|---|---|
| 42° | 69° |
| 100° | 40° |
| 67° | 56,5° |
| 38° | 104° |

**16** Ein Rechteck mit den Seiten x und y hat 42 cm Umfang. Verkürzt man Seite x um 4 cm und verlängert Seite y um 4 cm, entsteht ein neues Rechteck mit 4 cm² weniger Flächeninhalt.

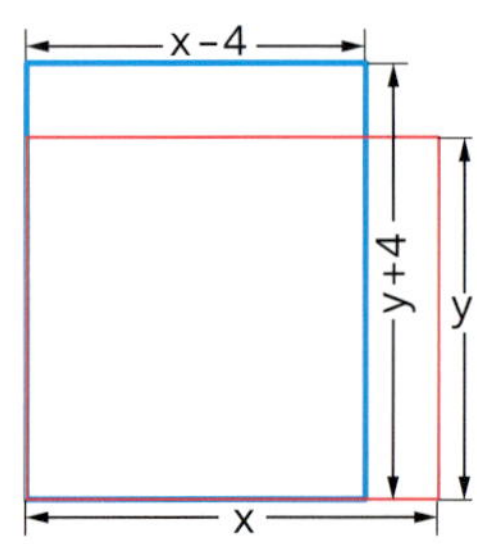


**a)** Gib zwei Gleichungen an:

I Umfang des 1. Rechtecks = 42

II Fläche 1. Rechteck = Fläche 2. Rechteck + 4

**b)** Vereinfache die beiden Gleichungen so weit wie möglich.

**c)** Löse das Gleichungssystem. Wie lang sind die Seiten des ursprünglichen Rechtecks?

**17** Verlängert man die kurze Seite eines Rechtecks um 7 cm und verkürzt die längere um 5 cm, so wächst der Flächeninhalt um 31 cm². Verlängert man die kurze Seite um 5 cm und verkürzt die längere um 7 cm, so verringert sich der Flächeninhalt um 29 cm². Wie lang sind die Seiten?

**18** **a)** Verkürzt man in einem Rechteck die längere Seite um 6 cm und die kürzere um 3 cm, so entsteht ein Quadrat, dessen Fläche um 126 cm² kleiner ist als die des Rechtecks.

**b)** Verlängert man in einem Rechteck die längere Seite um 8 cm und die kürzere um 19 cm, so entsteht ein Quadrat, dessen Fläche um 820 cm² größer ist als die Fläche des Rechtecks.

## Zeichnerisches Lösen eines linearen Gleichungssystems

Die Lösung eines linearen Gleichungssystems kann durch den Schnittpunkt der zugehörigen Geraden dargestellt werden, wenn diese nicht parallel verlaufen oder identisch sind.

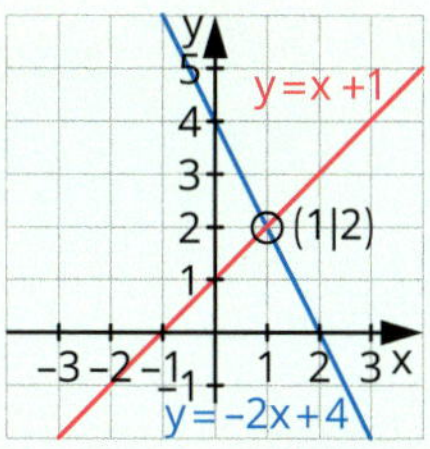


**I** $y = x + 1$
**II** $y = -2x + 4$

Lösungspaar:
$(1|2)$
Lösungsmenge:
$L = \{(1|2)\}$

**1** Lies die Lösung des Gleichungssystems ab.

**a)**

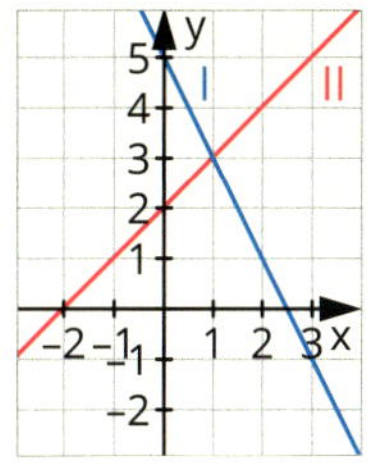


**b)**

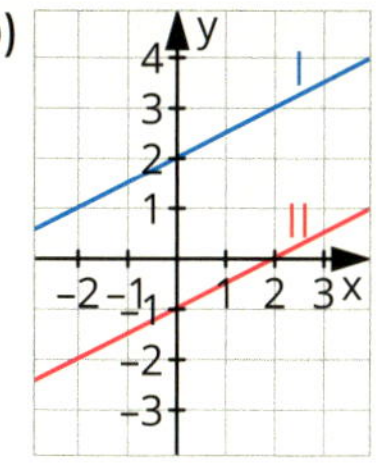


**2** Bestimme die Lösung zeichnerisch und mache die Probe mit beiden Gleichungen.

**a)** I $y = 2x + 1$
II $y = 3x - 2$

**b)** I $4x + 2y = -8$
II $2x - y = -8$

## Gleichsetzungsverfahren

Löse beide Gleichungen nach derselben Variablen auf und setze gleich.

| | | | |
|---|---|---|---|
| **I** | $y - 2x = -1$ | **I = II** | $2x - 1 = 9 - 3x$ |
| **II** | $y + 3x = 9$ | | $\mathbf{x = 2}$ |
| **I** | $y = 2x - 1$ | x in **I** | $y = 2 \cdot 2 - 1$ |
| **II** | $y = 9 - 3x$ | | $\mathbf{y = 3}$ |

**3** Bestimme den Schnittpunkt der Geraden mit dem Gleichsetzungsverfahren.

**a)** I $y = 2x + 3$
II $y = x - 2$

**b)** I $y = 4x + 1$
II $y = -3x + 15$

**4** Wende das Gleichsetzungsverfahren an.

**a)** I $x + 2y = 8$
II $x - 3y = -2$

**b)** I $3x - 2y = -3$
II $2x - 2y = -4$

**c)** I $3x + y = 5$
II $y - 2x = -10$

**d)** I $4x - 2y = 18$
II $2y + 4x = 6$

## Einsetzungsverfahren

Löse eine Gleichung nach einer Variablen auf und setze in die andere ein.

| | | | |
|---|---|---|---|
| **I** | $3x + y = 6$ | **I** in **II** | |
| **II** | $2x + 3y = 11$ | | $2x + 3(6 - 3x) = 11$ |
| | | | $-7x + 18 = 11$ |
| **I** | $y = 6 - 3x$ | | $\mathbf{x = 1}$ |
| **II** | $2x + 3y = 11$ | x in **I** | $y = 6 - 3 \cdot 1$ |
| | | | $\mathbf{y = 3}$ |

**5** Wende das Einsetzungsverfahren an.

**a)** I $y = 3x - 5$
II $2x + 3y = 7$

**b)** I $3x - 2y = 5$
II $x = 3y - 3$

**c)** I $2x - 3y = 5$
II $y = 3x - 11$

**d)** I $3y = 5x + 3$
II $2x - 3y = 6$

**6** Ein Rechteck ist doppelt so lang wie breit. Der Umfang beträgt 96 cm. Wie lang sind die Seiten des Rechtecks?

## Additionsverfahren

Forme die Gleichungen so um, dass vor einer Variablen Gegenzahlen stehen.

| | | | |
|---|---|---|---|
| **I** | $2x - 3y = 5 \quad \vert \cdot (-2)$ | **I + II** | $4y = 12$ |
| **II** | $4x - 2y = 22$ | | $\mathbf{y = 3}$ |
| **I** | $-4x + 6y = -10$ | y in **I** | $2x - 3 \cdot 3 = 5$ |
| **II** | $4x - 2y = 22$ | | $\mathbf{x = 7}$ |

**7** Wende das Additionsverfahren an.

**a)** I $2x + y = 4$
II $3x - y = 1$

**b)** I $x + 3y = -2$
II $x - 2y = 8$

**c)** I $3x + 4y = 18$
II $9x - 6y = 0$

**d)** I $3x + 2y = 4$
II $4x - 3y = 11$

**8** Die Summe zweier Zahlen ist 11. Ihre Differenz beträgt 3. Welche Zahlen sind es?

**1** Welches Zahlenpaar ist Lösung des Gleichungssystems?

| $x = 2 \quad y = 4$ | $x = 4 \quad y = -2$ | $x = 4 \quad y = 2$ |
|---|---|---|

I $2x + y = 6$
II $5x - y = 22$

**2** Löse mit einem Verfahren deiner Wahl.

**a)** I $y = 3x - 1$
II $y = 5x - 5$

**b)** I $2x + y = 6$
II $3x + y = 7{,}5$

**c)** I $2x - 3y = 0$
II $2x + 4y = 14$

**d)** I $6x + 4y = 38$
II $4x + 5y = 30$

**3** Eine Pension hat x Zweibett- und y Dreibettzimmer. In 8 Zimmern sind insgesamt 18 Betten.
**a)** Stelle zwei Gleichungen auf und zeichne die Graphen im Koordinatensystem.
**b)** Lies ab, wie viele Zimmer es von jeder Sorte gibt.

**4** Die Summe zweier Zahlen ist 5, ihre Differenz ist 7. Wie heißen die beiden Zahlen?

**5** Der Umfang eines Rechtecks beträgt 64 cm. Eine Seite ist 8 cm länger als die andere. Erstelle eine Skizze und berechne die Seitenlängen.

**6** Ein Autoverleih bietet den Tazda 500 zu verschiedenen Bedingungen an: Tarif A: Tagespauschale 40 €, zusätzlich 0,15 € pro gefahrenen Kilometer, Tarif B: Tagespreis 38 €, zusätzlich 0,19 € pro gefahrenen Kilometer. Bei welcher Fahrstrecke zahlt man bei beiden Tarifen gleich viel für 1 Tag?

**7** **a)** Welche Geraden gehören zum Gleichungssystem
I $x + y = 6$ II $3x - 4y = 4$?
**b)** Lies die Lösungsmenge des Gleichungssystems aus der Zeichnung ab.

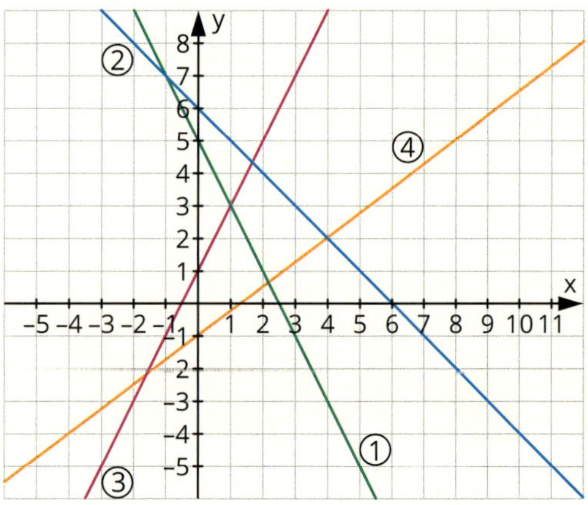


**8** Addiert man zum 3-Fachen einer Zahl das Doppelte einer anderen Zahl, so erhält man 66. Subtrahiert man dagegen das Doppelte der zweiten Zahl vom 3-Fachen der ersten, erhält man 30.

**9** Max und Julia kaufen Getränke ein. Apfelsaft kostet 0,95 € je Flasche und Mineralwasser 50 ct weniger je Flasche. Für 25 Flaschen zahlen sie 16,25 €. Wie viele Flaschen jeder Sorte sind es?

**10** Der Umfang eines gleichschenkligen Dreiecks beträgt 26 cm. Die Basis ist 7 cm kürzer als ein Schenkel. Wie lang sind die Seiten?

**11** Die Quersumme einer zweistelligen Zahl ist 12. Die Einerziffer ist um 6 größer als die Zehnerziffer.

**12** In einem Rechteck ist die Summe zweier benachbarter Seiten 14 cm. Verkürzt man die Länge um 3 cm und die Breite um 2 cm, so entsteht ein neues Rechteck mit 28 $cm^2$ weniger Flächeninhalt.

**13** Aus Nüssen zu 8,60 € je Kilo und Rosinen zu 6,40 € je Kilo sollen 11 kg Studentenfutter zu 8 € je Kilo hergestellt werden. Wie viel kg jeder Sorte muss man mischen?

# Daten und Zufall 9

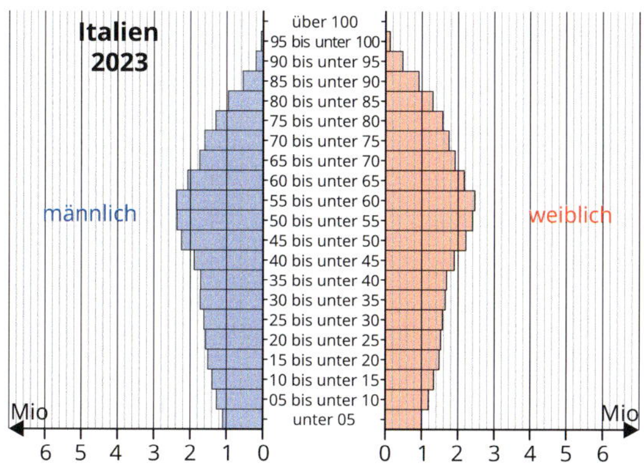

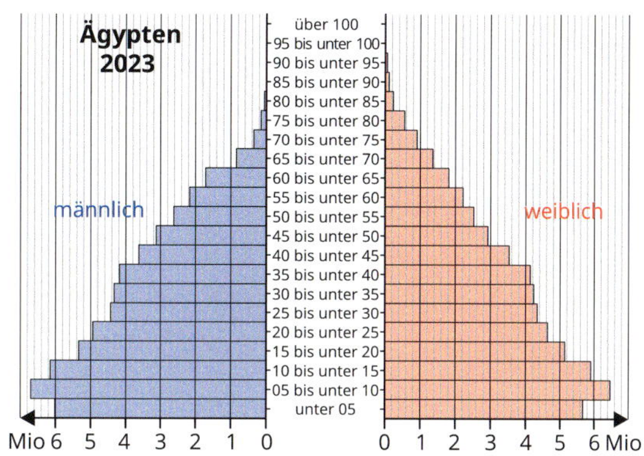

## In diesem Kapitel lernst du, ...

... was ein Boxplot ist und wie du ihn zeichnest,
... verschiedene Arten von statischen Darstellungen zu beschreiben, zu interpretieren und zu bewerten,
... statistische Darstellungen und Informationen kritisch einzuschätzen und Manipulationen zu erkennen,
... wie du den Zusammenhang von Ereignis und Gegenereignis für die Bestimmung von Wahrscheinlichkeiten nutzen kannst,
... wie du Wahrscheinlichkeiten zufälliger Vorgänge durch Simulation bestimmen kannst.

# Löse die folgenden Aufgaben und schätze dich ein.

**1** Robert hat an sechs Schultagen seine Schultasche gewogen:

2,8 kg | 3,4 kg | 3,5 kg | 2,8 kg | 3,0 kg | 2,5 kg

Ordne die Daten der Größe nach und bestimme die Spannweite, den Median und den Mittelwert.

Ich kann statistische Kenngrößen bestimmen.
Das kann ich gut. Ich bin noch unsicher.
→ S. 214, A 1–5

**2** Im Mathetest wurden folgende Punktzahlen erreicht:
8 / 12 / 15 / 16 / 19 / 21 / 22 / 23 / 24 / 25
26 / 27 / 27 / 29 / 30 / 31 / 32 / 33 / 37 / 49

**a)** Übertrage die Tabelle und vervollständige sie im Heft.

| Klasse | 0 - 9 | 10 - 19 | 20 - 29 | 30 - 39 | 40 - 50 |
|---|---|---|---|---|---|
| Anzahl | 1 | | | | |

**b)** Stelle die Klassen in einem Säulendiagramm dar.

Ich kann Daten in Klassen einteilen und im Säulendiagramm darstellen.
Das kann ich gut. Ich bin noch unsicher.
→ S. 212, A 1–2

**3** Lies die gesuchten Informationen aus dem Diagramm ab und ergänze richtig.

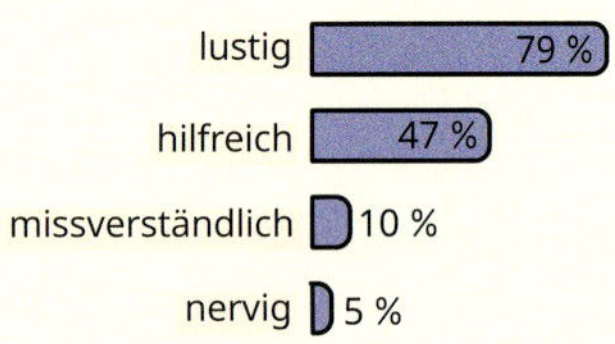


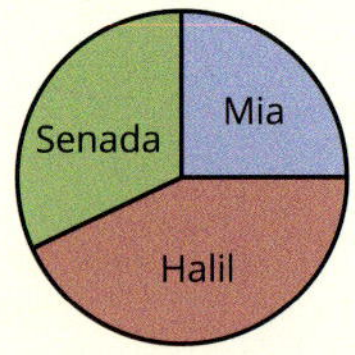


**a)** ___ % finden Emojis in Nachrichten nervig.

**b)** Mia erhielt ___ % der Stimmen.

Ich kann Informationen aus einem Kreis- und Balkendiagramm ablesen.
Das kann ich gut. Ich bin noch unsicher.
→ S. 213, A 1–2

**4** Entscheide und begründe, ob es sich beim Werfen oder Drehen des Zufallsgeräts um ein Laplace-Experiment handelt.

①

②
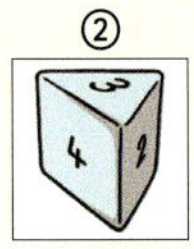

③

Ich weiß, was ein Laplace-Experiment ist.
Das kann ich gut. Ich bin noch unsicher.
→ S. 213, A 3–4

**5** Das Glücksrad wird gedreht.
Bestimme die Wahrscheinlichkeit für
**a)** die Zahl 6,
**b)** eine gerade Zahl.

Ich kann bei Laplace-Experimenten die Wahrscheinlichkeit von Ergebnissen und Ereignissen bestimmen.
Das kann ich gut. Ich bin noch unsicher.
→ S. 213, A 3–4

# Boxplot

## 1 Partnerarbeit

12 Schülerinnen und Schüler der Tischtennis-AG haben einen Reaktionstest durchgeführt. Die Zahlen auf dem Whiteboard zeigen die erzielten Fallhöhen in cm im ersten Versuch.

12 11 10 8 9 11 9 10 14 7 4 13

**a)** Die Trainerin stellt die Ergebnisse in einem Boxplot (Kastendiagramm) dar. Wie ist sie vorgegangen? Bringt die einzelnen Schritte passend zu den Tafelbildern in eine sinnvolle Reihenfolge. Stellt eure Anleitung einer anderen Zweiergruppe vor.

Ⓐ Bestimme den Median der Rangliste.

Ⓑ Bestimme Minimum und Maximum.

Ⓒ Ordne die Daten der Größe nach.

Ⓓ Zeichne die Box und die waagerechten Linien.

Ⓔ Teile die Daten in eine untere und obere Hälfte.

Ⓕ Markiere die 5 Kennwerte über der Skala.

Ⓖ Bestimme den Median der unteren und oberen Hälfte.

Ⓗ Zeichne eine passende Skala und beschrifte sie.

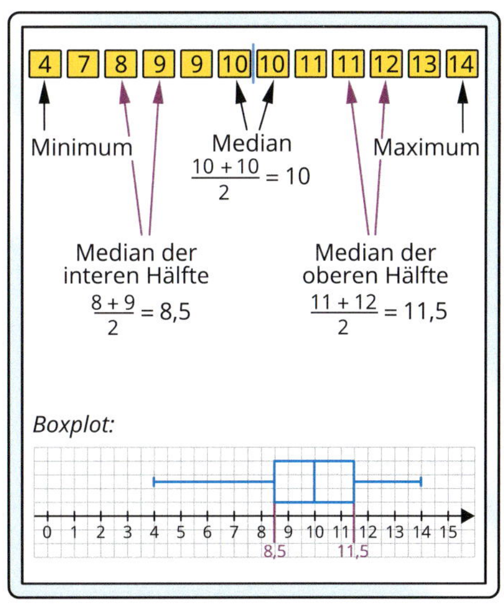


**b)** Die 12 Schülerinnen und Schüler haben trainiert und den Reaktionstest wiederholt.

15 6 7 9 8 10 12 9 6 12 7 5

Nutzt eure Anleitung aus a) und stellt die Ergebnisse vor und nach dem Training in jeweils einem Boxplot dar. Verwendet dabei eine gemeinsame Skala und zeichnet die beiden Boxplots übereinander.

**c)** Vergleicht die Ergebnisse vor und nach dem Training und beurteilt, ob das Training erfolgreich war.

*Quartil ist lateinisch und heißt „Viertelwert“.*

Ein **Boxplot** ist eine grafische Darstellung von Daten. In einem Boxplot zerteilst du die Daten einer Rangliste in vier gleich große Teile. Die beiden mittleren Teile sind durch eine Box hervorgehoben.

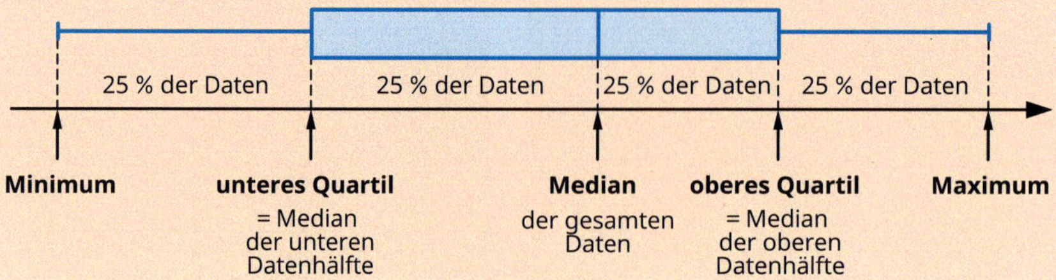


13 Jugendliche wurden nach der Dauer ihres Schulwegs gefragt.
Stelle die Antworten in einem Boxplot dar.

Dauer in min: 24, 25, 8, 9, 12, 15, 5, 30, 16, 18, 20, 15, 20

① *Erstelle eine Rangliste.*

| | | | | | | | | | | | | |
|---|---|---|---|---|---|---|---|---|---|---|---|---|
| 5 | 8 | 9 | 12 | 15 | 15 | 16 | 18 | 20 | 20 | 24 | 25 | 30 |

② *Bestimme die fünf benötigten Kennwerte.*

Minimum: 5 Maximum: 30 Median: 16

unteres Quartil: $\frac{9+12}{2} = 10{,}5$ oberes Quartil: $\frac{20+24}{2} = 22$

③ *Wähle eine geeignete Skala, markiere die Kennwerte und zeichne den Boxplot.*

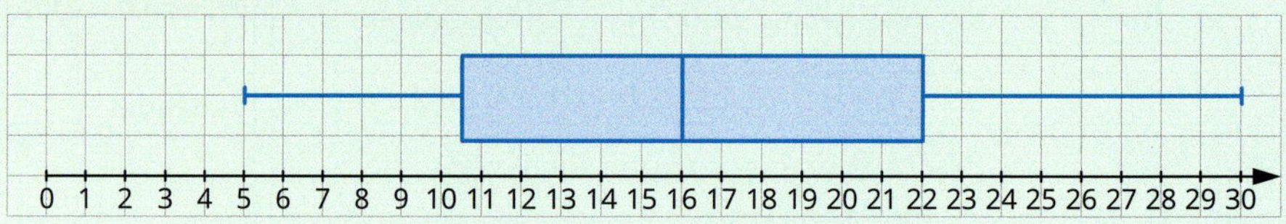


**Digital+**
WES-188264-911

**2** **a)** Erstelle für die Daten rechts eine Rangliste.
**b)** Bestimme Minimum, Maximum, Median sowie unteres und oberes Quartil.
**c)** Stelle die Daten in einem Boxplot dar.

| | | | | | | | |
|---|---|---|---|---|---|---|---|
| 5 | 16 | 8 | 5 | 14 | 3 | 12 | 17 |
| 15 | 20 | 15 | 18 | 8 | 2 | 12 | 18 |
| 10 | 13 | 15 | 8 | 7 | 12 | 8 | 12 |

**3** In drei Klassen wurde die Länge des Schulwegs ermittelt. Dazu gehören die Boxplots ① bis ③ und die Beschreibungen Ⓐ bis Ⓒ. Ordne zu.

Ⓐ Niemand wohnt wirklich nah bei der Schule, 25 % wohnen fast 7 km von der Schule entfernt.

Ⓑ Die meisten wohnen ähnlich weit von der Schule entfernt.

Ⓒ Die Hälfte der Schüler wohnt zwischen 1,3 km und 6 km von der Schule entfernt.

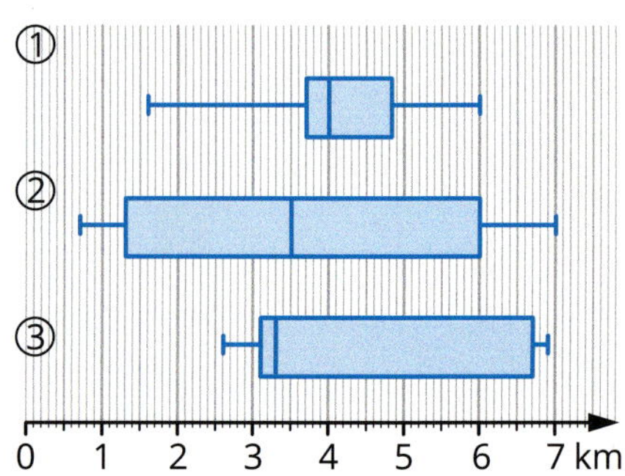


**4** Zeichne einen Boxplot zu folgenden 20 Daten:
9, 6, 7, 7, 3, 9, 10, 1, 8, 7, 9, 9, 8, 10, 5, 10, 10, 9, 10, 8.

*Bei einer ungeraden Zahl von Daten nimmst du die Datenmenge ohne den Median und unterteilst sie in eine untere und eine obere Datenhälfte.

# Gummibärchen

**Bearbeitet alle Aufgaben in Partnerarbeit.**
Die Klasse 9b der Newton-Schule hat sich mit kleinen Gummibärchen-Tüten beschäftigt und in Gruppen drei Fragen untersucht.

Frage 1: Wie viele Bärchen sind in einer Tüte?

Frage 2: Ist jede Farbe gleich häufig vertreten?

Frage 3: Wiegt jede Tüte das gleiche?

**1** Die beiden Diagramme zeigen die Ergebnisse der Gruppe von Halit.
Für das Diagramm Ⓐ wurde eine Tüte untersucht, für das Diagramm Ⓑ 10 Tüten.

**a)** Jeder von euch notiert sich drei passende Fragen und Antworten zu den beiden Diagrammen. Stellt euch gegenseitig eure Fragen und beantwortet sie.

**b)** Bestimmt die relativen Häufigkeiten der verschiedenen Farben in Diagramm Ⓑ. Wenn ihr unsicher seid, schaut in der Formelübersicht hinten im Buch nach.

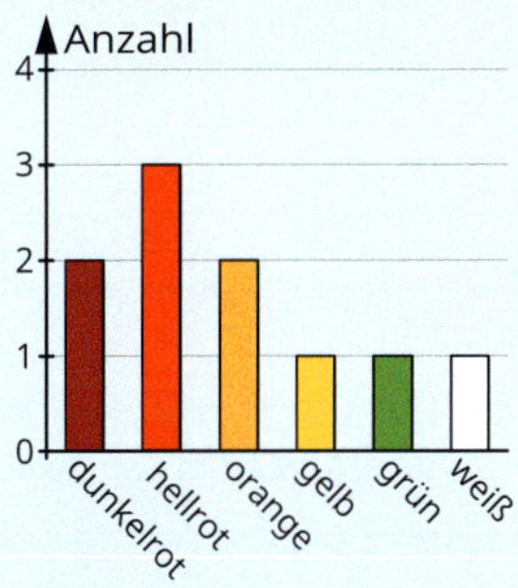

*Diagramm A*

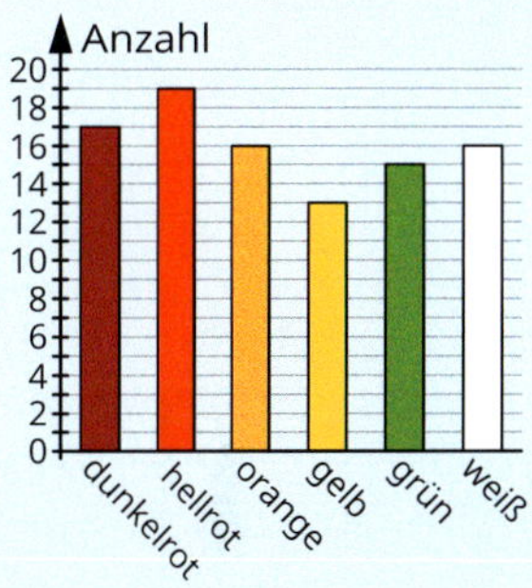

*Diagramm B*

**c)** Schätzt ab, wie die Häufigkeitsverteilung der Farben aussehen wird, wenn 50 Tüten untersucht werden. Notiert eure Schätzung in einer Tabelle und begründet eure Vermutung.

**d)** Beurteilt die Aussagen der Mitglieder von Halits Gruppe. Ihr könnt die Formulierungen auf den Kärtchen nutzen.

*... hat Recht/Unrecht. Das erkennt man daran, dass...*

*Die Aussage von ... ist richtig/falsch, denn ...*

*Die Aussage von ... kann man nicht beurteilen, weil ...*

**e)** Kann die Gruppe von Halit mit Hilfe ihrer Ergebnisse die Fragen 1 und 2 beantworten? Nehmt Stellung.

**2** Laut Herstellerhinweis wiegt jede Tüte samt Inhalt 12 g. Dies hat die Gruppe von Lena überprüft und insgesamt 20 ungeöffnete Tüten gewogen. Die Messergebnisse sind in der Tabelle dargestellt.

| | | | | | | | | | | |
|---|---|---|---|---|---|---|---|---|---|---|
| Masse (g) | 9,8 | 11,6 | 11,1 | 12,9 | 12,6 | 12,8 | 11,8 | 11,9 | 12,2 | 12,0 |
| | 14,0 | 13,1 | 12,0 | 12,1 | 11,8 | 11,5 | 12,4 | 12,1 | 11,0 | 11,8 |

**a)** Lena hat mit dem Computer Boxplots zu den Messergebnissen erstellt.
Tom behauptet, dass der Computer einen Fehler gemacht hat, weil die Antennen nicht bis zum Minimum und Maximum der Messergebnisse reichen. Hat Tom recht? Nehmt Stellung.

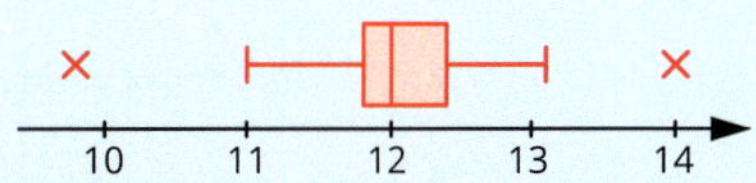


**b)** Schreibt eine Stellungnahme, ob der Herstellerhinweis zulässig ist, dass jede Tüte 12 g wiegt. Nutzt mindestens drei der Begriffe auf den Kärtchen.

*Median* *Quartil* *Spannweite* *Maximum* *Minimum* *Mittelwert*

# Diagramme bewerten

*Ein Tandem ist hier eine Zweiergruppe.*

**1 Partnerarbeit:**
Wählt aus den Aufgaben Ⓐ bis Ⓓ zwei Aufgaben aus und bearbeitet sie. Achtet darauf, dass jede Aufgabe von etwa gleich vielen Tandems bearbeitet wird.

Ⓐ Die beiden Diagramme wurden mit denselben Daten erstellt.

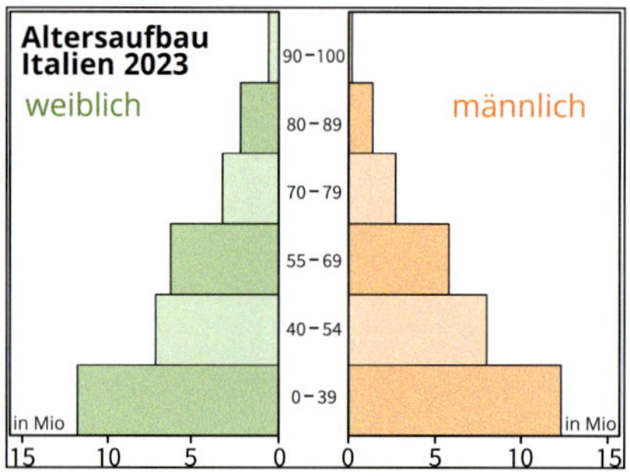


Diagramm I

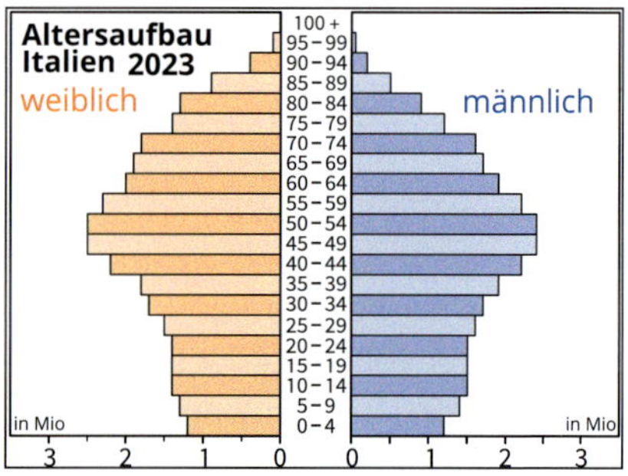


Diagramm II

a) Beschreibt Gemeinsamkeiten und Unterschiede der Diagramme I und II. Ihr könnt dazu die rechts abgebildeten Wörter nutzen.

b) Kurz vor der Wahl will eine italienische Regierungspartei die Bevölkerung davon überzeugen, dass die Renten sicher sind. Welches Diagramm wird die Partei präsentieren? Begründet.

*getrennt nach Frauen und Männern*
*auf zwei Seiten dargestellt*
*Anzahl in einer Altersklasse*
*Klasseneinteilung* *in die eine Richtung*
*in der Mitte der x-Achse*
*in die andere Richtung*

*Ordnungswidrigkeiten sind z. B. Falschparken, Verbrennen von Gartenabfällen und nächtliche Ruhestörung.*

Ⓑ Auf der Jahresversammlung der Kleingartenkolonie wird über die gemeldeten Ordnungswidrigkeiten im letzten Jahr diskutiert. Zwei Aussagen stehen im Raum:

Aussage 1: Immer diese Jugendlichen!
Sie sind bei den Ordnungswidrigkeiten Spitzenreiter!

Aussage 2: Die Ordnungswidrigkeiten erreichen im mittleren Alter ihren Gipfel!

*Als Gipfel bezeichnet man den am höchsten gelegenen Punkt.*

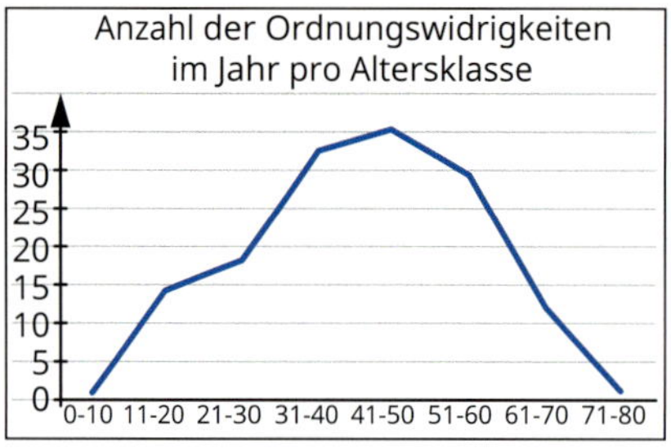


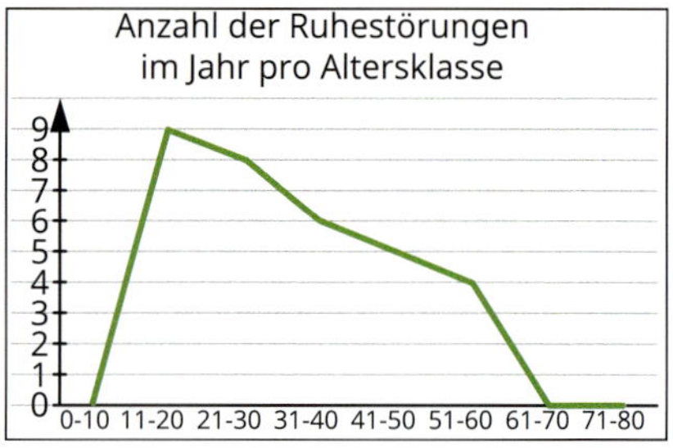


a) Beschreibt möglichst genau, was in den beiden Diagrammen dargestellt wird.

b) Diskutiert, welches Diagramm zur Untermauerung von Aussage 1 genutzt werden kann.

c) Könnt ihr entscheiden, ob eine der Aussagen richtig ist? Begründet eure Entscheidung.

Ⓒ Die Tabelle ist ein Auszug aus den Informationen des Zentralverbands des deutschen Handels (ZDH) zur Anzahl weiblicher Auszubildender in ausgewählten Handwerksberufen in den Jahren 2021, 2022 und 2023.

**Weibliche Auszubildende in ausgewählten Handwerksberufen**

| | 2021 | 2022 | 2023 |
|---|---|---|---|
| Augenoptikerin | 4872 | 5034 | 5232 |
| Zahntechnikerin | 3262 | 3157 | 3009 |
| Tischlerin | 2142 | 2272 | 2355 |
| Kraftfahrzeugmechatronikerin | 2195 | 2274 | 2350 |
| Hörakustikerin | 707 | 1687 | 1777 |
| Automobilkauffrau | 1218 | 1266 | 1235 |

**TAGEBLATT:**
In den meisten Ausbildungsberufen änderte sich die Anzahl weiblicher Auszubildenden nur geringfügig.

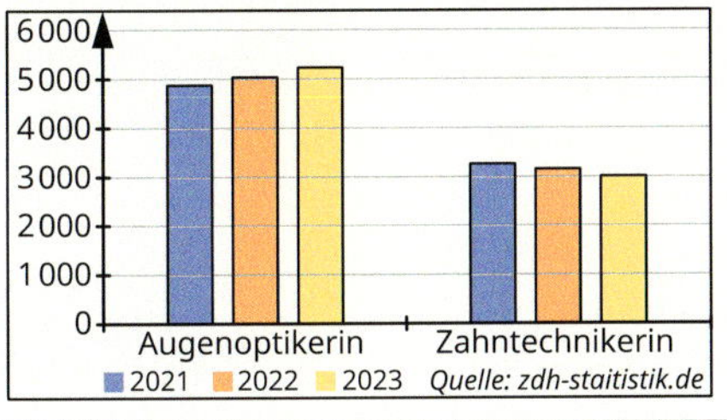


**DER ANZEIGER:**
Die Anzahl weiblicher Auszubildenden im Bereich Zahntechnik ist dramatisch zurückgegangen.

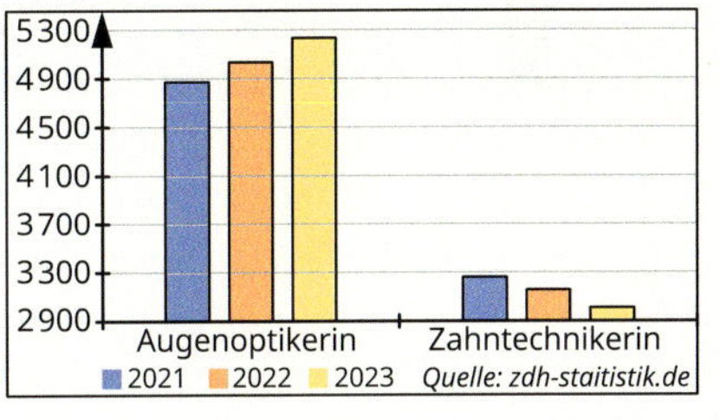


**a)** Beurteilt, ob die Daten aus der Tabelle in den Zeitungsmeldungen korrekt dargestellt sind.

**b)** Wählt aus der Tabelle einen anderen Beruf aus und erstellt hierzu zwei Zeitungsmeldungen und zugehörige Diagramme, die unterschiedliche Aussagen nahelegen.

Ⓓ Die Tabelle zeigt die Ergebnisse einer Befragung aus dem Jahr 2022. Diese Ergebnisse wurden für das darunter abgebildete Diagramm genutzt.

**a)** Beschreibt das abgebildete Diagramm möglichst genau.

**b)** Beurteilt, ob die Daten richtig dargestellt werden. Vergleicht hierzu die Größenverhältnisse der verwendeten Emojis.

**Wie viele Emojis nutzen Sie pro Nachricht?**

| 1 Emoji | 2 Emojis | 3 Emojis | 5 und mehr Emojis |
|---|---|---|---|
| 41 % | 31 % | 17 % | 7 % |

*Manipulieren bedeutet, andere dazu zu bringen, etwas Bestimmtes zu tun oder zu denken.*

② **Gruppenarbeit:** Arbeitet zu viert mit einem Tandem, das andere Aufgaben als ihr bearbeitet hat.

**a)** Stellt euch gegenseitig eure Arbeitsergebnisse zu den Aufgaben Ⓐ bis Ⓓ vor. Notiert, auf welche Weise jeweils mit Hilfe statistischen Darstellungen manipuliert wird.

**b)** Erstellt anschließend gemeinsam eine „Checkliste“ in Form von kritischen Fragen zur Bewertung statistischer Informationen in den Medien.

Diese Fragen helfen dir, Diagramme zu beschreiben, zu interpretieren und zu bewerten.

① **Diagramm beschreiben**
- Worum genau geht es? (Überschrift, Text)
- Welches Diagramm wurde verwendet?
- Gibt es Auffälligkeiten (z. B. Extremwerte, Ausreißer)?
- Wer hat das Diagramm erstellt?
- Welche Merkmale werden einander zugeordnet?

② **Diagramm interpretieren**
- Was ist die zentrale Aussage des Diagramms?
- Wie wird die zentrale Aussage durch die Darstellung der Daten unterstützt?

③ **Diagramm bewerten**
- Von wem und von wann stammen die Daten?
- Passen Achsenbeschriftung und -skalierung zu den Daten?
- Ist das Diagramm korrekt gezeichnet?
- Stimmen die Proportionen bei flächigen oder räumlichen Darstellungen?

Bewerte das rechts abgebildete Diagramm.

① Das Diagramm vergleicht für 2022 die Verschwendung von Lebensmitteln (pro Kopf in kg) in Deutschland und Griechenland. Das Diagramm hat die Struktur eines Säulendiagramms, bei dem die Säulen durch Mülltonnen ersetzt wurden.

② Das Diagramm verdeutlicht, dass es große Unterschiede zwischen den beiden Ländern gibt.

③ Die Abbildung enthält keine Angaben zur Datenquelle. Die Angaben in kg belegen, dass in Deutschland 3,5-mal so viel Lebensmittel verschwendet werden wie in Griechenland. Die abgebildete Mülltonne bei Deutschland ist aber nicht nur 3,5-mal so hoch wie bei Griechenland, sondern besitzt auch einen größeren Durchmesser. Der Vergleich der Volumina der beiden Mülltonnen gibt daher die Unterschiede zwischen den Ländern übertrieben wieder.

Digital+
WES-188264-912

**3** Beschreibe, interpretiere und bewerte das rechts abgebildete Diagramm.

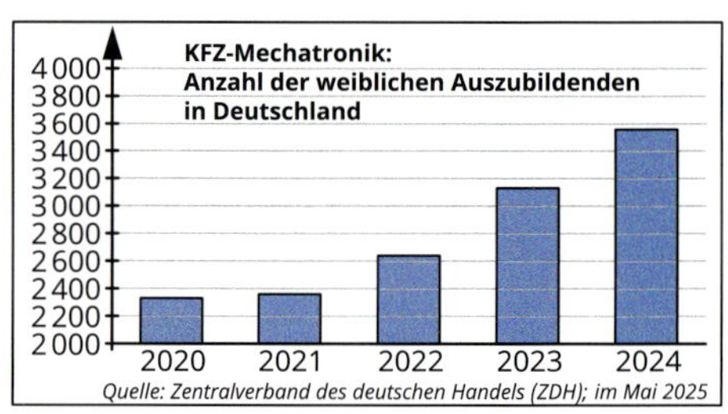


**4** Vergleicht eure Checkliste aus Aufgabe 2 auf S. 175 mit den Fragen im Merkkasten. Ordnet eure Fragen den Punkten ① bis ③ zu und stellt eure Ergebnisse in der Klasse vor.

**5** **Partnerarbeit:**

**a)** Recherchiert im Internet nach statistischen Daten zu einem Thema, das euch interessiert. Zeichnet zu diesen Daten ein Diagramm, das eine bestimmte Aussage nahelegt.

**b)** Tauscht euer Diagramm mit einer Partnergruppe aus und bewertet eure Diagramme gegenseitig.

**6** Das war der Pkw-Bestand in Baden-Württemberg. Dazu sind zwei Zeitungsmeldungen abgebildet.

| Personenkraftwagen am 1. Januar | Anzahl in 1 000 | 2018 | 2020 | 2023 | 2024 |
|---|---|---|---|---|---|
| | | 6 521,6 | 6 723,1 | 6 838,1 | 6 924,8 |

**Morgenpost:**
Von 2018 bis 2024 hat sich der Pkw-Bestand in Baden-Württemberg kaum verändert.

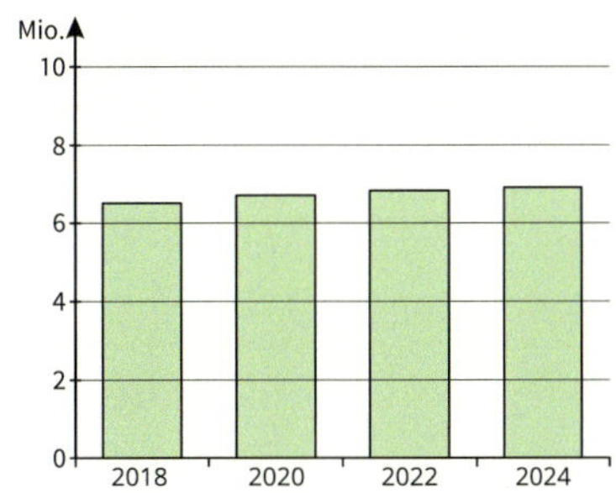


**Kurier:**
Nach Angaben des Statistischen Bundesamtes hat sich in Baden-Württemberg die Zahl der Pkw von 2018 bis 2024 deutlich erhöht.

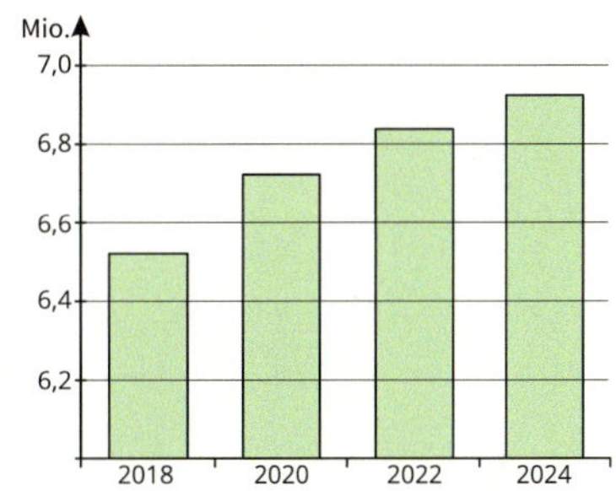


**a)** Beurteile die Zeitungsmeldungen und die zugehörigen Diagramme.

**b)** Zeichne ein Diagramm, das das Anwachsen des Pkw-Bestandes noch stärker erscheinen lässt.

**7** **Partnerarbeit:**

**a)** Beschreibt die Entwicklung der Schülerzahlen kurz mit Worten.

**b)** Beurteilt die Grafik. Stellt sie den Verlauf der erhobenen Daten richtig dar oder übertreibt oder untertreibt sie ihn?

**c)** Zeichnet eine Grafik, mit der ihr anderen klar machen könnt, die Schülerzahlen seien ab 2020 sehr stark angestiegen.

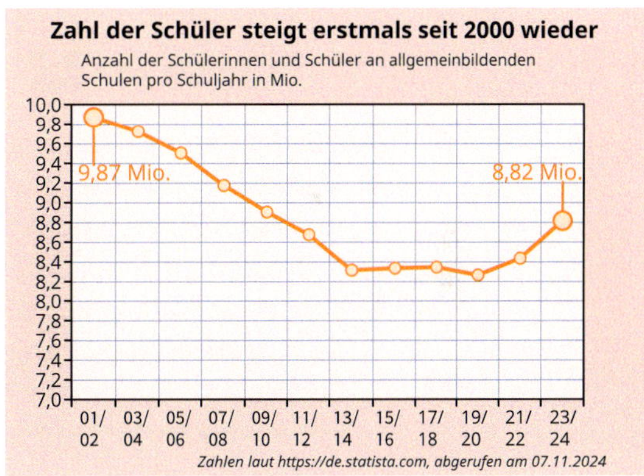


**8** Beurteilt die Schlagzeilen, die aus den dargestellten Umfrageergebnissen zum Schülerboom abgeleitet werden, mit ①, ② oder ③ und begründet.

① informativ und richtig ② richtig, aber einseitig ③ völlig falsch

Ⓐ „Lehrer an Grundschulen nicht mehr gefragt – ab 2025 wird der Bedarf an zusätzlichen Lehrkräften an Grundschulen immer weiter sinken."

Ⓑ „Nachfrage nach Lehrkräften steigt – nach den Grundschulen wird der Bedarf an zusätzlichen Lehrkräften in den nächsten Jahren auch in der Sekundarstufe I immer weiter steigen."

Ⓒ „Harte Realität – 6 900 Sekundarlehrkräfte haben im Jahr 2020 ihren Job verloren."

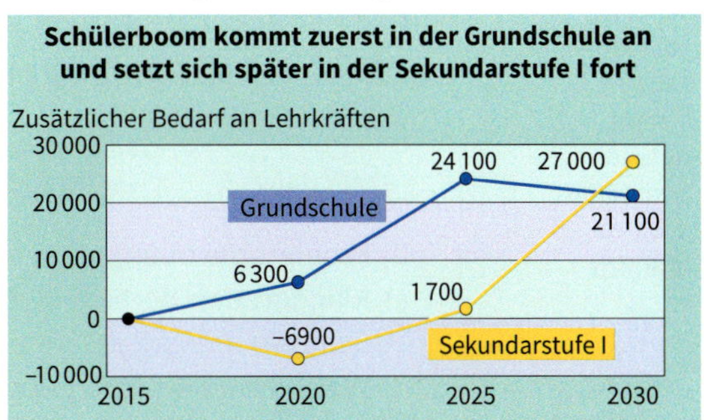

# Daten mit Tabellenkalkulation auswerten

*Ein Fußgängerüberweg ist ein durch breite Streifen („Zebrastreifen") gekennzeichneter Bereich einer Straße. Fahrzeuge müssen am FGÜ halten, wenn ein Fußgänger die Straße überqueren möchte.*

**1** Die Erich-Kästner-Schule liegt an einer viel befahrenen Straße. Morgens vor Schulbeginn geraten viele Schülerinnen und Schüler beim Überqueren der Straße in gefährliche Situationen. Die Schulkonferenz beantragt daher den Bau eines Fußgängerüberwegs (FGÜ).

Ina, Hassan und Boris haben im Internet recherchiert und herausgefunden, dass es Richtlinien für die Anlage und Ausstattung von Fußgängerüberwegen gibt.

| Fußgänger pro Stunde \ Kfz pro Stunde | 0–200 | 200–300 | 300–450 | 450–600 | 600–750 |
|---|---|---|---|---|---|
| 0–50 | | | | | |
| 50–100 | | FGÜ möglich | FGÜ möglich | FGÜ empfohlen | FGÜ möglich |
| 100–150 | | FGÜ möglich | FGÜ empfohlen | FGÜ empfohlen | |
| Über 150 | | FGÜ möglich | | | |

Ihre Beobachtungsdaten haben sie in einem Tabellenkalkulationsprogramm festgehalten.

**a)** Startet am Computer ein Programm zur Tabellenkalkulation und gebt die rechts abgebildeten Daten ein.

**b)** Ordnet die Datensätze der Größe nach. Markiert dazu den blauen Bereich B3:C7 und wählt oben links in der Werkzeugleiste den Befehl „Sortieren und filtern" aus.

**c)** Vergleicht die Ergebnisse mit den Richtlinien in der Tabelle oben. Hat der Antrag der Schulkonferenz eine Chance?

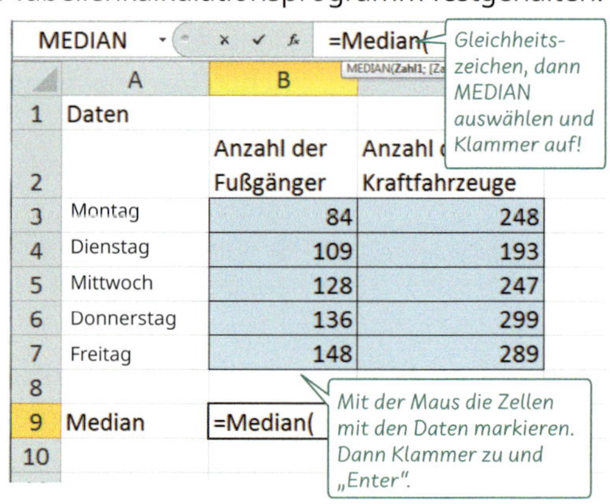

| | A | B | C |
|---|---|---|---|
| 1 | Daten | | |
| 2 | | Anzahl der Fußgänger | Anzahl der Kraftfahrzeuge |
| 3 | Montag | 84 | 248 |
| 4 | Dienstag | 109 | 193 |
| 5 | Mittwoch | 128 | 247 |
| 6 | Donnerstag | 136 | 299 |
| 7 | Freitag | 148 | 289 |
| 8 | | | |
| 9 | Median | =Median( | |
| 10 | | | |



Tabellenkalkulationsprogramme verfügen über spezielle Befehle zum Bearbeiten von Daten, zum Beispiel:

=MEDIAN(...) =MITTELWERT(...) =ANZAHL(...) =MAX(...) =MIN(...)

Je nach Programm kann ein Befehl ein wenig anders lauten oder gar nicht verfügbar sein. In solchen Fällen schaut bitte in der „Hilfe" des Programms nach.

**d)** Probiert die oben genannten Befehle aus und untersucht ihre Bedeutung.

**e)** Markiert den Bereich B2:C8 und findet heraus, wie man dazu durch Anklicken eines Symbols grafische Darstellungen erhält. Probiert verschiedenen Darstellungen aus. Welche sind geeignet und welche nicht? Begründet eure Einschätzung.

**f)** Überlegt, welche Kennwerte und Darstellungen geeignet sind, um die Entscheidung für den Bau eines Fußgängerüberwegs zu beeinflussen.

Daten aus statistischen Erhebungen kannst du mit einem **Tabellenkalkulationsprogramm** auswerten.

Für die Auswertung musst du die Daten in die Tabelle eingeben und markieren.
Befehle für **statistische Kennwerte**:

| Maximum: | Minimum: | Mittelwert: | Median: | Spannweite: |
|---|---|---|---|---|
| =MAX(...) | =MIN(...) | =MITTELWERT(...) | =MEDIAN(...) | =MAX(...)-MIN(...) |

Arten von **Diagrammen**:

**2** **Arbeitet in Vierer-oder Fünfergruppen.**
Papierfliegen ist ein Hobby von vielen Menschen auf der ganzen Welt. Jedes Jahr finden zahlreiche Wettbewerbe statt. Den Weltrekord für die längste Flugdauer hält seit 2010 der Japaner Takuo Toda: Sein Papierflieger blieb 29,2 s in der Luft.

*Regeln beim Papierfliegen*

- Der Papierflieger darf nur aus einem Blatt DIN-A4 gefaltet werden.
- Beide Füße müssen beim Wurf den Boden berühren.
- Der Flieger darf nicht geklebt, gerissen oder beschnitten werden.
- Zwei Versuche sind erlaubt, der bessere wird gewertet.

**a)** Niklas, Zoe und Erol planen ein Flugexperiment. Diskutiert ihre Fragen.

**b)** Plant selbst Flugexperimente:
Legt zunächst eure Regeln fest und auf welche Fragen oder Vermutungen die gewonnenen Daten Antwort geben sollen.

**c)** Führt eure Flugexperimente durch und protokolliert die Ergebnisse. Achtet dabei auf eure bei Aufgabe **b)** festgelegten Fragen.

Das braucht ihr:
– DIN-A4-Blätter – Stoppuhren

*Der Rumpf ist das zentrale Bauteil eines Flugzeugs. Am Rumpf hängen unter anderem die Flügel.*

**d)** Wertet die Experimente aus. Stellt eure Ergebnisse in Tabellen und Diagrammen mit einem Tabellenkalkulationsprogramm dar und präsentiert sie den anderen.

## Bauanleitung

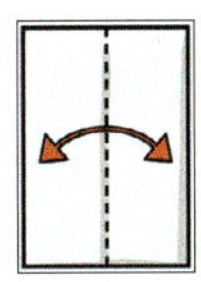

Ein DIN-A4-Papier wird der Länge nach in der Mitte gefaltet und wieder aufgefaltet.

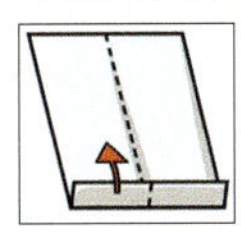

Eine Querkante wird daumenbreit nach innen gefaltet.

Der entstandene Streifen wird nochmals umgefaltet. Dies macht man so oft, bis etwa die Mitte des Papiers erreicht ist.

Falten der Tragflächen – der Rumpf sollte ein bis zwei Daumenbreiten hoch sein.

Dann werden die rechte und linke Seite zusammengefaltet. Fertig!

# Eine Umfrage planen, durchführen und auswerten

**Findet euch in Vierer-oder Fünfergruppen zusammen.** Plant eine Umfrage, führt sie durch und präsentiert eure Ergebnisse. Auf dieser Seite findet ihr hilfreiche Tipps und Anregungen.

## 1 Findet ein Thema.

**Leitfragen:**
- Gibt es ein spannendes Thema, das gerade aktuell ist?
- Was wissen wir bereits darüber?
- Wo finden wir zusätzliche Informationen?
- Welche Merkmale wollen wir erfragen? Geht es um Fakten oder um Meinungen?
- Welche Fragen würden wir selbst nicht gerne beantworten?

**Beispiele für Themen:**

**Fakten**
- Computer und Fernsehen
- Handynutzung
- Freizeitverhalten

**Meinungen**
- Führerschein ab 16
- Handyverbot in der Schule
- Unterricht mit Laptops

## 2 Erstellt einen Fragebogen.

**Leitfragen:**
- Was genau wollen wir herausfinden?
- Was vermuten wir?
- Arbeiten wir mit einem Fragebogen in Papierform oder mit einem Computerprogramm?
- Lassen sich ähnliche Fragen zusammenfassen?
- Interessieren uns Unterschiede, z. B. zwischen verschiedenen Klassenstufen?
- Wie wecken wir das Interesse der Befragten?

**Tipps**
- einfache Sprache verwenden
- kurze Sätze
- auf Verständlichkeit prüfen
- die Fragen „testen"
- die Antwortmöglichkeiten beachten
- schon jetzt an die Auswertung denken

**Beispiele für Antwortmöglichkeiten:**

**Einfache Antwort**
Hast du ein Handy?
☐ Ja ☐ Nein

**Mehrfachantwort**
Welche Handyfunktionen nutzt du?
☐ SMS ☐ Telefon ☐ Email
☐ Spiele ☐ Kalender ☐ Whatsapp

**Freie Antwort**
Was hältst du von dem Führerschein ab 16? ____________________

**Rangskala**
Treibst du gerne Sport?
1 2 3 4 5
sehr gerne ganz ungern

**Maßzahl**
Wie lange schaust du durchschnittlich an einem Wochentag fern?
______ Std. / Tag

## 3 Führt eure Befragung durch.

**Leitfragen:**
- Wie organisieren wir unser Vorhaben?
- Wo führen wir die Umfrage durch? In der Schule? Auf der Straße?
- Wie viele Personen sollen befragt werden?
- Welche Schwierigkeiten treten auf?
- Werden alle Fragen verstanden?

**Vor der Befragung: Arbeits- und Zeitplan erstellen**

| WER | MACHT WAS | WANN | MIT WEM |
|---|---|---|---|
| | | | |

**Während der Befragung: Beobachtungen notieren**
- Nehmen die Personen gern an der Befragung teil?
- Haben die Personen ausreichend Zeit, die Fragen zu beantworten?
- Werden alle Fragen ohne zusätzliche Erklärungen verstanden?

## 4 Wertet die gesammelten Daten aus und stellt sie dar.

**Leitfragen:**
- Welche Datensätze möchten wir darstellen?
- Was wird die meisten interessieren?
- Nutzen wir den Computer zur Datenerfassung und Auswertung?
- Welche statistischen Kennwerte sind interessant? Warum?
- Welche Darstellungsart ist geeignet, die Ergebnisse übersichtlich darzustellen?
- Wie wollen wir unsere Ergebnisse präsentieren?

**Beispiele für die Darstellung der Ergebnisse**

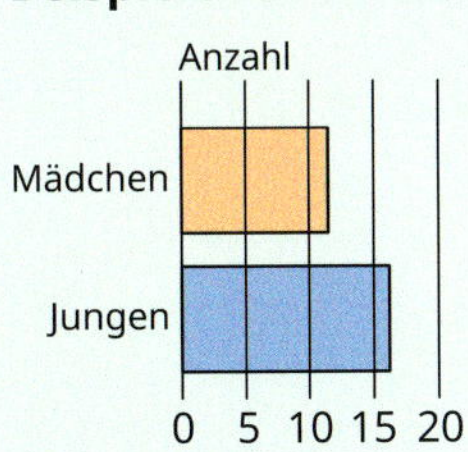


Balkendiagramm

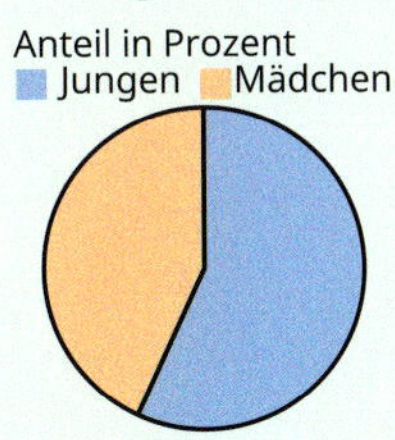


Kreisdiagramm

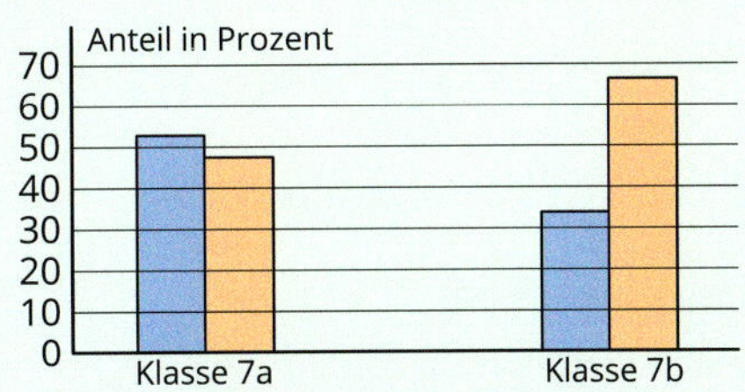


Gruppiertes Säulendiagramm

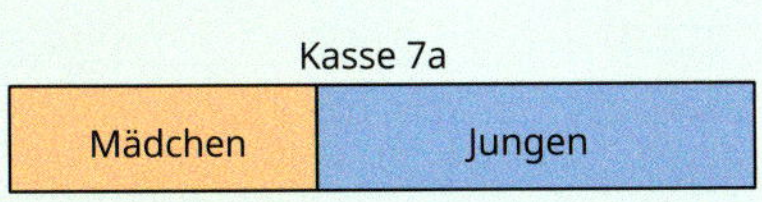


Streifendiagramm

| | Klasse 7a | Klasse 7b |
|---|---|---|
| Jungen | 57 % | 38 % |
| Mädchen | 43 % | 62 % |

Tabelle

**Die Lösungen ergeben zwei große Inseln der Erde.**

**1** Für Kopfrechnerinnen und Kopfrechner:
Wie viel Prozent sind es?

**a)** $\frac{3}{100}$ = ▢ %   **b)** $\frac{24}{10}$ = ▢ %

**c)** $\frac{15}{25}$ = ▢ %   **d)** $\frac{3}{4}$ = ▢ %

**2** Ein 8 m langer und 1,50 m breiter Weg soll mit einer 5 cm hohen Kiesschicht versehen werden.

**a)** Wie viel $m^3$ Kies werden benötigt?

**b)** 1 $cm^3$ Kies wiegt 2,8 g.
Wie viel kg wiegt der Belag?

**3** Die abgebildete Figur besteht aus einem Rechteck mit aufgesetztem Halbkreis.
Bestimme

**a)** ihren Flächeninhalt,

**b)** ihren Umfang.

Runde deine Ergebnisse auf ganze Zahlen.

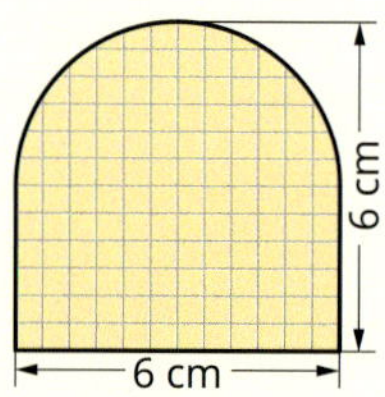


**4** Bei einer Durchschnittsgeschwindigkeit von 16 $\frac{km}{h}$ braucht Sibel für eine Radtour 1 h 15 min.

**a)** Wie viel Kilometer weit fährt Sibel?

**b)** Zurück fährt sie mit durchschnittlich 15 $\frac{km}{h}$.
Wie viel Minuten braucht sie für die Rückfahrt?

**5** Welches Ergebnis passt am besten zur Aufgabe?
Bestimme durch einen Überschlag.

**a)** 4 105,53 : 7,8

**b)** 6,37 : 12,25

**c)** 3,285 · 15,78

**d)** 19,15 · 256,04

0,05   500   0,5   5   5 000   50 000   50

**6** Berechne das Volumen des Prismas (Maße in cm).
V = ▢ $cm^3$ = ▢ ℓ (Liter).

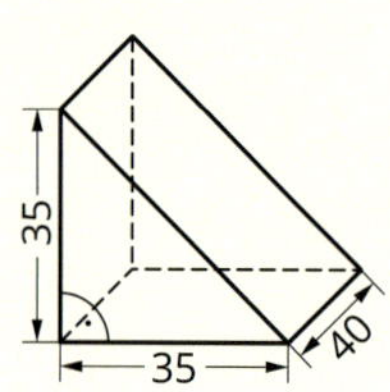


**7** Bestimme den größten gemeinsamen Teiler der Zahlen.

**a)** ggT(26, 4) = ▢   **b)** ggT(100, 55) = ▢

**c)** ggT(35, 63) = ▢   **d)** ggT(132, 77) = ▢

| | | |
|---|---|---|
| H 0,05 | E 0,5 | G 0,6 |
| L 2 | M 3 | A 5 |
| N 7 | D 11 | A 20 |
| K 21 | E 24,5 | S 32 |
| U 50 | D 60 | D 72 |
| A 75 | N 77 | R 80 |
| A 240 | N 500 | A 1 680 |
| F 2 050 | R 2 400 | N 2 450 |
| S 5 000 | E 24 500 | S 50 000 |

## Baumdiagramme und zweistufige Zufallsexperimente

**1** **Partnerarbeit:** Elif ist eine begeisterte Sportlerin. Für das Training hat sie vier Trikots und drei Sporthosen.
Ihre Freunde rätseln, wie groß die Wahrscheinlichkeit ist, dass Elif mit Trikot und Hose in gleicher Farbe zum Training erscheint.

a) Angenommen, Elif zieht zuerst ein Trikot und dann eine Hose heraus. Das **Baumdiagramm** rechts zeigt, welches Trikot und welche Hose sie ziehen könnte.
In dem Text unten ist beschrieben, wie das Baumdiagramm entstanden ist.
Übertragt den Text in euer Heft und setzt die passenden Wörter in die Lücken ein:

vier | Ergebnis | Hose | Trikot | drei | Hosen

*Elif zieht zuerst eines der vier Trikots, also zeichne ich ________ Äste. An das Ende jedes Astes zeichne ich ein ________, das gezogen wird.*
*Dann wählt Elif eine der drei Hosen aus. Also zeichne ich an jeden der vier Äste ________ neue Äste. An das Ende jedes neuen Astes zeichne ich eine ________, die gezogen wird.*
*Der Weg entlang der Äste von ganz links bis ganz rechts heißt Pfad. Jeder Pfad führt zu einem möglichen ________.*

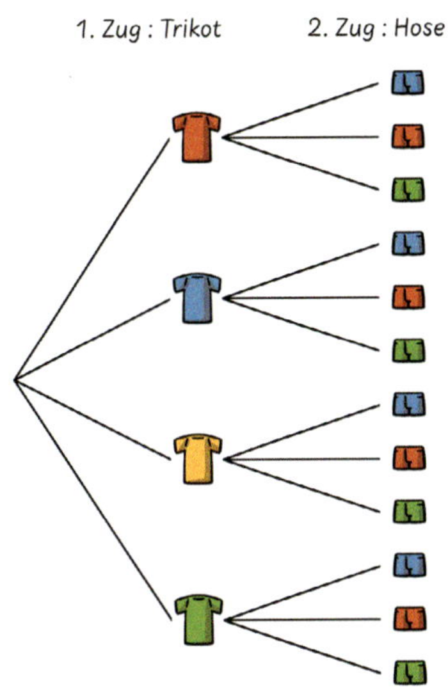


b) Übertragt das Baumdiagramm in euer Heft und markiert mit einem bunten Stift alle Pfade, die zu einer Kombination aus Trikot und Hose in der gleichen Farbe führen.

c) Lest aus dem Baumdiagramm die Anzahl der möglichen und der günstigen Ergebnisse ab. Bestimmt dann die Wahrscheinlichkeit für eine gleichfarbige Kombination.

d) Angenommen, Elif zieht zuerst eine Hose und dann ein Trikot.
- Zeichnet dazu ein passendes Baumdiagramm in euer Heft. Besprecht vorher, wie der Text aus a) verändert werden muss, damit die Anleitung zu eurem Baumdiagramm passt.
- Bestimmt die Wahrscheinlichkeit für das Ereignis „Elif trägt eine gleichfarbige Kombination". Vergleicht euer Ergebnis mit dem aus Aufgabenteil c).

Für ein „rotes Trikot" kannst du kurz „rT" oder „T" notieren.

Ein Zufallsexperiment, das aus zwei Teilexperimenten besteht, nennt man **zweistufiges Zufallsexperiment**. Beispiele sind das zweimalige Werfen eines Würfels, das Werfen von zwei Würfeln oder das zweimalige Ziehen aus einer Urne.
Bei zweistufigen Zufallsexperimenten besteht jedes Ergebnis aus **zwei Teilergebnissen**.
Du kannst die Ergebnisse mit einem **Baumdiagramm** veranschaulichen.

Zwei Münzen werden geworfen. Bestimme die Wahrscheinlichkeit für das Ereignis „gleiche Symbole".

*W: Wappen* *Z: Zahl*

*Baumdiagramm:* *Ergebnisse*

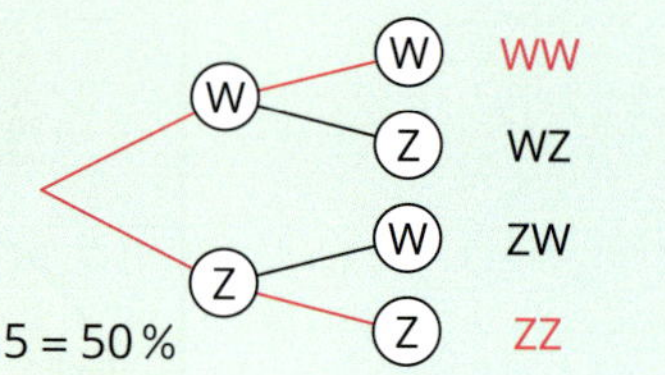


Insgesamt sind vier Ergebnisse möglich: (W,W); (W,Z); (Z,W); (Z,Z).

Zwei davon gehören zum Ereignis „gleiche Symbole" (sind dafür *günstig*): (W,W); (Z,Z).

P(gleiche Symbole)= $\frac{\text{Anzahl der günstigen Ergebnisse}}{\text{Anzahl aller möglichen Ergebnisse.}} = \frac{2}{4} = \frac{1}{2} = 0{,}5 = 50\,\%$

*Mindestens einmal bedeutet „einmal" oder „mehr als einmal".*

**2** Bestimme mit einem Baumdiagramm die Wahrscheinlichkeiten für folgende Ereignisse beim Werfen zweier Münzen. A: zweimal Zahl B: mindestens einmal Wappen

**3** Die beiden Glücksräder werden gedreht. Bestimme mit einem Baumdiagramm die Wahrscheinlichkeit der Ereignisse.
A: die Abfolge gelb – rot
B: zwei gelbe Felder
C: zwei gleichfarbige Felder
D: mindestens ein blaues Feld

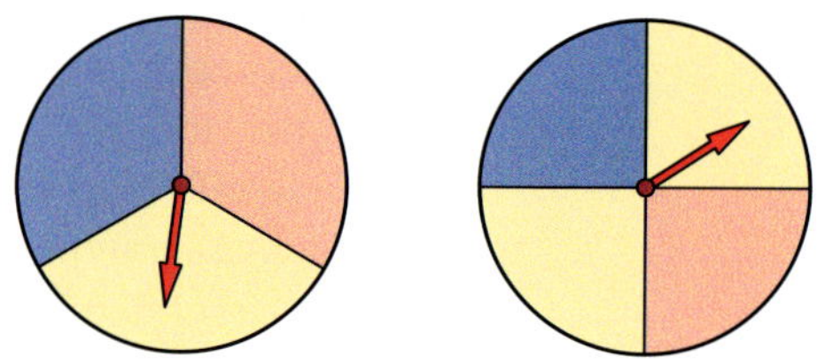

**4** **Partnerarbeit:**
Mira und Leo würfeln mit zwei Würfeln.

*Ein Pasch ist ein Wurf mit mehreren Würfeln, bei dem alle Würfel die gleiche Augenzahl zeigen.*

**a)** Zeichnet ein vollständiges Baumdiagramm für einen zweimaligen Würfelwurf in euer Heft und begründet, warum Leos Überlegung, dass die Augensumme 7 eine Wahrscheinlichkeit von $\frac{1}{11}$ hat, nicht stimmen kann.
**b)** Bestimmt mit Hilfe des Baumdiagramms die Wahrscheinlichkeiten folgender Ereignisse:
A: Augensumme 7 B: Augensumme höchstens 5 C: Pasch
**c)** Macht es einen Unterschied, ob ihr zweimal nacheinander mit einem Würfel werft oder nur einmal gleichzeitig mit zwei Würfeln? Nehmt Stellung.

# Produktregel und Summenregel

## 1 Partnerarbeit

**a)** Folgt Lisas Idee: Bestimmt mit Hilfe eines Baumdiagramms die Anzahl der möglichen Ergebnisse und die Wahrscheinlichkeit für den Ausgang (rot, rot).

**b)**

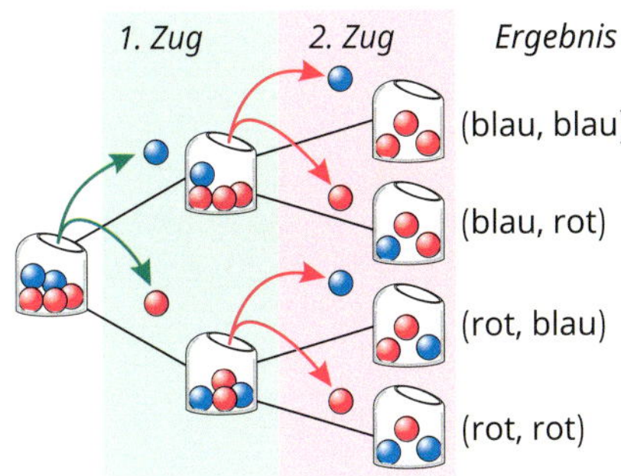


Betrachtet Jans Baumdiagramm und erklärt euch gegenseitig, wie er vorgegangen ist.

**c)** Jan und Lisa haben an den Pfadabschnitten Wahrscheinlichkeiten notiert.
Lest ab, wie groß die Wahrscheinlichkeit ist,
- beim ersten Zug eine blaue Kugel zu ziehen?
- beim zweiten Zug eine blaue Kugel zu ziehen, wenn man beim ersten Zug eine blaue Kugel gezogen hat?

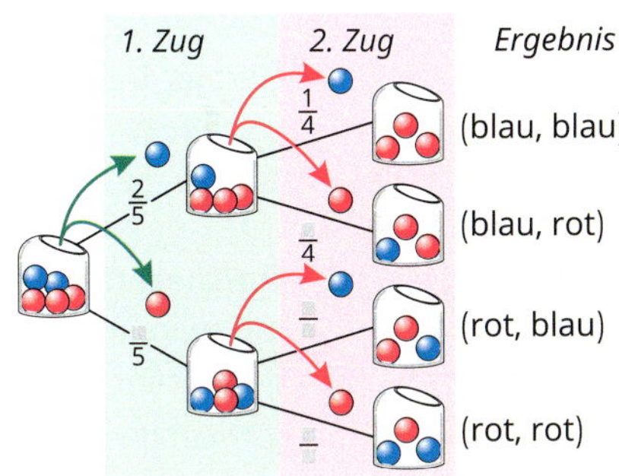


**d)** Übertragt Jans Baumdiagramm in euer Heft und ergänzt die noch fehlenden Wahrscheinlichkeiten an den Pfadabschnitten.

**e)** Erklärt euch gegenseitig die Überlegungen von Jan und Lisa.

**f)** Bestimmt mit Hilfe eures Baumdiagramms die Wahrscheinlichkeit, dass
- beide Kugeln rot sind,
- beide Kugeln die gleiche Farbe haben.

So berechnest du Wahrscheinlichkeiten bei zwei- und mehrstufigen Zufallsexperimenten:
① Zeichne ein passendes **Baumdiagramm**.
② Wende die beiden **Pfadregeln** (Produkt- und Summenregel) für Baumdiagramme an.

**Produktregel**
Die Wahrscheinlichkeit eines **Ergebnisses** berechnest du durch **Multiplikation** der Wahrscheinlichkeiten längs des zugehörigen Pfades.

**Summenregel**
Die Wahrscheinlichkeit eines **Ereignisses** berechnest du durch **Addition** der Wahrscheinlichkeiten der Pfade, die zu diesem Ereignis gehören.

Aus einer Urne mit drei blauen und zwei roten Kugeln wird zweimal eine Kugel ohne Zurücklegen gezogen. Bestimme die Wahrscheinlichkeit, dass
- zwei rote Kugeln gezogen werden,
- zwei blaue Kugeln gezogen werden,
- zwei gleichfarbige Kugeln gezogen werden.

① *Baumdiagramm*

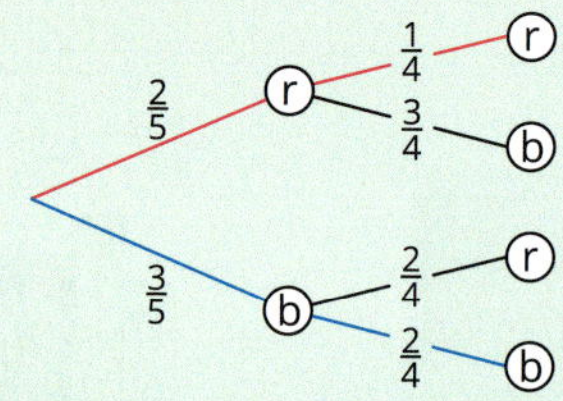


② *Anwendung der Pfadregeln*

*Produktregel*
- P(rot, rot) $= \frac{2}{5} \cdot \frac{1}{4} = \frac{1}{10} = 0{,}1 = 10\,\%$
- P(blau, blau) $= \frac{3}{5} \cdot \frac{2}{4} = \frac{3}{10} = 0{,}3 = 30\,\%$

*Summenregel*
- P(gleichfarbig) = P(rot, rot) + P(blau, blau) $= \frac{1}{10} + \frac{3}{10} = \frac{2}{5} = 0{,}4 = 40\,\%$

Digital+
WES-188264-913

**2** Hassans Socken liegen ungeordnet in einer Schublade. Morgens nimmt er wahllos nacheinander zwei Socken heraus. Bestimme die Wahrscheinlichkeit, dass Hassan
**a)** zwei blaue Socken zieht,
**b)** zwei gleichfarbige Socken zieht.

**3** **Partnerarbeit:** In einer Urne liegen 50 Lose, davon sind 5 Gewinne, der Rest Nieten. Gesucht ist die Wahrscheinlichkeit für das Ereignis „zwei Nieten“. Lee löst die Aufgabe mit Hilfe eines **verkürzten Baumdiagramms**.
**a)** Erklärt euch gegenseitig, was Lee sich dabei denkt.
**b)** Übertragt das verkürzte Baumdiagramm in euer Heft und bestimmt die gesuchte Wahrscheinlichkeit.

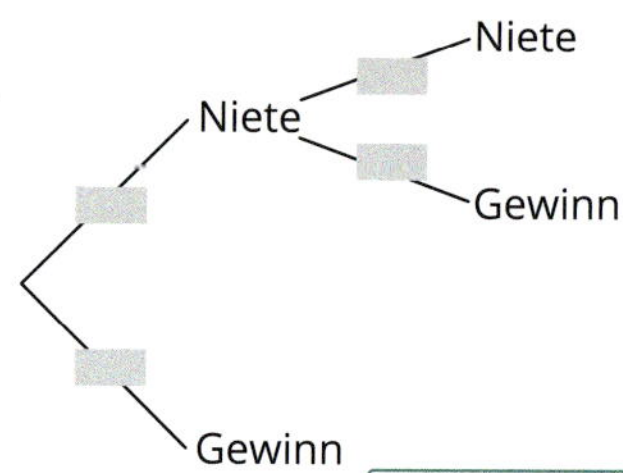


**4** Aus einer Urne mit 3 roten und 7 weißen Kugeln werden zwei Kugeln gezogen. Berechne die Wahrscheinlichkeit für das Ergebnis „rot, rot“, wenn die erste gezogene Kugel
**a)** nicht in die Urne zurückgelegt wird (ohne Zurücklegen),
**b)** in die Urne zurückgelegt wird (mit Zurücklegen).

**5** Der „Spielautomat“ besteht aus zwei Glücksrädern, die sich beide gleichzeitig drehen. Mit welcher Wahrscheinlichkeit zeigt die gemeinsame Anzeige
**a)** links 6, rechts 6,
**b)** links gerade, rechts gerade,
**c)** links 6, rechts keine 6,
**d)** links 1, 2 oder 3, rechts 5 oder 6?

**6** Unter den 28 Lernenden der Klasse 9a (davon 16 Mädchen) werden zwei Freikarten für ein Popkonzert verlost. Mit welcher Wahrscheinlichkeit sind die beiden Gewinner

**a)** zwei Mädchen, **b)** kein Mädchen, **c)** genau ein Mädchen?

**7** Es wird zweimal gewürfelt, dann werden die gewürfelten Augenzahlen addiert. Wie groß ist die Wahrscheinlichkeit für die

**a)** Augensumme 12, **b)** Augensumme 11, **c)** Augensumme 7?

**8** Aus einer Lostrommel mit 4 Gewinnlosen und 50 Nieten werden zwei Lose gezogen. Mit welcher Wahrscheinlichkeit sind es zwei Gewinnlose?

**9** **Partnerarbeit:** Vergleicht die drei Aufgaben. Zwei von ihnen haben dasselbe Ergebnis. Begründet, welche es sind. Bestimmt dann die gesuchten Wahrscheinlichkeiten.

① Jonah hat im ersten Wurf eine Sechs gewürfelt. Mit welcher Wahrscheinlichkeit würfelt er im zweiten Wurf erneut eine Sechs?

② Azra würfelt mit zwei Würfeln gleichzeitig. Mit welcher Wahrscheinlichkeit würfelt sie dabei einen Sechserpasch?

③ Timur würfelt zweimal nacheinander mit einem Würfel. Mit welcher Wahrscheinlichkeit würfelt er dabei zwei Sechsen?

**10** In einer Urne liegen 4 Kugeln mit den Ziffern 1, 2, 3 und 4. Nacheinander werden ohne Zurücklegen zwei Kugeln gezogen und aus den beiden Ziffern eine zweistellige Zahl gebildet (erste gezogene Kugel: Zehner, zweite gezogene Kugel: Einer). Mit welcher Wahrscheinlichkeit ist die so gebildete Zahl

**a)** eine gerade Zahl? **b)** größer als 30? **c)** ein Vielfaches von 3?

**d)** eine Zahl mit der Quersumme 5? **e)** kleiner als 12? **f)** eine Primzahl?

**11** Bei einem Straßenrennen für Radrennfahrer müssen zwei der zehn Fahrer auf den Plätzen 1 bis 10 zur Dopingkontrolle. Drei von ihnen zittern, denn sie haben zur Leistungssteigerung unerlaubte Mittel eingenommen. Wie groß ist die Wahrscheinlichkeit, dass höchstens ein „Sünder" kontrolliert wird?

**12** **Partnerarbeit:** Es wird dreimal gewürfelt. Es interessieren nur die Fälle „6" und das Gegenereignis „$\overline{6}$" („keine 6").

**a)** Rechts seht ihr ein verkürztes Baumdiagramm. Übertragt es in euer Heft und vervollständigt es.

**b)** Bestimmt die Wahrscheinlichkeit, mit der beim dreifachen Wurf mit einem Spielwürfel genau zweimal eine 6 gewürfelt wird.

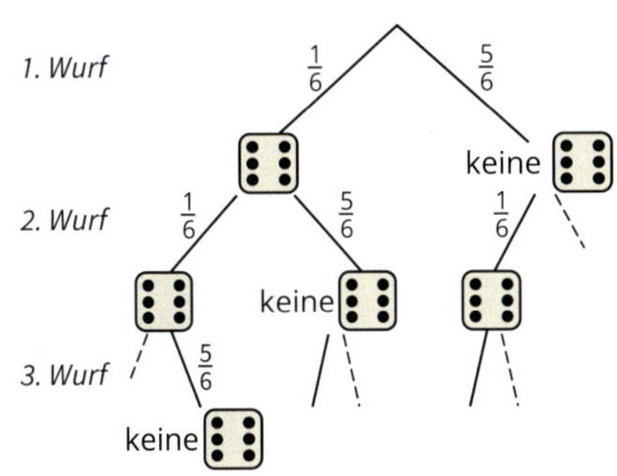

# Rechnen mit dem Gegenereignis

**Löst alle Aufgaben in Partnerarbeit.**

*Ein Ergebnis ist ein möglicher Ausgang eines Zufallsexperiments.*
*Ein Ereignis ist eine Zusammenfassung von einem oder mehreren Ergebnissen eines Zufallsexperiments.*

**1** Anli und Murat untersuchen die Wahrscheinlichkeiten für verschiedene Ergebnisse und Ereignisse bei mehrstufigen Zufallsexperimenten.

**a)** Schaut euch die Forscheraufträge an. Erklärt euch gegenseitig, wie Anli und Murat gedacht haben, und führt ihre Überlegungen und Berechnungen weiter.

**Forscherauftrag ①**
Eine Münze wird dreimal geworfen.
Ermittelt die Anzahl aller möglichen Ergebnisse mit einem Baumdiagramm.

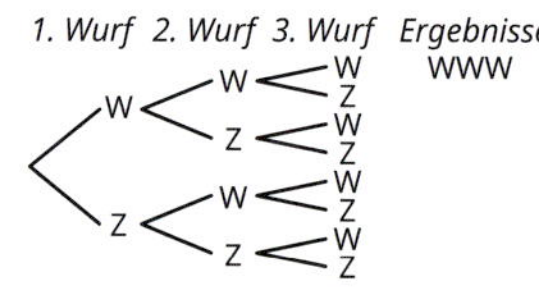


**Forscherauftrag ②**
Eine Münze wird dreimal geworfen.
Bestimmt die Wahrscheinlichkeit für das Ereignis „mindestens einmal Wappen".

**Forscherauftrag ③**
Ein Würfel wird dreimal geworfen.
Ermittelt die Wahrscheinlichkeit, dass
**a)** keine Sechs fällt,
**b)** mindestens eine Sechs fällt.

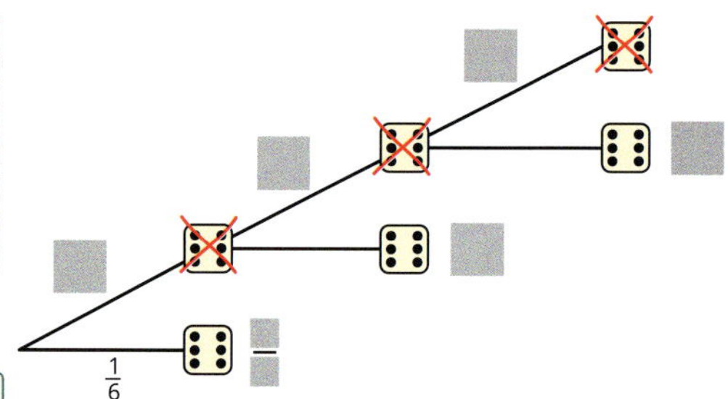

**b)** Jetzt seid ihr dran. Bearbeitet die Forscheraufträge ④ und ⑤. Stellt anschließend eure Überlegungen einer anderen Zweiergruppe vor.

**Forscherauftrag ④**
Eine Münze wird dreimal geworfen.
Für jeweils zwei der Ereignisse A–F gilt, dass sich die zugehörigen Wahrscheinlichkeiten zu 100 % ergänzen.
Findet die drei Paare und begründet eure Entscheidung.

A: mindestens zweimal Wappen
B: mindestens einmal Wappen
C: mindestens einmal Wappen und einmal Zahl
D: dreimal dasselbe Symbol
E: kein Wappen
F: höchstens einmal Wappen

**Forscherauftrag ⑤**
Ein Würfel wird zweimal geworfen und die Summe der Augenzahl notiert. Bestimmt die Wahrscheinlichkeit für das Ereignis „Augensumme mindestens 3" auf zwei verschiedenen Wegen.

Zu jedem Ereignis E gibt es ein zugehöriges **Gegenereignis $\overline{E}$** (lies: nicht E).
Das Gegenereignis $\overline{E}$ enthält alle Ergebnisse, die nicht zum Ereignis E gehören.
Es gilt: $\mathbf{P(\overline{E}) + P(E) = 100\,\% = 1}$ und $\mathbf{P(E) = 1 - P(\overline{E})}$

Aus einer Urne mit 3 blauen und 5 roten Kugeln werden zwei Kugeln mit Zurücklegen gezogen. Bestimme die Wahrscheinlichkeit für das Ereignis E „mindestens eine rote Kugel".
*Vorüberlegung: Das Gegenereignis zum Ereignis E „mindestens eine rote Kugel" ist $\overline{E}$ „keine rote Kugel" bzw. „zwei blaue Kugeln".*

① *Baumdiagramm zeichnen*

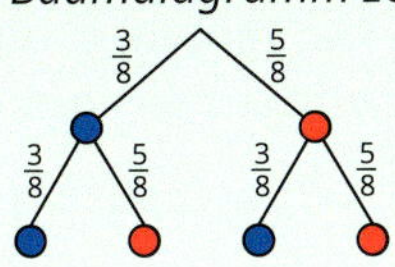


② *Pfadregeln anwenden*

$P(\overline{E}) = P(\text{zwei blaue Kugeln}) = \frac{3}{8} \cdot \frac{3}{8} = \frac{9}{64}$

$P(E) = P(\text{mindestens eine rote Kugel})$
$= 1 - P(\overline{E}) = 1 - \frac{9}{64} = \frac{55}{64} \approx 0{,}86 = 86\,\%$

Digital+
WES-188264-914

**2** Es wird gewürfelt. Benenne das Gegenereignis und gib seine Wahrscheinlichkeit an.
**a)** E: gerade Zahl **b)** E: höchstens 4 **c)** E: mindestens 5 **d)** E: keine 1

**3** Bestimme die Wahrscheinlichkeit des Gegenereignisses $\overline{E}$.
**a)** $P(E) = 25\,\%$ **b)** $P(E) = 0{,}05$ **c)** $P(E) = \frac{1}{3}$ **d)** $P(E) = 1$

**4** In einer Lostrommel sind 3 Gewinnlose und 7 Nieten. Paul kauft sich zwei Lose. Bestimme die Wahrscheinlichkeit, dass er mindestens einen Gewinn zieht.

**5** In einer Urne befinden sich 10 Kugeln, 5 rote und 5 blaue.
**a)** Es wird zweimal ohne Zurücklegen gezogen. Bestimme die Wahrscheinlichkeit für das Ereignis, dass mindestens eine blaue Kugel gezogen wird.
**b)** Jetzt wird dreimal mit Zurücklegen gezogen. Bestimme die Wahrscheinlichkeit für das Ereignis, dass mindestens eine blaue Kugel gezogen wird.

**6** Unten stehen verschiedene Ereignisse beim einmaligen Drehen des Glücksrads. Übertrage die Tabelle in dein Heft und ordne jedem Ereignis das passende Gegenereignis zu.

A: mindestens Zwei | B: rot | C: höchstens Vier
D: rot oder grün | E: gerade Zahl | F: gelb oder grün
G: gelb | H: Eins oder Zwei | I: kleiner als Zwei
J: größer als Zwei | K: ungerade Zahl | L: mindestens Fünf

| *Ereignis* | *Gegenereignis* |
|---|---|
| | |
| | |

**7** **Partnerarbeit:** Aus einer Urne mit drei blauen und vier gelben Kugeln werden zwei Kugeln mit Zurücklegen gezogen. Stimmt die Aussage? Nehmt Stellung.
**a)** Das Gegenereignis zu „keine Kugel ist blau" ist „alle Kugeln sind blau".
**b)** Wenn ein Ereignis nicht eintritt, dann tritt sein Gegenereignis ein.
**c)** Das Gegenereignis zu „genau eine gelbe Kugel" ist „keine gelbe Kugel".
**d)** Das Gegenereignis zu „mindestens eine blaue Kugel " ist „höchstens eine blaue Kugel".

**8** In 4 von 10 Waggons eines Zuges befindet sich jeweils ein Schwarzfahrer. Wie viele Waggons müssen kontrolliert werden, damit die Wahrscheinlichkeit, mindestens einen Schwarzfahrer zu erwischen, größer ist als 90 %?

**Statistische Darstellungen analysieren**

① **Diagramm beschreiben**
- Worum genau geht es?
- Welches Diagramm wird verwendet?

② **Diagramm interpretieren**
- Was ist die zentrale Aussage des Diagramms?

③ **Diagramm bewerten**
- Ist das Diagramm korrekt gezeichnet?
- Stimmen die Proportionen bei flächigen oder räumlichen Darstellungen?

**1** **a)** Beschreibe, interpretiere und bewerte das unten abgebildete Diagramm.

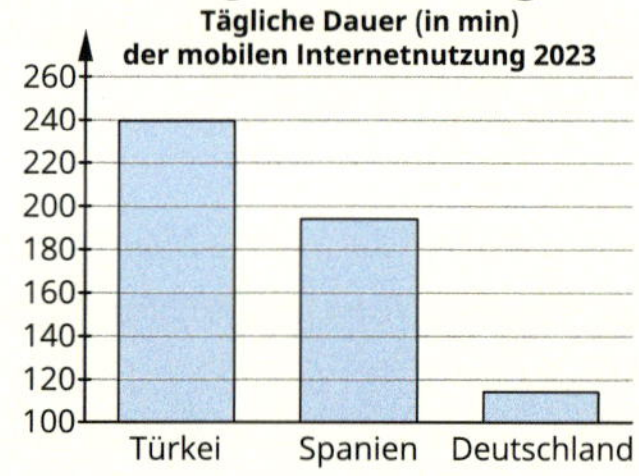


**b)** Zeichne ein Säulendiagramm, dass anderen den Eindruck vermittelt, dass die Unterschiede zwischen den drei Ländern sehr klein sind.

Die **Pfadregeln für Baumdiagramme**

**Produktregel:**
Die Wahrscheinlichkeit eines **Ergebnisses** berechnest du durch **Multiplikation** der Wahrscheinlichkeiten längs des zugehörigen Pfades.

**Summenregel:**
Die Wahrscheinlichkeit eines **Ereignisses** berechnest du durch **Addition** der Wahrscheinlichkeiten der zugehörigen Pfade.

Zweimaliges Ziehen ohne Zurücklegen:

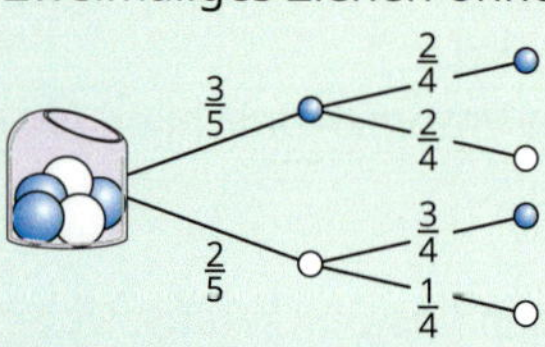


P(2-mal blau) $= \frac{3}{5} \cdot \frac{2}{4} = \frac{3}{10} = 0{,}3 = 30\,\%$

P(gleichfarbig) $= \frac{3}{5} \cdot \frac{2}{4} + \frac{2}{5} \cdot \frac{1}{4} = \frac{4}{10} = 0{,}4 = 40\,\%$

**2** Das abgebildete Glücksrad wird zweimal gedreht. Bestimme die Wahrscheinlichkeit für die folgenden Ereignisse.

Ⓐ E: 2-mal rot
Ⓑ E: 2-mal blau
Ⓒ E: rot, blau
Ⓓ E: zwei gleiche Farben

**3** Aus einer Urne mit 3 weißen und 6 roten Kugeln werden zwei Kugeln ohne Zurücklegen gezogen.
**a)** Wie groß ist die Wahrscheinlichkeit, zwei rote Kugeln zu ziehen?
**b)** Mit welcher Wahrscheinlichkeit sind die gezogenen Kugeln nicht gleichfarbig?

**4** Wie verändern sich die Wahrscheinlichkeiten aus Aufgabe 3, wenn die Kugeln mit Zurücklegen gezogen werden?

**Rechnen mit dem Gegenereignis**

Zu jedem Ereignis E gibt es ein zugehöriges **Gegenereignis $\overline{E}$** (lies: nicht E).
Das Gegenereignis $\overline{E}$ enthält alle Ergebnisse, die nicht zu E gehören.
Es gilt: **$P(\overline{E}) + P(E) = 1$ und $P(E) = 1 - P(\overline{E})$**

E: mindestens einmal weiß
$\overline{E}$: zweimal blau
P (mind. einmal weiß) = 1 – P(2-mal blau)
$= 1 - \left(\frac{3}{5} \cdot \frac{2}{4}\right) = 1 - \frac{6}{20} = 1 - 0{,}3 = 0{,}7 = 70\,\%$

**5** Es wird einmal gewürfelt. Benenne jeweils das Gegenereignis und gib seine Wahrscheinlichkeit an.
**a)** E: höchstens 4
**b)** E: mindestens 2

**6** Mit welcher Wahrscheinlichkeit würfelt man beim zweimaligen Würfeln
**a)** keine Sechs,
**b)** mindestens eine Sechs?

**1** In dem Diagramm ist die Entwicklung der Ausgaben je Schülerin und Schüler an öffentlichen Schulen in Deutschland bis 2022 dargestellt.

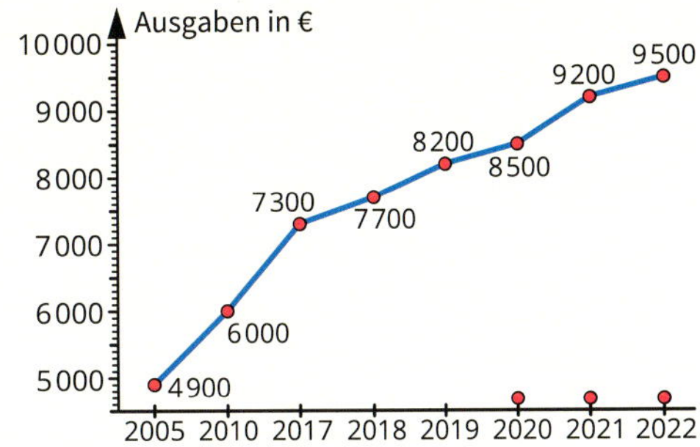


**a)** Nimm Stellung zu folgender Aussage: „Seit dem Jahr 2010 haben sich die Ausgaben pro Schüler weit mehr als verdoppelt."

**b)** Der Zeitraum zwischen 2005 und 2010 beträgt 5 Jahre, der Zeitraum zwischen 2010 und 2017 sogar 7 Jahre. Dadurch wirken die Anstiege der ersten Balken steiler, als sie in Wirklichkeit sind.

**2** In einer Lostrommel sind 25 Lose, darunter 10 Gewinne. Wenn du ohne Zurücklegen zwei Lose ziehst, mit welcher Wahrscheinlichkeit ziehst du

**a)** kein Gewinnlos, **b)** genau einen Gewinn?

**3** Aus dem abgebildeten Glas werden nacheinander 2 Kugeln gezogen. Wie hoch ist die Wahrscheinlichkeit, dass die Kugeln gleichfarbig sind, wenn die Kugeln

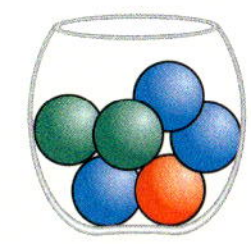

**a)** mit Zurücklegen gezogen werden?

**b)** ohne Zurücklegen gezogen werden?

**4** Berk notiert die Zahlen 1 bis 20 auf Zetteln. Mit geschlossenen Augen zieht er einen Zettel. Benenne jeweils das Gegenereignis $\overline{E}$ und gib seine Wahrscheinlichkeit an.

**a)** E: ungerade Zahl **b)** E: größer als 12 **c)** E: höchstens 9

**5** Eine Münze wird zweimal geworfen. Bestimme die Wahrscheinlichkeit für das Ereignis „mindestens einmal Wappen" mit Hilfe des zugehörigen Gegenereignisses.

**6** Die Stromerzeugung durch erneuerbare Energien war 2024 etwa 3-mal so hoch wie die Stromerzeugung durch Braunkohle. In einer Zeitungsmeldung wird dieser Vergleich durch die nebenstehende Grafik veranschaulicht. Nimm Stellung.

Anteil an der Nettostromerzeugung in Deutschland im Jahr 2024

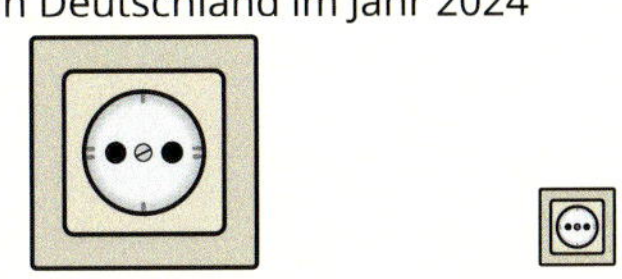

Erneuerbare Energien Braunkohle

**7** Ein Kaugummihersteller legt in jedes fünfte Päckchen einen Gutschein für ein weiteres Päckchen. Hassan kauft drei Päckchen. Mit welcher Wahrscheinlichkeit ist mindestens ein Gutschein dabei?

**8** In 4 von 10 Wagen eines Zuges befindet sich jeweils ein Schwarzfahrer. Es werden nacheinander zwei zufällig ausgewählte Wagen kontrolliert. Wie groß ist die Wahrscheinlichkeit, dass zwei Schwarzfahrer erwischt werden?

**9** Darias Team erhält beim Basketballspiel zwei Freiwürfe. Gewöhnlich verwandelt Daria einen Freiwurf mit einer Wahrscheinlichkeit von 60 %. Gib die Wahrscheinlichkeit an, dass Daria beide Freiwürfe verwandelt.

**10** Von 9 Zahlen sind 5 gerade und 4 ungerade. Zwei Zahlen werden zufällig ohne Zurücklegen gezogen und miteinander multipliziert. Wie groß ist die Wahrscheinlichkeit, dass das Produkt eine gerade Zahl ist?

# Werte von Termen berechnen

Aufgabe 1
→ Seite 32

Digital+
WES-188264-010

Wenn du Werte von Termen berechnest, musst du folgende Dinge beachten:
- Ersetze die Variablen durch die vorgegebenen Zahlen.
- Schreibe negative Zahlen beim Einsetzen in Klammern.
  Steht eine negative Zahl am Anfang des Terms, darfst du die Klammer weglassen.
- Fehlt in Termen ein Rechenzeichen, musst du beim Einsetzen einen Malpunkt setzen.
  Der Term 4x steht für $4 \cdot x$, der Term xy steht für $x \cdot y$.
- Beachte beim Ausrechnen: Klammern vor Punktrechnung vor Strichrechnung.

Schreibe die Rechnung auf und berechne den Wert des Terms.
- $5 + 8x$ für $x = -2$
  $5 + 8 \cdot (-2) = 5 + (-16) = 5 - 16 = -11$
- $y(x + y)$ für $x = 4$ und $y = 5$
  $5 \cdot (4 + 5) = 5 \cdot 9 = 45$

**1** Schreibe die Rechnung auf und berechne den Wert des Terms.
**a)** $x + 12$ mit $x = 7$ **b)** $3x - 2$ mit $x = -2$ **c)** $2a - 3b$ mit $a = 8$; $b = 4$
**d)** $12 + 5z$ mit $z = -1$ **e)** $y(2y + 6)$ mit $y = 3$ **f)** $ab + 5b$ mit $a = -5$; $b = 7$

**2** Setze die angegebenen Werte für die Variable ein und prüfe, welche der Zahlen Lösung der Gleichung ist.
**a)** $4x - 5 = 19$ 1 6 7 **b)** $3a + 12 = 45 + 6a$ −2 −9 −11

# Terme aufstellen

Aufgabe 2
→ Seite 32

Digital+
WES-188264-011

Mit Termen kannst du Sachsituationen oder Rechenanweisungen beschreiben.
Setze dabei für unbekannte Größen oder Zahlen Variablen ein.
In der Tabelle findest du Rechenzeichen für bestimmte Rechenanweisungen.

| | |
|---|---|
| + | addieren, zusammenrechnen, vermehren, Summe berechnen |
| − | subtrahieren, abziehen, vermindern, Differenz berechnen |
| · | multiplizieren, malnehmen, vervielfachen, Produkt berechnen |
| : | dividieren, teilen, Quotient berechnen |

- Für die Stromrechnung im April fallen 0,10 € pro kWh an, dazu kommt ein Grundpreis von 9,90 € pro Monat.
  Kosten pro Monat bei x kWh: $0{,}10x + 9{,}90$
- Die Summe aus x und 5 vermindert um das Doppelte von 7:
  $x + 5 - 2 \cdot 7$

**3** Stelle einen Term auf.
**a)** Subtrahiere den Quotienten aus x und 4 vom Produkt aus y und 15.
**b)** Addiere zum Fünffachen einer Zahl die Differenz aus 10 und dieser Zahl.

**4** Stelle einen Term für die Höhe des Wasserstands nach x Stunden auf bzw. einen Term für die Jahresrechnung für den Abfall bei x Leerungen.
**a)** Der Wasserstand in einem Schwimmbad beträgt 2,20 m. Das Wasser wird abgelassen, der Wasserspiegel sinkt pro Stunde um 40 cm.
**b)** Die Abfallgebühren pro Jahr betragen 72,60 €. Für jeden Abfalleimer, der während des Jahres geleert wird, fallen zusätzlich 6 € an.

# Wertetabellen erstellen und Graphen dazu zeichnen

**Aufgabe 3**
→ *Seite 32*

Du kannst **Zuordnungen** zwischen zwei Größen (Ausgangsgröße → zugeordnete Größe) in einer **Wertetabelle** oder grafisch darstellen.

In der Wertetabelle steht die Ausgangsgröße in der ersten Zeile oder Spalte, die zugeordnete Größe steht in der zweiten Zeile oder Spalte.

Alle Wertepaare (x|y) werden im **Koordinatensystem** als Punkte eingetragen. Sie ergeben zusammen den **Graphen** der Zuordnung.

**Beschreibung der Zuordnung:**
Der Preis für 1 kg Kartoffeln beträgt 0,75 €.

**Wertetabelle:**

| x (kg) | 1 | 2 | 3 | 4 | 5 |
|---|---|---|---|---|---|
| y (€) | 0,75 | 1,50 | 2,25 | 3,00 | 3,75 |

**Graph:**

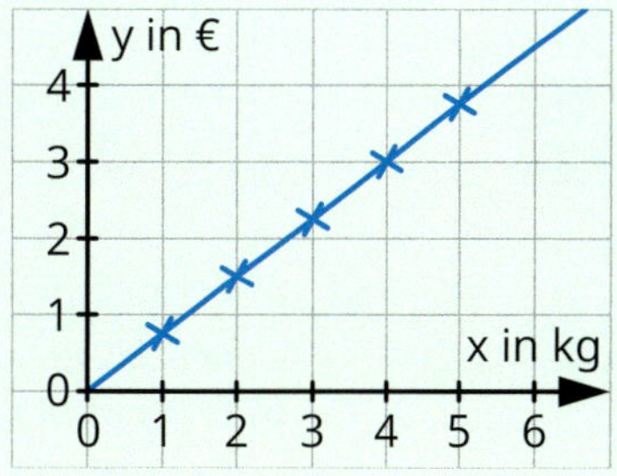


Digital+
WES-188264-012

**1** Übertrage die Wertepaare der Wertetabelle in ein Koordinatensystem und verbinde sie zu einem Graphen.

**a)**

| x | 0 | 1 | 2 | 3 | 4 |
|---|---|---|---|---|---|
| y | 0 | 1,5 | 3 | 4,5 | 6 |

**b)**

| x | 2 | 4 | 6 | 8 | 10 |
|---|---|---|---|---|---|
| y | 4 | 8 | 12 | 16 | 20 |

**2** Sina bestellt Fotos für Ihre Zimmerwand und bezahlt 0,90 € für 10 Fotos.

**a)** Erstelle eine Wertetabelle für 0, 10, 20, 30, 40 und 50 Fotos und zeichne den Graphen der Zuordnung *Anzahl der Fotos* → *Preis*. Wähle auf der x-Achse 1 cm für 5 Fotos und auf der y-Achse 2 cm für 0,90 €.

**b)** Lies aus deinem Graphen den Preis für 5 (25, 35) Fotos ab.

## Punkte in ein Koordinatensystem eintragen und Punkte ablesen

**Aufgabe 4**
→ *Seite 32*

**Aufgabe 3**
→ *Seite 150*

**Digital+**
WES-188264-013

Punkt A(−3|−2) einzeichnen

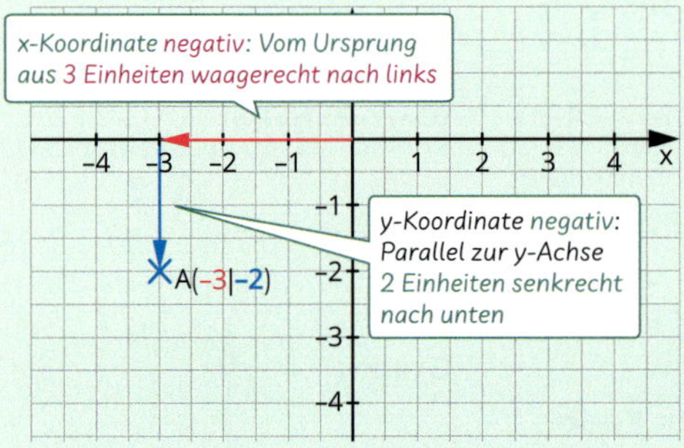


Punkte A(−3|▒), B(2|▒), C(▒|−2,5) auf der Geraden g ablesen.

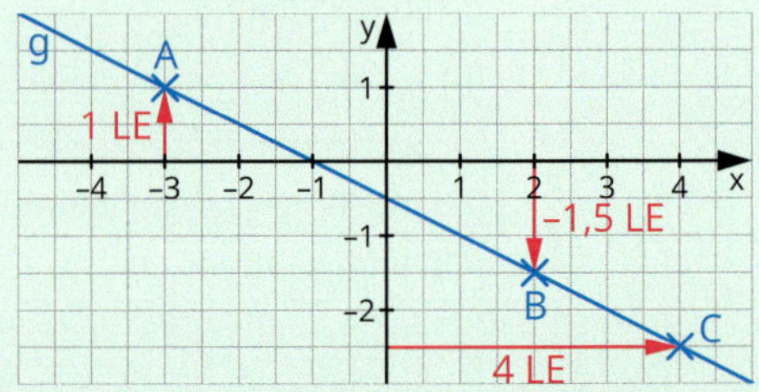


Lösung: A(−3|1), B(2|−1,5), C(4|−2,5)

**1** **a)** Zeichne die Gerade g mit den Punkten A(−8|−5) und B(6|2) in ein Koordinatensystem ein.

**b)** Ergänze die fehlenden Koordinaten der Punkte C, D, E und F, die alle auf der Geraden g liegen.
C(−6|▒), D(3|▒), E(▒|−1,5), F(▒|2,5)

## Dezimalzahlen runden

**Aufgabe 1**
→ *Seite 72*

**Digital+**
WES-188264-014

Dezimalzahlen rundest du nach derselben Regel wie natürliche Zahlen:
Du **rundest ab** (lässt die Ziffer unverändert), wenn die nachfolgende Ziffer 0, 1, 2, 3, oder 4 ist.
Du **rundest auf** (nimmst die nächstgrößere Ziffer), wenn die nachfolgende Ziffer 5, 6, 7, 8 oder 9 ist.

| gerundet auf **Zehntel** | gerundet auf **Hunderstel** | gerundet auf **Tausendstel** |
|---|---|---|
| 3,**2**573 ≈ 3,3 | 3,2**5**73 ≈ 3,26 | 3,25**7**3 ≈ 3,257 |
| ↑ entscheidet | ↑ entscheidet | ↑ entscheidet |

**2** Runde auf Zehntel. **a)** 10,428 **b)** 2,1503 **c)** 125,95 **d)** 45,34

**3** Runde auf Hundertstel. **a)** 2,389 **b)** 59,044 **c)** 3,140 **d)** 45,399

**4** Runde auf Tausendstel. **a)** 0,1357 **b)** 7,9753 **c)** 1,8995 **d)** 3,0004

**5** Runde auf ganze Zahlen. **a)** 46,199 **b)** 100,81 **c)** 5,5001 **d)** 999,52

# Einer graphischen Darstellung Daten entnehmen

**Aufgabe 5**
→ *Seite 32*

**Balkendiagramm**

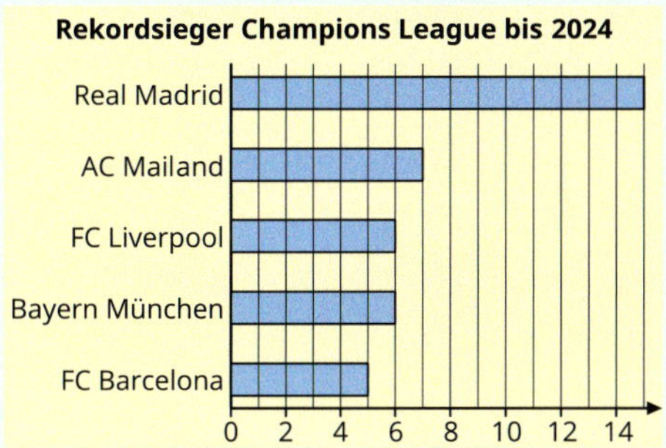


**Liniendiagramm**

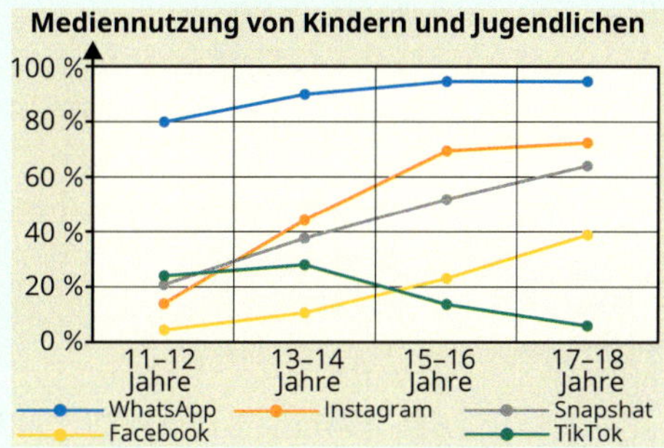


Daten aus Diagrammen kannst du anhand der verschiedenen Balken, Säulen, Linien, ... vergleichen. Beim Ablesen der genauen Werte ist es wichtig, die Einteilung und Beschriftung der Achsen zu beachten.

**1** Übertrage die Häufigkeitstabelle in dein Heft. Vervollständige sie, indem du die benötigten Daten aus dem Balkendiagramm oben links abliest.

| Verein | R. Madrid | AC Mailand | FC Liverpool | B. München | FC Barcelona |
|---|---|---|---|---|---|
| Siege Champions League | | | | | |

**2** Ein Magazin für Computer und Technik befragte im Jahr 2019 Kinder und Jugendliche zu ihrer Mediennutzung. Beantworte die Fragen mit Hilfe des Liniendiagramms oben rechts.

**a)** Welches Medium nutzten 15-16-Jährige am häufigsten, welches am wenigsten?
**b)** Welches Medium hatte die größte Spannweite zwischen 11- und 18-Jährigen?
**c)** Vergleiche die Rangfolge der genutzten Medien von 11- mit 18-Jährigen?

# Verhältnisgleichungen lösen

**Aufgabe 3**
→ *Seite 52*

**Digital+**
WES-188264-015

Wenn du zwei Verhältnisse gleichsetzt, erhältst du eine Verhältnisgleichung.

$a : b = c : d$ oder $\frac{a}{b} = \frac{c}{d}$

***Variable im Zähler:***

- $\frac{x}{7} = \frac{12}{28}$ | $\cdot 7$
  $\frac{x \cdot 7}{7} = \frac{12 \cdot 7}{28}$ | kürzen
  $x = 3$

*Multipliziere mit dem Nenner* ***unter der Variablen.***

***Variable im Nenner:***

- $\frac{36}{x} = \frac{4}{6}$ | $\cdot 6 \cdot x$
  $\frac{36 \cdot 6x}{x} = \frac{4 \cdot 6x}{6}$ | kürzen
  $216 = 4x$ | $:4$
  $54 = x$

*Multipliziere mit* ***beiden*** *Nennern.*

**3** Löse die Gleichung.

**a)** $\frac{x}{10} = \frac{18}{20}$ **b)** $\frac{x}{5} = \frac{14}{7}$ **c)** $\frac{6}{27} = \frac{x}{9}$ **d)** $\frac{x}{18} = \frac{7}{9}$ **e)** $\frac{4}{20} = \frac{x}{25}$ **f)** $\frac{x}{14} = \frac{3}{7}$

**4** Löse die Gleichung.

**a)** $\frac{6}{x} = \frac{12}{1}$ **b)** $\frac{4}{x} = \frac{12}{9}$ **c)** $\frac{5}{7} = \frac{5}{x}$ **d)** $\frac{8}{x} = \frac{2}{3}$ **e)** $\frac{4}{3} = \frac{14}{x}$ **f)** $\frac{18}{x} = \frac{27}{21}$

## Längenmaße in vorgegebene Einheiten umwandeln

**Aufgabe 1**
→ *Seite 52*

Digital+
WES-188264-016

**Längenmaße**

1 km = 1 000 m

1 m = 10 dm = 100 cm = 1 000 mm

1 dm = 10 cm = 100 mm

1 cm = 10 mm

Wandle in die angegebene Einheit um.

| | |
|---|---|
| 3 km = ■ cm | 5 000 000 mm = ■ km |
| 3 km = 3 000 m = 300 000 cm | 5 000 000 mm = 5 000 m = 5 km |

**1** Wandle in die nächstkleinere Einheit um.
**a)** 7 km **b)** 25 m **c)** 7,2 cm **d)** 38 dm **e)** 1,4 m **f)** 10,5 km

**2** Wandle in die nächstgrößere Einheit um.
**a)** 7 000 m **b)** 70 mm **c)** 850 dm **d)** 75 cm **e)** 500 m **f)** 25 m

**3** Wandle in die angegebene Einheit um.
**a)** 700 000 cm = ■ km **b)** 2 km = ■ dm **c)** 50 km = ■ cm **d)** 4,2 km = ■ mm
**e)** 65 000 dm = ■ km **f)** 5,2 km = ■ m **g)** 50 m = ■ km **h)** 42 mm = ■ m

## Multiplikation von Brüchen und Dezimalzahlen

**Aufgabe 5**
→ *Seite 72*

Digital+
WES-188264-017

Du multiplizierst zwei Brüche miteinander, indem du Zähler mit Zähler und Nenner mit Nenner multiplizierst. (kurz: Zähler mal Zähler, Nenner mal Nenner)

$\frac{2}{5}\cdot\frac{3}{7}=\frac{2\cdot 3}{5\cdot 7}=\frac{6}{35}$

$\frac{3}{4}\cdot\frac{8}{9}=\frac{{}^{1}\cancel{3}\cdot\cancel{8}^{2}}{{}_{1}\cancel{4}\cdot\cancel{9}_{3}}=\frac{2}{3}$ *Zähler und Nenner dürfen auch schräg gekürzt werden*

Beim Multiplizieren von Dezimalzahlen rechnest du zunächst ohne Komma. Das Ergebnis hat so viele Stellen hinter dem Komma wie beide Faktoren zusammen.

1,2 · 3 = 3,6 *Rechne 12 · 3 = 36*

0,5 · 0,5 = 0,25 *Rechne 5 · 5 = 25*

**4** Rechne im Kopf. Kürze möglichst früh.
**a)** $\frac{1}{2}\cdot\frac{2}{3}$ **b)** $\frac{3}{5}\cdot\frac{8}{11}$ **c)** $\frac{6}{7}\cdot\frac{7}{10}$ **d)** $\frac{5}{6}\cdot\frac{12}{25}$ **e)** $\frac{3}{8}\cdot\frac{12}{13}$

**5** Löse ohne Taschenrechner.
**a)** 0,4 · 0,4 **b)** 2,4 · 0,5 **c)** 7 · 0,11 **d)** 5,2 · 0,9 **e)** 0,3 · 0,2

## Dreieckswinkel mit Hilfe der Winkelsumme berechnen

**Aufgabe 4**
→ *Seite 52*

**Digital+**
WES-188264-018

In jedem Dreieck beträgt die Summe der Innenwinkel 180°.

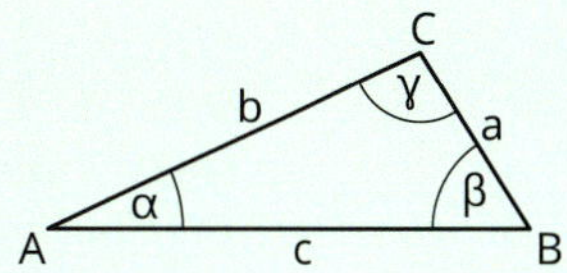


$\alpha + \beta + \gamma = 180°$.

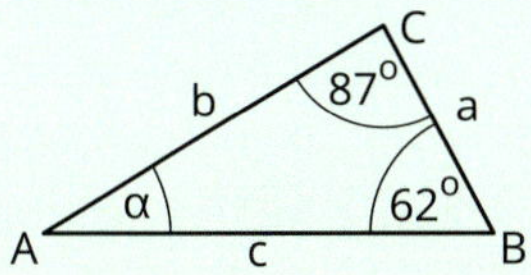


Berechne die Größe des Winkels α.

$\alpha = 180° - 87° - 62° = 31°$

**1** Berechne den fehlenden Winkel.

**a)**

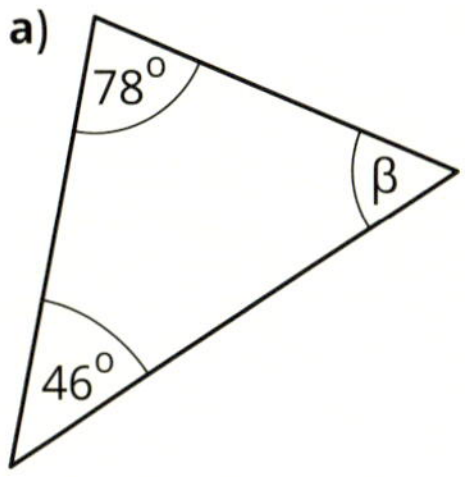


**b)**

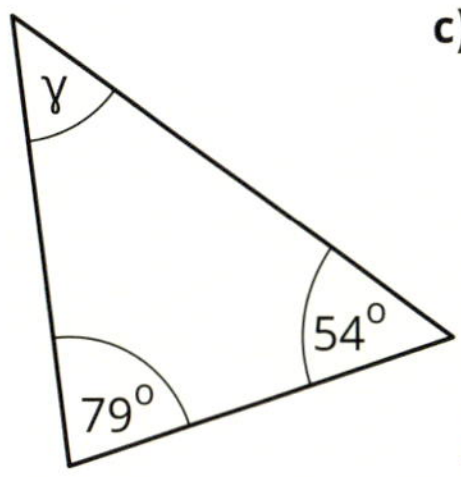


**c)**

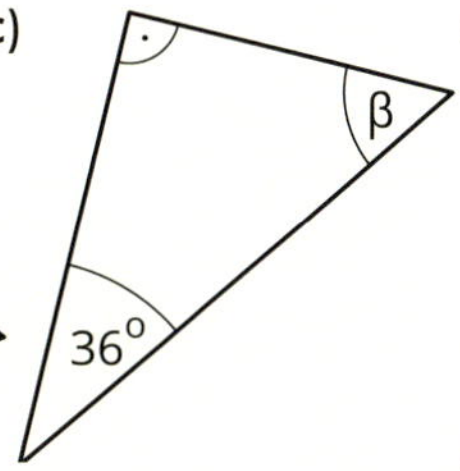


**d)**

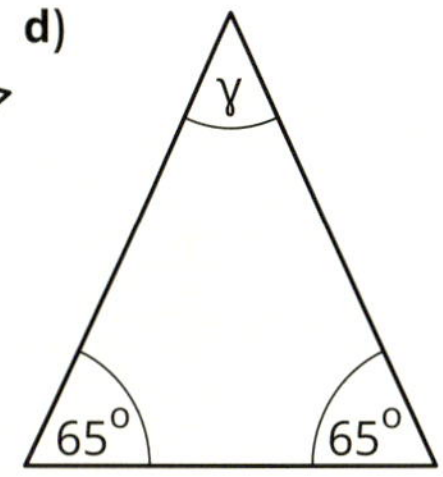


## Winkelpaare erkennen – die Größe von Winkeln bestimmen

**Aufgabe 5**
→ *Seite 52*

**Nebenwinkel**

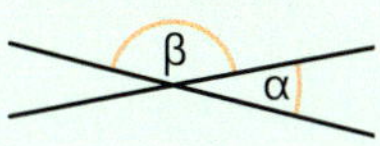


**Scheitelwinkel**

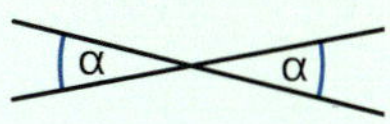


**Stufenwinkel**

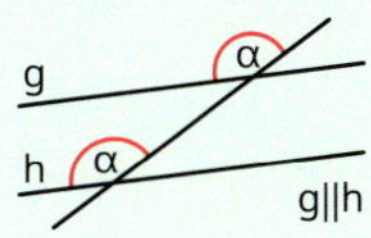


**Wechselwinkel**

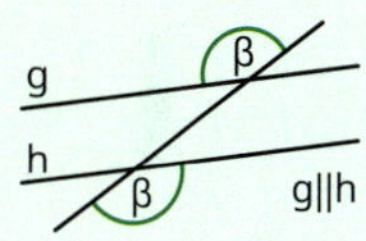


$\alpha + \beta = 180°$
Nebenwinkel ergänzen sich zu 180°.

Scheitelwinkel sind gleich groß.

Stufen- und Wechselwinkel an parallelen Geraden sind gleich groß.

**Digital+**
WES-188264-019

Bestimme die Größen der markierten Winkel.

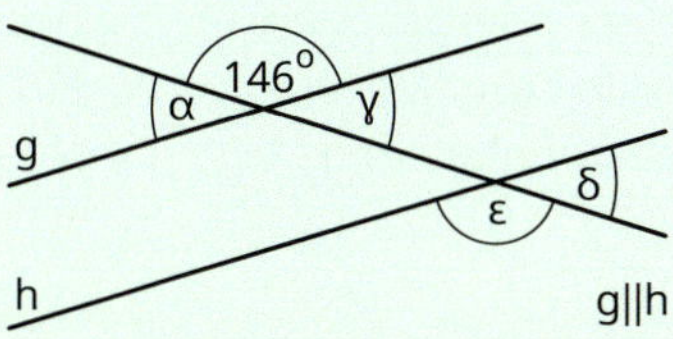


α ist ein Nebenwinkel zu 146°, also $\alpha = 180° - 146° = 34°$
γ ist ein Scheitelwinkel zu α, also $\gamma = \alpha = 34°$
δ ist ein Stufenwinkel zu γ, also $\delta = \gamma = 34°$
ε (epsilon) ist ein Wechselwinkel zu 146°, also $\varepsilon = 146°$

**2** **a)** Wie heißen die Nebenwinkel zu $\alpha_2$?
**b)** Welcher Winkel ist Stufenwinkel zu $\alpha_3$?
**c)** Welcher Winkel ist Scheitelwinkel zu $\beta_2$?
**d)** Welcher Winkel ist Wechselwinkel zu $\beta_1$?

**3** Bestimme die Größen aller Winkel in der Abbildung.

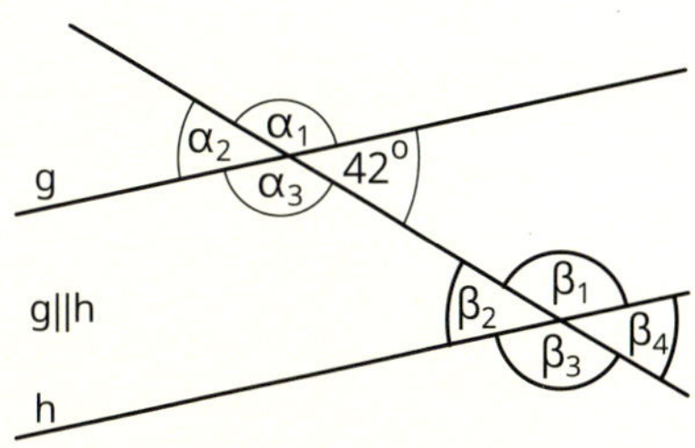

# Multiplikation und Division von Dezimalzahlen mit bzw. durch 10, 100 und 1 000

Aufgabe 2
→ *Seite 72*

Digital+
WES-188264-020

Wenn du eine Dezimalzahl **mit 10, 100, 1 000, ... multiplizierst**, verschieben sich die Ziffern in der Stellenwerttafel um 1, 2, 3, ... Einheiten nach links. Dabei verschiebst du das **Komma um 1, 2, 3, ... Stellen nach rechts**. Manchmal musst du Nullen angehängen.

$2{,}678 \cdot 100 = 267{,}8$
Komma um 2 Stellen nach rechts

*Verschiebe das Komma nach rechts.*

$7{,}1 \cdot 1\,000 = 7\,100$
Komma um 3 Stellen nach rechts

*Wenn du nicht mehr weiterschieben kannst, hänge Nullen an.*

Wenn du eine Dezimalzahl **durch 10, 100, 1 000, ... dividierst**, verschieben sich die Ziffern in der Stellenwerttafel um 1, 2, 3, ... Einheiten nach rechts. Dabei verschiebst du das **Komma um 1, 2, 3, ... Stellen nach links**. Manchmal musst du Nullen davor schreiben.

$66{,}29 : 10 = 6{,}629$
Komma um 1 Stelle nach links

*Verschiebe das Komma nach links.*

$1{,}2 : 100 = 0{,}012$
Komma um 2 Stellen nach links

*Wenn du nicht mehr weiterschieben kannst, füge Nullen ein.*

**1** Multipliziere im Kopf.

**a)** $36{,}28 \cdot 100$ **b)** $6{,}8 \cdot 1\,000$ **c)** $86{,}72 \cdot 10$ **d)** $9{,}5 \cdot 100$ **e)** $0{,}6 \cdot 1\,000$
**f)** $2{,}41 \cdot 1\,000$ **g)** $0{,}369 \cdot 10$ **h)** $63{,}63 \cdot 100$ **i)** $0{,}8 \cdot 1\,000$ **j)** $6{,}149 \cdot 10$

**2** Dividiere im Kopf.

**a)** $362{,}8 : 100$ **b)** $86{,}72 : 10$ **c)** $789{,}2 : 1\,000$ **d)** $9{,}5 : 100$ **e)** $6{,}8 : 1\,000$
**f)** $22{,}1 : 1\,000$ **g)** $69{,}73 : 10$ **h)** $251{,}6 : 100$ **i)** $55{,}7 : 1\,000$ **j)** $6{,}149 : 10$

# Benennung von großen Zahlen

Aufgabe 3
→ *Seite 72*

Digital+
WES-188264-021

Bei größeren Zahlen heißen die Stellenwerte Millionen, Milliarden, Billionen usw.

$1 \xrightarrow{\cdot 1000} 1\,000 \xrightarrow{\cdot 1000} 1\,000\,000 \xrightarrow{\cdot 1000} 1\,000\,000\,000 \xrightarrow{\cdot 1000} 1\,000\,000\,000\,000$

eintausend — eine Million (1 Mio.) — eine Milliarde (1 Mrd.) — eine Billion (1 Bio.)

Sehr große Zahlen schreibst du am besten in Dreiergruppen, um sie besser zu lesen.
zwanzig Billionen dreihundertfünfzig Milliarden fünf Millionen: 20 350 005 000 000
vierundsechzig Milliarden zwei Millionen vierzehntausend: 64 002 014 000

**3** Schreibe in Ziffern.

**a)** sechs Millionen zweihundertfünftausend
**b)** zwölf Billionen dreihundertzwei Millionen zweihundertzehntausend
**c)** neunhundertzwölf Milliarden zweitausend
**d)** zwei Billiarden vierundvierzig Milliarden sechsundsechzigtausend

**4** Lies die Zahl und schreibe in Worten.

**a)** 24 012 350 000 **b)** 6 330 001 014 000 **c)** 12 455 700 000 **d)** 523 750 000 000

# Höhen in Dreiecke einzeichnen

**Aufgabe 1**
→ *Seite 90*

Digital+
WES-188264-022

Jedes Dreieck hat drei **Höhen** $h_a$, $h_b$ und $h_c$. Jede Höhe beginnt senkrecht auf einer Grundseite des Dreiecks oder deren Verlängerung und endet im gegenüberliegenden Eckpunkt.

**Einzeichnen einer Höhe:**

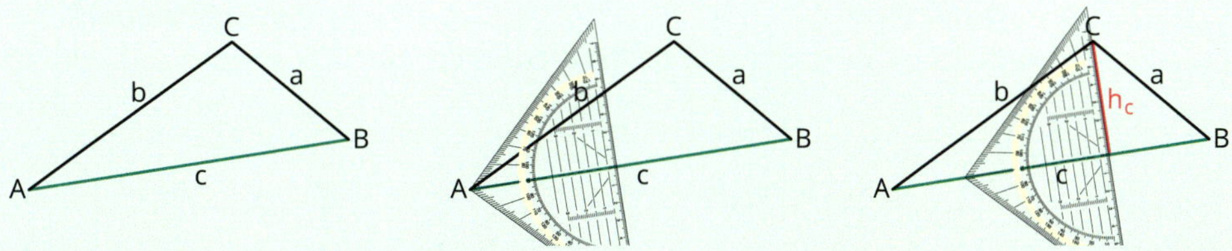

Zeichne die Höhe $h_c$ ein.

① *Lege die Mittellinie des Geodreiecks auf die Grundseite c.*

② *Verschiebe das Geodreieck, bis es den gegenüberliegenden Eckpunkt C berührt. Zeichne dann die Höhe ein.*

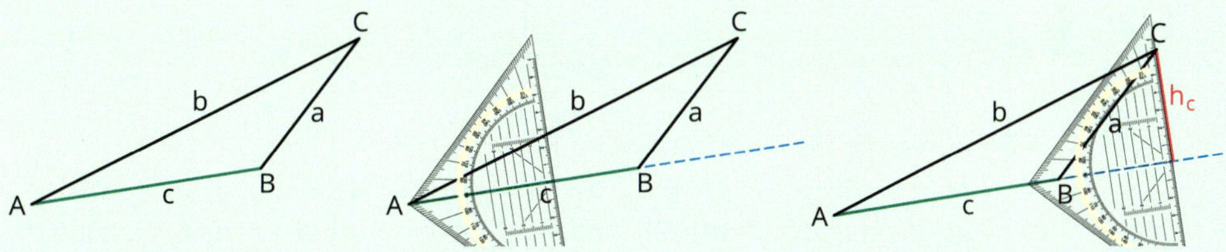

Im stumpfwinkligen Dreieck liegen zwei Höhen außerhalb des Dreiecks. Um sie zu zeichnen, musst du vorher die entsprechenden Grundseiten verlängern.

**1** Übertrage das Dreieck in dein Heft und zeichne die Höhe zur Grundseite c ein.

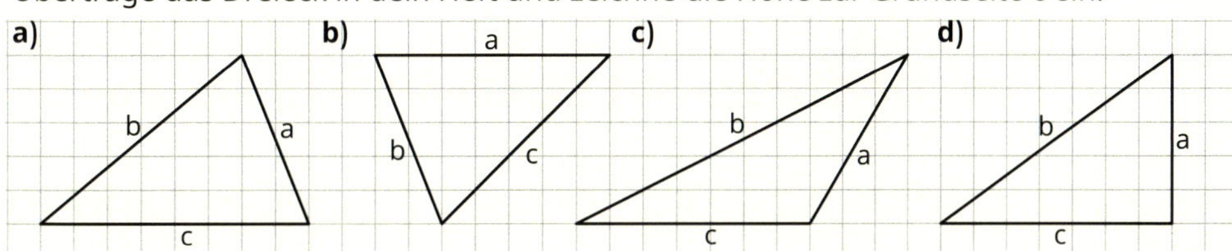

**2** Zeichne das Dreieck ABC in ein Koordinatensystem. Zeichne in das Dreieck alle Höhen $h_a$, $h_b$ und $h_c$ ein.

**a)** A(0|2), B(4|−1), C(5|4) **b)** A(−6|−1), B(0|−1), C(−3|2)

# Brüche kürzen

**Aufgabe 2**
→ *Seite 52*

Digital+
WES-188264-023

Brüche **kürzt** du, indem du Zähler und Nenner durch *dieselbe* Zahl **dividierst**.

$\frac{8}{10}$ gekürzt mit 2: $\frac{8:2}{10:2} = \frac{4}{5}$ $\frac{14}{21}$ gekürzt mit 7: $\frac{14:7}{21:7} = \frac{2}{3}$

**3** Kürze. **a)** $\frac{28}{30}$ mit 2 **b)** $\frac{18}{21}$ mit 3 **c)** $\frac{5}{45}$ mit 5 **d)** $\frac{36}{63}$ mit 9

**4** Kürze so weit wie möglich. **a)** $\frac{60}{80}$ **b)** $\frac{36}{72}$ **c)** $\frac{30}{54}$ **d)** $\frac{48}{72}$ **e)** $\frac{96}{168}$

# Quadratzahlen und Wurzeln im Kopf berechnen

**Aufgabe 2**
→ *Seite 90*

Du **quadrierst** eine Zahl, indem du sie mit sich selbst multiplizierst. Eine **Quadratzahl** erhältst du, wenn du eine ganze Zahl quadrierst.

Das **Wurzelziehen** ist das Gegenteil vom Quadrieren. Deswegen ist die Wurzel aus einer Quadratzahl immer eine ganze Zahl.

**Quadrieren**
Welche Zahl ergibt sich beim Quadrieren von 5?
$$5^2 = 5 \cdot 5 = 25$$

**Wurzelziehen**
Welche Zahl zum Quadrat ergibt 25?
$$\sqrt{25} = 5$$

Die Quadratzahlen des großen Einmaleins solltest du auswendig lernen.

| | | | | |
|---|---|---|---|---|
| $1^2 = 1$ | $2^2 = 4$ | $3^2 = 9$ | $4^2 = 16$ | $5^2 = 25$ |
| $6^2 = 36$ | $7^2 = 49$ | $8^2 = 64$ | $9^2 = 81$ | $10^2 = 100$ |
| $11^2 = 121$ | $12^2 = 144$ | $13^2 = 169$ | $14^2 = 196$ | $15^2 = 225$ |
| $16^2 = 256$ | $17^2 = 289$ | $18^2 = 324$ | $19^2 = 361$ | $20^2 = 400$ |

**1** Nenne auswendig die Quadratzahlen von $1^2$ bis $20^2$.

**2** Berechne die Quadratzahl im Kopf.
**a)** $9^2$ **b)** $6^2$ **c)** $11^2$ **d)** $15^2$ **e)** $18^2$ **f)** $5^2$ **g)** $2^2$ **h)** $16^2$ **i)** $12^2$ **j)** $7^2$
**k)** $3^2$ **l)** $10^2$ **m)** $19^2$ **n)** $8^2$ **o)** $1^2$ **p)** $20^2$ **q)** $4^2$ **r)** $13^2$ **s)** $17^2$ **t)** $14^2$

**3** Ziehe die Wurzel im Kopf.
**a)** $\sqrt{100}$ **b)** $\sqrt{64}$ **c)** $\sqrt{16}$ **d)** $\sqrt{169}$ **e)** $\sqrt{324}$ **f)** $\sqrt{1}$ **g)** $\sqrt{361}$ **h)** $\sqrt{225}$ **i)** $\sqrt{9}$ **j)** $\sqrt{49}$
**k)** $\sqrt{4}$ **l)** $\sqrt{121}$ **m)** $\sqrt{25}$ **n)** $\sqrt{196}$ **o)** $\sqrt{289}$ **p)** $\sqrt{36}$ **q)** $\sqrt{256}$ **r)** $\sqrt{400}$ **s)** $\sqrt{144}$ **t)** $\sqrt{81}$

# Flächeninhalt des Quadrats und Volumen des Würfels

**Aufgabe 4**
→ *Seite 72*
**Aufgabe 3**
→ *Seite 90*

Digital+
WES-188264-024

**Flächeninhalt A eines Quadrats**

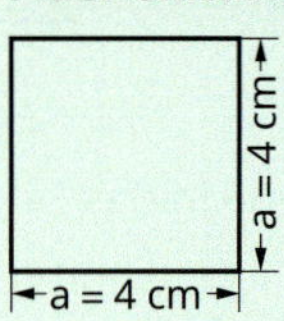


$A = a \cdot a$
$A = a^2$
$A = (4\text{ cm})^2$
$A = 16\text{ cm}^2$

**Volumen V eines Würfels**

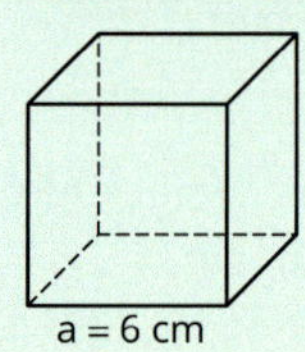


$V = a \cdot a \cdot a$
$V = a^3$
$V = (6\text{ cm})^3$
$V = 216\text{ cm}^3$

**4** Berechne den Flächeninhalt des Quadrats mit gegebener Seitenlänge.
**a)** a = 5 cm **b)** a = 10 m **c)** a = 12 dm **d)** 1,5 cm **e)** 2,5 m

**5** Berechne das Volumen des Würfels mit gegebener Kantenlänge.
**a)** a = 2 cm **b)** a = 4 m **c)** a = 10 dm **d)** 0,5 m **e)** 0,3 cm

# Flächeninhalt von Dreiecken

**Aufgabe 3**
→ *Seite 90*

Der Flächeninhalt von rechtwinkligen Dreiecken lässt sich mit Hilfe der Flächeninhaltsformel für Rechtecke herleiten.

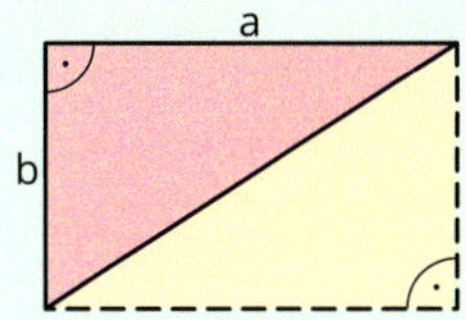


Der Flächeninhalt des roten Dreiecks ist halb so groß wie der Flächeninhalt des Rechtecks.
Schließen a und b den rechten Winkel ein, so gilt:
**Flächeninhalt des rechtwinkligen Dreiecks: $A = \frac{a \cdot b}{2}$**

Der Flächeninhalt von allgemeinen Dreiecken lässt sich mit Hilfe der Flächeninhaltsformel für Rechtecke herleiten.

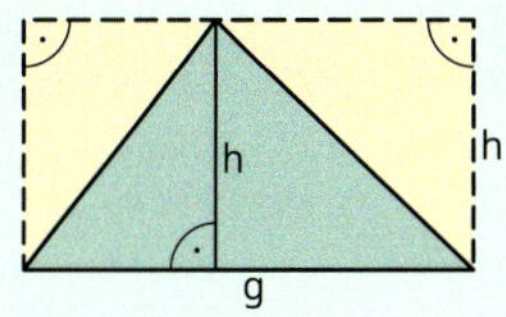


Der Flächeninhalt des grünen Dreiecks ist halb so groß wie der Flächeninhalt des Rechtecks.

Ist h die Höhe auf der Grundseite g, so gilt:
**Flächeninhalt des allgemeinen Dreiecks: $A = \frac{g \cdot h}{2}$**

**Digital+**
WES-188264-025

**1** Berechne den Flächeninhalt des rechtwinkligen Dreiecks.

**a)**
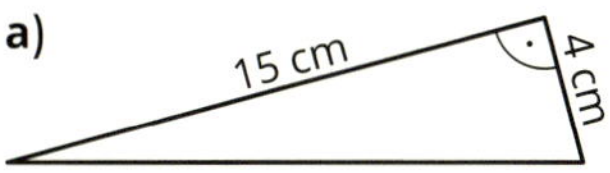


**b)**
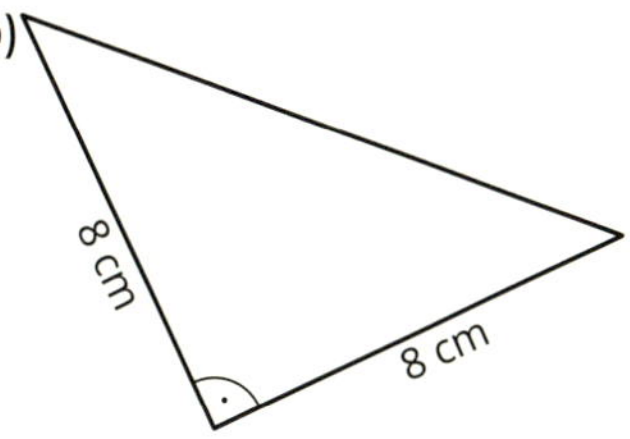


**c)**
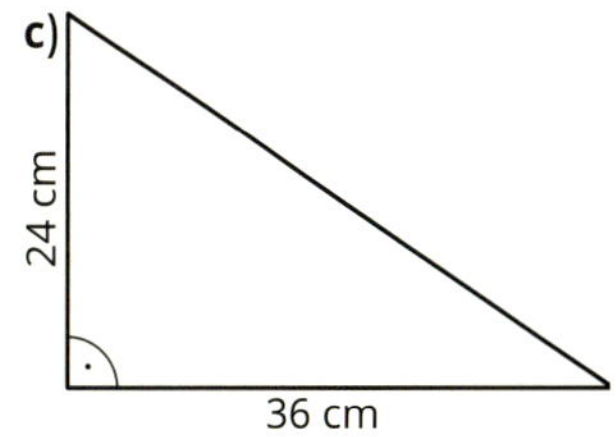


**2** Berechne den Flächeninhalt des abgebildeten Dreiecks.

**a)**
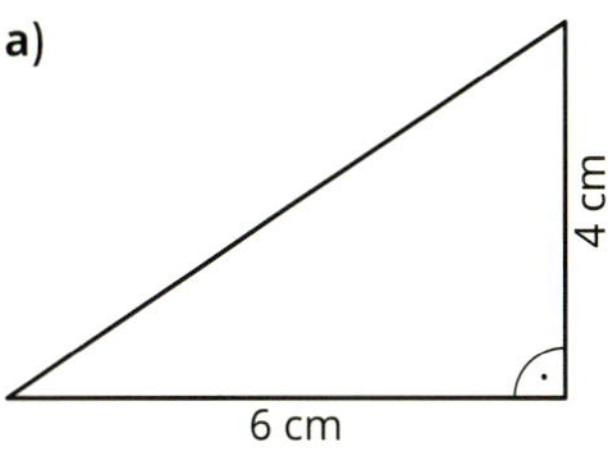


**b)**
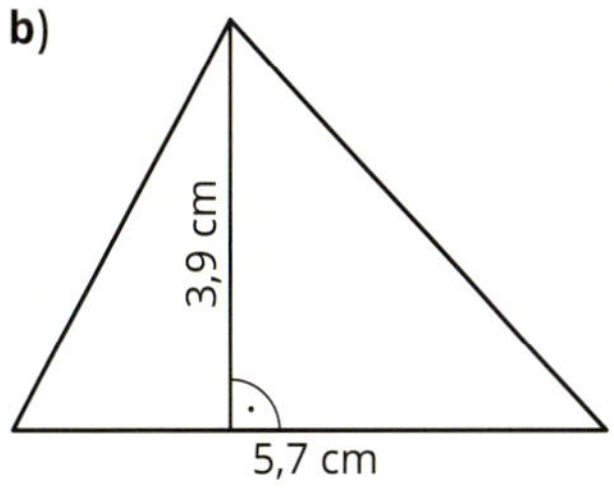


**c)**
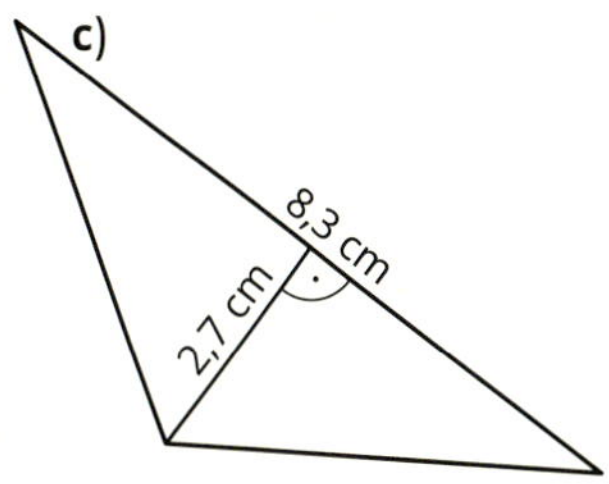

# Dreiecke durch Messen auf Rechtwinkligkeit überprüfen

**Aufgabe 4**
→ *Seite 90*

Wenn du mit dem Geodreieck prüfen möchtest, ob ein Dreieck rechtwinklig ist, gibt es zwei Möglichkeiten.

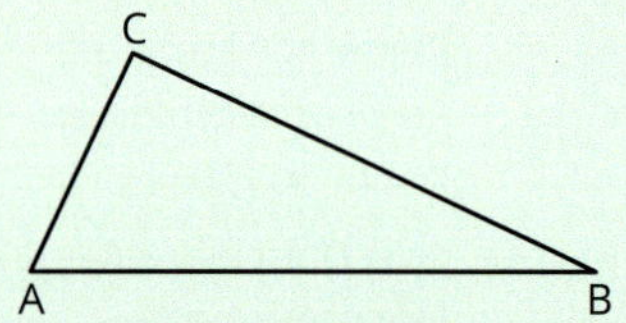


**1. mit Hilfe der kurzen Seiten**

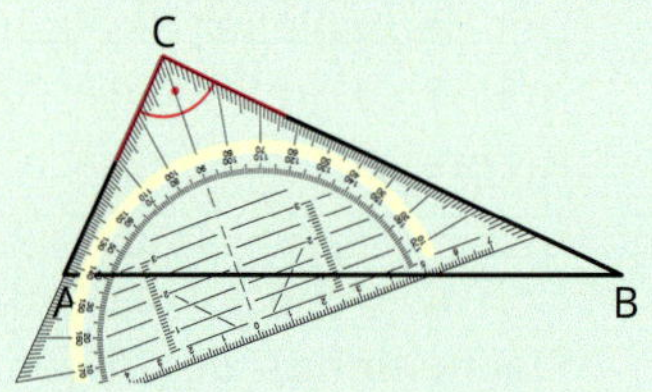


Die beiden kurzen Seiten des Geodreiecks bilden einen rechten Winkel.

**2. mit Hilfe der Mittellinie**

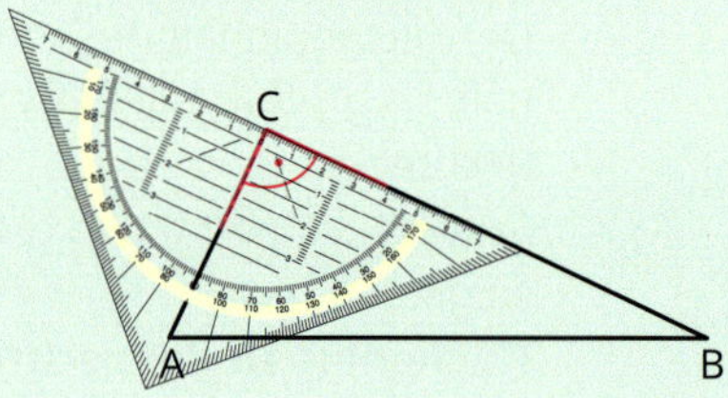


Die Mittellinie und die lange Seite des Geodreiecks bilden einen rechten Winkel.

**1** Prüfe mit dem Geodreieck, welche Dreiecke rechtwinklig sind.

**2** Trage die Punkte A(−3|−1) und B(5|3) sowie einen dritten Punkt P in ein Koordinatensystem ein und verbinde sie. Entscheide mit Hilfe eines Geodreiecks, ob das Dreieck ABP rechtwinklig ist oder nicht.

**a)** P(−4|3) **b)** P(3|5) **c)** P(5|−1) **d)** P(−2|5) **e)** P(1|−4) **f)** P(−1|−3)

# Prozentsätze in Dezimalzahlen umwandeln und umgekehrt

Aufgabe 1
→ Seite 112

Brüche mit dem **Nenner 100** kannst du einfach in der **Prozentschreibweise** notieren. Das Zeichen für Prozent ist % und steht für „Hundertstel".

So wandelst du einen **Prozentsatz in eine Dezimalzahl** um:

$3{,}5\,\% \overset{①}{=} \frac{3{,}5}{100} \overset{②}{=} 3{,}5 : 100 = 0{,}035$

Komma um 2 Stellen nach links

① *Ersetze das Prozentzeichen durch einen Bruch mit dem Nenner 100.*
② *Dividiere „Zähler durch Nenner".*

So wandelst du eine **Dezimalzahl in einen Bruch** um:

$0{,}21 \overset{①}{=} \frac{21}{100} \overset{②}{=} 21\,\%$

Komma um 2 Stellen nach rechts

① *Schreibe die Dezimalzahl in einen Bruch mit dem Nenner 100 um.*
② *Notiere den Bruch in der Prozentschreibweise.*

**1** Wandle den Prozentsatz in eine Dezimalzahl um.
**a)** 15 % **b)** 20 % **c)** 4 % **d)** 99,9 % **e)** 0,8 % **f)** 120 %

**2** Wandle die Dezimalzahl in einen Prozentsatz um.
**a)** 0,35 **b)** 0,06 **c)** 0,5 **d)** 0,01 **e)** 0,73 **f)** 0,8
**g)** 1 **h)** 0,02 **i)** 0,025 **j)** 0,101 **k)** 0,002 **l)** 1,75

# Prozentsätze in Brüche umwandeln und umgekehrt

Aufgabe 2
→ Seite 112

So wandelst du einen **Prozentsatz in einen Bruch** um:

$12\,\% \overset{①}{=} \frac{12}{100} \overset{②}{=} \frac{3}{25}$

① *Ersetze das Prozentzeichen durch einen Bruch mit dem Nenner 100.*
② *Kürze den Bruch so weit wie möglich.*

Für die Umwandlung eines **Bruchs in einen Prozentsatz** gibt es zwei Möglichkeiten:

$\frac{3}{25} \overset{①}{=} \frac{3 \cdot 4}{25 \cdot 4} = \frac{12}{100} \overset{②}{=} 12\,\%$

① *Erweitere den Bruch auf den Nenner 100 (wenn möglich).*
② *Notiere den Bruch in der Prozentschreibweise.*

$\frac{3}{25} \overset{①}{=} 3 : 25 = 0{,}12 \overset{②}{=} 12\,\%$

① *Dividiere mit dem Taschenrechner „Zähler durch Nenner".*
② *Notiere das Ergebnis in der Prozentschreibweise.*

Digital+
WES-188264-026

**3** Wandle den Prozentsatz in einen Bruch um. Kürze so weit wie möglich.
**a)** 7 % **b)** 10 % **c)** 50 % **d)** 2 % **e)** 80 % **f)** 90 %
**g)** 5 % **h)** 35 % **i)** 24 % **j)** 75 % **k)** 40 % **l)** 4 %

**4** Wandle den Bruch in einen Prozentsatz um, indem du ihn auf Hundertstel erweiterst.
**a)** $\frac{1}{4}$ **b)** $\frac{1}{10}$ **c)** $\frac{1}{20}$ **d)** $\frac{1}{25}$ **e)** $\frac{23}{100}$ **f)** $\frac{1}{20}$
**g)** $\frac{4}{25}$ **h)** $\frac{9}{50}$ **i)** $\frac{11}{20}$ **j)** $\frac{7}{20}$ **k)** $\frac{3}{10}$ **l)** $\frac{2}{5}$

**5** Wandle den Bruch in einen Prozentsatz um, indem du Zähler durch Nenner dividierst.
**a)** $\frac{3}{8}$ **b)** $\frac{43}{200}$ **c)** $\frac{1}{3}$ **d)** $\frac{5}{4}$ **e)** $\frac{2}{15}$ **f)** $\frac{7}{9}$

## Prozentwerte im Kopf berechnen

**Aufgabe 3**
→ *Seite 112*

Zu vielen Prozentsätzen kannst du einfache Bruchteile angeben.

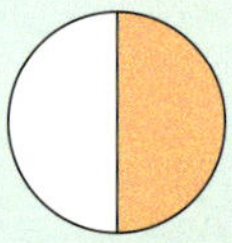 $50\,\% = \frac{1}{2}$ 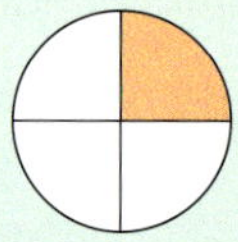 $25\,\% = \frac{1}{4}$ 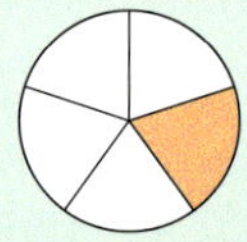 $20\,\% = \frac{1}{5}$ 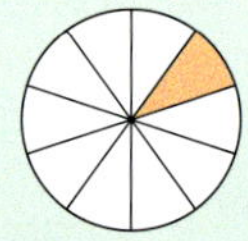 $10\,\% = \frac{1}{10}$

Prozentwerte zu solchen Prozentsätzen kannst du im Kopf berechnen.

Berechne 75 % von 80 €.

① $75\,\% = \frac{3}{4}$ — ① *Wandle den Prozentsatz in einen Bruch um.*

② $\frac{3}{4}$ von 80 €: 80 € : 4 = 20 € — ② *Berechne genau diesen Bruchteil des Grundwertes.*

20 € · 3 = 60 €

75 % von 80 € sind 60 €.

**1** Gib den abgebildeten Bruchteil an und wandle ihn in einen Prozentsatz um.

**a)** 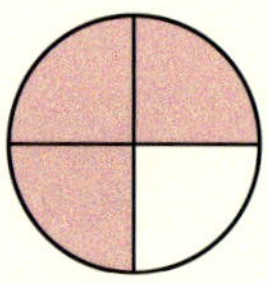 **b)** 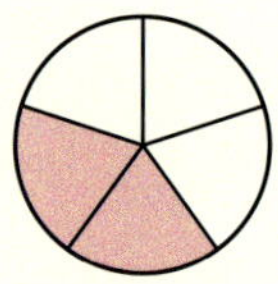 **c)** 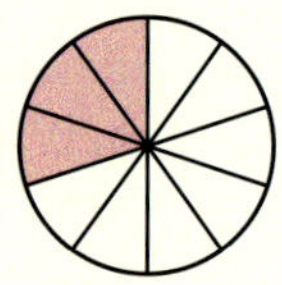 **d)** 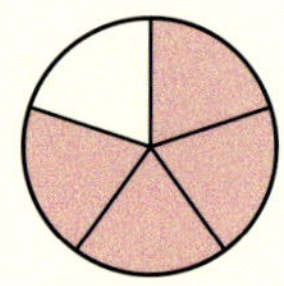

**2** Berechne den Prozentwert im Kopf.

**a)** 10 % von 70 kg **b)** 50 % von 22 m **c)** 20 % von 500 € **d)** 25 % von 24 h
**e)** 70 % von 20 € **f)** 5 % von 800 MB **g)** 40 % von 15 kg **h)** 75 % von 600 m

## Berechnung des Prozentwertes W

**Aufgabe 4**
→ *Seite 112*

Sind der Grundwert G und der Prozentsatz p % gegeben, kannst du den **Prozentwert W**
- mit dem **Dreisatz** oder
- mit der **Prozentformel W = G · p %** berechnen.

Wie viel Euro sind 15 % von 800 €? Gegeben: G = 800 €, p % = 15 %; gesucht: W

**Dreisatz**

| | | | |
|---|---|---|---|
| | 100 % | 800 € | |
| : 100 | 1 % | 8 € | : 100 |
| · 15 | 15 % | **120 €** | · 15 |

*1 % von 800 € = 8 €*

**Prozentformel**

W = G · p %
= 800 € · 0,15
**= 120 €**

*15 % = 0,15*

**15 % von 800 Euro sind 120 Euro.**

**Digital+**
WES-188264-027

**3** Übertrage das Dreisatzschema in dein Heft und berechne den Prozentwert.

**a)**

| | |
|---|---|
| 100 % | 32,5 kg |
| 1 % | |
| 28 % | |

**b)**

| | |
|---|---|
| 100 % | 49 € |
| 1 % | |
| 88 % | |

**c)**

| | |
|---|---|
| 100 % | 5,2 km |
| 1 % | |
| 55 % | |

**4** Berechne den Prozentwert mit einem Verfahren deiner Wahl.

**a)** 13 % von 99 € **b)** 45 % von 850 m **c)** 5 % von 82 kg
**d)** 35 % von 60 min **e)** 4 % von 12,5 kg **f)** 7,5 % von 56 €

## Berechnung des Grundwertes G

**Aufgabe 4**
→ *Seite 112*

Sind der Prozentwert W und der Prozentsatz p % gegeben, kannst du den **Grundwert G**
- mit dem **Dreisatz** oder
- mit der **Prozentformel W = G · p %** berechnen.

Von welchem Betrag sind 7 % genau 56 €?

**Dreisatz**

| | | | |
|---|---|---|---|
| | 7 % | 56 € | |
| :7 | 1 % | 8 € | :7 |
| · 100 | 100 % | **800 €** | · 100 |

geg.: W = 56 €, p % = 7 %; ges.: G

**Prozentformel**

7 % = 0,07

$W = G \cdot p\,\%$

$56 = G \cdot 0{,}07 \quad | :0{,}07$

$G = \frac{56}{0{,}07} = \mathbf{800}$

**Von 800 € sind 7 % genau 56 €.**

**Digital+**
WES-188264-028

1. Übertrage das Dreisatzschema in dein Heft und berechne den Grundwert.

a)

| | |
|---|---|
| 15 % | 1,80 € |
| 1 % | |
| 100 % | |

b)

| | |
|---|---|
| 8 % | 7,2 kg |
| 1 % | |
| 100 % | |

c)

| | |
|---|---|
| 36 % | 126 m |
| 1 % | |
| 100 % | |

2. Berechne den Grundwert mit einem Verfahren deiner Wahl.
**a)** 15 % sind 27 cm **b)** 6 % sind 52,80 € **c)** 72 % sind 3,24 km
**d)** 80 % sind 292 Tage **e)** 2,4 % sind 21,6 g **f)** 0,5 % sind 1,38 €

3. Berechne den Grundwert im Kopf.
**a)** 50 % sind 22 € **b)** 25 % sind 3 € **c)** 10 % sind 0,50 €
**d)** 20 % sind 10 € **e)** 12 % sind 12 € **f)** 75 % sind 6 €

## Berechnung des Prozentsatzes p %

**Aufgabe 4**
→ *Seite 112*

Sind der Grundwert G und der Prozentwert W gegeben, kannst du den **Prozentsatz p %**
- mit dem **Dreisatz** oder
- mit der **Prozentformel W = G · p %** berechnen.

Wie viel Prozent sind 36 kg von 400 kg?

**Dreisatz**

| | | | |
|---|---|---|---|
| | 400 kg | 100 % | |
| :400 | 1 kg | $\frac{100}{400}$ % | :400 |
| · 36 | 36 kg | $\frac{100}{400}$ % · 36 = **9 %** | · 36 |

$\frac{100 \cdot 36}{400}$

geg.: G = 400 kg, W = 36 kg; ges.: p %

**Prozentformel**

$W = G \cdot p\,\%$

$36 = 400 \cdot p\,\% \quad | :400$

$p\,\% = \frac{36}{400} = \mathbf{0{,}09 = 9\,\%}$

**36 kg von 400 kg sind 9 %.**

**Digital+**
WES-188264-029

4. Berechne den Prozentsatz mit einem Verfahren deiner Wahl.
**a)** 12 min von 30 min **b)** 225 € von 1 500€ **c)** 0,4 km von 5 km
**d)** 850 m von 3 400 m **e)** 1,65 € von 33 € **f)** 0,8 kg von 32 kg
**g)** 2,1 km von 2,5 km **h)** 300 g von 750 g **i)** 5,70 € von 38 €

# Jahreszinsen berechnen

Aufgabe 5
→ Seite 112

Die Zinsrechnung ist angewandte Prozentrechnung:
Das **Kapital K** entspricht dem Grundwert G und bezeichnet gespartes oder geliehenes Geld.
Der **Zinssatz p %** entspricht dem Prozentsatz p % und gibt an, wie viel Prozent des Kapitals **für 1 Jahr** an **Zinsen Z** anfallen. Die Zinsen Z entsprechen dabei dem Prozentwert W.

Die **Zinsen für ein Jahr** kannst du mit der Zinsformel berechnen: **$Z = K \cdot p\,\%$**

Digital+
WES-188264-030

Berechne die Jahreszinsen für 400 € Kapital bei einem Zinssatz von 1,5 %.

$Z = K \cdot p\,\% = 400\,€ \cdot 0{,}015 = \mathbf{6\,€}$. Die Jahreszinsen betragen 6 €.

**1** Berechne die Jahreszinsen. Runde, wenn nötig, auf Cent.
**a)** Kapital: 1 500 €, Zinssatz 2 %
**b)** Kapital: 850 €, Zinssatz 4 %
**c)** Kapital: 50 €, Zinssatz 0,5 %
**d)** Kapital: 12 000 €, Zinssatz 1,2 %
**e)** Kapital: 642 €, Zinssatz 3,3 %
**f)** Kapital: 42,50 €, Zinssatz 5,8 %

**2** Für einen Autokauf leiht sich Herr Schäfer bei seiner Bank 6 500 € zu einem Zinssatz von 1,8 %. Nach einem Jahr möchte er der Bank das geliehene Kapital und die Zinsen zurückzahlen. Berechne, wie viel € er der Bank zurückzahlen muss.

# Fehlende Größen mit Formeln berechnen

Aufgabe 3
→ Seite 126

Mit Hilfe von **Formeln** kannst du gesuchte Größen bestimmen. Dafür sollte die gesuchte Größe in der Formel vorkommen. Alle anderen Größen der Formel sollten in der Aufgabe gegeben sein.

Von einem Prisma sind die Oberfläche $O = 108\ cm^2$ und die Mantelfäche $M = 50\ cm^2$ gegeben. Berechne die Grundfläche G.

Digital+
WES-188264-031

$O = 2 \cdot G + M$ ① *Suche die passende Formel und schreibe sie auf.*
$108 = 2 \cdot G + 50$ ② *Setze alle gegebenen Größen in die Formel ein.*
$58 = 2 \cdot G$ ③ *Du erhältst eine Gleichung. Löse diese Gleichung*
$\mathbf{29 = G}$ *nach der gesuchten Größe auf.*
Die Grundfläche ist $29\ cm^2$ groß.

**3** Berechne die gesuchte Größe des Rechtecks.
**a)** $A = 8{,}32\ cm^2$; $a = 2{,}6\ cm$; $b = ▇$
**b)** $u = 111{,}8\ m$; $a = 21{,}3\ m$; $b = ▇$
**c)** $A = 1\,680{,}1\ m^2$; $b = 26{,}5\ m$; $a = ▇$
**d)** $u = 98\ cm$; $a = 32{,}4\ cm$; $b = ▇$

**4** Berechne die gesuchte Größe des Quaders.
**a)** $V = 3\,060\ cm^3$; $a = 12\ cm$; $b = 15\ cm$; $c = ▇$
**b)** $V = 10\,890\ mm^3$; $a = 33\ mm$; $c = 22\ mm$; $b = ▇$

**5** Berechne die gesuchte Größe des Prismas.
**a)** $V = 180\ cm^3$; $G = 22{,}5\ cm^2$; $h_K = ▇$
**b)** $V = 975\ mm^3$; $h_K = 13\ mm$; $G = ▇$
**c)** $O = 125\ m^2$; $G = 28\ m^2$; $M = ▇$
**d)** $O = 66{,}7\ cm^2$; $M = 28{,}3\ cm^2$; $G = ▇$

# Volumen und Oberfläche von Quader und Prisma

**Aufgabe 1**
→ *Seite 126*

### Volumen Quader

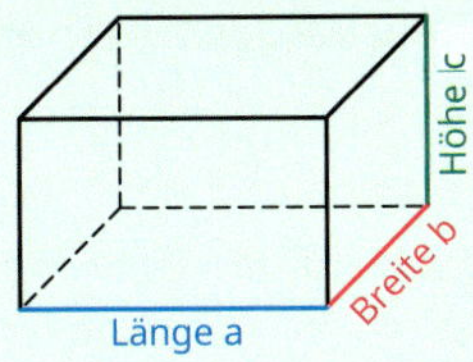


V = Länge · Breite · Höhe

$V = a \cdot b \cdot c$

### Volumen Prisma

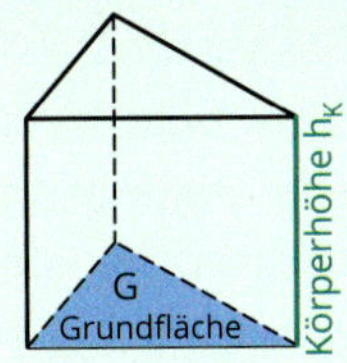


V = Grundfläche · Körperhöhe

$V = G \cdot h_K$

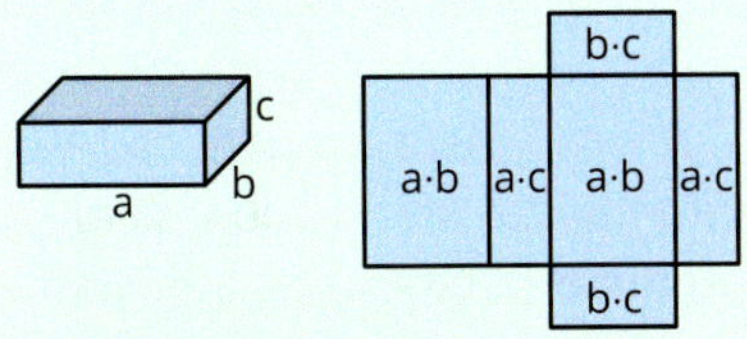


**Oberfläche Quader:**

$O = 2 \cdot a \cdot b + 2 \cdot a \cdot c + 2 \cdot b \cdot c$

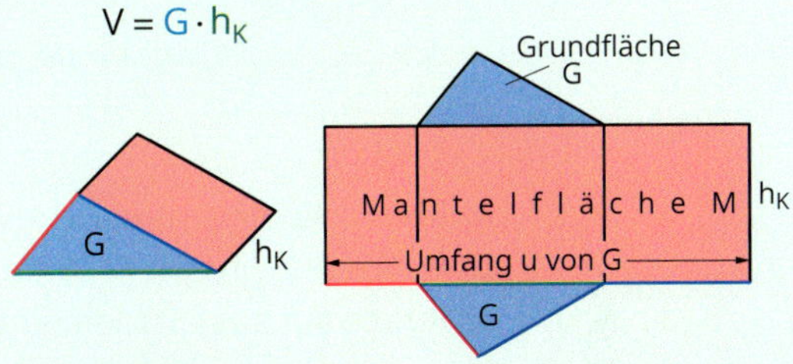


**Mantelfläche Prisma:**

$M = u \cdot h_K$

**Oberfläche Prisma:**

$O = 2 \cdot G + M$

Digital+
WES-188264-032

**1** Berechne das Volumen und die Oberfläche des Körpers.

**a)** Quader mit den Kantenlängen a = 7,5 cm, b = 10 cm und c = 4 cm.

**b)** Würfel mit der Kantenlänge a = 4 cm.

**c)** Prisma mit Grundfläche $G = 30\ \text{cm}^2$, Umfang der Grundfläche u = 12 cm und Körperhöhe $h_K = 8$ cm.

**2** Berechne das Volumen und die Oberfläche des abgebildeten Prismas.

**a)**

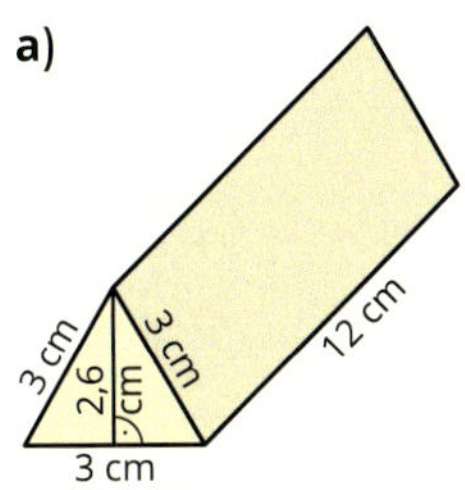


**b)**

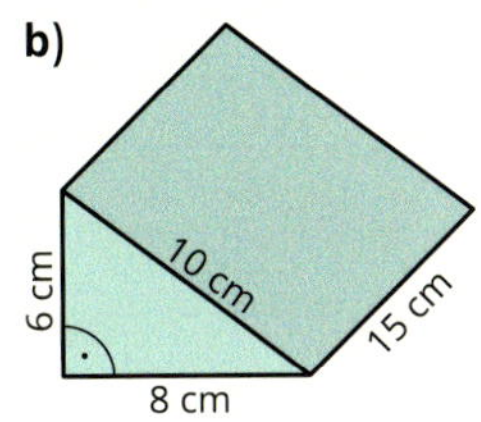


**c)**

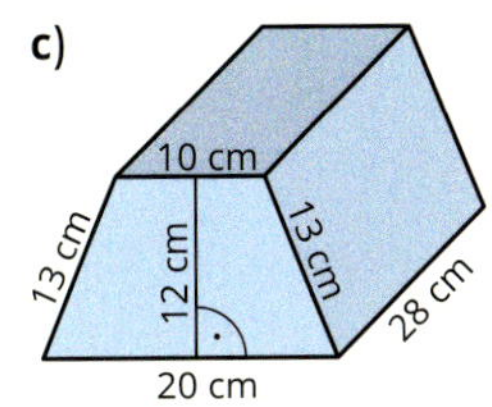

## Größen auf vorgegebene Stellen runden

**Aufgabe 2**
→ *Seite 126*

**Abrunden:** Bei 0, 1, 2, 3 und 4 rundest du ab, die Ziffer bleibt.
**Aufrunden:** Bei 5, 6, 7, 8 und 9 rundest du auf, die Ziffer wird um 1 erhöht.

So gehst du vor, wenn du Größen auf eine vorgegebene Rundungsstelle runden sollst:
① Suche die Rundungsstelle.
② Die Ziffer rechts von der Rundungsstelle zeigt dir, ob auf- oder abgerundet wird.

- Runde auf 2 Stellen hinter dem Komma.
  $2{,}846394\ \text{cm}^2 \approx 2{,}85\ \text{cm}^2$
  Rundungsstelle – Es wird aufgerundet.
- Runde auf cm genau.
  $3{,}473\ \text{m} \approx 3{,}47\ \text{m}$
  Rundungsstelle (cm-Stelle) – Es wird abgerundet.

**1** a) Runde auf eine natürliche Zahl. 3,623 9,399 5,582
b) Runde auf eine Stelle hinter dem Komma. 2,746 6,473 8,962
c) Runde auf zwei Stellen hinter dem Komma. 3,649 7,994 6,052

**2** Runde auf die nächstkleinere Einheit.
**a)** 6,936 cm **b)** 7,45381 km **c)** 14,63571 kg **d)** $1{,}0372\ \text{cm}^2$
**e)** $4{,}6261\ \text{cm}^3$ **f)** 12,9856 ha **g)** 0,4523 ℓ **h)** $9{,}3207\ \text{m}^3$

## Seitenlängen von Quadraten bei vorgegebenem Flächeninhalt bestimmen

**Aufgabe 5**
→ *Seite 90*

Wenn du den Flächeninhalt eines Quadrats kennst, kannst du durch Wurzelziehen die Seitenlänge des Quadrats bestimmen.

Bestimme die Seitenlänge des Quadrats.

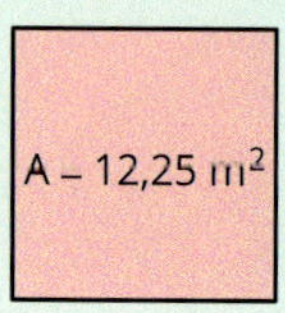


① *Notiere die Formel.* $A = a^2$
② *Setze den Flächeninhalt ein.* $12{,}25 = a^2 \quad |\sqrt{\ }$
③ *Ziehe die Wurzel.* $3{,}5 = a$

Die Seitenlänge des Quadrats beträgt 3,5 m.

**3** Bestimme die Seitenlänge des Quadrats.

**a)**
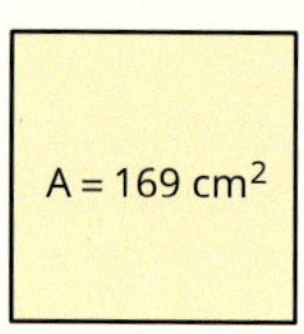


**b)**
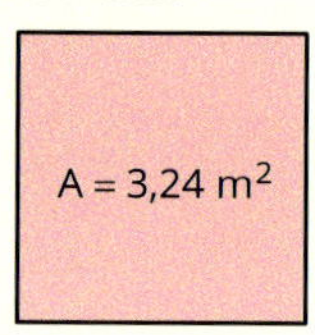


**c)**
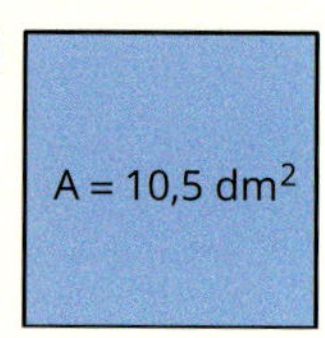


**4** Bestimme die Kantenlänge des Würfels mit dem abgebildeten Würfelnetz.

**a)** $O = 24\ \text{cm}^2$
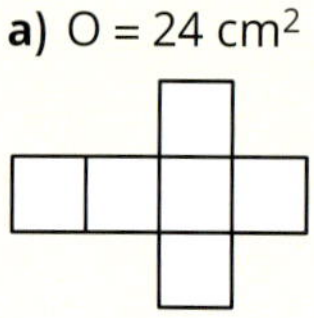

**b)** $O = 13{,}5\ \text{cm}^2$
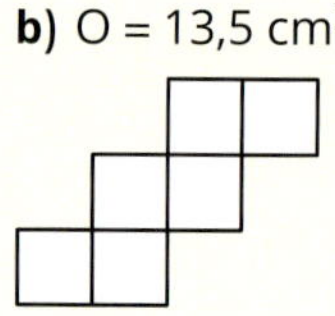

**c)** $O = 4{,}86\ \text{cm}^2$
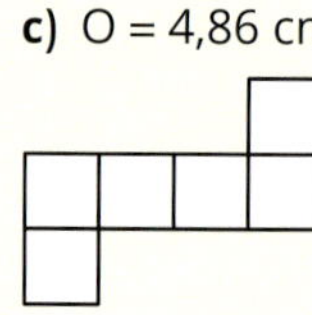

## Volumenmaße umrechnen

**Aufgabe 5**
→ *Seite 126*

**Digital+**
WES-188264-033

Ein Würfel mit 1 m Kantenlänge hat das Volumen von einem **Kubikmeter** ($1\ m^3$).
Er besteht aus
$10\ dm \cdot 10\ dm \cdot 10\ dm = 1\,000$ Kubikdezimetern:

$$1\ m^3 = 1\,000\ dm^3$$

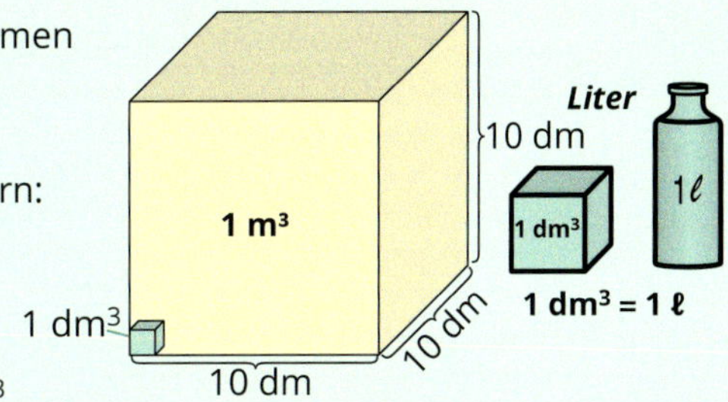


Weitere Volumenmaße:
$1\ dm^3 = 1\,000\ cm^3$ $\quad$ $1\ cm^3 = 1\,000\ mm^3$
$1\ \ell = 1\,000\ m\ell$ $\quad$ $1\ m\ell = 1\ cm^3$

**Umrechnen benachbarter Einheiten:**

$7\,500\ mm^3$ —*in die nächstgrößere* (*: 1 000*)→ $7{,}5\ cm^3$

$7\,500\ mm^3$ ←*in die nächstkleinere* (*· 1 000*)— $7{,}5\ cm^3$

**1** Rechne in die nächstgrößere Volumeneinheit um.
**a)** $3000\ mm^3 = ▢\ cm^3$ **b)** $2600\ cm^3 = ▢\ dm^3$ **c)** $900\ dm^3 = ▢\ m^3$

**2** Rechne in die nächstkleinere Volumeneinheit um.
**a)** $2\ m^3 = ▢\ dm^3$ **b)** $3{,}4\ dm^3 = ▢\ cm^3$ **c)** $0{,}845\ cm^3 = ▢\ mm^3$

**3** Rechne in die angegebene Volumeneinheit um.
**a)** $375\ cm^3 = ▢\ m\ell$ **b)** $23\,500\ cm^3 = ▢\ \ell$ **c)** $500\ \ell = ▢\ m^3$
**e)** $0{,}8\ \ell = ▢\ m\ell$ **f)** $0{,}2\ \ell = ▢\ dm^3$ **g)** $240\ m\ell = ▢\ dm^3$

## Terme mit Klammern vereinfachen

**Aufgabe 1**
→ *Seite 150*

**Digital+**
WES-188264-034

Du addierst (subtrahierst) eine Summe, die in Klammern steht, indem du die Summanden einzeln addierst (subtrahierst).
Du kannst durch Ausmultiplizieren und Ausklammern Produktterme in Summenterme umwandeln und umgekehrt.

$18 + (3x - 5) = 18 + 3x + (-5) = 13 + 3x$
$14x - (5x - 6) = 14x - 5x - (-6) = 9x + 6$

Produkt —Ausmultiplizieren→ Summe
$4(5y + 2) = 4 \cdot 5y + 4 \cdot 2 = 20y + 8$
←Ausklammern—

**4** Löse die Klammer auf und vereinfache den Term so weit wie möglich.
**a)** $2x + (7 + 5x)$ **b)** $3a - (5a + 2)$ **c)** $4y - (4 - 2y)$
**d)** $-5y - (30 + 10y)$ **e)** $7b + (-6 - 3b)$ **f)** $-12x + (-3 - 7x)$

**5** Löse die Klammern durch Ausmultiplizieren auf.
**a)** $3(3x - 6)$ **b)** $6(8 - 7a)$ **c)** $-b(2b + 3)$
**d)** $(-4)(-y + 8)$ **e)** $(3b - 2) \cdot 2b$ **f)** $a(a - 7)$

**6** Vervollständige die Lücken in den Rechnungen in deinem Heft.
**a)** $4(▢ + ▢) = 32 + 8x$ **b)** $2(▢ - ▢) = 10 - 6a$ **c)** $3(▢ - 6y) = 24 - ▢$
**d)** $(▢ - ▢) \cdot 5 = 10 - y$ **e)** $8(▢ + 2b) = 64 + ▢$ **f)** $7x + 21 = ▢(x + 3)$

## Gleichungen mit Klammern lösen

**Aufgabe 2**
*→ Seite 150*

Beim Lösen von Gleichungen mit Klammern musst du zuerst die Klammern auflösen.

$-2x + 3(2x + 4) = 25 - (6x + 3)$
$-2x + 6x + 12 = 25 - 6x - 3$
$4x + 12 = 22 - 6x \quad | -12$
$4x = 10 - 6x \quad | +6x$
$10x = 10 \quad | :10$
Lösung: $x = 1 \quad L = \{1\}$

Probe: $-2 \cdot 1 + 3(2 \cdot 1 + 4) = 25 - (6 \cdot 1 + 3)$
$16 = 16 \quad (w)$

① *Löse alle Klammern auf.*
② *Fasse auf beiden Seiten zusammen.*
③ *Löse die Gleichung mit Äquivalenzumformungen.*
④ *Mache die Probe.*
⑤ *Gib die Lösungsmenge an.*

Digital+
WES-188264-035

**1** Löse die Gleichung, mache die Probe und schreibe die Lösungsmenge auf.
**a)** $36x - (6x + 10) = 20$ **b)** $5x - (x + 4) = 12$ **c)** $4(z - 7) = 12$
**d)** $(2x - 3) \cdot 2 = 8x + 18$ **e)** $(x + 5) \cdot 3 = 9x - 3$ **f)** $(2x - 7) \cdot 4 = 16x - 12$

**2** Bestimme die Lösungsmenge der Gleichung.
**a)** $(4x - 5) \cdot 2 = 10x - 2$ **b)** $(x + 8) \cdot 3 = 9x - 12$ **c)** $-5(a + 3) - 6 = 18a + 2$
**d)** $-6(y + 7) - 6 = y - 10$ **e)** $-2(2a + 8) - 9 = 4a - 9$ **f)** $-(3y + 4) \cdot 4 + 12 = 8y + 14$

**3** Melinda hat in ihrer Hausaufgabe mehrere Fehler gemacht. Finde und berichtige sie.

**a)**
$6(x - 5) = -3(x + 1)$
$6x - 30 = 3x + 3$
$3x = 33$
$x = 11$ f

**b)**
$2(x - 1) - 2 = 3(x + 1)$
$2x - 1 + 4 = 3x + 3$
$2x + 3 = 3x + 3$
$x = 0$ f

**c)**
$-4(x - 3) + 2 = 8(x + 1)$
$-4x - 12 + 2 = 8x + 8$
$-20 = 4x$
$x = 5$ f

## Gleichungen zu Sachaufgaben aufstellen

**Aufgabe 5**
*→ Seite 150*

① **Text** Eine Mutter ist heute dreimal so alt wie ihre Tochter. In 12 Jahren wird sie nur noch doppelt so alt wie ihre Tochter sein. Wie alt sind Mutter und Tochter heute?

② **Tabelle**

| Alter | heute | in 12 J |
|---|---|---|
| Tochter | x | x + 12 |
| Mutter | 3x | 3x + 12 |

③ **Gleichung aufstellen und lösen**
Alter Mutter in 12 J. = 2 · Alter Tochter in 12 J.
$3x + 12 = 2(x + 12)$
$3x + 12 = 2x + 24 \quad | -2x$
$x + 12 = 24 \quad | -12$
$x = 12$

**Antwort:** Heute ist die Tochter 12 Jahre alt und die Mutter 36.

Digital+
WES-188264-036

④ **Probe am Text:**
Heute: Mutter dreimal so alt wie ihre Tochter, also $3 \cdot 12 = 36$ (w)
In 12 Jahren: Mutter (48) doppelt so alt wie ihre Tochter (24), also $2 \cdot 24 = 48$ (w)

**4** Ein Vater ist heute viermal so alt wie sein Sohn. In 20 Jahren wird er nur noch doppelt so alt wie sein Sohn sein. Wie alt sind Vater und Sohn heute?

**5** Anna, Lisa und Pauline sind Schwestern. Anna ist zwei Jahre jünger als Lisa. Pauline ist doppelt so alt wie Anna und Lisa zusammen. Alle drei zusammen sind 18 Jahre alt. Berechne mit Hilfe einer Gleichung, wie alt jede einzelne der drei Schwestern ist.

# Den Graphen einer linearen Funktion zeichnen

**Aufgabe 4**
→ *Seite 150*

**Digital+**
WES-188264-037

Den Graphen einer linearen Funktion $y = mx + n$ zeichnest du so:

① Lies in der Funktionsgleichung n ab und trage den Punkt S(0 | n) in das Koordinatensystem ein.
② Stelle die Steigung m als Bruch $\frac{p}{q}$ dar.
③ Gehe von S aus q Schritte nach rechts und p Schritte nach oben oder unten und markiere den Punkt P.
④ Verbinde die Punkte S und P mit einer Geraden.

Zeichne den Graphen zu $y = 0{,}5x + 1$ in ein Koordinatensystem.

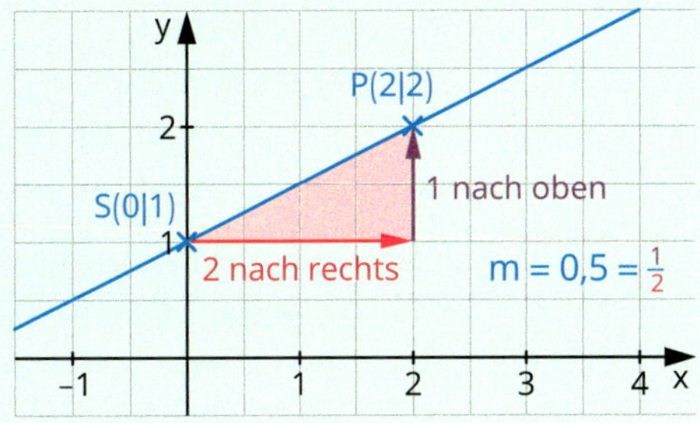


**1** Bestimme den y-Achsenabschnitt und die Steigung des Graphen mit Hilfe des Steigungsdreiecks.

**a)**
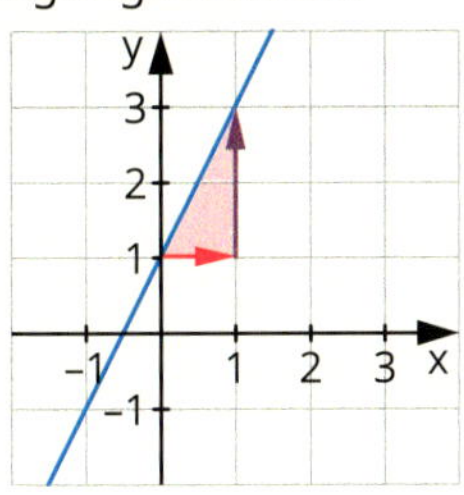

**b)**
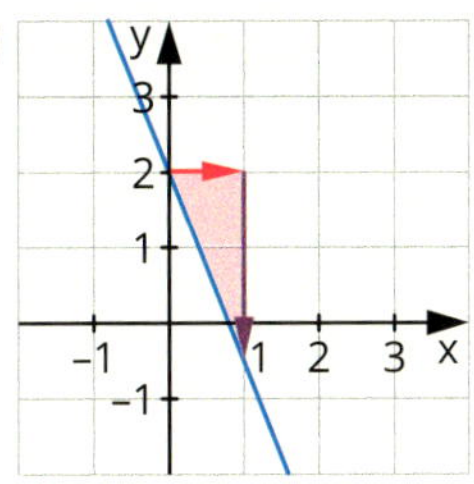

**c)**
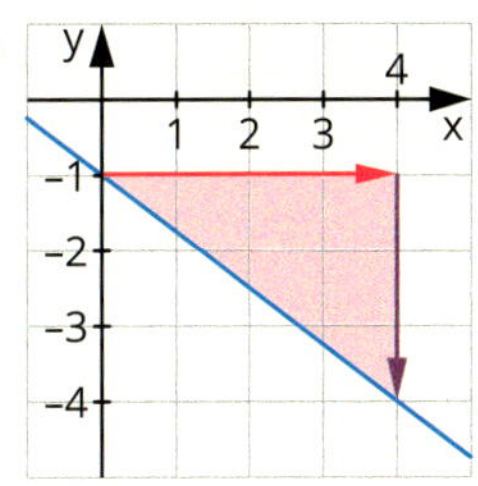

**2** Bestimme die Steigung m und den y-Achsenabschnitt n und zeichne den Graphen der Funktion in ein Koordinatensystem (x-Achse von –3 bis 4; y-Achse von –4 bis 6; zwei Kästchen als Einheit).

**a)** $y = \frac{1}{2}x - 1$ **b)** $y = 3x - 2$ **c)** $y = -2 - \frac{3}{4}x$
**d)** $y = 4 - x$ **e)** $y = -2{,}5x + 0{,}5$ **f)** $y = 0{,}5x + 1$

# Daten in Klassen einteilen und im Säulendiagramm darstellen

**Aufgabe 2**
→ *Seite 170*

Du kannst manche Diagramme übersichtlicher gestalten, wenn du zuvor die Daten in Klassen einteilst.

① Erstelle eine Tabelle und lege die Grenzen der Klassen fest.
② Bestimme die Anzahl der Werte (absolute Häufigkeit) für jede Klasse.
③ Stelle die Häufigkeiten in einem Säulendiagramm dar.

Tom hat die Körpergröße von allen Spielern in seinem Basketballteam gemessen:
166 cm, 171 cm, 169 cm, 167 cm, 169 cm, 175 cm, 172 cm, 168 cm, 164 cm, 176 cm

| Körpergröße (in cm) | 160–165 | 166–170 | 171–175 | 176–180 |
|---|---|---|---|---|
| Anzahl | 1 | 5 | 3 | 1 |

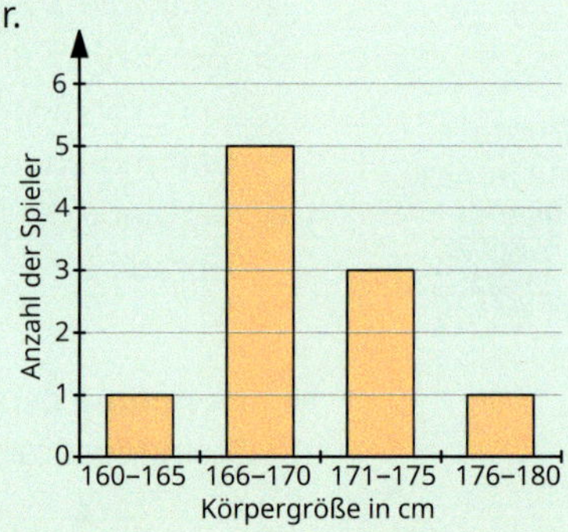


Digital+
WES-188264-038

❶ Nimm eine Klasseneinteilung vor und stelle die Ergebnisse des Mathetests der 9a in einem Säulendiagramm dar.

Erreichte Punktzahlen im Mathetest
10 / 12 / 16 / 17 / 19 / 21 / 22 / 23 / 24 / 25 / 26 / 28 / 28 / 29 / 30 / 31 / 32 / 33 / 37 / 38

❷ Stelle den täglichen Wasserverbrauch der Familie übersichtlich in einem Säulendiagramm dar.
Dies ist der tägliche Wasserverbrauch einer Familie im Monat Juni:

| | | | | | |
|---|---|---|---|---|---|
| 672 ℓ | 590 ℓ | 575 ℓ | 714 ℓ | 685 ℓ | 735 ℓ |
| 894 ℓ | 814 ℓ | 1 231 ℓ | 1 165 ℓ | 1 315 ℓ | 1 131 ℓ |
| 764 ℓ | 805 ℓ | 1 265 ℓ | 772 ℓ | 814 ℓ | 1 351 ℓ |
| 912 ℓ | 803 ℓ | 768 ℓ | 1 316 ℓ | 905 ℓ | 871 ℓ |
| 1 245 ℓ | 1 198 ℓ | 784 ℓ | 806 ℓ | 751 ℓ | 1 243 ℓ |

## Informationen aus einem Balken- und Säulendiagramm ablesen

**Aufgabe 3**
→ *Seite 170*

**Balkendiagramm**

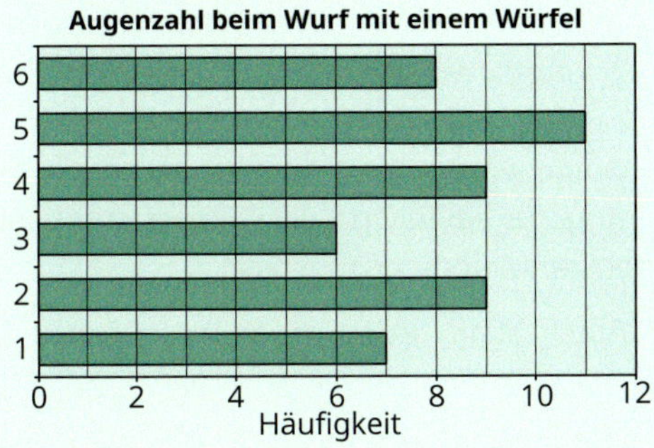


**Säulendiagramm**

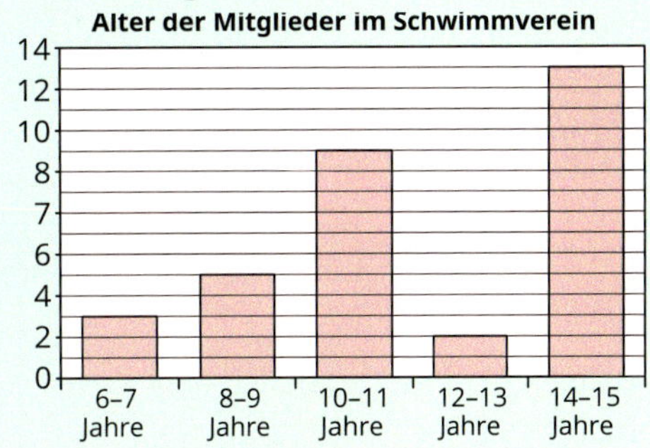


**Digital+**
WES-188264-039

**1** **a)** Lies aus dem Balkendiagramm ab, wie oft die Augenzahlen 5 und 6 gefallen sind.
**b)** Bestimme anhand des Balkendiagramms, wie häufig insgesamt mit dem Würfel geworfen wurde.

**2** Übertrage die Häufigkeitstabelle in dein Heft. Vervollständige sie, indem du die benötigten Daten aus dem Säulendiagramm abliest.

| Altersklasse | 6–7 Jahre | 8–9 Jahre | 10–11 Jahre | 12–13 Jahre | 14–15 Jahre |
|---|---|---|---|---|---|
| Anzahl der Mitglieder | | | | | |

## Wahrscheinlichkeit eines Ergebnisses oder Ereignisses bei Laplace-Experimenten bestimmen

**Aufgabe 4**
→ *Seite 170*

**Aufgabe 5**
→ *Seite 170*

**Digital+**
WES-188264-040

Zufallsexperimente, bei denen jedes einzelne Ergebnis mit der gleichen Wahrscheinlichkeit eintritt, heißen Laplace-Experimente.
Die Wahrscheinlichkeit P für jedes Ergebnis und für ein Ereignis berechnest du so:

$$P(\textbf{Ergebnis}) = \frac{1}{\text{Anzahl der möglichen Ergebnisse}}$$

$$P(\textbf{Ereignis}) = \frac{\text{Anzahl der günstigen Ergebnisse}}{\text{Anzahl der möglichen Ergebnisse}}$$

Es wird mit einem fairen Würfel gewürfelt.
Wahrscheinlichkeit für das Ergebnis „Eins“:
6 mögliche Ergebnisse: 1; 2; 3; 4; 5; 6
P(Eins) = $\frac{1}{6} \approx 0{,}17 = 17\,\%$

Wahrscheinlichkeit für das Ereignis „gerade Zahl“:
3 günstige Ergebnisse: 2; 4; 6
P(gerade Zahl) = $\frac{3}{6} \approx 0{,}5 = 50\,\%$

**3** Das rechts abgebildete Glücksrad wird gedreht.
Bestimme die Wahrscheinlichkeit für
**a)** das Ergebnis „Schwein“ **b)** das Ereignis „Katze oder Hund“

**4** Entwirf ein Glücksrad mit vier gleich großen Feldern und folgenden Wahrscheinlichkeiten: P(gelb) = 50 % und P(gelb oder blau) = 75 %.

## Spannweite einer Datenreihe bestimmen

Aufgabe 1
→ Seite 170
Digital+
WES-188264-041

Die **Spannweite** berechnest du so:
① Suche den größten Wert (Maximum) und den kleinsten Wert (Minimum) der Urliste.
② Berechne die Differenz von Maximum und Minimum
Urliste: 23, 30, 27, 19, 21 Spannweite = Maximum − Minimum = 30 − 19 = 11

**1** In der Tabelle siehst du die monatlichen Durchschnittstemperaturen für Athen und Nikosia (Angaben in °C). Bestimme für beide Orte die Temperaturspannweite und beurteile, wo die Temperaturschwankungen größer sind.

| Monat | Jan | Feb | Mär | Apr | Mai | Jun | Jul | Aug | Sep | Okt | Nov | Dez |
|---|---|---|---|---|---|---|---|---|---|---|---|---|
| Athen | 10 | 10 | 10 | 12 | 20 | 25 | 28 | 28 | 24 | 20 | 15 | 11 |
| Nikosia | 12 | 12 | 12 | 14 | 21 | 25 | 27 | 27 | 25 | 22 | 18 | 14 |

## Median einer Datenreihe bestimmen

Aufgabe 1
→ Seite 170
Digital+
WES-188264-042

Den **Median (Zentralwert)** berechnest du so:
① Erstelle eine **Rangliste**. Dazu musst du alle Werte der Urliste der Größe nach ordnen.
② Bestimme die Anzahl der Werte in der Rangliste.
③ → Bei einer **ungeraden** Anzahl ist der **Median** der Wert in der Mitte der Rangliste.
Urliste: 4, 7, 2, 5, 4 Rangliste: 2, 4, 4, 5, 7 Median: 4
→ Bei einer **geraden** Anzahl an Werten nimmst du die beiden mittleren Werte in der Rangliste. Der Mittelwert dieser Werte ist der **Median**.
Urliste: 2, 7, 2, 5, 14, 6 Rangliste: 2, 2, 5, 6, 7, 14 Median: $(5 + 6) : 2 = 5{,}5$

**2** Erstelle eine Rangliste und bestimme den Median der Datenreihe.
**a)** 5; 6; 4; 7; 3 **b)** 12; 17; 13; 15; 28; 15 **c)** 8; 14; 17; 10; 14; 12

**3** Bestimme mit Hilfe der Angaben aus Aufgabe 1 den Median der Temparaturen für Athen und Nikosia.

## Mittelwert einer Datenreihe bestimmen

Aufgabe 1
→ Seite 170
Digital+
WES-188264-043

Den **Mittelwert (Durchschnitt)** berechnest du so:
① Addiere alle Werte der Urliste.
② Dividiere die Summe durch die Anzahl der Werte.
Urliste: 24, 32, 15, 25 Mittelwert: $(24 + 32 + 15 + 25) : 4 = 24$

**4** Bestimme den Mittelwert der Datenreihe.
**a)** 17; 18; 22; 11; 13; 15 **b)** 3; 12; 2; 4; 4 **c)** 9,3; 6,7; 3,8; 6,5; 8,2

**5** Bestimme mit Hilfe der Angaben aus Aufgabe 1 die durchschnittliche Temperatur für Athen und Nikosia.

# Flächenmaße umrechnen

**Aufgabe 4**
→ *Seite 126*

Digital+
WES-188264-044

Ein **Quadratmeter** ($1\ m^2$) ist ein Quadrat mit 1 m Seitenlänge.
Es besteht aus
$10\ dm \cdot 10\ dm = 100$ Quadratdezimetern:

$1\ m^2 = 100\ dm^2$

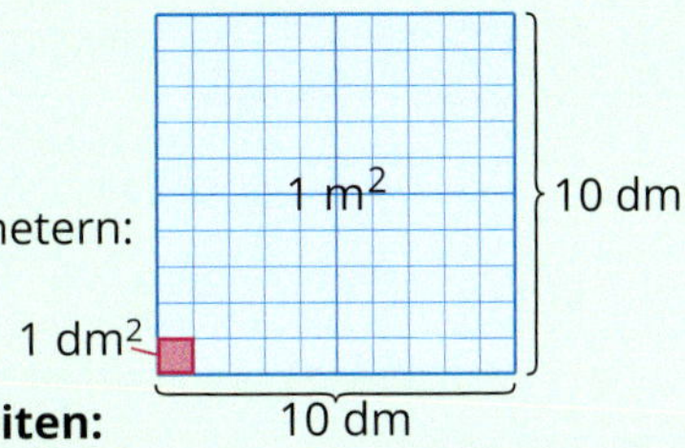


Weitere Flächenmaße:
$1\ km^2 = 100\ ha$
$1\ ha = 100\ a$
$1\ a = 100\ m^2$

$1\ dm^2 = 100\ cm^2$
$1\ cm^2 = 100\ mm^2$

**Umrechnen benachbarter Einheiten:**

$720\ mm^2$ —*in die nächstgrößere* / *: 100*→ $7{,}2\ cm^2$

$720\ mm^2$ ←*in die nächstkleinere* / *· 100*— $7{,}2\ cm^2$

**1** Rechne in die nächstgrößere Flächeneinheit um.
**a)** $360\ mm^2$ **b)** $244\ cm^2$ **c)** $286\ dm^2$ **d)** $5\,360\ cm^2$ **e)** 35 a **f)** 53 700 ha

**2** Rechne in die nächstkleinere Flächeneinheit um.
**a)** $30\ km^2$ **b)** 5,5 ha **c)** 0,9 a **d)** $3{,}95\ m^2$ **e)** $3\ dm^2$ **f)** $0{,}84\ cm^2$

**3** Rechne in die angegebene Flächeneinheit um.
**a)** $756\ mm^2 = ☐\ cm^2$ **b)** $26{,}8\ cm^2 = ☐\ mm^2$ **c)** $367\ dm^2 = ☐\ m^2$
**d)** $0{,}4\ m^2 = ☐\ cm^2$ **e)** $4\,500\ mm^2 = ☐\ dm^2$ **f)** $2{,}4\ m^2 = ☐\ mm^2$

## Lösungen zu Kapitel 1

**Check-In**
*→ Seite 8*

1 **a)** richtig **b)** falsch **c)** falsch

2 **a)** 5473 **b)** 638 **c)** 6365

3 $\frac{2}{12} = \frac{1}{6}$

4 **a)** $\frac{6}{4} = \frac{3}{2}$ **b)** 3 € **c)** $\frac{5}{6}$ **d)** $\frac{6}{20} = \frac{3}{10}$ **e)** $\frac{2}{4} = \frac{1}{2}$ **f)** 1,2 **g)** 0,01 **h)** 2 **i)** 7,2 **j)** 7,3

5 5 °C

6 **a)** −70 **b)** −51 **c)** 44

7 7,80 €

8 D(−2|2)

9 Für 630 € muss Frau Miraz 20 h arbeiten.

10 Es dauert 36 Minuten.

11 ③

12 Gleichung ②

*→ Seite 9*

13 **a)** 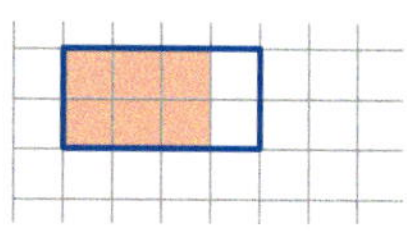 **b)** 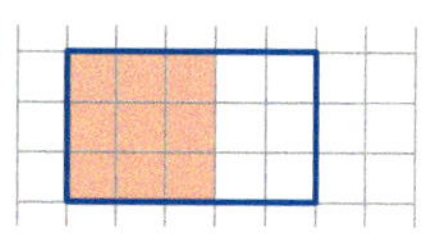

14 30,80 €

15 **a)** 250 m **b)** 12,5 ℓ **c)** 90 s **d)** 0,4 t

16 Es ist 11:18 Uhr.

17 $\alpha = 50°$; $\beta = 45°$; $\gamma = 95°$

18 $\alpha = 85°$

19 **a)** Hier ohne Zeichnung. Die Entfernung beträgt ca. 1,4 cm.
**b)** z.B.: D(1|1) (Drachen) oder D(0|0) (Trapez)

20 Der Weg ist 11 km lang.

21 **a)** falsch **b)** wahr

22 Es handelt sich um ein gleichschenkliges Dreieck. (Zur Kontrolle: Seite b ≈ 7,7 cm.)

23 $A = 24\ cm^2$

24 $u = 24{,}4\ m$

→ *Seite 10*

**25**

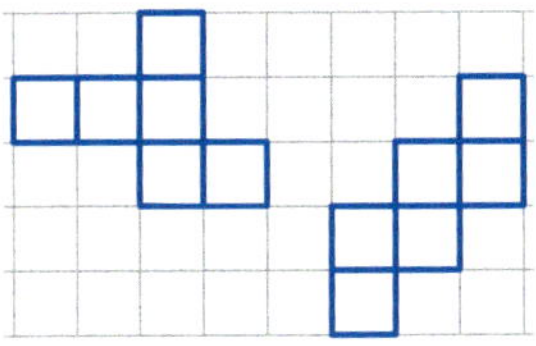

**26**

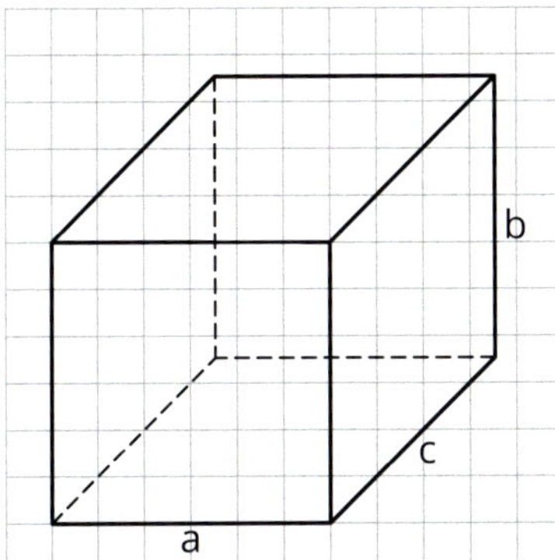


**27**

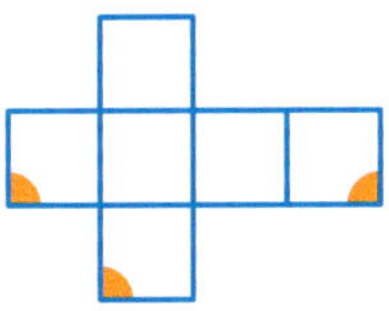

**28** $\frac{1}{8}$ der Fläche ist sichtbar.

**29** $h_K = 4$ cm

**30** m = 13651,2 g

**31** P(gerade Zahl) = $\frac{4}{9}$

**32** Mittelwert: 13; Median: 12,5; Spannweite: 23

**33** **a)** 25 %

**b)** 3

**c)**

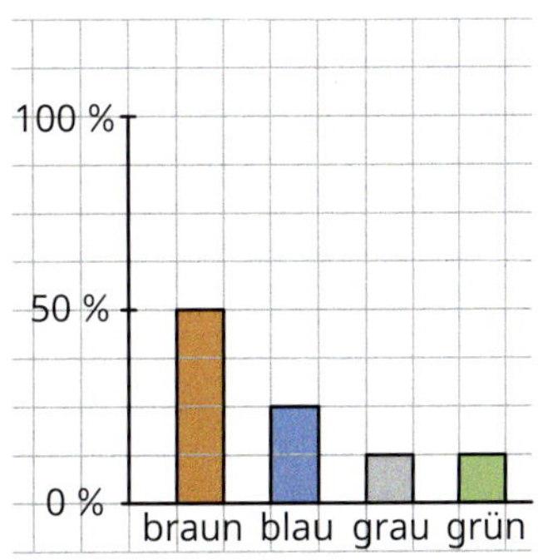


**34** Für Berlin wurden 17 Stimmen abgegeben.

| | | |
|---|---|---|
| Harz | Nordsee | Berlin |

→ *Seite 11*

**1** **a)** 7700 **b)** 3500 **c)** 29000 **d)** 48,6 **e)** 910 **f)** 3840 **g)** 5,5 **h)** 1,9 **i)** 0,08

**2** **a)** 50 **b)** 10000 **c)** 500000 **d)** 1000 **e)** 5000 **f)** 100

**3** **a)** 54700 **b)** 40 **c)** 54740 **d)** 72000 **e)** 760 **f)** 756

**4** **a)** 302 **b)** 135 **c)** 308 **d)** 125 **e)** 315 **f)** 145

**5** **a)** 8728 **b)** 8952 **c)** 22304 **d)** 22204 **e)** 8606 **f)** 9701

**6** **a)** 4563 **b)** 40338 **c)** 10560 **d)** 3358 **e)** 4731 **f)** 4693

**7** **a)** 63 **b)** 2684 **c)** 840 **d)** 3657 **e)** 2684 **f)** 625

**8** **a)** 5000, 35000, 429000 **b)** 1600, 5800, 92600 **c)** 260, 1730, 2600

**9** **a)** 11223 **b)** 7977 **c)** 1186 **d)** 1030 **e)** 3816 **f)** 388

→ *Seite 12*

**1** **a)** $\frac{1}{4}$ **b)** $\frac{3}{4}$ **c)** $\frac{2}{3}$ **d)** $\frac{1}{2}$ **e)** $\frac{3}{8}$ **f)** $\frac{5}{6}$

**2** **a)** 8 **b)** 6 **c)** 14 **d)** 9 **e)** 25 **f)** 21

**3** **a)** $\frac{2}{7}$ **b)** $\frac{6}{5}$ **c)** 1 **d)** $\frac{5}{4}$ **e)** $\frac{6}{10} = \frac{3}{5}$ **f)** $\frac{13}{12}$ **g)** $\frac{1}{6}$ **h)** $\frac{22}{35}$ **i)** $\frac{7}{18}$

**4** **a)** $\frac{5}{12}$ **b)** $\frac{3}{20}$ **c)** $\frac{3}{5}$ **d)** $\frac{1}{12}$ **e)** $\frac{1}{10}$ **f)** $\frac{9}{20}$

**5** **a)** $\frac{9}{8}$ **b)** $\frac{2}{3}$ **c)** $\frac{3}{4}$ **d)** $\frac{7}{5}$ **e)** $\frac{8}{9}$ **f)** $\frac{12}{7}$ **g)** $\frac{3}{14}$ **h)** $\frac{3}{13}$ **i)** $\frac{3}{52}$

**6** $\frac{1}{5} = 0,2$ $\frac{9}{10} = 0,9$ $\frac{3}{4} = 0,75$ $\frac{4}{5} = 0,8$ $\frac{1}{4} = 0,25$ $\frac{1}{10} = 0,1$

**7** **a)** 6,9 **b)** 19,2 **c)** 7,18 **d)** 5,8 **e)** 2,55 **f)** 5,37

**8** **a)** 0,35 **b)** 0,32 **c)** 0,66 **d)** 0,012 **e)** 0,042 **f)** 1

→ *Seite 13*

**1** **a)** A: –16 B: –10 C: –2 D: 16 **b)** A: –0,5 B: –0,2 C: 0,1 D: 0,4

**2** **a)**

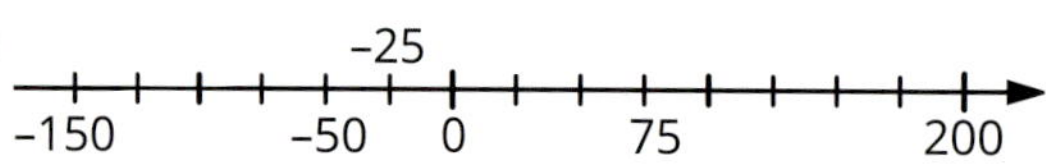


**b)**

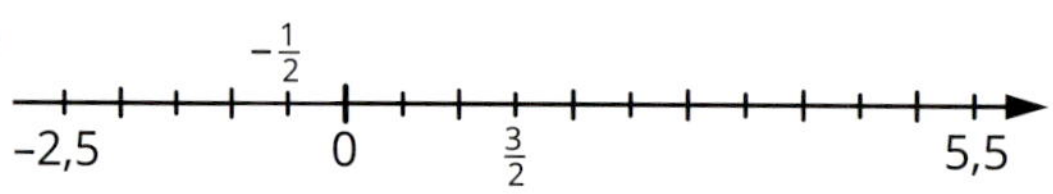


**3** **a)** 13 °C gestiegen **b)** 7 °C gestiegen **c)** 17 °C gesunken **d)** 10 °C gesunken

**4** **a)** $-7 < 7$ **b)** $0,7 < 0,77$ **c)** $-77 < -7,7$ **d)** $-7 > -7,7$ **e)** $-0,7 < -0,07$ **f)** $-7 < 0,7$

**5** **a)** –22 **b)** –0,5 **c)** 17 **d)** –7 **e)** –9 **f)** –5 **g)** 8 **h)** 27 **i)** –30

**6** **a)** –60 **b)** –3,5 **c)** 54 **d)** –8 **e)** –8 **f)** 13 **g)** –24 **h)** 90 **i)** –2

**7** **a)** 670 **b)** 9600 **c)** 5100 **d)** 1000 **e)** –27 **f)** 5000 **g)** 23 **h)** –36

→ Seite 14

1 **a)** falsch **b)** nicht beurteilbar **c)** richtig **d)** falsch

2 **a)** 10,40 € **b)** Tagesticket: 22,70 €; vier Einzelfahrscheine: 30,40 €; Die Familie spart 7,70 €.

3 Hier ohne Zeichnung.
**a)** Parallelogramm **b)** Rechteck **c)** Quadrat **d)** Raute

→ Seite 15

1 **a)**

| | |
|---|---|
| 6 | 48 |
| 1 | **8** |
| 11 | **88** |

**b)**

| | |
|---|---|
| 16 | 48 |
| 1 | **3** |
| 15 | **45** |

**c)**

| | |
|---|---|
| 9 | 36 |
| 1 | **4** |
| 25 | **100** |

2 **a)**

| | |
|---|---|
| 8 | 24 |
| 1 | **192** |
| 6 | **32** |

**b)**

| | |
|---|---|
| 7 | 50 |
| 1 | **350** |
| 10 | **35** |

**c)**

| | |
|---|---|
| 20 | 5 |
| 1 | **100** |
| 4 | **25** |

3 **a)** proportional; 18 € **b)** antiproportional; 20 Beutel **c)** proportional; 12 Karten
**d)** antiproportional; 16 Stücke **e)** proportional; 10 kg **f)** antiproportional; 8 Minuten

4 **a)** ③ **b)** ① **c)** ②

→ Seite 16

1 **a)** $10 - 2x + 7$ für $x = -3$
$10 - \mathbf{2 \cdot (-3)} + 7 = \mathbf{23}$
**b)** $2 + 8x - (4 - x)$ für $x = 5$
$2 + 8 \cdot 5 - (4 - 5) = \mathbf{2 + 40} + 1 = \mathbf{43}$

2 **a)** $-3$ **b)** 6 **c)** 12

3 **a)** $2x + 1$ **b)** $9a - 4b + 3$

4 **a)** $48xy$ **b)** $-120ab$ **c)** $45a^2b$ **d)** $-48xy^2z^2$

5 **a)** richtig **b)** richtig

6 **a)** $2x - 15 = 3;\ x = 9$ **b)** $6x = 2x + 20;\ x = 5$ **c)** $35 - 3x = 2x;\ x = 7$

7 **a)** $x = 8$ **b)** $y = 8$ **c)** $a = 4$ **d)** $x = -2$

8 **a)** $x = 5$ cm **b)** $x = 7$ m

→ Seite 17

1 **a)** $\frac{1}{5} = 0{,}2 = 20\,\%$ **b)** $\frac{2}{5} = 0{,}4 = 40\,\%$ **c)** $\frac{2}{9} = 0{,}\overline{2} \approx 22\,\%$

2 **a)** 25 % **b)** 75 % **c)** 80 %

3 **a)** W = 12 km **b)** G = 1 830 € **c)** p % = 55 %

4 169,15 €

5 571,20 €

6 850 €

7 60 ℓ

8 17 %

**9** Gehaltsanstieg nach dem 1. Lehrjahr: 10 % Gehaltsanstieg nach dem 2. Lehrjahr: ≈ 13,6 %

*→ Seite 18*

**1** **a)** mm **b)** km **c)** cm **d)** m

**2** **a)** $m^2$ **b)** $m^3$ **c)** m **d)** $m^3$

**3** **a)** 670 mm **b)** 6,7 cm **c)** 140 cm **d)** 0,65 m **e)** 800 m **f)** 15,4 km

**4** **a)** 355 $dm^2$ **b)** 0,27 $dm^2$ **c)** 12 a **d)** 30 ha **e)** 62,5 ha **f)** 120 $mm^2$

**5** **a)** 2,5 $dm^3$ **b)** 500 $dm^3$ **c)** 1,5 ℓ **d)** 330 mℓ **e)** 85 ℓ **f)** 1 200 $mm^3$

**6** **a)** 4 h **b)** 180 s **c)** 120 h **d)** 3 600 s **e)** 90 min **f)** 45 min

**7** **a)** 2 500 kg **b)** 0,9 t **c)** 2,5 kg **d)** 750 g **e)** 0,1 g **f)** 12 000 mg

**8** z. B.: Mensch: 0,5 cm ≙ 1,70 m
Wal: 3,5 cm ≙ 11,90 m ($\cdot 7$)
Der Wal ist ungefähr 12 m groß.

*→ Seite 19*

**1** **a)** $\alpha = 75°$ **b)** $\beta = 115°$ **c)** $\gamma = 40°$

**2** $\alpha = 158°$; $\beta = 22°$

**3** **a)** $\alpha = 27°$; $\beta = 27°$; $\gamma = 153°$ **b)** $\alpha = 65°$; $\beta = 73°$; $\gamma = 138°$

**4** **a)** $\gamma = 62°$ **b)** $\beta = 74°$; $\gamma = 32°$ **c)** $\alpha = \beta = \gamma = 60°$

**5** **a)** $\alpha = 48°$ **b)** $\beta = 31°$

**6** $\delta = 129°$

*→ Seite 20*

**1** **a)** ca. 2,2 cm **b)** A′(4,5 | 2)

**2** **a)** achsensymmetrisch und punktsymmetrisch **b)** punktsymmetrisch
**c)** achsensymmetrisch und punktsymmetrisch **d)** achsensymmetrisch

**3** **a)** 4 **b)** 8

**4** 3 cm : 5 = 0,6 cm = 6 mm

**5** **a)** 3 cm ≙ 150 km **b)** Dortmund: 1 cm ≙ 50 km

*→ Seite 21*

**1** **a)**

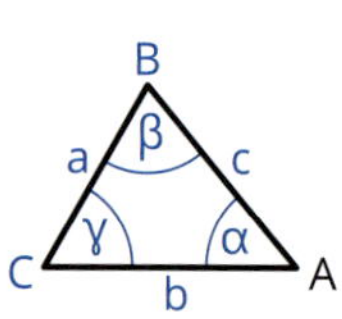


**b)**

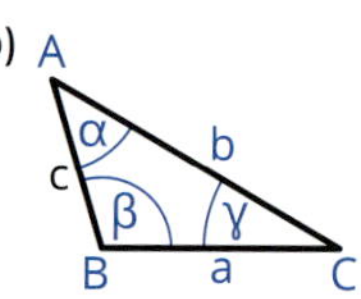


**c)**

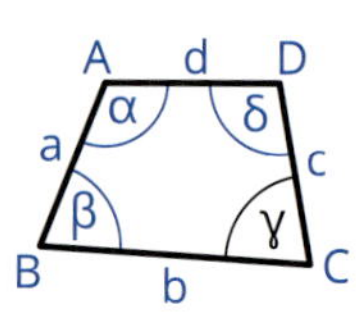


**d)**

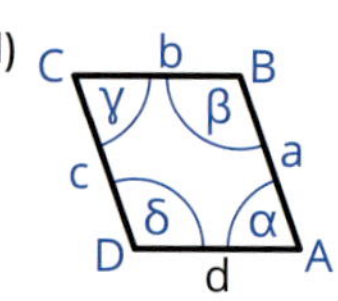

2 a) Links: rechtwinkliges Dreieck; Mitte: gleichseitiges Dreieck; Rechts: gleichschenkliges Dreieck
b) Hier ohne Zeichnung.
Links: $\beta = 53°$; $\gamma = 37°$; $a = 5$ cm  Mitte: $\alpha = \beta = \gamma = 60°$  Rechts: $\beta = 40°$; $b = c = 5{,}8$ cm

3 a) D(4|5)  b) D(0|5)  c) D(2|3)

4 a) wahr  b) falsch  c) wahr  d) wahr  e) falsch

→ *Seite 22*

1 $A = 40$ cm²; $u = 28$ cm

2 a) $A = 18{,}33$ cm²; $u = 17{,}2$ cm  b) $A = 21{,}16$ cm²; $u = 18{,}4$ cm
c) $A = 14{,}4$ cm²; $u = 18$ cm  d) $A = 18{,}56$ cm²; $u = 19{,}6$ cm

3 Die Antwortmöglichkeiten 3500 mm² und 0,35 dm² sind richtig.

4 $A = 288$ cm²; $u = 96$ cm

5 a) $b = 9{,}5$ cm  b) $a = 9{,}6$ cm

→ *Seite 23*

1
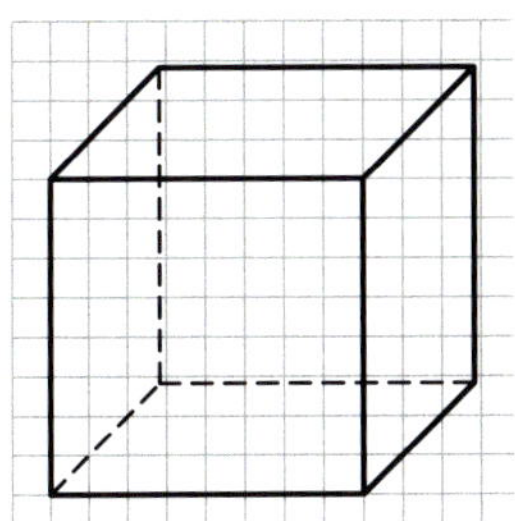

2
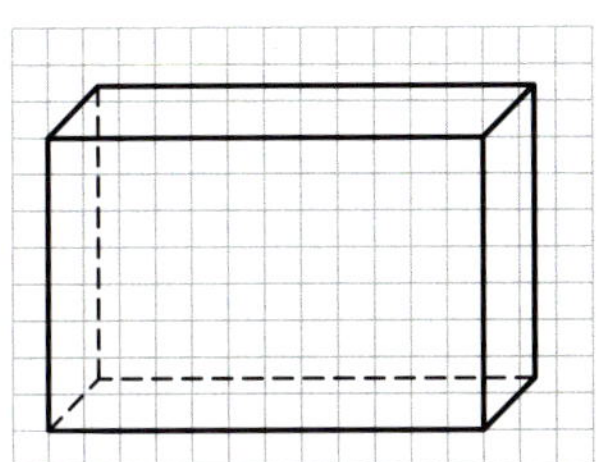

3 a)
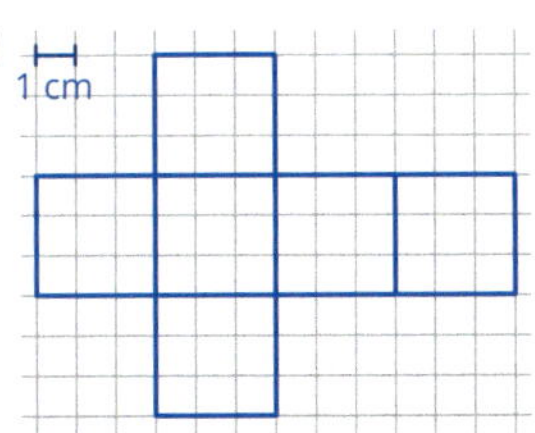


b)
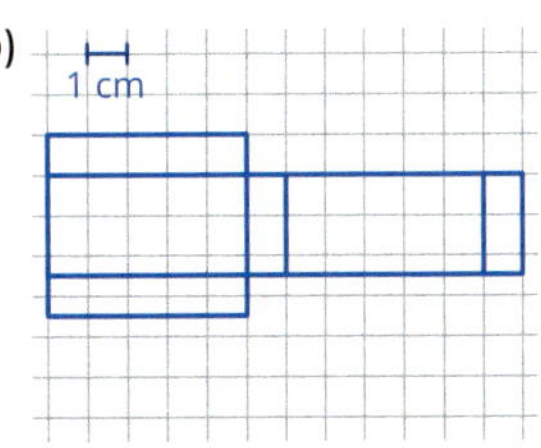


4
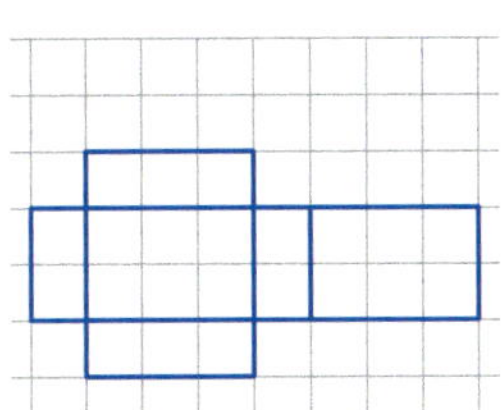

5 Ⓒ gehört zum abgebildeten Körper.

6 **a)** Ⓐ gehört zum abgebildeten Körper.
**b)**
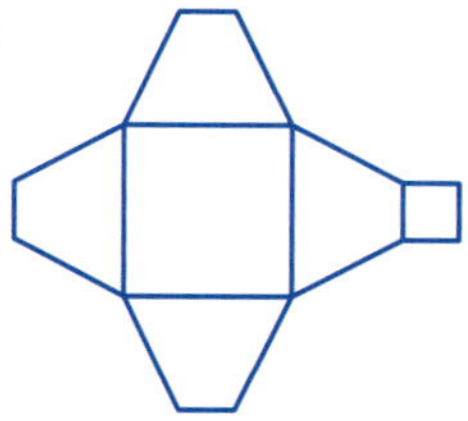

→ *Seite 24*

1 **a)**
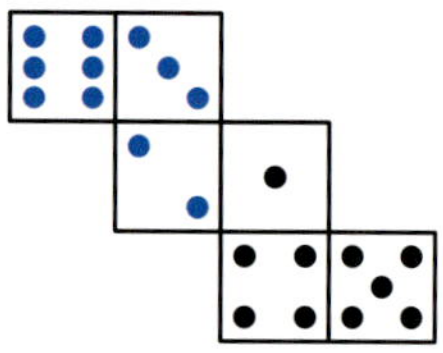
**b)**
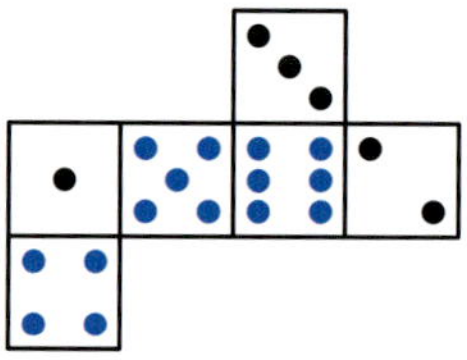

2 Ⓐ und Ⓒ könnten passen.

3
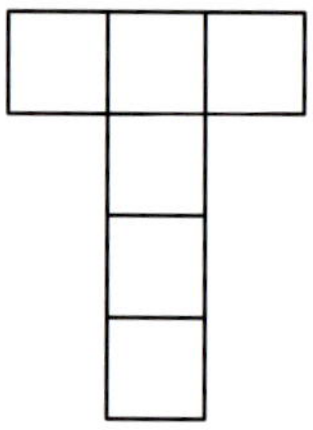

4 **a)** 3 **b)** 6

5 **a)** Ecken: 12; Kanten: 18; Flächen: 8 **b)** Ecken: 9; Kanten: 16; Flächen: 9

→ *Seite 25*

1 **a)** $V = 27\ cm^3$; $O = 54\ cm^2$ **b)** $V = 24\ cm^3$; $O = 52\ cm^2$

2 4; 5; 25 und 5; 10; 10

3 $V = 320\ cm^3$

4 $a = 6{,}5\ cm$; $V = 274{,}625\ cm^3$

5 $a = 5\ cm$; $b = 5\ cm$; $c = 12\ cm$; $V = 300\ cm^3$; $O = 290\ cm^2$

6 $V = 512\ cm^3$; $m = 9\,891{,}84\ g$ ($\approx 9{,}9\ kg$)

7 $V = 216\,000\ cm^3$; $m = 270\,000\ g = 270\ kg$ Die Kiste ist gefüllt für eine Person zu schwer.

8 **a)** $V \approx 251{,}47\ cm^3$; $O = 210{,}08\ cm^2$ **b)** $V = 87{,}36\ cm^3$; $O = 162{,}4\ cm^2$

→ Seite 26

1 **a)** $P(6) = \frac{1}{12}$ **b)** $P(\text{durch 4 teilbar}) = \frac{3}{12} = \frac{1}{4}$ **c)** z.B.: E: „Zahl kleiner als 5“

2

| | Farbe | Wahrscheinlichkeit | Anzahl Felder |
|---|---|---|---|
| Hauptgewinne | rot | 10 % | **2** |
| Trostpreise | gelb | 25 % | **5** |
| Nieten | weiß | **65 %** | **13** |

3 Sie braucht im Durchschnitt 13,2 Minuten (13 min und 12 s).

4 **a)** Spannweite: 17; Mittelwert: 8; Median: 7 **b)** Spannweite: 41; Mittelwert: 25,2; Median: 20

5 Spannweite: 19; Median: 34,5; Mittelwert: 35

6 **a)** 33 **b)** 24 **c)** 10

→ Seite 27

1 Nein, Ben hat 80 % seiner Schüsse getroffen, Lotte nur 70 %.

2 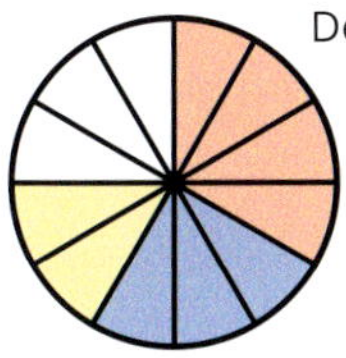
Der weiße Anteil beträgt 25 %.

3 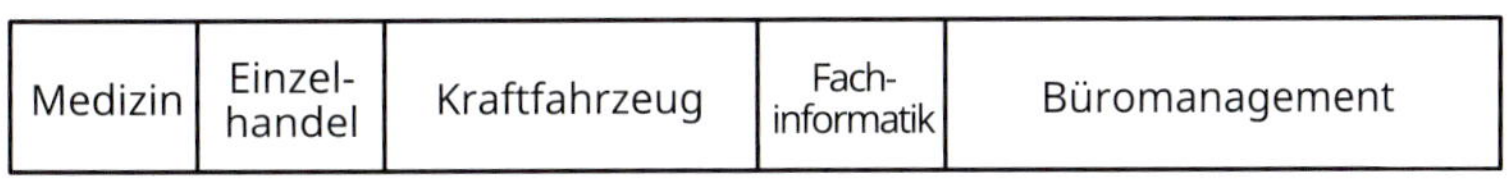


| | | |
|---|---|---|
| Kauffrau/-mann für Büromanagement | 9 | 37,5 % |
| Medizinische Fachangestellte/r | 3 | 12,5 % |
| Kraftfahrzeugmechatroniker/in | 6 | 25 % |
| Einzelhandelskauffrau/-mann | 3 | 12,5 % |
| Fachinformatiker/in | 3 | 12,5 % |

4 **a)**

| | |
|---|---|
| Pommes | 50 % |
| Salat | 10 % |
| Nudeln & Bolognese | 25 % |
| Reisgericht | 15 % |

**b)** 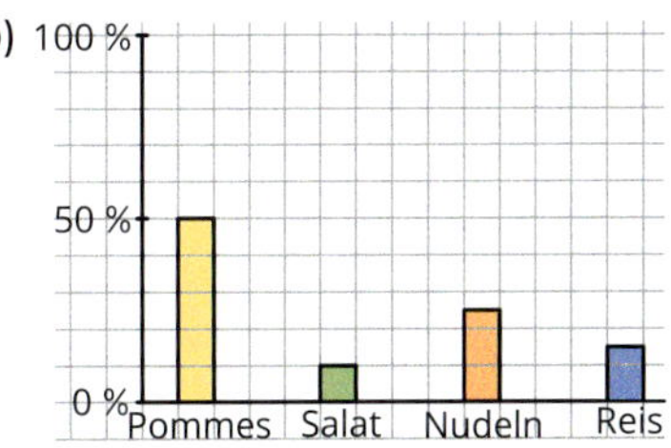


**c)** Ⓐ: falsch Ⓑ: wahr Ⓒ: wahr

**Check-Out**
→ Seite 28

1 **a)** 815 300 **b)** 73 900 **c)** 9 800 **d)** 0,06

2 **a)** 70 154 **b)** 58 952 **c)** 3 422 **d)** 876

3 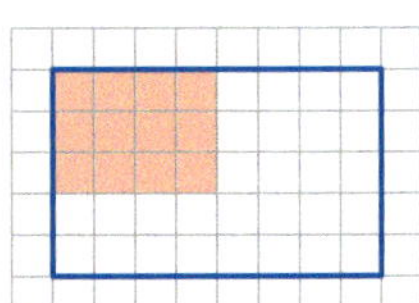

**4** **a)** 12 kg **b)** 15 m **c)** $\frac{4}{6} = \frac{2}{3}$ **d)** $\frac{11}{3}$ **e)** $\frac{14}{3}$
**f)** 1,2 **g)** 0,05 **h)** 1,75 **i)** 1,3 **j)** 2,05

**5** **a)** 7 **b)** 29 **c)** −50

**6** −1,1 −1 −0,11 −0,1 0,1 0,11

**7** Luis und Burak bezahlen insgesamt 19,10 €.

**8** Es entsteht die Figur „das Haus vom Nikolaus" (ein Haus mit einem Kreuz im Quadrat).

**9** Er verdient 1 060 € in einer 40-Stunden-Woche.

**10** Die verbleibenden 3 Lkw benötigen 20 Stunden.

→ *Seite 29*

**11** **a)** −13 **b)** −30

**12** a = 8,5 cm

**13** **a)** 40 % **b)** 200 Sekunden (= 3 Minuten und 20 Sekunden)

**14** 12,5 %

**15** **a)** 1,25 m **b)** 4 200 mℓ **c)** 1 800 sec **d)** 2 250 kg

**16** **a)** 1 $cm^2$ **b)** 1 a **c)** 1 $dm^2$ **d)** 1 ha

**17** $\alpha = 30°$; $\beta = 40°$; $\gamma = 30°$

**18** $360° - (3 \cdot 90°) = 90°$ (Winkelsumme im Viereck)

**19** D(6|3): Das Viereck ist ein Quadrat mit dem Symmetriezentrum in Z(4|3).

**20** 420 cm = 4,2 m

**21** **a)** falsch **b)** wahr

**22** Es handelt sich um ein rechtwinkliges Dreieck. (Zur Kontrolle: c ≈ 5,7 cm; a ≈ 4 cm)

→ *Seite 30*

**23** 32 $cm^2$

**24** ② und ⑤

**25**

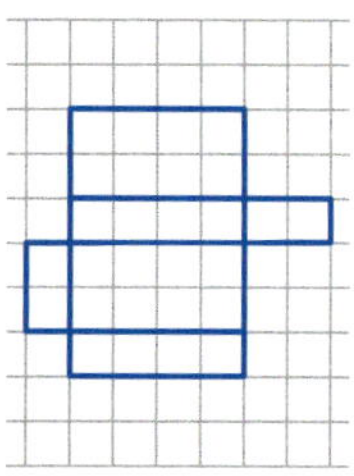

26 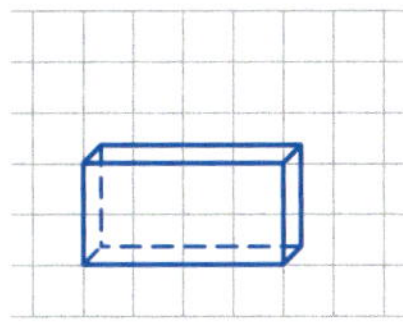

27 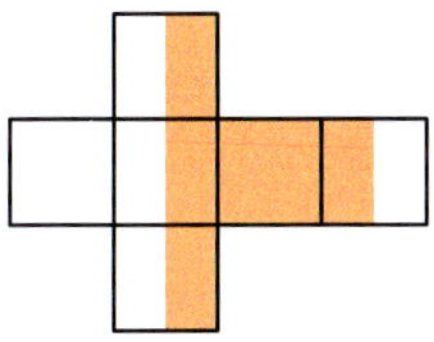

28 $\frac{1}{3}$ der sichtbaren Fläche ist nun grün, $\frac{2}{3}$ sind weiß. Damit ist der Flächeninhalt der weißen Fläche doppelt so groß wie der der grünen Flächen.

29 $V = 1\,536\ cm^3$; $O = 896\ cm^2$

30 $G = 15\ cm^2$

31 $P(rot) = \frac{1}{5} = 20\,\%$

32 **a)** Spannweite: 14 €; Mittelwert: 12 € **b)** Melinda bekommt 8 €.

33 Ⓐ: Blond und schwarz müssen zusammen genauso viel Fläche einnehmen wie braun, also muss braun die Hälfte des Kreises einnehmen und blond und schwarz jeweils ein Viertel.

## Lösungen zu Kapitel 2

**Startklar?**
→ *Seite 32*

1 **a)** 8; 1 **b)** 18; –17 **c)** –40; –12 **d)** 0; –3,5

2 **a)** $1{,}5x + 3$ **b)** $20 - 3x$

3 **a)**

| | | | | | | | | | | |
|---|---|---|---|---|---|---|---|---|---|---|
| kg | 1 | 2 | 3 | 4 | 5 | 6 | 7 | 8 | 9 | 10 |
| Preis (€) | 1,60 | 3,20 | 4,80 | 6,40 | 8 | 9,60 | 11,20 | 12,80 | 14,40 | 16 |

**b)** Hier ohne Zeichnung. Für 12 € bekommt man 7,5 kg.

4 Hier keine Zeichnung. Werte zur Kontrolle: C(1,5 | 1), D(6 | 4), E (–3 | –2); F(0 | 0)

5 **a)** Am höchsten war die Temperatur am 25.07.2020. Sie betrug 39 °C.
Am niedrigsten war die Temperatur am 31.07.2020. Sie betrug 24 °C.
**b)** Vom 30.07.2020 auf den 31.07.2020 ist die Temperatur um 5 °C gesunken.

**Auf einen Blick!**
→ *Seite 49*

1 **a)** Ja, denn jedem x-Wert wird genau ein y-Wert zugeordnet.
**b)** Ja, denn jedem x-Wert wird genau ein y-Wert zugeordnet.
**c)** Nein, denn es gibt x-Werte, denen mehrere y-Werte zugeordnet sind.

2 **a)** Jeder Zahl x wird ihr Dreifaches zugeordnet.
**b)** Jeder Zahl x wird ihr Doppeltes vermehrt um 4 zugeordnet.

3 **a)** Ja, weil der Graph linear verläuft und eine Funktion beschreibt.
**b)** Nein, denn der Graph ist nicht linear.
**c)** Nein, weil es sich nicht um eine Funktion handelt. Denn dem einen x-Wert werden unendlich viele y-Werte zugeordnet.

**4**

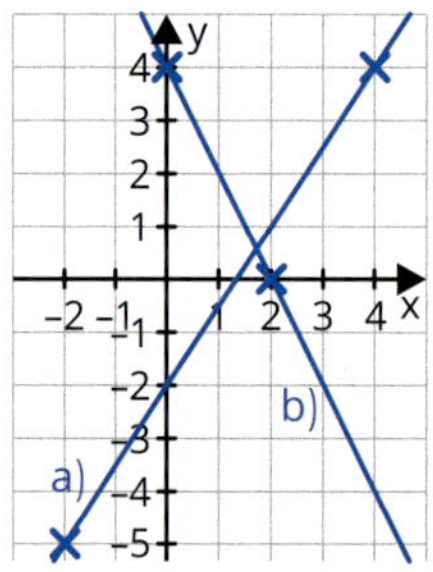


**a)**

| | | |
|---|---|---|
| x | −2 | 4 |
| y | −5 | 4 |

**b)**

| | | |
|---|---|---|
| x | 0 | 2 |
| y | 4 | 0 |

**5** **a)** A liegt auf dem Graphen der Funktion, denn $1 = 6 - 5$ (w).
B liegt nicht auf dem Graphen der Funktion, denn $1 = 4 - 5$ (f).
C liegt auf dem Graphen der Funktion, denn $-9 = -4 - 5$ (w).
**b)** A liegt nicht auf dem Graphen der Funktion, denn $1 = -9 + 7$ (f).
B liegt auf dem Graphen der Funktion, denn $1 = -6 + 7$ (w).
C liegt nicht auf dem Graphen der Funktion, denn $-9 = 6 + 7$ (f).

**6** **a)** Die Gerade fällt, y-Achsenabschnitt: $n = 5$ **b)** Die Gerade steigt, y-Achsenabschnitt: $n = -1{,}5$

**7**

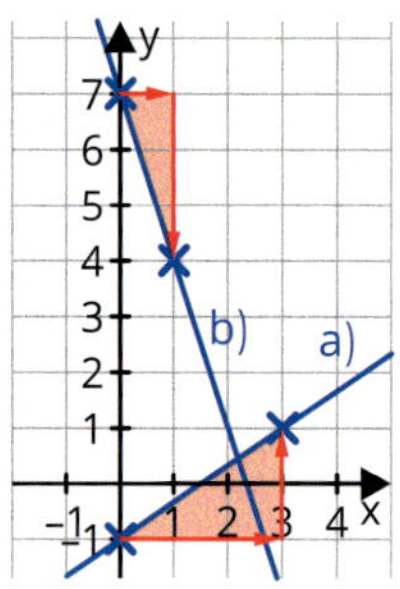


**8** Hier ohne Zeichnung. Funktionsgleichung zur Kontrolle.
**a)** $y = -x + 4$ **b)** $y = 2x - 3$ **c)** $y = \frac{4}{3}x + 4$

**Alles klar?**
→ *Seite 50*

**1** Hier ohne Zeichnung.

| | | | | | | | |
|---|---|---|---|---|---|---|---|
| x | −2 | −1 | 0 | 1 | 2 | 3 | **4** |
| y | **−8** | **−5** | **−2** | **1** | **4** | **7** | 10 |

**2** Hier ohne Zeichnung.

**a)**

| | | |
|---|---|---|
| x | 0 | 3 |
| y | −3 | 3 |

**b)**

| | | |
|---|---|---|
| x | 0 | 4 |
| y | 4 | 2 |

**c)**

| | | |
|---|---|---|
| x | 0 | 2,5 |
| y | 0 | −3 |

**3** **a)** $n = -5$; $m = 1{,}3$ **b)** $n = 7$; $m = -\frac{3}{5}$ **c)** $n = 4$; $m = 0$

**4** ① → Ⓒ; ② → Ⓓ; ③ → Ⓑ; ④ → Ⓐ

**5** Punkt B erfüllt die Funktionsgleichung.

**6** **a)** $y = 2x - 3$ **b)** $y = x + 4$ **c)** $y = 2x + 1$ **d)** $y = -x + 4$

**7** Ⓐ gehört nicht zu einer linearen Funktion. Veränderte Wertetabelle:

| x | 3 | 4 | 5 | 6 | 7 |
|---|---|---|---|---|---|
| y | 1 | 2 | **3** | 4 | 5 |

$y = x - 2$
Ⓑ: $y = 3x - 14$

**8** **a)** Vor der Füllung waren noch 200 Liter im Tank (denn der Punkt (0|200) liegt auf der Geraden). Nach 24 Minuten ist der Tank voll (Punkt (24|5 000) liegt auf der Geraden).
**b)** $y = \frac{1}{200}x + 200$

**9** $y = 3{,}5x - 12$

**10** **a)** Nach 12 Stunden ist die Kerze abgebrannt. Zu Beginn war sie 18 cm hoch.
**b)** $y = -1{,}5x + 18$

**11** **a)** $y = 10x$ **b)** $y = 0{,}05x + 1$ **c)** $y = 10x - 2$ **d)** $y = -0{,}005x - 0{,}5$

## Lösungen zu Kapitel 3

**Startklar?**
→ *Seite 52*

**1** **a)** 4 km **b)** 300 000 cm **c)** 0,28 km **d)** 50 000 cm **e)** 53 km **f)** 450 000 cm

**2** **a)** $\frac{1}{2}$ **b)** $\frac{1}{8}$ **c)** $\frac{4}{11}$ **d)** $\frac{3}{7}$

**3** **a)** $x = 12$ **b)** $x = 9$ **c)** $x = 10$ **d)** $x = 49$

**4** **a)** $\gamma = 72°$ **b)** $\beta = 36°$ **c)** $\gamma = 56°$

**5** $\alpha = 62°$; $\beta = 62°$; $\gamma = 118°$

**Auf einen Blick!**
→ *Seite 69*

**1** **a)** $a:b = 2:3$ **b)** $a:b = 1:5$ **c)** $a:b = 3:2$ **d)** $a:b = 3:7$

**2** **a)** $a:20 = 3:4$; $a = 15$ cm **b)** $35:b = 5:2$; $b = 14$ cm

**3** ① ist ähnlich zu ④, weil die Längenverhältnisse übereinstimmen.
② ist ähnlich zu ⑥, weil alle Winkel gleichgroß sind.
③ ist nicht ähnlich zu ⑤, weil die Längenverhältnisse nicht übereinstimmen.

**4** **a)** $\frac{27}{x} = \frac{12}{9{,}6}$; $x = 21{,}6$ m **b)** $\frac{x}{8{,}55} = \frac{6{,}3}{9{,}45}$; $x = 5{,}7$ cm

**5**

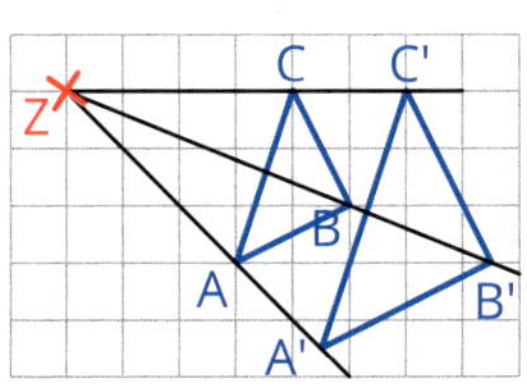

**6** k = 0,5

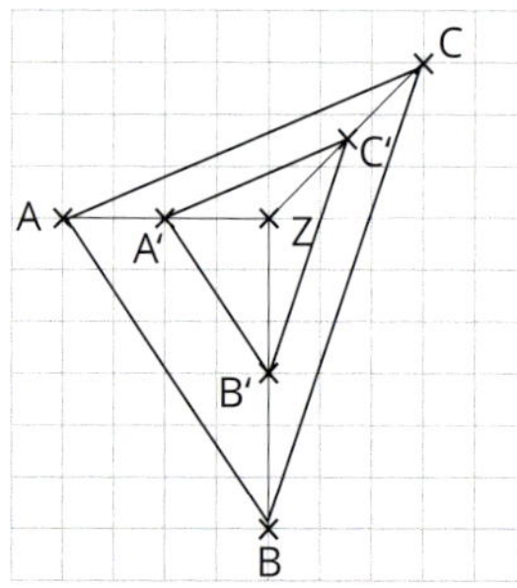


**Alles klar?**
→ *Seite 70*

**1** **a)** In Wirklichkeit ist er 367 500 cm lang, also 3,675 km. **b)** 1 : 5 000 000

**2** **a)** a : b = 2 : 3 **b)** a : b = 6 : 5

**3** Seite b ist 10 cm lang.

**4** **a)** Die Dreiecke sind ähnlich zueinander, da die Längenverhältnisse übereinstimmen.
**b)** Die Dreiecke sind ähnlich zueinander, da alle Winkel gleich groß sind.

**5** $\frac{16{,}8}{x} = \frac{11{,}2}{19{,}2}$; x = 28,8 cm

**6** a = 31 cm; c = 17,5 cm; β = 65°

**7** $\frac{0{,}3}{x} = \frac{2{,}5}{457{,}5}$; x = 54,9 Turm: 54,9 + 1,7 = 56,6 Der Turm ist 56,60 m hoch.

**8** $\frac{4{,}2}{1{,}6} = \frac{32}{x}$; x ≈ 12,19 m Die Tanne ist 12,19 m hoch.

**9** $\frac{8{,}8}{10{,}5} = \frac{x}{4{,}7 + x}$
8,8 · 4,7 + 8,8x = 10,5x
41,36 = 1,7x; x ≈ 24,3 cm

**10** Hier ohne Zeichnung.
**a)** A′(−4 | 0); B′(−3,5 | −2,5); C′(0 | −2,5); D′(2,5 | 0)
**b)** Flächeninhalt ABDC = 50 $cm^2$
Flächeninhalt A′B′C′D′ = 12,5 $cm^2$

## Lösungen zu Kapitel 4

**Startklar?**
→ *Seite 72*

**1** **a)** 3,65 0,39 17,24 **b)** 2,3 5,7 8,1 **c)** 4 124 0

**2** **a)** 14 38 45 **b)** 0,19 0,358 0,01745
720 42 300 0,35 0,00876 0,00075 0,0305

**3** eine Million: 1 000 000 einhunderttausend: 100 000
eine Milliarde: 1 000 000 000 einhundert Millionen: 100 000 000
zehn Milliarden: 10 000 000 000

**4** **a)** Ⓐ: A = 144 $cm^2$ Ⓑ: A = 900 $mm^2$ **b)** Ⓐ: V = 216 $cm^3$ Ⓑ: V = 1 000 $m^3$

**5** **a)** $\frac{5}{6}$ **b)** $\frac{1}{16}$ **c)** $\frac{1}{12}$ **d)** 5 **e)** 0,25 **f)** 0,32 **g)** 0,86 **h)** 6,25

**Auf einen Blick!**
→ *Seite 87*

1. a) $7^4$ b) $5^5$ c) $20^3$
2. a) $3 \cdot 3 \cdot 3 \cdot 3 = 81$ b) $4 \cdot 4 \cdot 4 = 64$ c) $2 \cdot 2 \cdot 2 \cdot 2 \cdot 2 = 32$ d) $25 \cdot 25 = 625$
3. a) $A = 256\ \text{cm}^2$ b) $A = 361\ \text{dm}^2$
4. a) $10^4$ b) $10^8$ c) $10^7$
5. $300\,000\,000 = 3 \cdot 10^8$
6. a) $\frac{1}{10\,000} = 0{,}0001$ b) $\frac{1}{100\,000} = 0{,}00001$ c) $\frac{1}{10} = 0{,}1$ d) $\frac{1}{100\,000\,000} = 0{,}00000001$
7. a) $2 \cdot 10^{-3}$ mm $\left(\frac{1}{500} = 0{,}002 = 2 \cdot 10^{-3}\right)$ b) 5 000 Stück
8. a) 11 b) 9 c) 12 d) 13
9. a) 10 b) 5 c) 2 d) 4
10. a) $a \approx 38{,}03$ cm b) $a \approx 9{,}08$ m
11. a) $a \approx 11{,}45$ cm b) $a \approx 0{,}79$ m
12. a) irrational $\left(= \sqrt{2} \cdot \sqrt{3}\right)$ b) rational $(= 11)$ c) irrational $\left(= 100 \cdot \sqrt{10}\right)$ d) rational $(= 1)$
13. a) $\frac{475}{100} = \frac{19}{4}$ b) $\frac{1}{3}$ c) $\frac{263}{100}$

**Alles klar?**
→ *Seite 88*

1. a) $2^6 = 64$ b) $3^4 = 81$ c) $40^2 = 1\,600$ d) $10^4 = 10\,000$ e) $5^3 = 125$
2. a) 121 b) 225 c) 128 d) 2 500 e) 64
   f) 1 000 g) 90 000 h) 216 i) 324 j) 1 000 000
3. a) $10^6$ b) $10^4$ c) $10^9$
4. a) $3 \cdot 10^9$ b) $5{,}6 \cdot 10^7$ c) $9{,}61 \cdot 10^5$ d) $4 \cdot 10^{-5}$ e) $3{,}76 \cdot 10^{-3}$
5. a) 10 000 000 b) 8 000 000 c) 0,035 d) 0,046
6. $a = 12$ m; $u = 48$ m
7. $a = 5$ cm; $O = 6 \cdot a^2 = 150\ \text{cm}^2$
8. a) 8 b) 4 c) 14 d) 100 e) 10
9. $a = 25$ cm; $V = 15\,625\ \text{cm}^3$
10. a) 90 000 b) $\frac{1}{5}$
11. 2,16 hℓ = 216 ℓ = 216 $\text{dm}^3$; $a = 6$ dm
12. $a = \sqrt{120\ \text{m}^2} \approx 10{,}95$ m  $u = 4 \cdot 10{,}95\ \text{m} = 43{,}8$ m  Zaunlänge: $u - 4{,}5\ \text{m} = 39{,}3$ m
    Bauer Rösch muss 39,3 m Zaun bestellen, um sein Feld einzuzäunen.
13. a) $a = 5$ cm; $O = 10 \cdot 25\ \text{cm}^2 = 250\ \text{cm}^2$
    b) $a = 4$ cm; $O = 22 \cdot 16\ \text{cm}^2 = 352\ \text{cm}^2$
    c) $a = 6$ cm; $O = 30 \cdot 36\ \text{cm}^2 = 1\,080\ \text{cm}^2$

(14) $5\,\ell = 5000\ \text{cm}^3$; $a = 15{,}8$ cm, $b = 15{,}8$ cm, $c = 20$ cm

(15) $6 \cdot a \cdot a = a \cdot a \cdot a$ Kantenlänge $a = 6$ m. Dann gilt für $V = 216\ \text{m}^3$ ($a^3$) und für $O = 216\ \text{m}^2$ ($6a^2$)

## Lösungen zu Kapitel 5

**Startklar?**
→ *Seite 90*

(1)
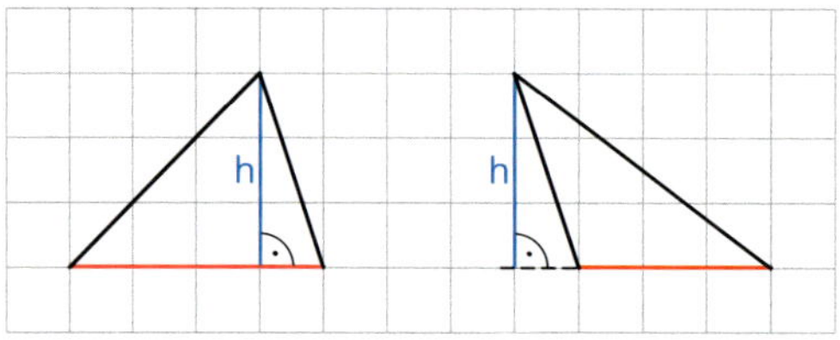


(2) **a)** 25 **b)** 49 **c)** 144 **d)** 81 **e)** 400 **f)** 6 **g)** 8 **h)** 11 **i)** 12 **j)** 15

(3) **a)** $25\ \text{cm}^2$ **b)** $10{,}5\ \text{cm}^2$

(4) Hier ohne Zeichnung.
Für $A_2(2{,}5\,|\,3{,}5)$ ist das Dreieck rechtwinklig.

(5) **a)** $a = 5{,}6$ mm **b)** $a = 82$ m

**Auf einen Blick!**
→ *Seite 109*

(1) **a)** $a = 5{,}8$ cm **b)** $a = 3{,}6$ cm **c)** $b = 4{,}8$ cm

(2) **a)** $c = 10{,}5$ cm **b)** $c = 2{,}5$ cm **c)** $a = 14{,}4$ cm

(3) $x \approx 5{,}12$ m Die Leiter reicht bis zu einer Höhe von mindestens 5,12 m (maximale Höhe bei 1,5 m Abstand: ≈ 5,29 m)

(4) $h_c \approx 7{,}19$ cm

(5) $d \approx 17{,}3$ cm

(6) **a)** nicht rechtwinklig **b)** rechtwinklig **c)** rechtwinklig

(7) **a)** rechtwinklig **b)** nicht rechtwinklig

(8) $\alpha = 120°$; $\beta = 30°$; $\gamma = 30°$; $\delta = 60°$

**Alles klar?**
→ *Seite 110*

(1) **a)** $s^2 + r^2 = t^2$ $m^2 + k^2 = r^2$ $l^2 + k^2 = s^2$ **b)** $a^2 = b^2 + c^2$ $x^2 + b^2 = z^2$

(2) **a)** $b \approx 5{,}5$ cm **b)** $c \approx 8{,}6$ cm

(3) Mit der Rampe wird eine Höhe von 55 cm (0,55 m) überwunden.

(4) **a)** ja **b)** ja (bei gerundetem Wert von c auf mm)

(5) Diagonale der Seitenfläche ab: $d_1 \approx 8{,}15$ cm
Diagonale der Seitenfläche ac: $d_2 = 12{,}5$ cm
Diagonale der Seitenfläche bc: $d_3 \approx 10{,}5$ cm

**6** Hier ohne Skizze.
**a)** $20^2 + 45^2 = x^2$; $x \approx 49{,}24$ m    Ein Halteseil ist ca. 49,24 m lang.
**b)** $x^2 + 3{,}9^2 = 6{,}85^2$; $x \approx 5{,}63$ m
$A = 5{,}63 \cdot 3{,}9 = 21{,}957\ \text{m}^2$
$21{,}957\ \text{m}^2 : 5\ \text{m}^2 = 4{,}3914 \approx 4{,}4$
Für das Streichen der Giebelfläche sind ca. 4,4 ℓ Farbe notwendig.

**7** $h \approx 10{,}4$ cm

**8** **a)** $e \approx 9{,}6$ cm  $x \approx 1{,}9$ cm  **b)** $f \approx 11{,}2$ cm  $e \approx 12{,}7$ cm  **c)** $h_s \approx 9{,}4$ cm

**9** Die Längen stimmen:
$65^2 - \left(\frac{58}{2}\right)^2 \approx 58^2$  $41^2 - \left(\frac{58}{2}\right)^2 \approx 29^2$  $29 + 58 = 87$

**10** Konstruktionsbeschreibung:
- Zeichne durch die Punkte A und B eine Gerade g.
- Zeichne durch die Punkte B und C eine Gerade h.
- Zeichne einen Kreisbogen mit Radius $\overline{PQ}$ um B.
- Benenne den Schnittpunkt vom Kreisbogen und der Gerade g E.
- Verbinde C mit E.
- Zeichne einen Kreisbogen mit Radius $\overline{PQ}$ um B.
- Benenne den Schnittpunkt vom Kreisbogen und der Geraden h unterhalb des Quadrats mit F.
- Zeichne eine Senkrechte zur Strecke $\overline{CE}$ durch den Punkt C. Benenne den Schnittpunkt der Senkrechte und der Geraden g mit G.
- Zeichne eine Parallele zu g durch den Punkt F.
- Zeichne eine Parallele zu h durch den Punkt G.
- Benenne den Schnittpunkt der beiden Parallelen mit H.

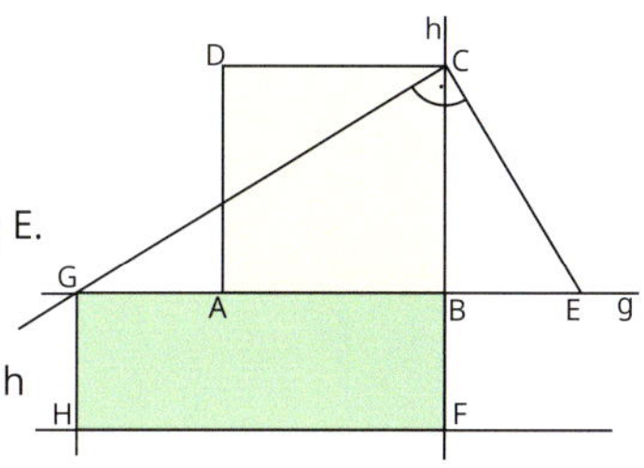


Das Rechteck BGHF und das Quadrat ABCD haben den gleichen Flächeninhalt.

## Lösungen zu Kapitel 6

**Startklar?**
→ *Seite 112*

**1** **a)** 0,15  0,76  0,125  1,30  0,82  0,4  **b)** 16 %  32 %  150 %  8 %  92 %  230 %

**2** **a)** $\frac{1}{2}$  $\frac{1}{4}$  $\frac{1}{100}$  $\frac{1}{10}$  $\frac{3}{5}$  $\frac{9}{10}$  **b)** 75 %  20 %  60 %  30 %  42 %  11 %

**3** **a)** 8 €  **b)** 60 g  **c)** 120 €  **d)** 1 200 kg  **e)** 600 g

**4**

| | p % | W | G |
|---|---|---|---|
| a) | 45 % | **32,40 €** | 72 € |
| b) | 34 % | **302,6 m** | 890 m |
| c) | 13 % | 234 € | **1 800,00 €** |
| d) | 37 % | 277,5 m² | **750 m²** |
| e) | **15 %** | 7,50 cm | 50 cm |
| f) | **16,5 %** | 330 g | 2 kg |

**5** 800 € + 240 € = 1 040 €
1 040 € = Grundwert
2,5 % = p %
$0{,}025 \cdot 1\,040$ € = 26 €
1 040 € + 26 € = 1 066 €
Lisa hat nach einem Jahr 1 066 € auf ihrem Konto.

**Auf einen Blick!**
→ *Seite 123*

1 **a)** 1,22 1,08 **b)** 0,97 0,88

2 **a)** 3186 € **b)** 12995,50 € **c)** 113,75 €

3 Der Preis wurde um 15 % gesenkt.

4 Die Hose wird für 53,10 € angeboten.

5 **a)** 707,04 € **b)** 243,04 €

6 Der Endpreis beträgt 1452,90 €.

7 Sein Nettolohn beträgt 2217,60 €.

8 Der Nettolohn von Frau Uhl beträgt 3650 €.

9 **a)** Z = 16 € **b)** Z = 75 € **c)** Z = 7,50 € **d)** Z = 6 €

10 **a)** K = 1620 € **b)** p % = 8 %

11 **a)** Z = 16,75 € **b)** Z = 4,14 € **c)** Z = 196 €

**Alles klar?**
→ *Seite 124*

1 Lena verdient jetzt 1517,82 € brutto.

2 Herr Yücel muss insgesamt 8588,54 € zurückzahlen.

3 Die Gesamtrechnung beträgt 2009,28 €.

4 Der prozentuale Anteil der Abzüge beträgt 27,4 %.

5

| | |
|---|---|
| Angebot über 35 Stühle | |
| Stückpreis 64 € | **2240 €** |
| Zuzüglich 19 % MwSt. | **·1,19** |
| Zwischensumme | **2665,60 €** |
| Mengenrabatt 6 % | **·0,94** |
| Endpreis | **2505,66 €** |

6 Der Kontostand beträgt nach einem Jahr 1545 €.

7 Die Provision macht 1,4 % aus.

8 Die Zinsen betragen 1,75 €.

9 Die Jacke wird für 87,02 € verkauft.

10 Die Ware kostet am Ende 948,35 €.

11 **a)** Die monatlichen Abzüge betragen 33,1 %.
**b)** Die Lohnsteuer beträgt 205 €.
**c)** Die Sozialabgaben machen 6,1 % des Bruttolohns aus.

12 1250 € · 1,2 = 1500 €
1500 € · 0,8 = 1200 €
Der Computer ist nach der Sonderaktion günstiger als vor der Preiserhöhung. Das liegt daran, dass multipliziert und nicht addiert wird. 20 % von 1250 sind weniger als 20 % von 1500.

13 $Z = K \cdot p\,\% \cdot \frac{t}{360}$

$t = \frac{Z \cdot 360}{K \cdot p\,\%}$

$t = \frac{75\,€ \cdot 360}{7500\,€ \cdot 3\,\%} = 120$ Das Geld war für 120 Tage angelegt.

14 Der Bezugspreis beträgt 303,86 €.

## Lösungen zu Kapitel 7

**Startklar?**
→ *Seite 126*

1 **a)** $O = 142\ cm^2$; $V = 105\ cm^3$ **b)** $O = 117{,}94\ cm^2$; $V = 72\ cm^3$

2 **a)** 2,45 cm **b)** 3,90 cm **c)** 8,1 mm **d)** 125 mm **e)** 7 kg

3 **a)** $c = 4$ cm **b)** $G = 76\ cm^2$

4 **a)** $160\ cm^2$ **b)** $2{,}41\ dm^2$ **c)** $2\,300\ mm^2$ **d)** $30\,000\ cm^2$ **e)** $0{,}77889\ m^2$ **f)** 1 500 m

5 **a)** $15\,000\ cm^3$ **b)** $3{,}468\ dm^3$ **c)** $48\,000\ mm^3$ **d)** $3{,}6\ cm^3$ **e)** 2 000 ℓ **f)** $0{,}85\ dm^3$

**Auf einen Blick!**
→ *Seite 147*

1 **a)** $u \approx 15{,}71$ cm; $A \approx 19{,}63\ cm^2$ **b)** $u \approx 75{,}4$ m; $A \approx 452{,}4\ m^2$

2 $r \approx 3{,}5$ cm

3 **a)** $u \approx 141{,}37$ cm **b)** $A \approx 1\,590{,}43\ cm^2$

4 $A \approx 31{,}42\ cm^2$

5 **a)** $b \approx 5{,}59$ cm; $A \approx 22{,}34\ cm^2$ **b)** $b \approx 30{,}11$ mm; $A \approx 346{,}23\ mm^2$

6 $\alpha = 60°$ $b \approx 6{,}28$ cm; $A \approx 18{,}85\ cm^2$

7

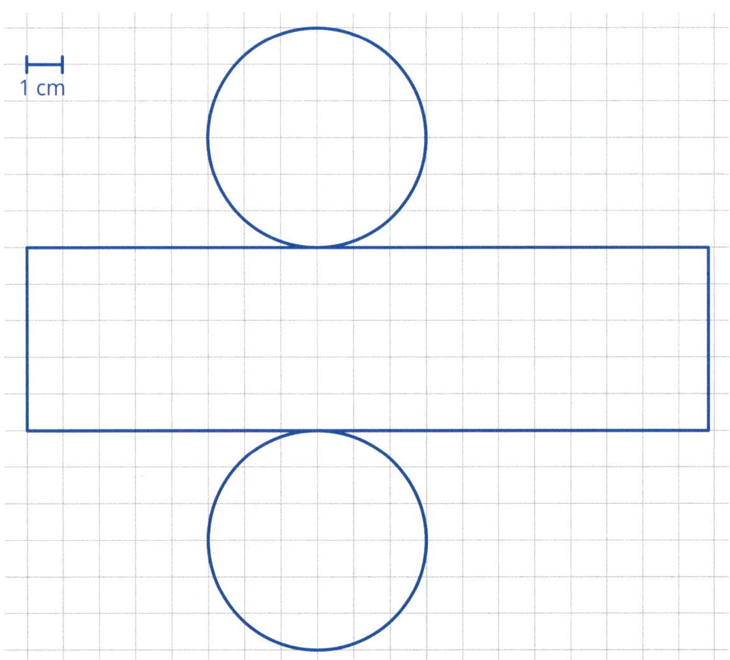

**8** **a)** $M \approx 23{,}37\ m^2$; $O \approx 32{,}42\ m^2$ **b)** $M \approx 10\,744{,}25\ mm^2$; $O \approx 12\,780\ mm^2$

**9** $G = 12\ cm^2$

**10** **a)** $V \approx 1\,231{,}5\ cm^3$ **b)** $V \approx 2\,290{,}22\ mm^3$

**11** $h_K \approx 1{,}37\ cm$

**Alles klar?**
*→ Seite 148*

**1** $u \approx 25{,}13\ cm$; $A \approx 50{,}27\ cm^2$

**2** $d \approx 1{,}27\ m$

**3** $A \approx 33{,}65\ cm^2$

**4** $b \approx 3{,}49\ cm$; $A \approx 6{,}98\ cm^2$

**5** **a)**

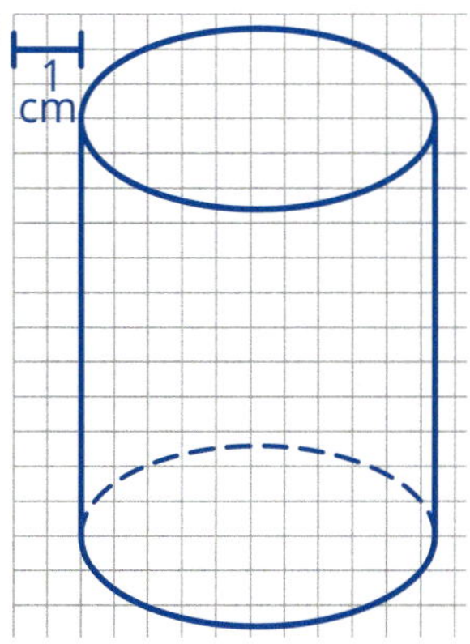


**b)**

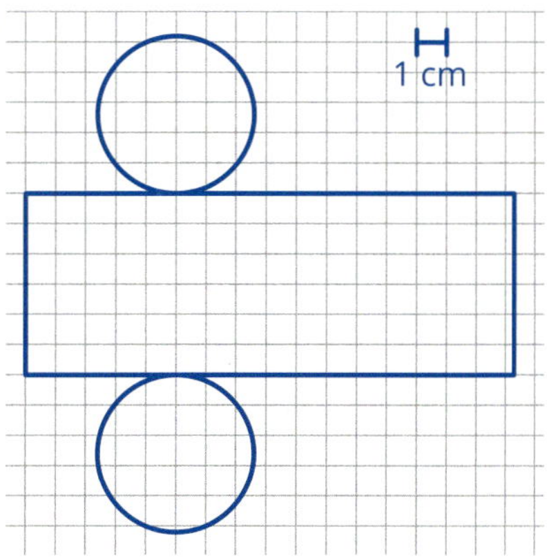


**6** $O \approx 367{,}06\ cm^2$; $V \approx 538{,}46\ cm^3$

**7** $h_K \approx 2{,}11\ cm$

**8** $A \approx 2\,375{,}83\ m^2$ Kosten: $2\,375{,}83\ m^2 \cdot 0{,}65\ \frac{€}{m^2} = 1\,544{,}29\ €$

**9** $r \approx 1{,}79\ cm$

**10** **a)** $u \approx 25{,}42\ cm$; $A \approx 44{,}14\ cm^2$ **b)** $u \approx 39{,}71\ cm$; $A \approx 60\ cm^2$

**11** Das Rad macht 1 327 Umdrehungen.

**12** $\alpha \approx 60°$

**13** $V \approx 1\,070{,}14\ cm^3$

**14** $O \approx 885{,}01\ cm^2$

**15** Das Volumen vergrößert sich um 237,5 % (Prozentfaktor: 3,375).

## Lösungen zu Kapitel 8

**Startklar?**
*→ Seite 150*

1 **a)** $x + 1$ **b)** $6a - 2$ **c)** $8x + 40$ **d)** $4x + 7$ **e)** $3x + 13$ **f)** $6a + 8b$

2 **a)** $x = 12$ **b)** $x = 2$ **c)** $x = 3$ **d)** $x = -3$

3 $A(-2|-2)$ $B(0|-1)$ $C(2|0)$ $D(4|1)$

4

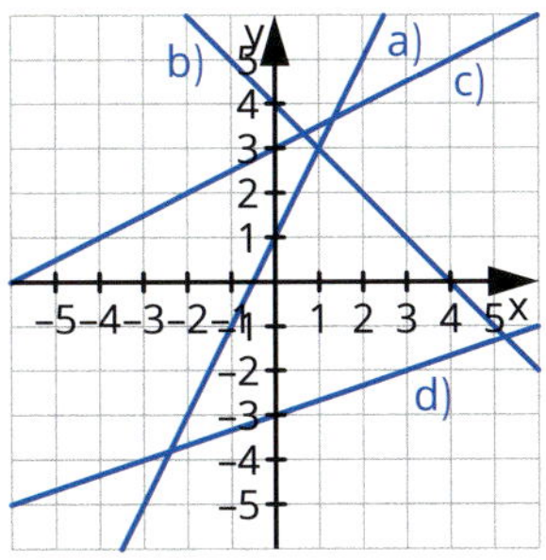


5 **a)** $5x - 15 = 20$; $x = 7$ **b)** $2 \cdot 15 + 2x = 50$; $x = 10$

**Auf einen Blick!**
*→ Seite 167*

1 **a)** Lösungspaar: $(1|3)$ **b)** keine Lösung

2 Hier keine Zeichnung. Werte zur Kontrolle:
**a)** Lösungspaar: $(3|7)$ **b)** Lösungspaar: $(-3|2)$

3 **a)** $x = -5$; $y = -7$ **b)** $x = 2$; $y = 9$

4 **a)** $x = 4$; $y = 2$ **b)** $x = 1$; $y = 3$ **c)** $x = 3$; $y = -4$ **d)** $x = 3$; $y = -3$

5 **a)** $x = 2$; $y = 1$ **b)** $x = 3$; $y = 2$ **c)** $x = 4$; $y = 1$ **d)** $x = -3$; $y = -4$

6 Die kurze Seite ist 16 cm lang, die lange Seite ist 32 cm lang.

7 **a)** $x = 1$; $y = 2$ **b)** $x = 4$; $y = -2$ **c)** $x = 2$; $y = 3$ **d)** $x = 2$; $y = -1$

8 Die erste Zahl ist 7, die zweite Zahl ist 4.

**Alles klar?**
*→ Seite 168*

1 $x = 4$; $y = -2$

2 **a)** $x = 2$; $y = 5$ **b)** $x = 1{,}5$; $y = 3$ **c)** $x = 3$; $y = 2$ **d)** $x = 5$; $y = 2$

3 **a), b)** Hier ohne Zeichnung, Wert zur Kontrolle.
I $x + y = 8$ II $2x + 3y = 18$; Schnittpunkt: $(6|2)$
Es gibt 6 Zweibettzimmer und 2 Dreibettzimmer.

4 Die erste Zahl ist 6, die zweite Zahl ist –1.

5 I $x + 8 = y$ II $2x + 2y = 64$
$x = 12$; $y = 20$ Die Seiten sind 12 cm und 20 cm lang.

6 I $40 + 0{,}15x = y$ II $38 + 0{,}19x = y$
$x = 50$; $y = 47{,}50$
Bei 50 km Fahrstrecke zahlt man bei beiden Tarifen gleich viel, nämlich 47,50 €.

**7** **a)** I $y = x - 6$ Gerade ② II $y = \frac{3}{4}x - 1$ Gerade ④
**b)** $L = \{(4|2)\}$

**8** Die gesuchten Zahlen sind 16 und 9.

**9** I $x + y = 25$ II $0{,}95x + 0{,}45y = 16{,}25$ $x = 10;\ y = 15$
Max und Julia haben 10 Flaschen Apfelsaft und 15 Flaschen Mineralwasser gekauft.

**10** I $2a + b = 26$ II $b = a - 7$ $a = 11;\ b = 4$
Die Schenkel sind 11 cm lang, die Basis ist 4 cm lang.

**11** I $x + y = 12$ II $x + 6 = y$ $x = 3;\ y = 9$
Die gesuchte Zahl ist 39.

**12** I $x + y = 14$ II $(x - 3)(y - 2) = xy - 28$ $x = 8;\ y = 6$
Die Länge des Rechtecks beträgt 8 cm, die Breite des Rechtecks beträgt 6 cm.

**13** I $x + y = 11$ II $8{,}60x + 6{,}40y = 11 \cdot 8$ $x = 8;\ y = 3$
Man muss 8 kg Nüsse und 3 kg Rosinen mischen.

## Lösungen zu Kapitel 9

**Startklar?**
→ *Seite 170*

**1** 2,5 kg 2,8 kg 2,8 kg 3,0 kg 3,4 kg 3,5 kg
Spannweite: 1 kg Median: 2,9 kg Mittelwert: 3 kg

**2** **a)**

| Klasse | 0–9 | 10–19 | 20–29 | 30–39 | 40–50 |
|---|---|---|---|---|---|
| Anzahl | 1 | 4 | 9 | 5 | 1 |

**b)**

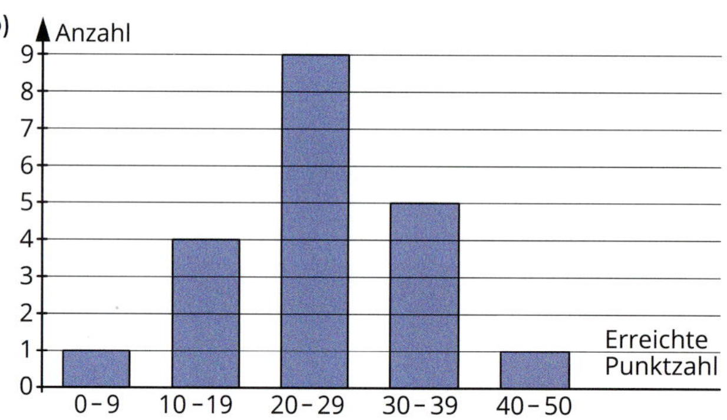


**3** **a)** 5 % **b)** 25 %

**4** ① und ③: Es handelt sich um ein Laplace-Experiment, weil alle Felder gleich groß sind und deshalb jedes Ergebnis mit der gleichen Wahrscheinlichkeit eintritt.
② Es handelt sich nicht um ein Laplace-Experiment, weil die Felder unterschiedlich groß sind. Die Seitenflächen sind viereckig und damit größer als die Dreiecksflächen oben und unten.

**5** **a)** $P(6) = \frac{1}{6} \approx 16{,}7\,\%$ **b)** $P(\text{gerade}) = \frac{3}{6} = \frac{1}{2} = 50\,\%$

**Auf einen Blick!**
→ *Seite 190*

**1** **a)** In der Türkei nutzen die Menschen das mobile Internet im Schnitt 240 Minuten am Tag. In Spanien nutzen sie es im Schnitt 150 Minuten täglich und in Deutschland 110 Minuten täglich. In der Türkei wird das mobile Internet also mehr als doppelt so viel genutzt wie in Deutschland. Das heißt aber nicht, dass die türkische Bevölkerung generell mehr und länger im Internet surft, sondern nur vermehrt die mobilen Daten nutzt, was daran liegen könnte, dass in Spanien und Deutschland vermehrt das W-Lan-Netz genutzt wird.
**b)** Hier ohne Zeichnung. Wenn die Skala gröber wäre, würde es den Anschein erwecken, dass die Unterschiede sehr klein sind. Würden die Intervalle in 2 Stunden gemessen, liegt Deutschland knapp unter der 2, Spanien knapp über der zwei und die Türkei bei der 4.

**2** Ⓐ: P(2-mal rot)$= \frac{4}{10} \cdot \frac{4}{10} = \frac{16}{100} = 16\,\%$

Ⓑ: P(2-mal blau) $= \frac{4}{10} \cdot \frac{4}{10} = \frac{16}{100} = 16\,\%$

Ⓒ: P(rot, blau) $= \frac{4}{10} \cdot \frac{4}{10} = \frac{16}{100} = 16\,\%$

Ⓓ: P(2 gleiche Farben) $= \frac{2}{10} \cdot \frac{2}{10} + \frac{4}{10} \cdot \frac{4}{10} + \frac{4}{10} \cdot \frac{4}{10} = \frac{4}{100} + \frac{16}{100} + \frac{16}{100} = 36\,\%$

**3** **a)** P(2-mal rot) $= \frac{6}{9} \cdot \frac{5}{8} = \frac{30}{72} \approx 0{,}42 = 42\,\%$
**b)** P(nicht gleichfarbig) $= \frac{6}{9} \cdot \frac{3}{8} + \frac{3}{9} \cdot \frac{6}{8} = \frac{18}{72} + \frac{18}{82} = \frac{36}{72} = 50\,\%$

**4** P(2-mal rot) $= \frac{6}{9} \cdot \frac{6}{9} = \frac{36}{81} \approx 0{,}44 = 44\,\%$ P(nicht gleichfarbig) $= \frac{6}{9} \cdot \frac{3}{9} + \frac{3}{9} \cdot \frac{6}{9} = \frac{36}{81} \approx 0{,}44 = 44\,\%$

**5** $\overline{E}$: 5 oder 6 P(E) $= 1 - \frac{1}{3} = \frac{2}{3} \approx 67\,\%$ $\overline{E}$: 1 P(E) $= 1 - \frac{1}{6} = \frac{5}{6} \approx 83\,\%$

**6** **a)** P(E) $= 1 - \left(\frac{1}{6} \cdot \frac{1}{6}\right) = 1 - \frac{1}{36} \approx 97\,\%$ **b)** P(E) $= \frac{1}{6} \cdot \frac{1}{6} + \frac{1}{6} \cdot \frac{5}{6} + \frac{5}{6} \cdot \frac{1}{6} = \frac{1}{36} + \frac{5}{36} + \frac{5}{36} = \frac{11}{36} \approx 31\,\%$

**Alles klar?**
→ *Seite 191*

**1** **a)** Die Aussage stimmt nicht. Die Ausgaben sind um 3 500 € gestiegen, hätten sie sich verdoppelt, würden die Ausgaben in 2022 bei 12 000 € liegen.
**b)** Der Zeitraum zwischen 2005 und 2010 beträgt 5 Jahre, der Zeitraum zwischen 2010 und 2017 sogar 7 Jahre. Dadurch wirken die Anstiege steiler, als sie in Wirklichkeit sind.

**2** **a)** P(kein Gewinn) $= \frac{15}{25} \cdot \frac{14}{24} = \frac{7}{20} = 35\,\%$ **b)** P(genau 1 Gewinn) $= \frac{10}{25} \cdot \frac{15}{24} + \frac{15}{25} \cdot \frac{10}{24} = \frac{50}{100} = 50\,\%$

**3** **a)** P(gleichfarbig) $= \frac{3}{6} \cdot \frac{3}{6} + \frac{2}{6} \cdot \frac{2}{6} + \frac{1}{6} \cdot \frac{1}{6} = \frac{9}{36} + \frac{4}{36} + \frac{1}{36} = \frac{14}{36} \approx 39\,\%$
**b)** P(gleichfarbig) $= \frac{3}{6} \cdot \frac{2}{5} + \frac{2}{6} \cdot \frac{1}{5} + \frac{1}{6} \cdot \frac{0}{5} = \frac{8}{30} \approx 27\,\%$

**4** **a)** $\overline{E}$: ungerade Zahl P($\overline{E}$) $= \frac{10}{20} = 50\,\%$
**b)** $\overline{E}$: höchstens 12 P($\overline{E}$) $= \frac{12}{20} = 60\,\%$
**c)** $\overline{E}$: mindestens 10 P($\overline{E}$) $= \frac{11}{20} = 55\,\%$

**5** $\overline{E}$: zweimal Zahl P($\overline{E}$) $= \frac{1}{4} = 25\,\%$

**6** Die Darstellung erzeugt den Eindruck, dass die Stromerzeugung durch erneuerbare Energien 9-mal so hoch war, weil das kleine Quadrat 9-mal in das große hineinpasst.

**7** $\overline{E}$: kein Gutschein P(E) $= 1 - \left(\frac{4}{5} \cdot \frac{4}{5} \cdot \frac{4}{5}\right) = 1 - \frac{64}{125} = \frac{61}{125} \approx 49\,\%$

**8** S: Schwarzfahrer P(S, S) $= \left(\frac{4}{10} \cdot \frac{3}{9}\right) = \frac{12}{90} \approx 13{,}3\,\%$

**9** P(2-mal Treffer) $= 0{,}6 \cdot 0{,}6 = 0{,}36 = 36\,\%$

**10** $\overline{E}$: das Produkt ist ungerade P(E) $= 1 - \left(\frac{4}{9} \cdot \frac{4}{9}\right) = 1 - \frac{16}{81} = \frac{65}{81} \approx 80\,\%$

## Lösungen „Erinnern und Wiederholen"

→ Seite 192

**1** **a)** $7 + 12 = 19$ **b)** $-6 - 2 = -8$ **c)** $16 - 12 = 4$ **d)** $12 - 5 = 7$ **e)** $3(6 + 6) = 36$ **f)** $-35 + 35 = 0$

**2** **a)** 6 ist Lösung der Gleichung **b)** −11 ist Lösung der Gleichung

**3** **a)** $(y \cdot 15) - (x : 4)$ **b)** $5x + (10 - x)$

**4** **a)** $2{,}20 - 0{,}4x$ **b)** $72{,}60 + 6x$

→ Seite 193

**1** **a)**

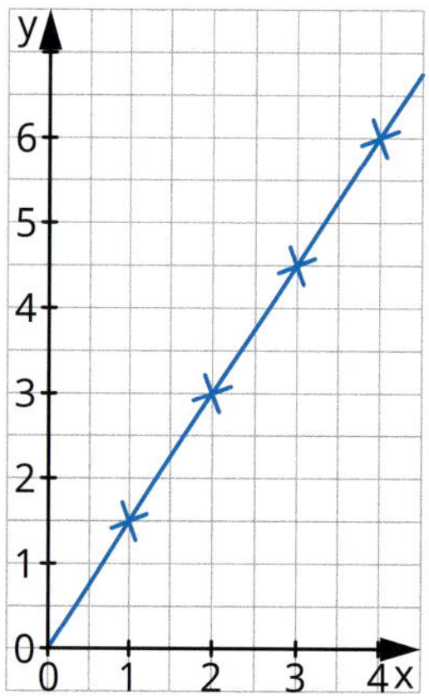


**b)**

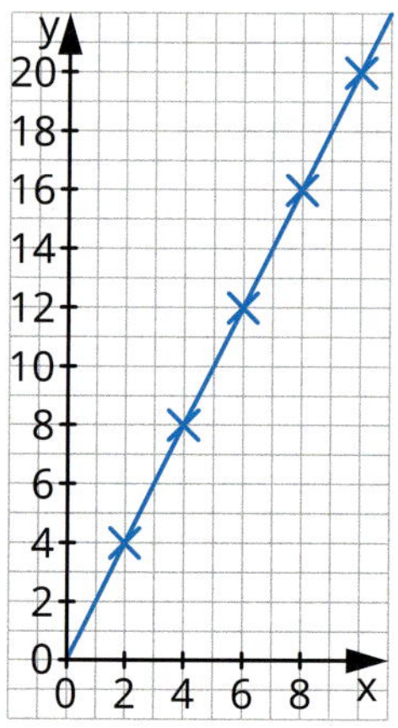


**2** **a)** Hier keine Zeichnung, sondern nur Wertetabelle.

| x | 0 | 10 | 20 | 30 | 40 | 50 |
|---|---|---|---|---|---|---|
| y | 0 | 0,90 € | 1,80 € | 2,70 € | 3,60 € | 4,50 € |

**b)** Preis für 5 Fotos: 0,45 € Preis für 25 Fotos: 2,25 € Preis für 35 Fotos: 3,15 €

→ Seite 194

**1** **a)**

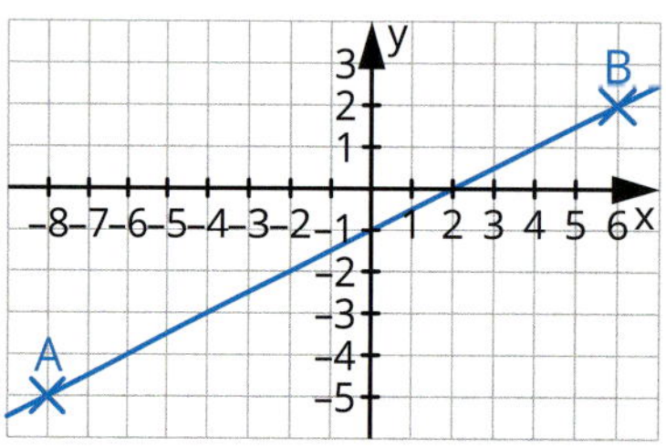


**b)** C(−6|**−4**) D(3|**0,5**) E(**−1**|−1,5) F(**7**|2,5)

**2** **a)** 10,4 **b)** 2,2 **c)** 126 **d)** 45,3

**3** **a)** 2,39 **b)** 59,04 **c)** 3,14 **d)** 45,4

**4** **a)** 0,136 **b)** 7,975 **c)** 1,9 **d)** 3

**5** **a)** 46 **b)** 101 **c)** 6 **d)** 1 000

→ Seite 195

**1**

| Verein | R. Madrid | AC Mailand | FC Liverpool | B. München | FC Barcelona |
|---|---|---|---|---|---|
| Siege Champions League | 15 | 7 | 6 | 6 | 5 |

**2** **a)** am häufigsten: WhatsApp; am wenigsten: TikTok
**b)** Instagram
**c)** Die 11-12-Jährigen nutzen am wenigsten Facebook, dann Instagram, dann Snapchat, dicht gefolgt von TikTok und am häufigsten WhatsApp. Die 16-18-Jährigen nutzen am wenigsten TikTok, was viele der 11-12-Jährigen nutzen. Danach folgt Facebook, dann Snapchat, dann Instagram und am häufigsten wird ebenfalls WhatsApp genutzt.

**3** **a)** $x = 9$ **b)** $x = 10$ **c)** $x = 2$ **d)** $x = 14$ **e)** $x = 5$ **f)** $x = 6$

**4** **a)** $x = 0{,}5$ **b)** $x = 3$ **c)** $x = 7$ **d)** $x = 12$ **e)** $x = 10{,}5$ **f)** $x = 14$

→ Seite 196

**1** **a)** 7000 m **b)** 250 dm **c)** 72 mm **d)** 380 cm **e)** 14 dm **f)** 10500 m

**2** **a)** 7 km **b)** 7 cm **c)** 85 m **d)** 7,5 dm **e)** 0,5 km **f)** 0,025 km

**3** **a)** 7 km **b)** 20000 dm **c)** 5000000 cm **d)** 4200000 mm
**e)** 6,5 km **f)** 5200 m **g)** 0,05 km **h)** 0,042 m

**4** **a)** $\frac{1}{3}$ **b)** $\frac{24}{55}$ **c)** $\frac{3}{5}$ **d)** $\frac{2}{5}$ **e)** $\frac{9}{26}$

**5** **a)** 0,16 **b)** 1,2 **c)** 0,77 **d)** 4,68 **e)** 0,06

→ Seite 197

**1** **a)** $\beta = 56°$ **b)** $\gamma = 47°$ **c)** $\beta = 54°$ **d)** $\gamma = 50°$

**2** **a)** $\alpha_1$ und $\alpha_3$ **b)** $\beta_3$ **c)** $\beta_4$ **d)** $\alpha_3$

**3** $\alpha_1 = 138°$ $\alpha_2 = 42°$ $\alpha_3 = 138°$ $\beta_1 = 138°$ $\beta_2 = 42°$ $\beta_3 = 138°$ $\beta_4 = 42°$

→ Seite 198

**1** **a)** 3628 **b)** 6800 **c)** 867,2 **d)** 950 **e)** 600
**f)** 2410 **g)** 3,69 **h)** 6363 **i)** 800 **j)** 61,49

**2** **a)** 3,628 **b)** 8,672 **c)** 0,7892 **d)** 0,095 **e)** 0,0068
**f)** 0,0221 **g)** 6,973 **h)** 2,516 **i)** 0,0557 **j)** 0,6149

**3** **a)** 6205000 **b)** 12000302210000 **c)** 912000002000 **d)** 2000044000066000

**4** **a)** vierundzwanzig Milliarden zwölf Millionen dreihundertfünfzigtausend
**b)** sechs Billionen dreihundertdreißig Milliarden eine Million vierzehntausend
**c)** zwölf Milliarden vierhundertfünfundfünfzig Millionen siebenhunderttausend
**d)** fünfhundertdreiundzwanzig Milliarden siebenhundertfünfzig Millionen

→ Seite 199

**1**

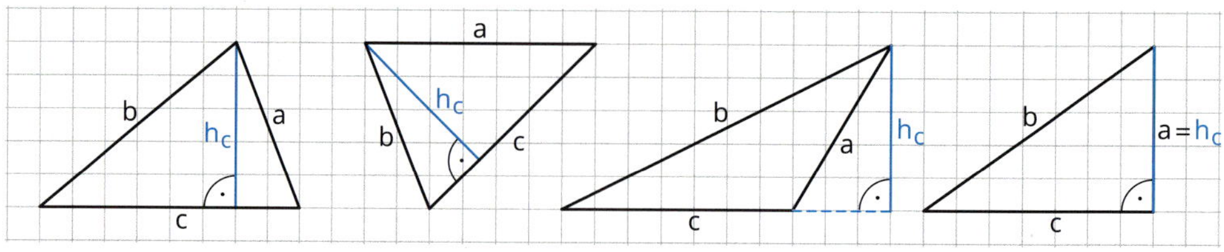


**2** a)

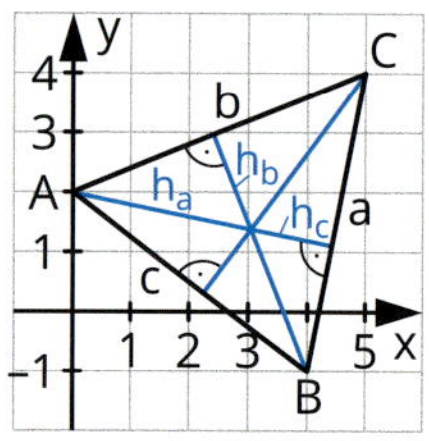


b)

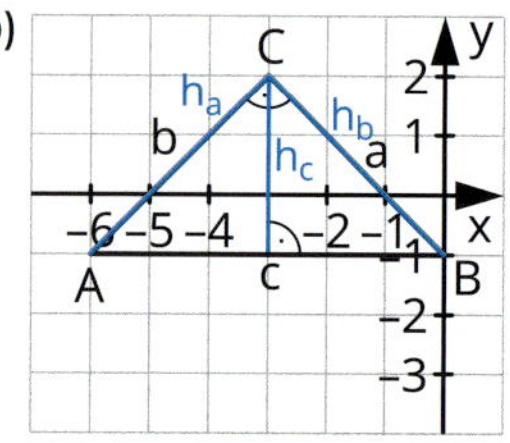


**3** a) $\frac{14}{15}$  b) $\frac{6}{7}$  c) $\frac{1}{9}$  d) $\frac{4}{7}$

**4** a) $\frac{3}{4}$  b) $\frac{1}{2}$  c) $\frac{5}{9}$  d) $\frac{2}{3}$  e) $\frac{4}{7}$

→ Seite 200

**1** –

**2**

| | | | | |
|---|---|---|---|---|
| a) 81 | b) 36 | c) 121 | d) 225 | e) 324 |
| f) 25 | g) 4 | h) 256 | i) 144 | j) 49 |
| k) 9 | l) 100 | m) 361 | n) 64 | o) 1 |
| p) 400 | q) 16 | r) 169 | s) 289 | t) 196 |

**3**

| | | | | |
|---|---|---|---|---|
| a) 10 | b) 8 | c) 4 | d) 13 | e) 18 |
| f) 1 | g) 19 | h) 15 | i) 3 | j) 7 |
| k) 2 | l) 11 | m) 5 | n) 14 | o) 17 |
| p) 6 | q) 16 | r) 20 | s) 12 | t) 9 |

**4** a) $A = 25\ cm^2$  b) $A = 100\ m^2$  c) $A = 144\ dm^2$  d) $A = 2{,}25\ cm^2$  e) $A = 6{,}25\ m^2$

**5** a) $V = 8\ cm^3$  b) $V = 64\ m^3$  c) $V = 1\,000\ dm^3$  d) $V = 0{,}125\ m^3$  e) $V = 0{,}027\ cm^3$

→ Seite 201

**1** a) $A = 30\ cm^2$  b) $A = 32\ cm^2$  c) $A = 432\ cm^2$

**2** a) $A = 12\ cm^2$  b) $A = 11{,}115\ cm^2$  c) $A = 11{,}205\ cm^2$

→ Seite 202

**1** Die Dreiecke ①, ②, ⑥ und ⑧ sind rechtwinklig

**2** Hier ohne Zeichnung.
a) nicht rechtwinklig  b) rechtwinklig  c) rechtwinklig
d) nicht rechtwinklig  e) nicht rechtwinklig  f) rechtwinklig

→ Seite 203

**1** a) 0,15  b) 0,2  c) 0,04  d) 0,999  e) 0,008  f) 1,2

**2**

| | | | | | |
|---|---|---|---|---|---|
| a) 35 % | b) 6 % | c) 50 % | d) 1 % | e) 73 % | f) 80 % |
| g) 100 % | h) 2 % | i) 2,5 % | j) 10,1 % | k) 0,2 % | l) 175 % |

**3** a) $\frac{7}{100}$ b) $\frac{1}{10}$ c) $\frac{1}{2}$ d) $\frac{1}{50}$ e) $\frac{4}{5}$ f) $\frac{9}{10}$
g) $\frac{1}{20}$ h) $\frac{7}{20}$ i) $\frac{6}{25}$ j) $\frac{3}{4}$ k) $\frac{2}{5}$ l) $\frac{1}{25}$

**4** a) 25 % b) 10 % c) 5 % d) 4 % e) 23 % f) 5 %
g) 16 % h) 18 % i) 55 % j) 35 % k) 30 % l) 40 %

**5** a) 37,5 % b) 21,5 % c) ≈ 33,3 % d) 125 % e) ≈ 13,3 % f) ≈ 77,8 %

*→ Seite 204*

**1** a) $\frac{3}{4}$ = 75 % b) $\frac{2}{5}$ = 40 % c) $\frac{3}{10}$ = 30 % d) $\frac{4}{5}$ = 80 %

**2** a) 7 kg b) 11 m c) 100 € d) 6 h
e) 14 € f) 40 MB g) 6 kg h) 450 m

**3** a)

| | |
|---|---|
| 100 % | 32,5 kg |
| 1 % | 0,325 kg |
| 28 % | 9,1 kg |

b)

| | |
|---|---|
| 100 % | 49 € |
| 1 % | 0,49 € |
| 88 % | 43,12 € |

c)

| | |
|---|---|
| 100 % | 5,2 km |
| 1 % | 0,052 km |
| 55 % | 2,86 km |

**4** a) W = 12,87 € b) W = 382,5 m c) W = 4,1 kg d) W = 21 min e) W = 0,5 kg f) W = 4,20 €

*→ Seite 205*

**1** a)

| | |
|---|---|
| 15 % | 1,80 € |
| 1 % | 0,12 € |
| 100 % | 12 € |

b)

| | |
|---|---|
| 8 % | 7,2 kg |
| 1 % | 0,9 kg |
| 100 % | 90 kg |

c)

| | |
|---|---|
| 36 % | 126 m |
| 1 % | 3,5 m |
| 100 % | 350 m |

**2** a) G = 180 cm b) G = 880 € c) G = 4,5 km d) G = 365 Tage e) G = 900 g f) G = 276 €

**3** a) G = 44 € b) G = 12 € c) G = 5 € d) G = 50 € e) G = 100 € f) G = 8 €

**4** a) p % = 40 % b) p % = 15 % c) p % = 8 %
d) p % = 25 % e) p % = 5 % f) p % = 2,5 %
g) p % = 84 % h) p % = 40 % i) p % = 15 %

*→ Seite 206*

**1** a) Z = 30 € b) Z = 34 € c) Z = 0,25 € d) Z = 144 € e) Z = 21,19 € f) Z = 2,47 €

**2** Z = 117 € K + Z = 6617 € Herr Schäfer zahlt nach einem Jahr insgesamt 6617 € zurück.

**3** a) b = 3,2 cm b) b = 34,6 m c) a = 63,4 m d) b = 16,6 cm

**4** a) c = 17 cm b) b = 15 mm

**5** a) $h_K$ = 8 cm b) G = 75 mm² c) M = 69 m² d) G = 19,2 cm²

*→ Seite 207*

**1** a) V = 300 cm³; O = 290 cm² b) V = 64 cm³; O = 96 cm² c) V = 240 cm³; O = 156 cm²

**2** a) V = 46,8 cm³; O = 115,8 cm² b) V = 360 cm³; O = 408 cm² c) V = 5 040 cm³; O = 1 928 cm²

→ Seite 208

**1** **a)** 4 9 6 **b)** 2,7 6,5 9 **c)** 3,65 7,99 6,05

**2** **a)** 6,9 cm **b)** 7,454 km **c)** 14,636 kg **d)** 1,04 $cm^2$
**e)** 4,626 $cm^3$ **f)** 12,99 ha **g)** 0,452 ℓ **h)** 9,321 $m^3$

**3** **a)** a = 13 cm **b)** a = 1,8 m **c)** a ≈ 3,24 dm

**4** **a)** a = 2 cm **b)** a = 1,5 cm **c)** a = 0,9 cm

→ Seite 209

**1** **a)** 3 $cm^3$ **b)** 2,6 $dm^3$ **c)** 0,9 $m^3$

**2** **a)** 2000 $dm^3$ **b)** 3400 $cm^3$ **c)** 845 $mm^3$

**3** **a)** 375 mℓ **b)** 23,5 ℓ **c)** 0,5 $m^3$ **d)** 800 mℓ **e)** 0,2 $dm^3$ **f)** 0,24 $dm^3$

**4** **a)** $7x + 7$ **b)** $-2a - 2$ **c)** $6y - 4$
**d)** $-15y - 30$ **e)** $4b - 6$ **f)** $-19x - 3$

**5** **a)** $9x - 18$ **b)** $48 - 42a$ **c)** $-2b^2 - 3b$ **d)** $4y - 32$ **e)** $6b^2 - 4b$ **f)** $a^2 - 7a$

**6** **a)** $4(\mathbf{8} + \mathbf{2x}) = 32 + 8x$ **b)** $2(\mathbf{5} - \mathbf{3a}) = 10 - 6a$ **c)** $3(\mathbf{8} - 6y) = 24 - \mathbf{18y}$
**d)** $(\mathbf{2} - \tfrac{1}{5}\mathbf{y})\,5 = 10 - y$ **e)** $8(\mathbf{8} + 2b) = 64 + \mathbf{16b}$ **f)** $7x + 21 = \mathbf{7}(x + 3)$

→ Seite 210

**1** **a)** x = 1 **b)** x = 4 **c)** z = 10 **d)** x = –6 **e)** x = 3 **f)** x = –2

**2** **a)** x = –4 **b)** x = 6 **c)** a = –1 **d)** y = –1 **e)** a = –2 **f)** y = –3,5

**3** **a)**
$$6(x - 5) = -3(x + 1)$$
$$6x - 30 = \mathbf{-3x - 3}$$
$$\mathbf{9}x = \mathbf{27}$$
$$x = \mathbf{3}$$

**b)**
$$2(x - 1) - 2 = 3(x + 1)$$
$$2x - \mathbf{2 - 2} = 3x + 3$$
$$2x - \mathbf{4} = 3x + 3$$
$$x = \mathbf{-7}$$

**c)**
$$-4(x - 3) + 2 = 8(x + 1)$$
$$-4x + 12 + 2 = 8x + 8$$
$$\mathbf{6} = \mathbf{12}x$$
$$x = \mathbf{0{,}5}$$

**4** Der Vater ist heute 40 Jahre alt, der Sohn ist 10 Jahre alt.

**5** Anna ist 2 Jahre alt, Lisa ist 4 Jahre alt und Pauline ist 12 Jahre alt.

→ Seite 211

**1** **a)** n = 1; m = 2 **b)** n = 2; m = –2,5 **c)** n = –1; $m = -\frac{3}{4}$

**2** Hier ohne Zeichnungen.
**a)** n = –1; $m = \frac{1}{2}$ **b)** n = –2; m = 3 **c)** n = –2; $m = -\frac{3}{4}$
**d)** n = 4; m = –1 **e)** $n = \frac{1}{2}$; m = –2,5 **f)** n = 1; m = 0,5

→ Seite 212

**1**

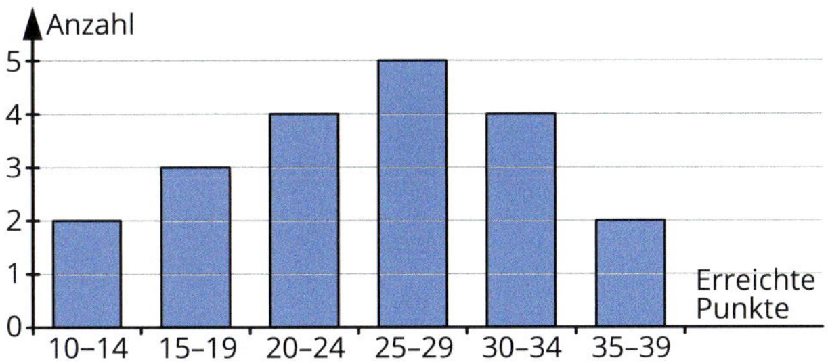


**2**

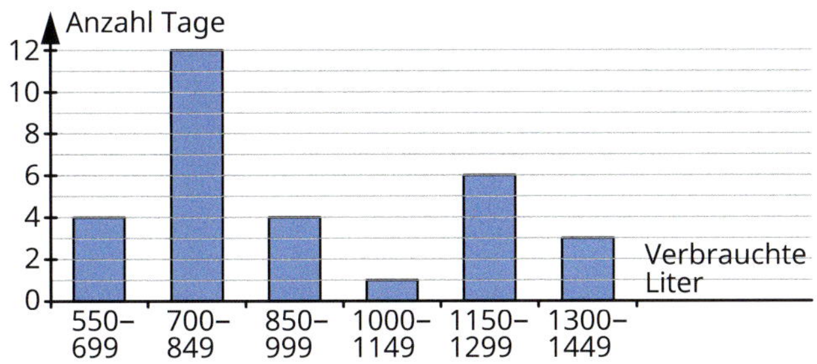


→ Seite 213

**1** **a)** Augenzahl 5: 11 mal; Augenzahl 6: 8 mal **b)** Der Würfel wurde insgesamt 50 mal geworfen.

**2**

| Altersklasse | 6–7 Jahre | 8–9 Jahre | 10–11 Jahre | 12–13 Jahre | 14–15 Jahre |
|---|---|---|---|---|---|
| Anzahl der Mitglieder | 3 | 5 | 9 | 2 | 13 |

**3** **a)** P(Schwein) = $\frac{1}{6} \approx 0{,}17 = 17\,\%$
**b)** P(Katze oder Hund) = $\frac{3}{6} = 0{,}5 = 50\,\%$

**4**

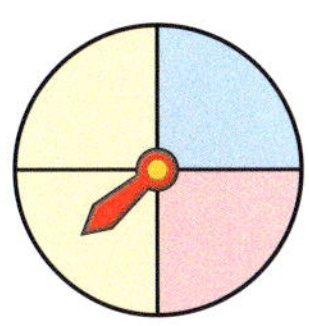

→ Seite 214

**1** Athen Spannweite: 18 Nikosia Spannweite: 15

Die Temperatur schwankt in Athen stärker als in Nikosia. Das zeigt die Spannweite an. In Athen ist diese größer als in Nikosia.

**2** **a)** Rangliste: 3, 4, 5, 6, 7 Median: 5
**b)** Rangliste: 12, 13, 15, 15, 17, 28 Median: (15 + 15) : 2 = 15
**c)** Rangliste: 8, 10, 12, 14, 14, 17 Median: (12 + 14) : 2 = 13

**3** Athen: 10, 10, 10, 11, 12, 15, 20, 20, 24, 25, 28, 28 Median: (15 + 20) : 2 = 17,5
Nikosia: 12, 12, 12, 14, 14, 18, 21, 22, 25, 25, 27, 27 Median: (18 + 21) : 2 = 19,5

**4** **a)** Mittelwert: (17 + 18 + 22 + 11 + 13 + 15) : 6 = 16 **b)** Mittelwert: (3 + 12 + 2 + 4 + 4) : 5 = 5
**c)** Mittelwert: (9,3 + 6,7 + 3,8 + 6,5 + 8,2) : 5 = 6,9

**5** Athen: (10 + 10 + 10 + 12 + 20 + 25 + 28 + 28 + 24 + 20 + 15 + 11) : 12 = 17,75
Nikosia: (12 + 12 + 12 + 14 + 21 + 25 + 27 + 27 + 25 + 22 + 18 + 14) : 12 ≈ 19,08

→ *Seite 215*

| | | | | | | |
|---|---|---|---|---|---|---|
| 1 | **a)** 3,6 $cm^2$ | **b)** 2,44 $dm^2$ | **c)** 2,86 $m^2$ | **d)** 53,6 a | **e)** 0,35 ha | **f)** 537 $km^2$ |
| 2 | **a)** 3000 ha | **b)** 550 a | **c)** 90 $m^2$ | **d)** 395 $dm^2$ | **e)** 300 $cm^2$ | **f)** 84 $mm^2$ |
| 3 | **a)** 7,56 $cm^2$ | **b)** 2680 $mm^2$ | **c)** 3,67 $m^2$ | **d)** 4000 $cm^2$ | **e)** 0,45 $dm^2$ | **f)** 2400000 $mm^2$ |

# Formeln

## Algebra

Klammern auflösen:
$a + (b - c) = a + b - c$
$a - (b - c) = a - b + c$
Multiplikation von Summen:
$(a + b) \cdot (c + d) = ac + ad + bc + bd$

rationale Zahlen:
$a + (-b) = a - b$
$a - (-b) = a + b$
$a \cdot (-b) = -a \cdot b$
$a : (-b) = -a : b$
$-(-a) = a$

Binomische Formeln:
$(a + b)^2 = a^2 + 2ab + b^2$
$(a - b)^2 = a^2 - 2ab + b^2$
$(a + b)(a - b) = a^2 - b^2$

**Standardschreibweise** mit Zehnerpotenzen:
84 Mio. $= 84\,000\,000 = 8{,}4 \cdot 10^7$
$0{,}0028 = 2{,}8 \cdot 10^{-3}$

Prozentrechnung:
$W = G \cdot p\,\%$
$G = \frac{W}{p\,\%}$
$p\,\% = \frac{W}{G}$

Zinsen:
für ein Jahr: $Z = K \cdot p\,\%$
für m Monate: $Z = K \cdot p\,\% \cdot \frac{m}{12}$
für t Tage: $Z = K \cdot p\,\% \cdot \frac{t}{360}$

## Geometrie

In jedem Dreieck ist die Winkelsumme 180°. In jedem Viereck ist die Winkelsumme 360°.

Im Dreieck schneiden sich:

die **Mittelsenkrechten** im Mittelpunkt des **Umkreises.**

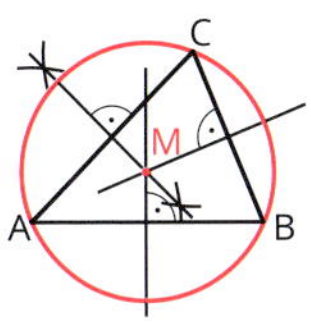


die **Winkelhalbierenden** im Mittelpunkt des **Inkreises.**

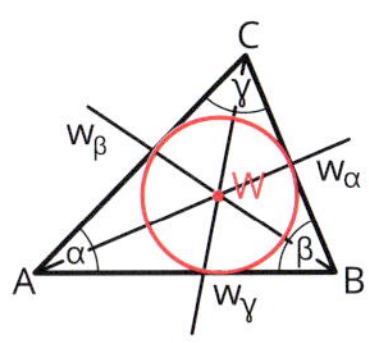


die **Höhen** in einem Punkt.

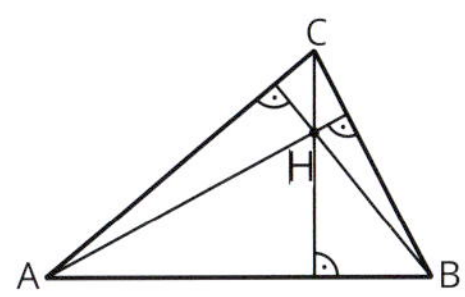


die **Seitenhalbierenden** im **Schwerpunkt**.

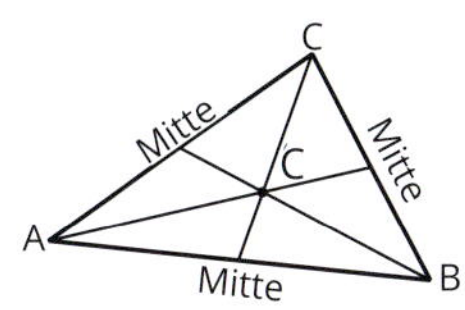


### Satz des Pythagoras

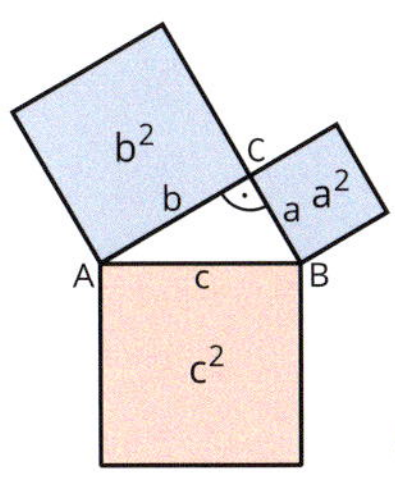


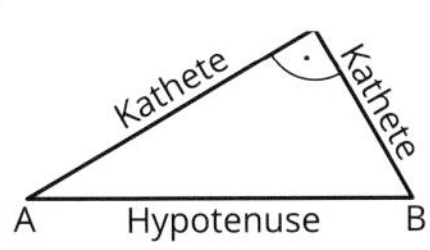


Im rechtwinkligen Dreieck (rechter Winkel gegenüber von c) gilt:
$a^2 + b^2 = c^2$.
umgekehrt: Gilt für die Seiten eines Dreiecks $a^2 + b^2 = c^2$, so ist das Dreieck rechtwinklig mit dem rechten Winkel gegenüber der Seite c.

### Höhen- und Kathetensatz

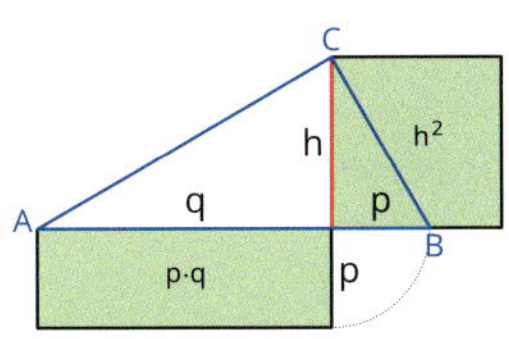


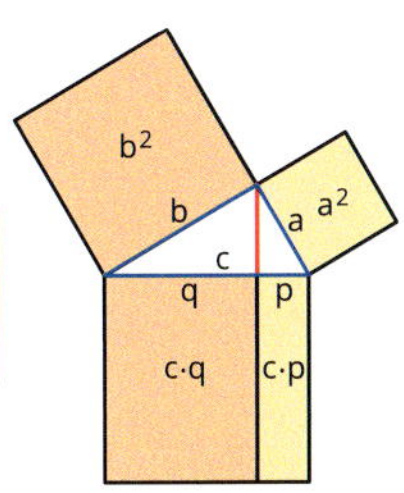


Im rechtwinkligen Dreieck gelten:
$h^2 = p \cdot q$

$a^2 = c \cdot p$
$b^2 = c \cdot q$

| | | |
|---|---|---|
| Rechteck | 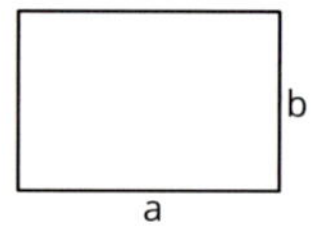 | Flächeninhalt: $A = a \cdot b$<br>Umfang: $u = 2a + 2b$<br>$u$ = Summe aller Seitenlängen |
| Dreieck | 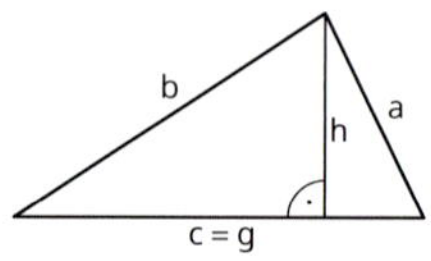 | Flächeninhalt: $A = \frac{g \cdot h}{2}$<br>Umfang: $u = a + b + c$ |
| Parallelogramm | 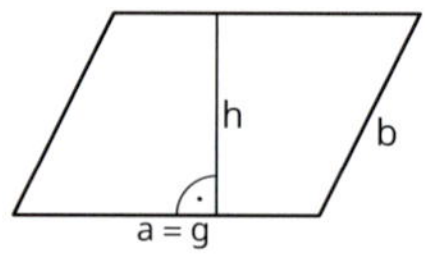 | Flächeninhalt: $A = g \cdot h$<br>Umfang: $u = 2a + 2b$ |
| Trapez | 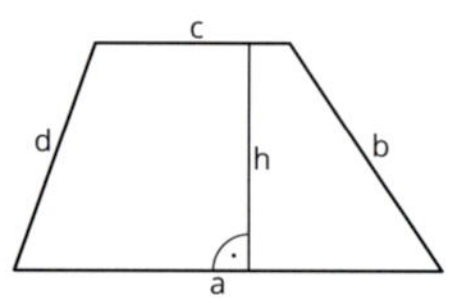 | Flächeninhalt: $A = \frac{a + c}{2} \cdot h$<br>Umfang: $u = a + b + c + d$ |
| Drachen und Raute | 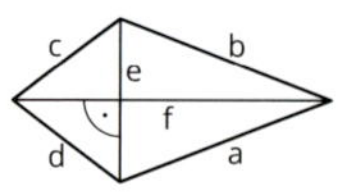 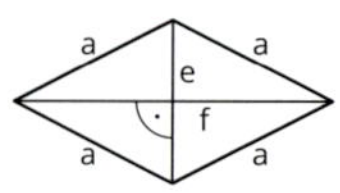 | Flächeninhalt: $A = \frac{e \cdot f}{2}$<br>Umfang: $u = a + b + c + d$<br>$u = 4a$ |
| Kreis | 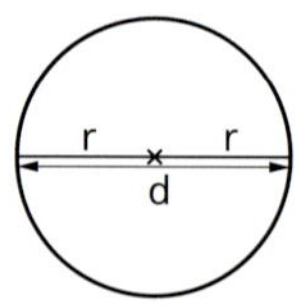 | Flächeninhalt: $A = \pi \cdot r^2$<br>Umfang: $u = \pi \cdot d = 2\pi \cdot r$ |
| Kreisring | 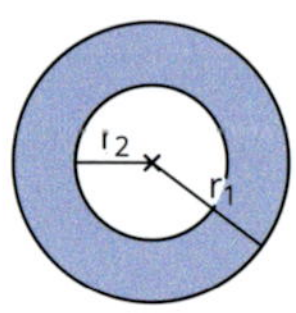 | Flächeninhalt: $\pi \cdot r_1^2 - \pi \cdot r_2^2$ |
| Kreisausschnitt | 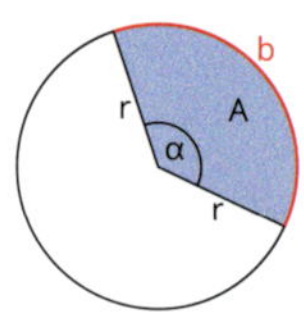 | Flächeninhalt: $A = \pi r^2 \cdot \frac{\alpha}{360°}$<br>Bogenlänge: $b = 2\pi r \cdot \frac{\alpha}{360°}$ |

| | | |
|---|---|---|
| Quader | 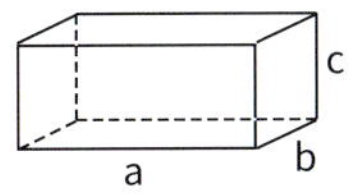 | Volumen: $V = a \cdot b \cdot c$<br>Oberfläche:<br>$O = 2ab + 2ac + 2bc$ |
| Prisma | 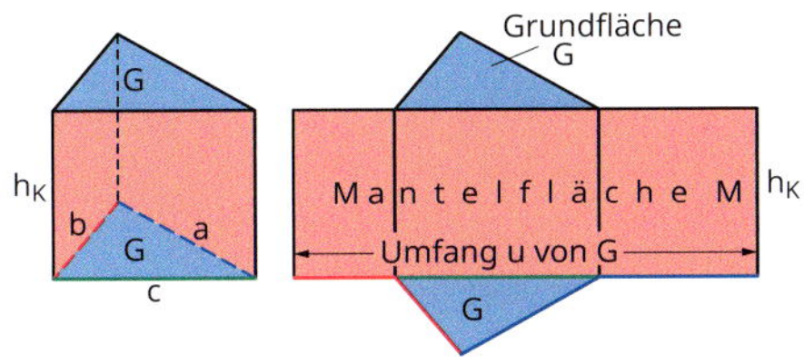 | Volumen:<br>$V = G \cdot h_K$<br>Mantelfläche:<br>$M = u \cdot h_K$<br>Oberfläche:<br>$O = 2G + M$ |
| Zylinder | 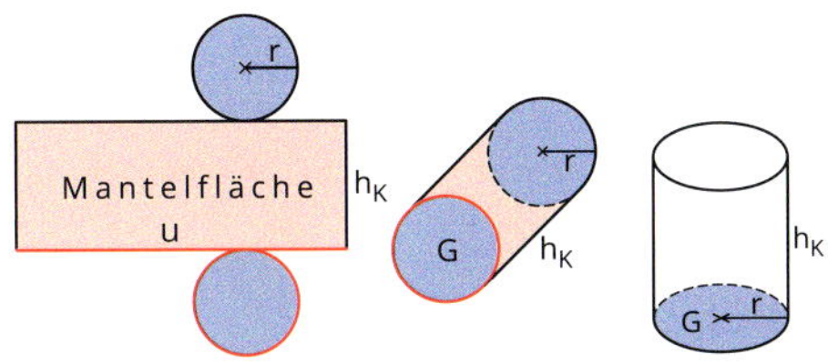 | Volumen: $V = \pi r^2 \cdot h_K$<br>Mantelfläche:<br>$M = u \cdot h_K = 2\pi r \cdot h_K$<br>Oberfläche:<br>$O = 2G + M = 2\pi r^2 + 2\pi r \cdot h_K$ |

### Ähnlichkeit

| | | |
|---|---|---|
| **Zentrische Streckung** | 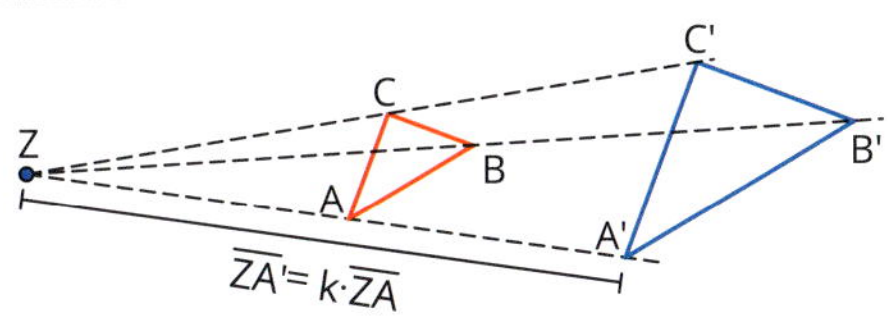 | $\frac{\overline{AB}}{\overline{AC}} = \frac{\overline{A'B'}}{\overline{A'C'}}$ usw.<br>$\frac{\overline{ZA}}{\overline{ZA'}} = \frac{\overline{AB}}{\overline{A'B'}} = \frac{1}{k}$ usw. |
| Figuren sind **ähnlich**, wenn sie in allen entsprechenden Winkeln übereinstimmen.<br>Entsprechende Seitenverhältnisse sind bei ähnlichen Figuren gleich. | | |

**Strahlensätze**

Gegeben sind zwei Strahlen mit gleichem Anfangspunkt Z, geschnitten von zwei Geraden AC und BD.
Wenn die Geraden parallel sind, dann sind ...

1. ... auf den Strahlen entsprechende Streckenverhältnisse gleich:
   $\frac{\overline{ZA}}{\overline{ZB}} = \frac{\overline{ZC}}{\overline{ZD}}$ $\qquad \frac{\overline{ZC}}{\overline{CD}} = \frac{\overline{ZA}}{\overline{AB}}$ $\qquad \frac{\overline{ZD}}{\overline{CD}} = \frac{\overline{ZB}}{\overline{AB}}$
2. ... in den Dreiecken entsprechende Seitenverhältnisse gleich:
   $\frac{\overline{AC}}{\overline{BD}} = \frac{\overline{ZA}}{\overline{ZB}} = \frac{\overline{ZC}}{\overline{ZD}}$

$\overline{AC} \parallel \overline{BD}$

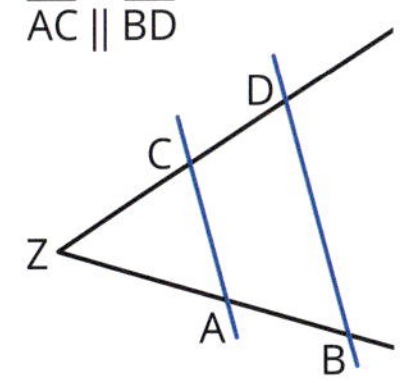


Der 1. Strahlensatz ist umkehrbar: Sind auf den Strahlen entsprechende Streckenverhältnisse gleich, dann sind die Geraden AC und BD parallel.

## Maßeinheiten

**Längen**

1 km = 1 000 m
1 m = 10 dm = 100 cm = 1 000 mm
1 dm = 10 cm = 100 mm
1 cm = 10 mm

**Flächen**

1 $km^2$ = 100 ha = 10 000 a
1 ha = 100 a = 10 000 $m^2$
1 a = 100 $m^2$

1 $m^2$ = 100 $dm^2$ = 10 000 $cm^2$
1 $dm^2$ = 100 $cm^2$ = 10 000 $mm^2$
1 $cm^2$ = 100 $mm^2$

**Volumen**

1 $m^3$ = 1 000 $dm^3$
1 $dm^3$ = 1 000 $cm^3$
1 $cm^3$ = 1 000 $mm^3$

1 $dm^3$ = 1 ℓ
1 $cm^3$ = 1 mℓ

1 hℓ = 100 ℓ
1 ℓ = 100 cℓ = 1 000 mℓ
1 cℓ = 10 mℓ

**Massen**

1 t = 1 000 kg
1 kg = 1 000 g
1 g = 1 000 mg

**Zeit**

1 t = 24 h
1 h = 60 min
1 min = 60 s

**Geschwindigkeit** $= \frac{\text{Weg (in km)}}{\text{Zeit (in h)}}$, $v = \frac{s}{t}$

**Dichte** $= \frac{\text{Masse (in g)}}{\text{Volumen (in cm}^3\text{)}}$, $\varrho = \frac{m}{V}$

## Dichtetabelle

So viel Gramm wiegt 1 $cm^3$ von diesem Material:

| | | | | | |
|---|---|---|---|---|---|
| Aluminium | 2,7 | Granit | 2,6 | Silber | 10,5 |
| Beton | 2,4 | Holz (Buche) | 0,7 | Spiritus | 0,83 |
| Blei | 11,3 | Kork | 0,5 | Stahl | 7,9 |
| Eis (bei 0 °C) | 0,92 | Kupfer | 8,9 | Styropor | 0,02 |
| Eisen | 7,9 | Marmor | 2,6 | Titan | 4,5 |
| Glas | 2,5 | Platin | 21,4 | Wasser | 1 |
| Gold | 19,3 | Sand | 1,7 | Zinn | 7,3 |

**Stochastik**

| | | |
|---|---|---|
| Datenreihe | Die ungeordnete Darstellung der Daten heißt Datenreihe oder Urliste. | Daten:<br>14 € 17 € 19 € 17 € 16 € |
| Mittelwert (arithmetisches Mittel) | Alle Werte einer Datenreihe werden addiert und anschließend durch die Anzahl der Werte dividiert. | 14 € + 17 € + 19 € + 17 € + 16 €<br>= 83 €<br>Mittelwert: 83 € : 5 = 16,60 € |
| Median (Zentralwert) | Die Daten werden nach aufsteigender Größe geordnet (Rangliste). Der Median (Zentralwert) ist der Wert in der Mitte der Reihe.<br>Bei einer geraden Anzahl von Werten ist der Median der Mittelwert der beiden Werte in der Mitte der Reihe.<br>In der Rangliste stehen rechts und links vom Median gleich viele Daten. | Rangliste:<br>14 € 16 € 17 € 17 € 19 €<br>Median: 17 €<br>19 g 19 g 21 g 22 g 24 g 26 g<br>Median: $\frac{21\,g + 22\,g}{2} = 21{,}5\,g$ |
| Spannweite | Die Spannweite von Daten ist die Differenz zwischen dem größten und dem kleinsten Datenwert. | Spannweite:<br>19 € – 14 € = 5 € |
| Modus (Modalwert) | Der Modus ist der am häufigsten auftretende Datenwert. | Modus: 17 € |

**Boxplot**

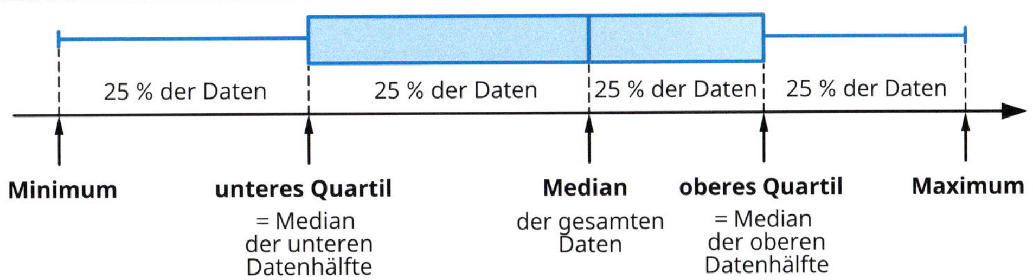


Ein Boxplot ist eine grafische Darstellung von Daten. In einem Boxplot werden die Daten einer Rangliste in vier gleich große Teile geteilt. Die beiden mittleren Teile sind durch eine Box hervorgehoben.

## Wahrscheinlichkeit

Bei einem Zufallsexperiment mit gleichwahrscheinlichen Ergebnissen (Laplace-Experiment) gilt für die **Wahrscheinlichkeit P** eines Ereignisses

$$\text{P(Ereignis)} = \frac{\text{Anzahl der günstigen Ergebnisse}}{\text{Anzahl aller möglichen Ergebnisse}}$$

Beispiel:
Mögliche Ergebnisse beim fairen 6er-Würfel: Augenzahlen 1; 2; 3; 4; 5; 6
Wahrscheinlichkeit für das Ereignis „1 oder 6": $\text{P(1 oder 6)} = \frac{2}{6} = \frac{1}{3} \approx 33\,\%$

Für das **Gegenereignis $\overline{E}$** gilt: $P(\overline{E}) = 1 - P(E)$

| | | |
|---|---|---|
| Produktregel (Pfadregel) | Zweimaliges Ziehen **ohne** Zurücklegen: 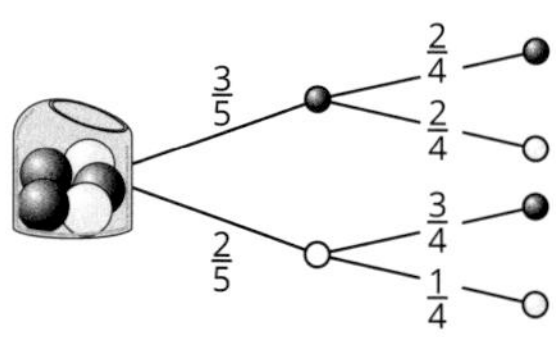  | Die Wahrscheinlichkeit eines **Ergebnisses** berechnest du durch **Multiplikation** der Wahrscheinlichkeiten längs des zugehörigen Pfades. |
| Summenregel (Pfadregel) | | Die Wahrscheinlichkeit eines **Ereignisses** berechnest du durch **Addition** der Wahrscheinlichkeiten der zugehörigen Pfade. |

# Arbeitsaufträge (Operatoren)

| Arbeitsauftrag | Das sollst du tun |
| --- | --- |
| **Begründe** (begründen) | sagen oder aufschreiben, warum etwas so ist |
| **Berechne** (berechnen) | etwas ausrechnen/das Ergebnis einer Aufgabe herausfinden |
| **Beschreibe** (beschreiben) | einen Lösungsweg oder ein Vorgehen in eigenen Worten wiedergeben |
| **Beschrifte** (beschriften) | aufschreiben von Begriffen oder Zahlenwerten an die passenden Stellen einer Skizze oder Zeichnung |
| **Besprich** (besprechen) | mit einem Partner über Ideen oder Lösungswege sprechen |
| **Bestimme** (bestimmen) | etwas herausfinden |
| **Beurteile** (beurteilen) | zu Sachverhalten eine selbstständige Einschätzung aufschreiben und **begründen** |
| **Beweise** (beweisen) | Aussagen durch logische Schlussfolgerung bestätigen |
| **Entscheide** (entscheiden) | eine von mehreren Möglichkeiten auswählen |
| **Entwickle** (entwickeln) | eine Idee oder einen Lösungsweg ausdenken/erarbeiten |
| **Ergänze** (ergänzen) | eine Liste, einen Text, eine Tabelle ausfüllen oder **vervollständigen** |
| **Erkläre** (erklären) | einen Lösungsweg oder eine Idee einer anderen Person verständlich machen |
| **Erläutere** (erläutern) | Informationen geben, mit denen man die Rechnung oder das Ergebnis nachvollziehen kann |
| **Ermittle** (ermitteln) | etwas herausfinden |
| **Erstelle** (erstellen) | einen Plan ausarbeiten, eine Liste machen, eine Tabelle **zeichnen** |
| **Fasse zusammen** (zusammenfassen) | wie **vereinfachen** |
| **Fertige an** (anfertigen) | etwas erstellen |
| **Füge zusammen** (zusammenfügen) | unterschiedliche Ergebnisse zu einem Neuen kombinieren<br>*in der Geometrie:* aus Figuren oder Körpern ein neues Ganzes bilden |
| **Gib an** (angeben) | etwas aufschreiben oder nennen |
| **Konstruiere** (konstruieren) | eine exakte grafische Darstellung **anfertigen** (mit Hilfe von Werkzeugen wie Lineal, Zirkel, Geodreieck) |
| **Löse** (lösen) | eine Aufgabe bearbeiten und das Ergebnis herausfinden |
| **Markiere** (markieren) | mit einem (farbigen) Stift kennzeichnen oder unterstreichen |
| **Miss** (messen) | die Länge, den Winkel von etwas genau **bestimmen** (zum Beispiel mit einem Lineal oder Geodreieck) |
| **Nenne** (nennen) | etwas aufschreiben oder sagen |
| **Ordne** (ordnen) | alles in eine bestimmte Reihenfolge bringen |

| Arbeitsauftrag | Das sollst du tun |
|---|---|
| **Ordne zu** (zuordnen) | einen Zusammenhang zwischen Objekten oder Darstellungen herstellen |
| **Rechne** (rechnen) | *geschickt:* eine Aufgabe auf möglichst einfache Weise lösen<br>*im Kopf:* rechnen, ohne den Taschenrechner zu benutzen |
| **Runde** (runden) | abrunden bei 0 bis 4, aufrunden bei 5 bis 9<br>*sinnvoll:* So viele Kommastellen betrachten, wie es in einer Maßeinheit üblich ist oder so runden, dass das Rechnen zum Beispiel beim Kopfrechnen wirklich einfacher wird |
| **Schätze** (schätzen) | die Größe, den Wert, die Dauer von etwas ungefähr **bestimmen** |
| **Setze ein** (einsetzen) | *Text:* Etwas in eine Lücke schreiben<br>*Term:* Eine Zahl anstelle einer Variablen aufschreiben |
| **Skizziere** (skizzieren) | von einer Figur oder einem Körper eine Zeichnung anfertigen, die sich auf das Wesentliche beschränkt und als Entwurf gelten kann. |
| **Stelle dar** (darstellen) | etwas **erklären**, wiedergeben, aufschreiben, oder **zeichnen** |
| **Stelle um** (umstellen) | eine Gleichung so umformen, dass die gesuchte Größe allein auf einer Seite steht |
| **Stelle vor** (vorstellen) | einen Lösungsweg oder eine Idee einer anderen Person präsentieren, **erklären**, erzählen |
| **Trage ein** (eintragen) | etwas in eine Liste oder Lücke schreiben |
| **Überprüfe** (überprüfen) | eine Rechnung, eine Aussage oder einen Lösungsweg kontrollieren |
| **Überschlage** (überschlagen) | mit gerundeten Zahlen im Kopf berechnen, um ein Ergebnis ungefähr zu bestimmen |
| **Übertrage** (übertragen) | etwas (eine Zahl, eine Figur, eine Tabelle) an einer anderen Stelle noch einmal schreiben oder **zeichnen** |
| **Untersuche** (untersuchen) | etwas nach bestimmten sinnvollen Kriterien erkunden |
| **Vereinfache** (vereinfachen) | eine Aufgabe, einen Term oder eine Rechnung kürzer machen |
| **Vergleiche** (vergleichen) | entscheiden, ob etwas zum Beispiel größer, kleiner oder gleich ist und wo genau der Unterschied liegt<br>entscheiden, welcher Lösungsweg oder welche Vorgehensweise besser ist |
| **Vervollständige** (vervollständigen) | Texte, Tabellen oder Rechnungen so erweitern, dass nichts mehr fehlt |
| **Wähle aus** (auswählen) | aus mehreren Möglichkeiten heraussuchen |
| **Wandle um** (umwandeln) | etwas verändern, umformen |
| **Zeichne** (zeichnen) | einen Zusammenhang aufmalen<br>*in der Geometrie:* wie **konstruieren** |
| **Zeige** (zeigen) | mit Worten oder Rechnungen nachweisen, dass eine Aussage richtig ist |

# Stichwortverzeichnis

# Bildquellenverzeichnis

|Alamy Stock Photo, Abingdon/Oxfordshire: WILDLIFE GmbH 53.4. |Alamy Stock Photo (RMB), Abingdon/Oxfordshire: 500px 40.8; B Christopher 117.1; filmfoto 119.1; imageBROKER 44.7; Lanmas 130.1; MediaPunch Inc 34.8; North Wind Picture Archives 130.2; Riley, Scott 132.10; Science History Images 130.4; Sessions, Helen 115.1; Ushioda, Masa 18.4. |Astrofoto, Sörth: 65.4. |Colourbox.com, Odense: Kalinovsky, Dmitry 142.7. |ddp images GmbH, Hamburg: Lang, Oliver 46.2. |Drescher, Heinrich, Münster: 3.1, 3.2, 3.3, 4.1, 4.2, 4.3, 4.4, 5.1, 5.2, 6.1, 7.1, 25.7, 26.1, 27.1, 31.1, 34.1, 34.2, 34.7, 35.1, 40.7, 41.2, 41.3, 42.3, 43.1, 43.2, 43.3, 47.3, 47.4, 48.3, 48.6, 51.2, 53.1, 54.2, 59.1, 59.3, 61.1, 63.7, 63.9, 64.1, 64.2, 65.1, 65.2, 66.1, 68.9, 70.4, 71.2, 71.4, 71.5, 71.6, 73.1, 73.2, 76.1, 76.6, 77.1, 77.2, 77.3, 79.1, 79.2, 79.3, 79.4, 79.5, 81.2, 81.4, 81.5, 81.7, 83.1, 84.1, 84.3, 85.1, 85.2, 86.1, 89.1, 89.2, 91.1, 92.3, 92.4, 92.12, 92.13, 93.11, 93.12, 94.4, 95.6, 95.7, 96.7, 97.1, 98.1, 98.3, 100.1, 100.2, 100.3, 100.4, 100.5, 101.2, 102.1, 102.2, 103.9, 103.11, 106.3, 106.4, 106.5, 106.6, 106.7, 106.8, 107.1, 107.6, 110.5, 111.3, 114.1, 114.2, 114.3, 114.4, 114.5, 114.6, 115.2, 116.2, 116.3, 120.1, 120.2, 121.1, 121.2, 122.1, 122.4, 125.1, 125.2, 127.1, 127.2, 129.2, 129.3, 130.3, 131.3, 133.2, 133.3, 135.9, 136.1, 136.2, 143.1, 144.1, 144.2, 149.1, 151.3, 153.1, 154.1, 154.2, 155.1, 155.2, 156.2, 157.1, 157.2, 157.3, 158.1, 159.1, 160.1, 161.1, 162.1, 162.2, 165.1, 165.3, 165.4, 166.1, 169.2, 169.4, 169.5, 170.3, 170.4, 170.5, 171.1, 173.2, 178.2, 178.3, 178.4, 179.6, 179.7, 179.9, 179.10, 179.11, 179.12, 179.13, 183.1, 183.2, 183.3, 183.4, 184.3, 185.1, 185.7, 185.12, 185.13, 186.2, 186.4, 187.1, 188.2, 188.3, 188.5, 188.6, 190.2. |Druwe & Polastri, Cremlingen/Weddel: 128.6, 128.8, 128.9, 142.5. |Feldhaus, Hans-Jürgen, Münster: 186.5. |fotolia.com, New York: Bayer, Tom 142.6; Kautz15 132.8; Merkle, Stefan 127.3; Ro 134.4; schaltwerk 37.2; Völler, Armin 53.3. |Getty Images (RF), München: Maskot 178.1. |iStockphoto.com, Calgary: GreenArtPhotography 145.4; Hrebicek, Jiri 51.1; imagean 127.4; mediaphotos Titel; pawel.gaul 111.1; YuliaBuchatskaya Titel. |Krantz, Dirk, Goslar: 145.2. |Microsoft Deutschland GmbH, München: 120.3, 120.4, 121.3, 122.2, 122.3, 178.5, 179.8. |Picture-Alliance GmbH, Frankfurt a.M.: dpa/Altwein, Andreas 138.2; dpa/Hase, Tobias 145.6; dpa/Jensen, Rainer 139.2; Simon, Sven 134.3. |Shutterstock.com, New York: jocic 134.1; KMNPhoto 128.7; Sonmez, Berna Koritan 105.1. |stock.adobe.com, Dublin: .shock 57.1; Alekss 138.1; arahan 41.1; babimu 74.1; Engels, S. 35.2; fotoriatonko 139.1; Furian, Peter Hermes 78.1; gordzam 20.6; Grivet, Ekaterina 84.4; JFBRUNEAU 132.9; kittima 134.2; Krzeslak, Piotr 79.6; Kybele 145.1; Maksims 165.2; Martin 145.3; Maygutyak 74.2; miss_mafalda 132.6; nuwanda 46.3; penofoto.de 75.1; Rawf8 88.1; Schwoab 125.3; shapkina, olga 132.7; spuno 145.5; styleuneed 129.1; visdia 113.2. |Sven Giese, Bonn: https://www.kuriose-feiertage.de/pi-day-der-tag-der-zahl-pi/ 130.5. |TopicMedia Service, Mehring-Öd: Maier 53.2. |Wojczak, Michael, Braunschweig: 8.1, 8.2, 9.1, 9.2, 9.3, 9.4, 10.1, 10.2, 10.3, 10.4, 12.1, 12.2, 12.3, 12.4, 12.5, 12.6, 12.7, 13.1, 13.2, 13.3, 13.4, 13.5, 13.6, 13.7, 14.1, 14.2, 15.1, 15.2, 16.1, 16.2, 17.1, 18.1, 18.2, 18.3, 19.1, 19.2, 19.3, 19.4, 19.5, 19.6, 19.7, 19.8, 19.9, 19.10, 19.11, 19.12, 19.13, 19.14, 19.15, 20.1, 20.2, 20.3, 20.4, 20.5, 20.7, 21.1, 21.2, 21.3, 21.4, 21.5, 21.6, 21.7, 21.8, 21.9, 22.1, 22.2, 22.3, 22.4, 22.5, 22.6, 22.7, 22.8, 22.9, 22.10, 22.11, 22.12, 22.13, 23.1, 23.2, 23.3, 23.4, 23.5, 23.6, 23.7, 23.8, 23.9, 23.10, 23.11, 23.12, 23.13, 24.1, 24.2, 24.3, 24.4, 24.5, 24.6, 24.7, 24.8, 24.9, 24.10, 24.11, 24.12, 24.13, 25.1, 25.2, 25.3, 25.4, 25.5, 25.6, 25.8, 25.9, 27.2, 27.3, 27.4, 27.5, 27.6, 28.1, 29.1, 29.2, 29.3, 30.1, 30.2, 30.3, 30.4, 30.5, 30.6, 31.2, 32.1, 33.1, 33.2, 33.3, 33.4, 34.3, 34.4, 34.5, 34.6, 35.3, 35.4, 35.5, 36.1, 36.2, 36.3, 36.4, 36.5, 36.6, 37.1, 38.1, 39.1, 39.2, 40.1, 40.2, 40.3, 40.4, 40.5, 40.6, 41.4, 41.5, 42.1, 42.2, 42.4, 43.4, 43.5, 43.6, 43.7, 43.8, 43.9, 44.1, 44.2, 44.3, 44.4, 44.5, 44.6, 45.1, 45.2, 45.3, 45.4, 45.5, 45.6, 45.7, 45.8, 45.9, 45.10, 45.11, 45.12, 45.13, 45.14, 45.15, 45.16, 45.17, 45.18, 45.19, 45.20, 45.21, 46.1, 47.1, 47.2, 47.5, 47.6, 48.1, 48.2, 48.4, 48.5, 48.7, 49.1, 49.2, 49.3, 49.4, 49.5, 49.6, 49.7, 49.8, 49.9, 50.1, 50.2, 50.3, 50.4, 50.5, 50.6, 50.7, 50.8, 50.9, 52.1, 54.1, 55.1, 56.1, 56.2, 56.3, 56.4, 56.5, 57.2, 57.3, 58.1, 58.2, 58.3, 58.4, 58.5, 59.2, 59.4, 59.5, 59.6, 59.7, 60.1, 61.2, 61.3, 61.4, 61.5, 61.6, 61.7, 61.8, 61.9, 62.1, 62.2, 62.3, 62.4, 62.5, 62.6, 62.7, 62.8, 62.9, 63.1, 63.2, 63.3, 63.4, 63.5, 63.6, 63.8, 63.10, 63.11, 63.12, 64.3, 65.3, 65.5, 65.6, 66.2, 66.3, 66.4, 66.5, 66.6, 67.1, 67.2, 67.3, 67.4, 67.5, 67.6, 67.7, 67.8, 68.1, 68.2, 68.3, 68.4, 68.5, 68.6, 68.7, 68.8, 69.1, 69.2, 69.3, 69.4, 69.5, 69.6, 69.7, 69.8, 69.9, 69.10, 69.11, 69.12, 69.13, 70.1, 70.2, 70.3, 70.5, 71.1, 71.3, 76.2, 76.3, 76.4, 76.5, 80.1, 81.1, 81.3, 81.6, 82.1, 82.2, 82.3, 84.2, 88.2, 88.3, 88.4, 90.1, 90.2, 90.3, 90.4, 90.5, 91.2, 91.3, 91.4, 91.5, 91.6, 91.7, 91.8, 91.9, 91.10, 91.11, 91.12, 91.13, 92.1, 92.2, 92.5, 92.6, 92.7, 92.8, 92.9, 92.10, 92.11, 93.1, 93.2, 93.3, 93.4, 93.5, 93.6, 93.7, 93.8, 93.9, 93.10, 93.13, 93.14, 93.15, 94.1, 94.2, 94.3, 94.5, 94.6, 94.7, 94.8, 94.9, 94.10, 94.11, 94.12, 94.13, 94.14, 94.15, 94.16, 94.17, 95.1, 95.2, 95.3, 95.4, 95.5, 95.8, 95.9, 95.10, 95.11, 95.12, 96.1, 96.2, 96.3, 96.4, 96.5, 96.6, 97.2, 97.3, 97.4, 97.5, 97.6, 97.7, 97.8, 97.9, 97.10, 97.11, 98.2, 98.4, 98.5, 98.6, 99.1, 99.2, 101.1, 101.3, 101.4, 101.5, 103.1, 103.2, 103.3, 103.4, 103.5, 103.6, 103.7, 103.8, 103.10, 104.1, 104.2, 104.3, 104.4, 105.2, 105.3, 105.4, 106.1, 106.2, 107.2, 107.3, 107.4, 107.5, 108.1, 108.2, 108.3, 108.4, 108.5, 109.1, 109.2, 109.3, 109.4, 109.5, 109.6, 109.7, 109.8, 110.1, 110.2, 110.3, 110.4, 110.6, 110.7, 110.8, 110.9, 110.10, 110.11, 111.2, 113.1, 116.1, 118.1, 126.1, 126.2, 127.5, 128.1, 128.2, 128.3, 128.4, 128.5, 131.1, 131.2, 132.1, 132.2, 132.3, 132.4, 132.5, 133.1, 133.4, 134.5, 134.6, 134.7, 134.8, 134.9, 134.10, 134.11, 134.12, 134.13, 134.14, 134.15, 134.16, 135.1, 135.2, 135.3, 135.4, 135.5, 135.6, 135.7, 135.8, 136.3, 136.4, 136.5, 136.6, 136.7, 136.8, 137.1, 137.2, 137.3, 137.4, 137.5, 137.6, 137.7, 137.8, 137.9, 137.10, 139.3, 139.4, 140.1, 141.1, 141.2, 142.1, 142.2, 142.3, 142.4, 143.2, 143.3, 143.4, 143.5, 143.6, 143.7, 144.3, 144.4, 144.5, 144.6, 145.7, 146.1, 146.2, 146.3, 146.4, 146.5, 146.6, 146.7, 146.8, 147.1, 147.2, 147.3, 147.4, 147.5, 147.6, 147.7, 147.8, 148.1, 148.2, 148.3, 148.4, 148.5, 150.1, 151.1, 151.2, 152.1, 152.2, 152.3, 152.4, 153.2, 153.3, 154.3, 154.4, 154.5, 154.6, 155.3, 155.4, 156.1, 156.3, 156.4, 156.5, 157.4, 157.5, 157.6, 157.7, 157.8, 157.9, 157.10, 157.11, 161.2, 161.3, 163.1, 164.1, 166.2, 166.3, 166.4, 167.1, 167.2, 167.3, 168.1, 169.1, 169.3, 170.1, 170.2, 170.6, 171.2, 171.3, 171.4, 172.1, 172.2, 172.3, 173.1, 173.3, 174.1, 174.2, 174.3, 174.4, 175.1, 175.2, 175.3, 176.1, 176.2, 177.1, 177.2, 177.3, 177.4, 179.1, 179.2, 179.3, 179.4, 179.5, 181.1, 181.2, 181.3, 181.4, 182.1, 182.2, 184.1, 184.2, 185.2, 185.3, 185.4, 185.5, 185.6, 185.8, 185.9, 185.10, 185.11, 186.1, 186.3, 187.2, 188.1, 188.4, 189.1, 190.1, 190.3, 191.1, 191.2, 191.3, 193.1, 194.1, 194.2, 195.1, 195.2, 197.1, 197.2, 197.3, 197.4, 197.5, 197.6, 197.7, 197.8, 197.9, 197.10, 197.11, 197.12, 199.1, 199.2, 199.3, 200.1, 200.2, 201.1, 201.2, 201.3, 201.4, 201.5, 201.6, 201.7, 201.8, 202.1, 202.2, 202.3, 202.4, 204.1, 204.2, 204.3, 204.4, 204.5, 204.6, 204.7, 204.8, 207.1, 207.2, 207.3, 207.4, 207.5, 207.6, 207.7, 207.8, 207.9, 208.1, 208.2, 208.3, 208.4, 208.5, 208.6, 208.7, 209.1, 209.2, 211.1, 211.2, 211.3, 211.4, 212.1, 213.1, 213.2, 213.3, 215.1, 216.1, 216.2, 217.1, 217.2, 217.3, 217.4, 218.1, 218.2, 220.1, 220.2, 220.3, 220.4, 221.1, 221.2, 221.3, 221.4, 221.5, 222.1, 222.2, 222.3, 222.4, 223.1, 223.2, 223.3, 223.4, 224.1, 225.1, 225.2, 226.1, 226.2, 227.1, 230.1, 233.1, 234.1, 234.2, 235.1, 236.1, 236.2, 238.1, 238.2, 238.3, 240.1, 240.2, 240.3, 243.1, 243.2, 243.3, 245.1, 245.2, 245.3, 245.4, 245.5, 245.6, 245.7, 245.8, 246.1, 246.2, 246.3, 246.4, 246.5, 246.6, 246.7, 246.8, 247.1, 247.2, 247.3, 247.4, 247.5, 249.1, 250.1.